创新型人才培养实用教材

电工基础

王忠诚 编著

電子工業出版社
Publishing House of Electronics Industry
北京 • BEIJING

内 容 简 介

本书是职业院校规划教材，是编者根据 21 世纪职业技术教育的特点及培养目标而编写的。本书从电路的基本概念和基本定律入手，逐步引导读者掌握简单直流电路、复杂直流电路、电容电路、电磁感应现象、正弦交流电路、变压器、电磁铁和电动机等方面的知识，并对周期性非正弦交流电路和直流电路的过渡过程做了简明介绍。

全书从实用角度出发，充分考虑初学者的知识现状及学习特点，自始至终突出理论联系实际，在进行理论讲解的同时，补充了大量实用知识，提升了教材的实用性。

本书特别适合职业技术院校电工类、电子类和机电类专业师生使用，尤其适合中职学校电子电工类对口专业升学使用。

图书在版编目（CIP）数据

电工基础 / 王忠诚编著. —北京：电子工业出版社，2021.7
创新型人才培养实用教材
ISBN 978-7-121-41276-9

Ⅰ. ①电… Ⅱ. ①王… Ⅲ. ①电工－职业教育－教材 Ⅳ. ①TM

中国版本图书馆 CIP 数据核字（2021）第 105852 号

责任编辑：牛平月　　文字编辑：康　霞
印　　刷：北京天宇星印刷厂
装　　订：北京天宇星印刷厂
出版发行：电子工业出版社
　　　　　北京市海淀区万寿路 173 信箱　邮编：100036
开　　本：787×1 092　1/16　印张：16.5　字数：422 千字
版　　次：2021 年 7 月第 1 版
印　　次：2023 年 9 月第 3 次印刷
定　　价：68.00 元

凡所购买电子工业出版社图书有缺损问题，请向购买书店调换。若书店售缺，请与本社发行部联系，联系及邮购电话：（010）88254888，88258888。

质量投诉请发邮件至 zlts@phei.com.cn，盗版侵权举报请发邮件至 dbqq@phei.com.cn。

本书咨询联系方式：（010）88254454，niupy@phei.com.cn。

前　言

我国职业教育经过二十多年的探索和发展，已经逐步形成了自己独特的风格，这种风格主要体现在如下几个方面。

一是创立了“校企合作、工学结合”的办学模式。通过校企合作，可以拉近学校与企业的距离，使企业资源为学校所用，同时使企业参与教学，从而提升了教学内容的实用性；通过工学结合拉近了学生与实际岗位的距离，增强了学生对接岗位的能力。

二是创新了教学模式。职业学校以适应职业岗位需求为导向，大力开展教学模式改革，促进知识传授与生产实践的紧密衔接，形成教学内容对接职业岗位的任职要求，突出“做中教，做中学”的教学特色。职业学校针对不同专业和课程的特点，积极倡导项目教学、案例教学、情境教学等教学模式，这些教学模式对实用型人才培养起着至关重要的作用。

三是确立了中职直通高职的对口升学模式。当前，国家每年都会从高校招生计划中选择部分专业，预留指标，专门针对中职学生进行对口专业的招生考试，这为广大中职学生打开了通往高职院校的大门。相对普通高考而言，对口升学考试的难度要小一些，升学的概率更高，因此深受中职学生及其家长的青睐。近年来，参加对口升学考试的人数逐年递增，通过对口升学模式而进入高职院校的中职学生人数不断攀升。

职业教育的风格虽然已经形成，但教材问题一直制约其发展。虽然职业教育主管部门提倡各个学校建设校本教材，但教材的开发并非易事，并非每个教师都具备开发教材的能力。如果每个职业学校都开发校本教材，则会产生教材泛滥、质量低下、内容不适合等问题，甚至还会出现抄袭、剽窃等违法行为。因此，职业教育主管部门及相应的出版社组织有经验、有水平的教师编写新时期的职业教育教材就显得尤为重要。

本书就是在这种背景下推出的。本书是按照电子电工类专业对口升学的教学标准要求编写的，同时兼顾了实用技术的学习与训练，充分体现了理论和实践相结合、对口升学和技能提升相结合的特点。全书分为 8 章，先后对简单直流电路，复杂直流电路，电容电路，磁场与电磁感应，正弦交流电及其电路，变压器、电磁铁和电动机，周期性非正弦交流电路，以及直流电路的过渡过程进行了讲解。全书按照中职学生对口升学和技能训练的要求组织教学内容，在突出解题思路的同时，突出实用技术的讲解，使学生鱼渔兼得。为了使学生快速掌握知识，并提升解题速度，书中还对各章的知识点进行了归纳总结，同时提供了大量习题和单元测试题。若选用本书作为对口升学教材，建议教学时数为 160 课时；若作为技能教学教材，建议教学时数为 120 课时。

全书由王忠诚编著，钟燕梅、陈兴祥参与了文字录入工作，杨建红、王逸轩参与了绘图工作，罗纲要、孙唯真参与了校对工作，在此谨表感谢。本书同时得到了石修武、李红彬、戴春勇、曹成、龙绍锋、贺可兵、阳根民等同志的大力支持，在此一并表示感谢。

王忠诚

目　录

第1章　简单直流电路

【学习要点】本章主要介绍电路中的一些基本概念、基本定律、简单直流电阻电路的分析计算方法。学习本章时，应以欧姆定律为重点，在此基础上掌握电功、电功率的计算方法，并能运用这些知识分析电阻的串联、并联电路和负载取得最大功率的条件。

1.1　电路概述

自18世纪以来，国外诸多科学家对电进行了深入的研究，逐步弄清了电的产生原理及传输规律，从而使电登上了应用舞台，电路也就应运而生，并给人们的生产生活带来了翻天覆地的变化。今天，在人们的日常生活中，电路随处可见，如家庭照明、家用电器、无线通信、工厂自动化生产等场合都离不开电路。

1.1.1　电路

1. 电路的基本概念

电路又叫电网络，它是由各种元器件按一定方式连接起来而构成的总体，它提供电流通过的路径。电路是电学的研究对象，根据电路的功能不同，可将电路分为两大类。第一类是用于能量转换、传输和分配的电路，它是电工技术的主要研究对象，这类电路主要由电气元件构成，如发电机、开关、电动机、电灯等。第二类是用于信号处理的电路，它是电子技术的主要研究对象，这类电路主要由电子元器件构成，如电阻器、电容器、二极管、三极管、集成电路等。

2. 电路的组成

电路与人们的生产生活息息相关，电工技术中的电路一般由电源、负载、导线和控制部分组成。图1-1（a）所示的电路是一个小灯泡照明电路，干电池是电路中的电源，为整个电路提供电能；灯泡是电路中的负载，能把电能转化为光能；导线把干电池、灯泡、开关连接起来，为电流提供通路；开关是电路中的控制部分，控制灯泡点亮或熄灭。这种电路通常用于手电筒中，如图1-1（b）所示。在手电筒中，金属带和弹簧就是导线，按钮就是开关。

知识窗📖：电路有三种基本状态：

（1）电路连通，有电流流过，称为通路状态。

（2）电路断开，无电流流过，称为开路状态。

（3）电路中的电源、负载或负载内部的元器件的引脚直接连通，称为短路状态。

在大多数情况下，短路状态会损坏电源或负载，造成电路故障，所以一般电路应避免出现这种状态。

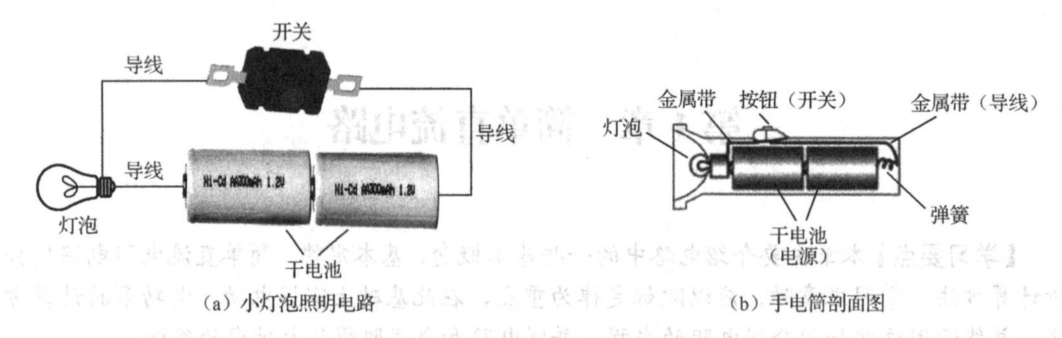

（a）小灯泡照明电路　　（b）手电筒剖面图

图 1-1　小灯泡照明电路和手电筒剖面图

1.1.2　电路图

要弄清电路图，先得了解图形符号。在分析和研究电路时，常用特定的符号来代表电路中的元器件，这种特定的符号就叫图形符号，图 1-2 是一些常用的图形符号。在这些图形符号中，有两个细节初学者一定要牢记，一是相连的导线，其交叉处有一个点，而不相连的导线无此点；二是电池的长线代表正极，短线代表负极。

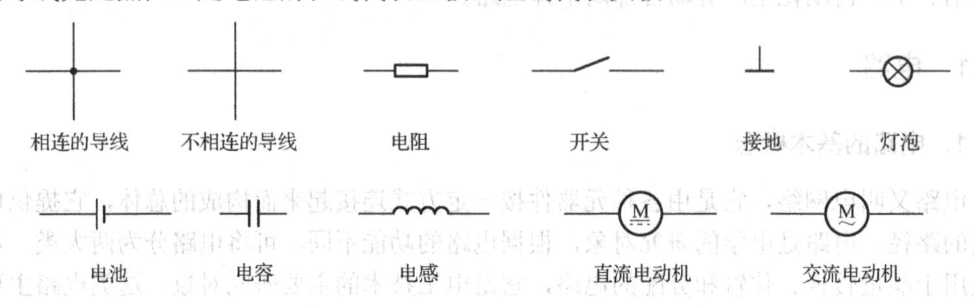

图 1-2　一些常用的图形符号

由图形符号连接而成的图形叫电路图，电路图非常重要，它能直观明了地反映出电路的结构和各元器件的连接情况，从而便于分析和研究。

例如，图 1-3（a）所示的电路是一个微型直流电风扇电路，其电路图如图 1-3（b）所示。图中，直流电动机、干电池、开关均用图形符号来表示。

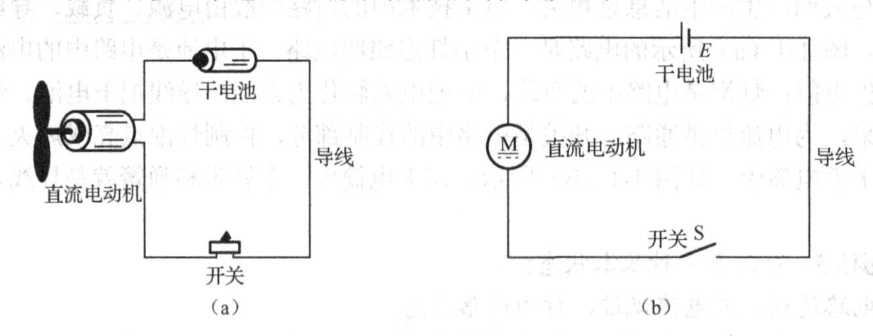

（a）　　（b）

图 1-3　微型直流电风扇电路及电路图

1.1.3 电阻和电阻率

1. 电阻

电流流过导体时会受到阻碍作用，这种阻碍作用用电阻来表示。电阻的国际单位为欧姆，用符号“Ω”表示，常用的单位还有千欧（kΩ）、兆欧（MΩ）、吉欧（GΩ）、太欧（TΩ）等，换算关系如下：

$$1k\Omega=10^3\Omega;\ 1M\Omega=10^3k\Omega;\ 1G\Omega=10^3M\Omega;\ 1T\Omega=10^3G\Omega$$

一般来说，导体都有一定的电阻。相同形状不同材料的导体，电阻不相等；相同材料不同形状的导体，电阻也不相等。实验证明，在温度不变时，横截面积均匀的导体的电阻与导体的长度成正比，与导体的横截面积成反比，并与导体材料的电阻率有关，这就是电阻定律，其表达式为：

$$R=\rho\frac{l}{S} \tag{1-1}$$

式中，R 表示电阻，单位为欧姆（Ω）；l 表示长度，单位为米（m）；S 表示横截面积，单位为平方米（m^2）；ρ 表示电阻率，单位为欧·米（Ω·m）

2. 电阻率

电阻率用 ρ 表示，是衡量材料导电能力的物理量。材料的电阻率越大，其导电能力越弱；材料的电阻率越小，其导电能力越强。根据材料导电能力的强弱，可将其分为三类，即导体、半导体和绝缘体。导体的电阻率最小，绝缘体的电阻率最大，半导体的电阻率介于二者之间。表 1-1 列举了部分常见材料在 20℃时的电阻率。

不同材料具有不同的电阻率，相同材料在不同温度下，电阻率也不一样。一般情况下，绝大部分金属材料的电阻率随温度的升高而增大，如钨、铝、铜等；半导体材料的电阻率随温度的升高而降低，如碳、硅、锗等。

表 1-1　部分常见材料在 20℃时的电阻率

材料名称	电阻率（Ω·m）	备　注
银	1.6×10^{-8}	导电能力很强，称为导体
铜	1.7×10^{-8}	
铝	2.8×10^{-8}	
铁	9.8×10^{-8}	
锡	1.14×10^{-7}	
锰铜	4.2×10^{-7}	
康铜	4.9×10^{-7}	
镍铬合金	1.1×10^{-6}	
碳	3.5×10^{-5}	导电能力介于导体和绝缘体之间，称为半导体
锗	0.60	
硅	2300	

续表

材料名称	电阻率（Ω·m）	备　注
塑料	10^{15}～10^{16}	导电能力极弱，称为绝缘体
陶瓷	10^{12}～10^{13}	
云母	10^{11}～10^{15}	

【例 1】 一根横截面积为 2.5mm²、长度为 300m 的铜导线，电阻为多少欧姆？

解：根据式（1-1）可得：

$$R=\rho\frac{l}{S}=1.7\times10^{-8}\times\frac{300}{2.5\times10^{-6}}\Omega=2.04\Omega$$

解题时，应注意单位，长度 l 用米（m）做单位，横截面积 S 用平方米（m^2）做单位，计算出的电阻用欧姆（Ω）做单位。

1.1.4 电路中的基本物理量

1. 电流强度（简称电流）

带电粒子叫电荷，带正电的粒子叫正电荷（用符号“+”表示），带负电的粒子叫负电荷（用符号“-”表示）。

电荷的定向移动形成电流，并且规定正电荷的移动方向为电流方向。如图 1-4（a）所示金属导体中，正电荷向右移动，则电流方向也向右。实际上，导体中的电流是由带负电荷的自由电子定向移动形成的，故电流方向与自由电子移动方向相反，如图 1-4（b）所示。

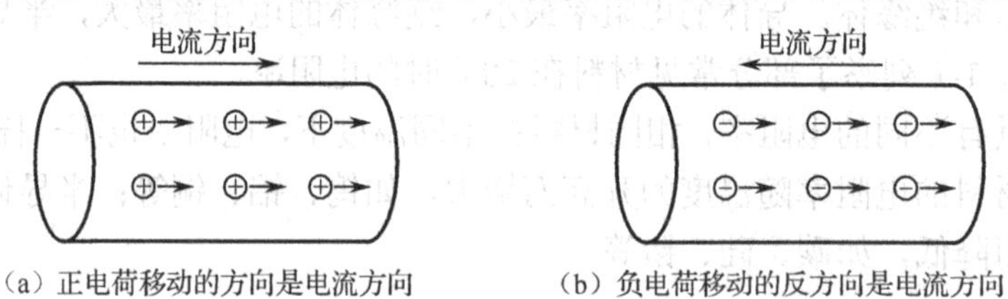

（a）正电荷移动的方向是电流方向　　（b）负电荷移动的反方向是电流方向

图 1-4 电流方向示意图

电流不仅有方向，而且有大小。电流的大小用电流强度表示。电流强度等于单位时间内流过导体横截面的电荷量。如果在时间 t 内通过导体横截面的电荷量为 q，则通过导体的电流强度为：

$$I=\frac{q}{t} \tag{1-2}$$

式中，I 表示电流强度，国际单位为安培（简称安），用符号“A”表示；q 表示电荷量（电量），国际单位为库仑（简称库），用符号“C”表示；t 表示时间，国际单位为秒，用符号“s”表示。值得一提的是，电流强度通常简称电流。

知识窗📖：安培（Ampere，1775—1836），法国著名物理学家、化学家和数学家。他在 1820—1827 年间，在电磁学领域做出了巨大贡献，提出了著名的安培定则。为了纪念这位伟大的物理学家，电流的国际单位以其名字命名。

在电工领域，电流强度的常用单位除安培外，还有千安（kA）；在电子领域，电流强度的常用单位除安培外，还有毫安（mA）和微安（μA）。各单位之间的换算关系如下：

$$1kA=10^3A; \quad 1A=10^3mA; \quad 1mA=10^3\mu A$$

根据电流大小、方向随时间变化情况的不同，可以将其分为以下几种：

（1）大小随时间变化，方向不随时间变化的电流称为直流电流。

（2）大小、方向都不随时间变化的电流称为稳恒电流。

（3）大小、方向都随时间变化的电流称为交流电流。

【例 2】 2 分钟内流过导体的电荷量为 120C，流过导体的电流为多大？

解：流过导体的电流为：

$$I=\frac{q}{t}=\frac{120}{2\times 60}A=1A$$

值得注意的是，使用以上公式解题时，q 和 t 都需要采用国际单位，这样计算出的电流的单位才是安培，否则会出错。

2. 电压和电位

电压和电位是两个紧密关联的物理量。电路中不同的点有不同的电位，任意两点之间的电压等于这两点电位的差（所以电压又叫电位差）。如图 1-5 所示，U_{ab}表示 a、b 两点之间的电压，U_a、U_b 分别表示 a、b 两点的电位，则 a、b 两点之间的电压为：

$$U_{ab}=U_a-U_b \tag{1-3}$$

知识窗📖： 在分析计算电路中各点的电位时，一般选择电路中某一点作为参考点，并规定参考点电位为 0V，其他各点的电位在数值上就等于该点和参考点之间的电压。

如图 1-5 所示，选择 b 点为参考点，所以 b 点电位 U_b 为 0V，由式（1-3）变形可得 a 点电位为：

$$U_a=U_{ab}+U_b=U_{ab}+0=U_{ab}$$

式中，电压和电位的国际单位都是伏特（简称伏，用符号“V”表示）。常用的电压单位还有千伏（kV）、毫伏（mV）及微伏（μV），它们之间的换算关系如下：

$$1kV=10^3V; \quad 1V=10^3mV; \quad 1mV=10^3\mu V$$

顺便指出☞： 和电流一样，电压也是有方向的，电压的方向规定为从高电位指向低电位，即电位降低的方向，因此电压又称电压降。电流在电源外部从高电位流向低电位，在电源内部从低电位流向高电位。因此，可以用电流的方向来判定电路中各点电位的高低。图 1-5 中，电流在电源外部从 a 点流向 b 点，所以 a 点电位高于 b 点电位。

电路中，任意两点之间的电位差有两个。如图 1-5 所示，a、b 两点之间有电位差（U_a-U_b）和（U_b-U_a），由电压降和电位的关系可知：

$$U_{ab}=U_a-U_b$$

$$U_{ba}=U_b-U_a$$

因为 a 点电位高于 b 点电位，所以电压降 U_{ab} 为正值，记为 $+U_{ab}$；电压降 U_{ba} 为负值，记为 $-U_{ab}$。

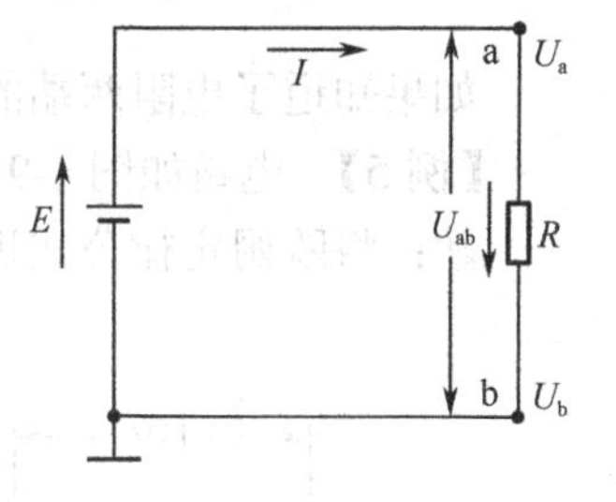

图 1-5　电压与电位的关系

3. 电源与电动势

电源是一种把非电能转化为电能的设备，为整个电路提供电能。电源有正极和负极两个端子，电位高的一端为正极，电位低的一端为负极。

电动势是衡量电源把非电能转化为电能的能力的物理量。它的单位和电压的单位一样，也是伏特（V）。如一节五号干电池的电动势是 1.5V。和电压一样，电动势也有方向，其方向规定为从电源的负极经内部指向正极。

知识窗📖：伏特（Volt，1745—1827），意大利物理学家，一生致力于起电盘、电堆的研究工作，主要贡献是发明了伏特电池。为了纪念这位伟大的科学家，将电动势、电压及电位的单位定为伏特。

1.2 欧姆定律

1826 年，德国物理学家欧姆通过试验发现了电阻中电流与电压成正比关系，这就是电学中著名的欧姆定律。欧姆定律有两层含义，即部分电路欧姆定律和全电路欧姆定律。

1.2.1 部分电路欧姆定律

当电路中有电流流过电阻时，电阻两端就会产生电压，如图 1-6 所示。实验证明，流过电阻的电流与电阻两端产生的电压成正比，与电阻的阻值成反比，这个规律称为部分电路欧姆定律，它的表达式为：

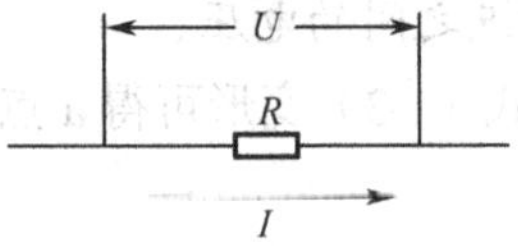

$$I=\frac{U}{R} \tag{1-4}$$

图 1-6 部分电路

式中，I 的单位为安培（A）；U 的单位为伏特（V）；R 的单位为欧姆（Ω）。

【例 3】 电路如图 1-7 所示，求电流 I。

解：
$$I=\frac{U}{R}=\frac{12}{24}\text{A}=0.5\text{A}$$

如果知道了电阻的阻值和流过它的电流，就可根据欧姆定律公式求出电阻两端的电压。

【例 4】 电路如图 1-8 所示，求电阻两端的电压 U。

解：将欧姆定律公式进行变形即可求出 U：

$$U=IR=2\times2\text{V}=4\text{V}$$

如果知道了电阻两端的电压和流过它的电流，就可根据欧姆定律公式求出电阻值。

【例 5】 电路如图 1-9 所示，求电阻的阻值。

解：将欧姆定律公式进行变形即可求出 R：

$$R=\frac{U}{I}=\frac{6}{2}\Omega=3\Omega$$

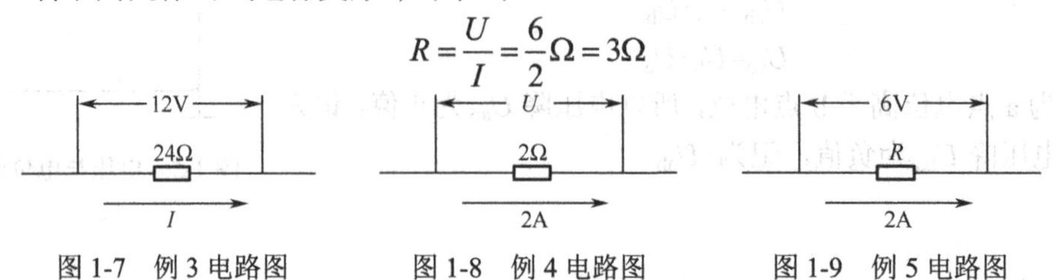

图 1-7 例 3 电路图　　图 1-8 例 4 电路图　　图 1-9 例 5 电路图

1.2.2 全电路欧姆定律

部分电路欧姆定律只揭示了电路中电阻两端的电压，以及与流过它的电流之间的关系，而没有涉及电源电动势。在包含电源的全电路中，电源电动势、电阻两端的电压、流过电阻的电流三者之间的关系又是怎样的呢？

全电路中，电源不仅为整个电路提供了电动势，而且会对流过它自身的电流产生阻碍作用，即电源内部也有电阻，称为内阻。如图 1-10 所示，E 为电源电动势，r_o 为内阻，R 为电源外接电路的电阻，称为外电路电阻，虚线框内的电路是电源的等效电路。

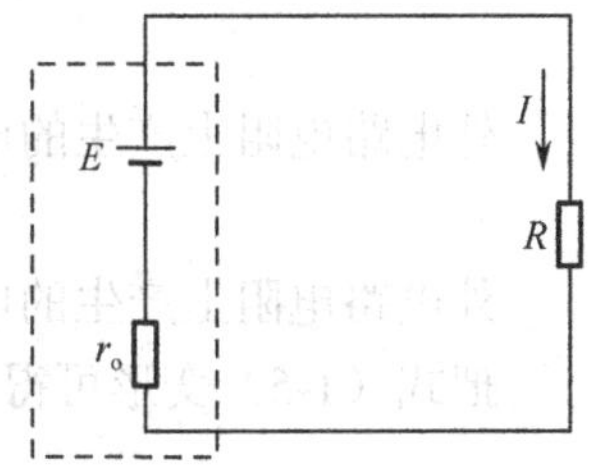

图 1-10　全电路图

实验证明，全电路中电流与电源电动势成正比，与外电路电阻、内阻之和成反比，这个规律称为全电路欧姆定律，其表达式为：

$$I=\frac{E}{R+r_o} \tag{1-5}$$

式中，电流的单位为安培（A）；电压的单位为伏特（V）；外电路电阻、内阻的单位均为欧姆（Ω）。

【例 6】 在图 1-11 所示电路中，电源电动势为 12V，内阻为 2Ω，若在其外部接上一个 10Ω 的电阻，求回路的电流。

解：根据全电路欧姆定律得：

$$I=\frac{E}{R+r_o}=\frac{12}{10+2}\text{A}=1\text{A}$$

【例 7】 在图 1-12 所示电路中，电源电动势为 14V，电流表读数为 2A，外电阻为 6.8Ω，求电源内阻 r_o。

解：将全电路欧姆定律公式变形得：

$$IR+Ir_o=E$$

$$r_o=\frac{E-IR}{I}=\frac{14-2\times6.8}{2}\Omega=0.2\Omega$$

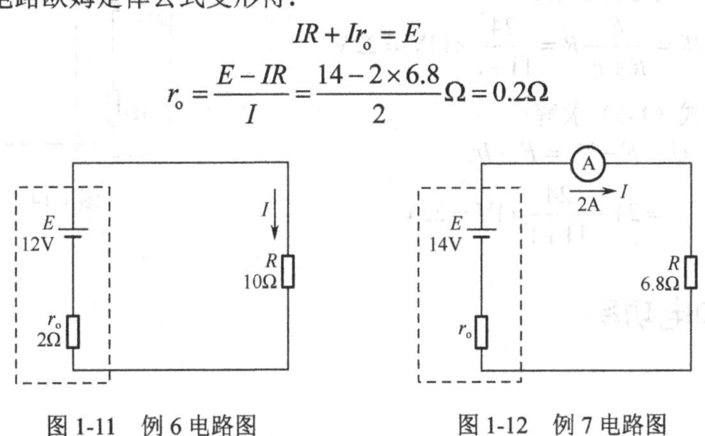

图 1-11　例 6 电路图　　图 1-12　例 7 电路图

知识窗📖：欧姆（Ohm，1787—1854），德国物理学家。1826 年，欧姆发现了电阻中电流与电压的正比关系，即著名的欧姆定律。另外，他还证明了导体的电阻与其长度和电阻率成正比，与其横截面积成反比。欧姆定律及其公式的发现，给电学的计算带来了很大方便。为纪念他，人们将电阻的单位定为欧姆（简称欧，符号为“Ω”）。

1.2.3 路端电压及电源外特性

在图 1-13（a）所示的全电路中，电流在电源内阻和外电路电阻上都要产生电压，内阻上产生的电压为：

$$U_o=Ir_o$$

外电路电阻上产生的电压为：

$$U=IR$$

外电路电阻上产生的电压 U 被称为路端电压。

把式（1-5）变形可得：

$$E=IR+Ir_o=U+U_o$$

所以路端电压为：

$$U=E-U_o=E-Ir_o \tag{1-6}$$

式（1-6）反映了路端电压与电源输出电流之间的关系，也称电源的外特性。若将这一特性描绘在 U–I 坐标中，就可得到电路的伏安特性曲线，如图 1-13（b）所示。由图可知，随着电源输出电流增大，加在外电路电阻两端的路端电压会降低。

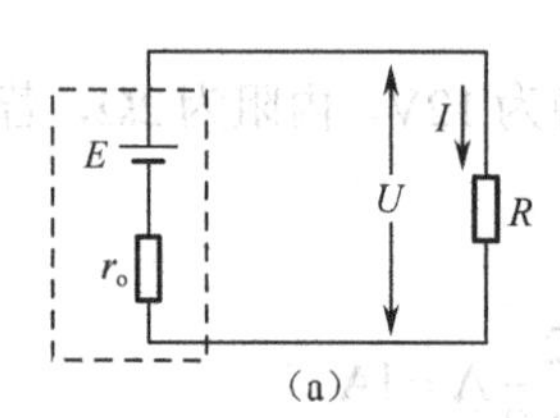

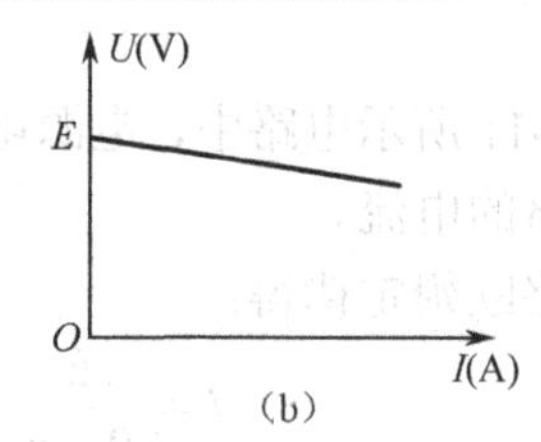

图 1-13 全电路图及其伏安特性曲线

【例 8】 电路如图 1-14 所示，求路端电压 U。

方法 1：用欧姆定律求解：

$$U=IR=\frac{E}{R+r_o}R=\frac{24}{11+1}\times 11\text{V}=22\text{V}$$

方法 2：用式（1-6）求解

$$U=E-U_o=E-Ir_o$$

$$=24-\frac{24}{11+1}\times 1\text{V}=22\text{V}$$

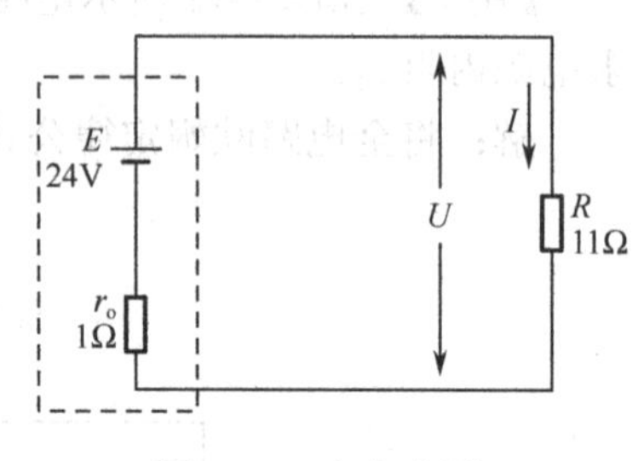

图 1-14 全电路图 1

1.3 电功和电功率

1.3.1 电功

电流流过负载时要做的功称为电功，它等于负载在工作时消耗的电能。

对于电阻性负载来说，加在负载两端的电压越高，流过负载的电流强度越大，通电时间越长，电流所做的电功就越多，负载消耗的电能也就越多，电功与电压、电流强度、通电时间之间的关系为：

$$W = UIt \tag{1-7}$$

式中，电功用 W 表示，单位为焦耳（J）；电压的单位为伏特（V）；电流的单位为安培（A）；时间的单位为秒（s）。

在实际生产生活中，常用的电功、电能的单位是“度”。

$$1\text{度}=1\text{千瓦时}=1\text{kW}\times1\text{h}=1000\text{W}\times3600\text{s}=3.6\times10^6\text{J}$$

【例 9】 一个 22Ω 的电阻，接在 220V 电压上，1h 能做多少功（消耗多少电能）？

解：流过电阻的电流为：

$$I = \frac{U}{R} = \frac{220}{22}\text{A} = 10\text{A}$$

故

$$W = UIt = 220\times10\times3600\text{J} = 7.92\times10^6\text{J}$$

知识窗📖：焦耳（Joule，1818—1889），英国物理学家。焦耳研究了热和机械功之间的当量关系，在完成电流热效应的研究之后，又进行了功与热量的转化试验。焦耳认为，自然界的能量是不能消灭的，消耗了机械能，总能得到相应的热能，因此，做功和传递热量之间一定存在着确定的数量关系，即热功当量。焦耳在 1841 年发现了电能和热能之间的转化关系，这就是焦耳定律。后人为了纪念他，把能量或功的单位命名为焦耳，简称焦。

1.3.2 电功率

电流流过不同的负载做同样的电功，而所花的时间并不一样。电功率就是衡量在单位时间里，电流所做电功的物理量。如果在 t 时间内，电流所做电功为 W，那么电功率为：

$$P = \frac{W}{t} \tag{1-8}$$

把式（1-7）代入式（1-8）可得：

$$P = UI = I^2R = \frac{U^2}{R} \tag{1-9}$$

式中，P 表示电功率，单位为瓦特（W）；电压的单位为伏特（V）；电流的单位为安培（A）。

【例 10】 一台家用 300W 的电热取暖器，连续正常工作 4h，消耗的电能为多少焦耳？折合多少度电？

解：电热取暖器消耗的电能等于电流所做的电功，而电功由式（1-8）变形可得：

$$W=P\,t=300\times4\times3600\text{J}=4320000\text{J}$$

因 1 度=3.6×10^6J，所以折合为 $\frac{4320000}{3.6\times10^6}\text{度} = 1.2\text{度}$。

知识窗📖：瓦特（Watt，1736—1819），英国发明家。1776 年制造出第一台有实用价值的蒸汽机，以后经过一系列重大改进，使之成为动力源，在工业上得到广泛应用。他开辟了人类利用能源的新时代，使人类进入“蒸汽时代”。后人为了纪念这位伟大的发明家，把功率的单位定为瓦特（简称瓦，符号为“W”）。

1.3.3 电阻消耗的能量

电流流过电阻时所做的电功，都转化成了热量，这种现象称为电流的热效应。

实验证明，电流流过电阻时产生的热量与电流的平方、电阻阻值和通电时间成正比，通常把这个规律称为焦耳定律，它的表达式为：

$$Q = I^2 R t \tag{1-10}$$

式中，电流的单位为安培（A）；电阻的单位为欧姆（Ω）；时间的单位为秒（s）；热量用Q表示，单位为焦耳（J）。热量还有一个常用单位叫卡，符号为“cal”，它与焦耳之间的换算关系为：

$$1\text{cal}=4.18\text{J}$$

顺便指出☞：因为电流的热效应，用电器在工作一段时间后，电路的温度会升高。如果温度升得过高，电路就可能会被烧坏，所以工作时发热量大的用电器应保持良好的通风散热。例如，为了让计算机通风散热，在主机箱内安装多个电风扇，并在箱体尾部开通风口。

电流的热效应也并非全是负面作用，它也有着非常大的应用价值。例如，人们生活中常用的电饭煲、电烤箱等，都是利用电流的热效应而设计出来的。正是因为这些器具，给人们的生活带来了巨大的便利，所以合理利用电流的热效应也能造福人类。

1.3.4 负载获得最大功率的条件

在图 1-15 所示的全电路中，负载从电源处获得功率，其获得功率的大小与哪些因素有关呢？由式（1-6）可知，负载通电后两端的电压为：

$$U = E - Ir_o$$

将上式两边同乘以I，可得：

$$IU = IE - I^2 r_o$$

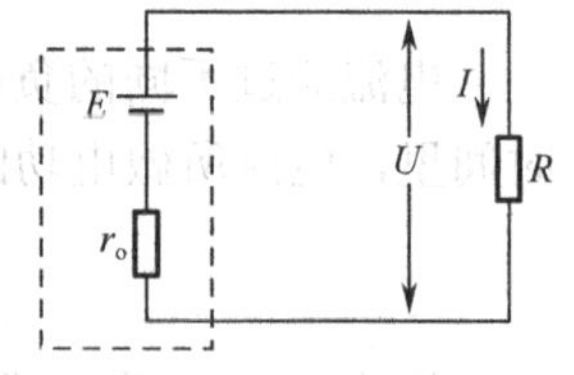

图 1-15 全电路图 2

式中，IE为电源提供的总功率；IU为负载从电源处获得的功率；$I^2 r_o$为电源内阻消耗的功率。如果负载是纯电阻，则负载获得的功率为：

$$P = UI = I^2 R = \left(\frac{E}{R + r_o}\right)^2 R = \frac{RE^2}{(R + r_o)^2} = \frac{RE^2}{(R - r_o)^2 + 4Rr_o}$$

从上式可以看出，只有当$R=r_o$时，分式的分母最小，分式的值最大，功率P为最大值，即负载获得的功率最大，且最大值为：

$$P_m = \frac{E^2}{4R} \text{或} \frac{E^2}{4r_o} \tag{1-11}$$

结论：在全电路中，当负载电阻等于电源内阻时，负载获得的功率最大。

【例 11】 有一个电动势为 12V、内阻为 3Ω 的蓄电池，试问，当外接电阻为多大时，蓄电池输出的功率最大？最大功率为多少瓦？

解：当外接电阻等于内阻时，即$R=r_o=3\Omega$时，蓄电池输出的功率最大。

最大功率为：

$$P_m = \frac{E^2}{4R} = \frac{12^2}{4 \times 3}\text{W} = 12\text{W}$$

【例 12】 在如图 1-16 所示的电路中，R_1=4Ω，电源的电动势 E=40V，内阻 r_o=1Ω，R_2 为变阻器，要使变阻器消耗的功率最大，R_2 应为多大？这时 R_2 消耗的功率是多少？

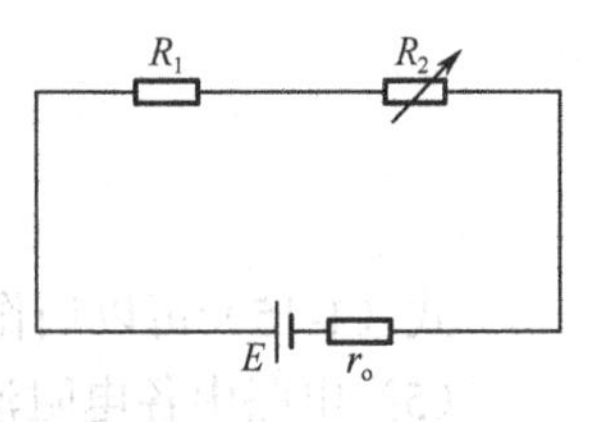

图 1-16　例 12 电路图

解：可以把 R_1 看作电源内阻的一部分，这样电源内阻就是 R_1+r_o，利用电源输出功率最大的条件，可以求出，当

$$R_2=R_1+r_o=(4+1)\Omega=5\Omega$$

时，R_2 消耗的功率最大，且最大功率为：

$$P_m = \frac{E^2}{4R_2} = \frac{40^2}{4 \times 5}\text{W} = 80\text{W}$$

顺便指出☞：当负载获得最大功率时，称电路的负载与电源匹配。电路匹配的问题广泛地存在于实际应用中。比如，功放机与音箱连接时，为了让音箱从功放机处获得最大功率，要求音箱的阻抗与功放机的输出阻抗相等。在这里，可以把功放机看作电源，把音箱看作负载。功放机的输出阻抗相当于电源的内阻，音箱的阻抗相当于负载的电阻。

1.4　直流电阻电路

直流电阻电路按复杂程度不同，可以分为简单直流电阻电路和复杂直流电阻电路。简单直流电阻电路又可以分为电阻串联电路和电阻并联电路。

1.4.1　电阻串联电路

电阻依次串接，中间无分支的电路，称为电阻串联电路。如图 1-17 所示为三个电阻串联的电路。

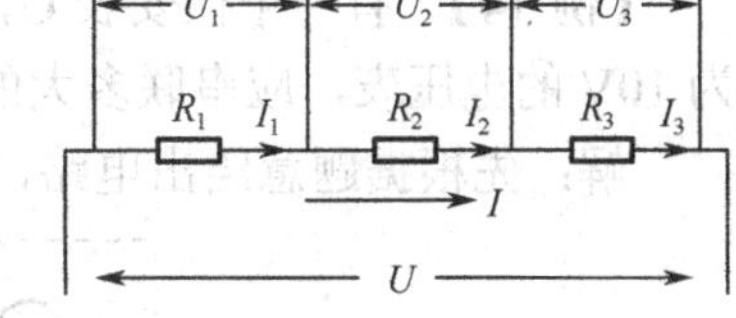

图 1-17　三个电阻串联的电路图

电阻串联电路有如下一些特点：

（1）电路的总电流等于流过各电阻的电流，即

$$I = I_1 = I_2 = I_3 \tag{1-12}$$

（2）电路的总电压等于各电阻两端电压之和，即

$$U = U_1 + U_2 + U_3 \tag{1-13}$$

（3）电路的总等效电阻等于各电阻之和，即

$$R = R_1 + R_2 + R_3 \tag{1-14}$$

式中，R 表示总电阻，即 R_1、R_2 和 R_3 串联之后的等效电阻。

（4）电路中各电阻两端的电压与电阻的阻值成正比，即阻值大的电阻，其两端的电压也大，阻值小的电阻，其两端的电压也小，这种关系称为分压关系，由于

$$I = \frac{U_1}{R_1} = \frac{U_2}{R_2} = \frac{U_3}{R_3} = \frac{U}{R_1 + R_2 + R_3}$$

所以有

$$U_1 = \frac{R_1}{R_1 + R_2 + R_3} U$$

$$U_2 = \frac{R_2}{R_1 + R_2 + R_3} U \qquad (1\text{-}15)$$

$$U_3 = \frac{R_3}{R_1 + R_2 + R_3} U$$

式（1-15）可以当作电阻串联时的分压公式使用。

（5）电路中各电阻消耗的功率与电阻的阻值成正比，即

$$P_1 = U_1 I_1 = I_1 R_1 I_1 = I^2 R_1$$

同理得

$$P_2 = I^2 R_2, \quad P_3 = I^2 R_3 \qquad (1\text{-}16)$$

这表明阻值大的电阻消耗的功率大，阻值小的电阻消耗的功率小。

（6）电路中消耗的总功率等于各电阻消耗的功率之和，即

$$P = IU = I^2 R = I^2 (R_1 + R_2 + R_3) = P_1 + P_2 + P_3 \qquad (1\text{-}17)$$

【例 13】 电路如图 1-18 所示，求：（1）电路的总电阻；（2）电路中的电流；（3）各电阻上的电压；（4）各电阻所消耗的功率。

解：（1）$R = R_1 + R_2 + R_3 = (1+2+3)\Omega = 6\Omega$

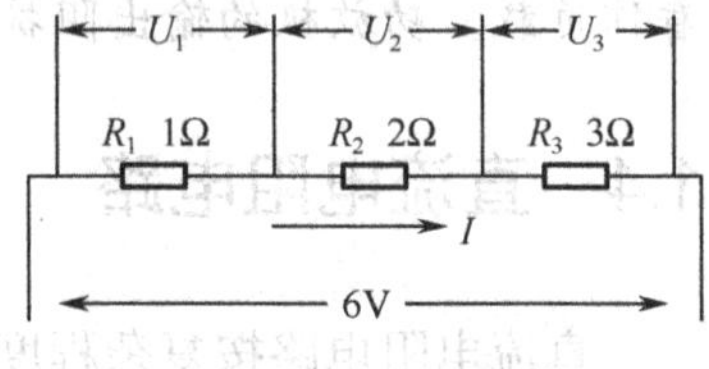

图 1-18　电阻串联

（2）$I = \frac{U}{R} = \frac{6}{6}\text{A} = 1\text{A}$

（3）$U_1 = IR_1 = 1 \times 1\text{V} = 1\text{V}$

$U_2 = IR_2 = 1 \times 2\text{V} = 2\text{V}$

$U_3 = IR_3 = 1 \times 3\text{V} = 3\text{V}$

（4）$P_1 = I^2 R_1 = 1^2 \times 1\text{W} = 1\text{W}$

$P_2 = I^2 R_2 = 1^2 \times 2\text{W} = 2\text{W}$

$P_3 = I^2 R_3 = 1^2 \times 3\text{W} = 3\text{W}$

【例 14】 有一个微安表 G，内阻 R_g=1000Ω，满偏电流 I_g=200μA，要把它改装成量程为 10V 的电压表，应串联多大的电阻？

解：先根据题意绘出电路，如图 1-19 所示，R 代表应串联的电阻。

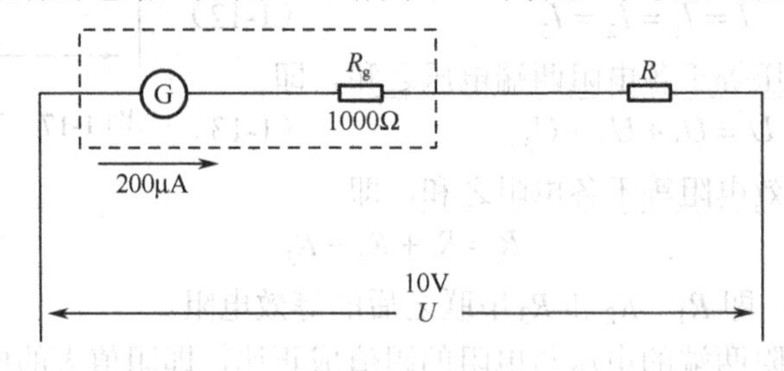

图 1-19　例 14 电路图

流过 R 的电流为：

$$I_g = 200\mu\text{A} = 0.2\text{mA} = 0.0002\text{A}$$

R 两端的电压为：

$$U_R=U-I_gR_g=(10-0.0002\times1000)\text{V}=9.8\text{V}$$

则有

$$R=\frac{U_R}{I_g}=\frac{U-I_gR_g}{I_g}=\frac{9.8}{0.0002}\Omega=49\text{k}\Omega$$

故串联的电阻应为 49kΩ。

推广到一般情况，毫安表（或微安表）改装成电压表时，应串联的电阻 R 为：

$$R=\frac{U_R}{I_g}=\frac{U-I_gR_g}{I_g}=\frac{U}{I_g}-R_g$$

上式中，U 为改装后电压表的量程；I_g 为毫安表（或微安表）的满偏电流；R_g 为毫安表（或微安表）的内阻。式中各量的单位均为国际单位。

提醒：电压表都是由微安表或毫安表串联一个大电阻而形成的，因此电压表具有很大的内阻，应用中常认为其内阻为∞。

1.4.2　电阻并联电路

电阻并排连接在两根导线之间的电路，称为电阻并联电路。如图 1-20 所示为两个电阻并联的电路。

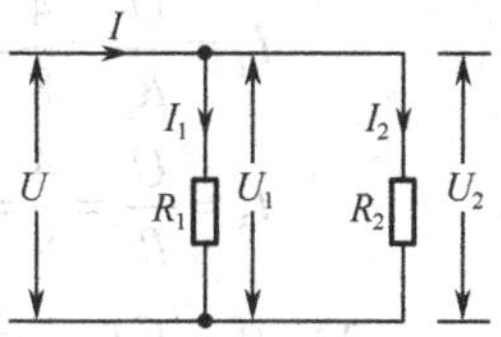

电阻并联电路有如下特点：

（1）电路的总电流等于流过各电阻的分电流之和，即

$$I=I_1+I_2 \tag{1-18}$$

（2）电路的总电压等于各电阻两端的电压，即

$$U=U_1=U_2 \tag{1-19}$$

图 1-20　两个电阻并联

（3）电路总电阻的倒数等于各电阻倒数之和，即

$$\frac{1}{R}=\frac{1}{R_1}+\frac{1}{R_2} \tag{1-20}$$

式中，R 表示总电阻，即 R_1 和 R_2 并联之后的等效电阻。

将式（1-20）通分后，可求得：

$$R=\frac{R_1R_2}{R_1+R_2}$$

上式说明，两电阻并联后的总电阻等于两电阻之积除以两电阻之和。

（4）电路中流过各电阻的电流与电阻的阻值成反比，即阻值大的电阻流过的电流小，阻值小的电阻流过的电流大，这种关系称为分流关系。由于

$$U=I_1R_1=I_2R_2=IR$$

所以有

$$I_1=\frac{R}{R_1}I=\frac{R_2}{R_1+R_2}I$$

$$I_2=\frac{R}{R_2}I=\frac{R_1}{R_1+R_2}I \tag{1-21}$$

式（1-21）可以当作两个电阻并联时的分流公式使用。

（5）电路中各个电阻消耗的功率与阻值成反比，即

$$P_1=\frac{U^2}{R_1},\quad P_2=\frac{U^2}{R_2}$$

上式表明，阻值大的电阻消耗的功率小，阻值小的电阻消耗的功率大。

（6）电路中消耗的总功率（P）等于各电阻消耗的功率之和，即

$$P=IU=\frac{U^2}{R}=U^2\left(\frac{1}{R_1}+\frac{1}{R_2}\right)=\frac{U^2}{R_1}+\frac{U^2}{R_2}=P_1+P_2$$

【例 15】 电路如图 1-21 所示，求：（1）总电阻；（2）各支路电流 I_1、I_2、I_3；（3）各电阻消耗的功率；（4）电路总消耗的功率。

解：（1）由于

$$\frac{1}{R}=\frac{1}{R_1}+\frac{1}{R_2}+\frac{1}{R_3}=\frac{1}{4}+\frac{1}{8}+\frac{1}{8}=\frac{1}{2}$$

故总电阻 R=2Ω。

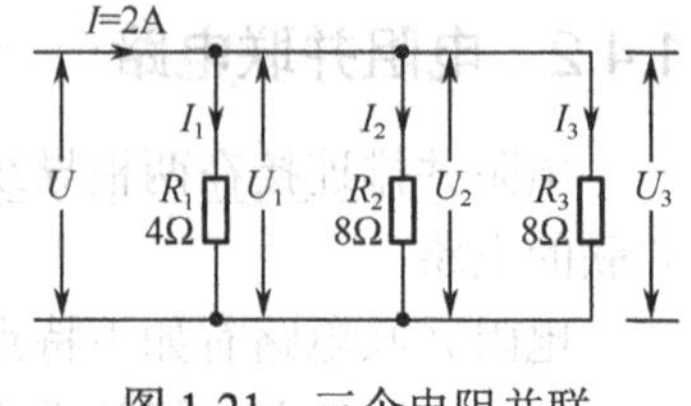

图 1-21 三个电阻并联

（2）$U=IR=2\times2=4\text{V}$

$$I_1=\frac{U}{R_1}=\frac{4}{4}=1\text{A}$$

$$I_2=\frac{U}{R_2}=\frac{4}{8}=0.5\text{A}$$

$$I_3=\frac{U}{R_3}=\frac{4}{8}=0.5\text{A}$$

（3）$P_1=I_1^2R_1=1^2\times4=4\text{W}$

$$P_2=I_2^2R_2=0.5^2\times8=2\text{W}$$

$$P_3=I_3^2R_3=0.5^2\times8=2\text{W}$$

（4）$P=P_1+P_2+P_3=8\text{W}$

特别提示：n 个阻值相同的电阻并联后，总阻值为原来的 $1/n$。

【例 16】 有一只微安表 G，其内阻 R_g=1000Ω，满偏电流 I_g=200μA，现要改装成量程为 2A 的电流表，应并联多大的分流电阻？

解：根据题意画出电路，如图 1-22 所示，R 为分流电阻。

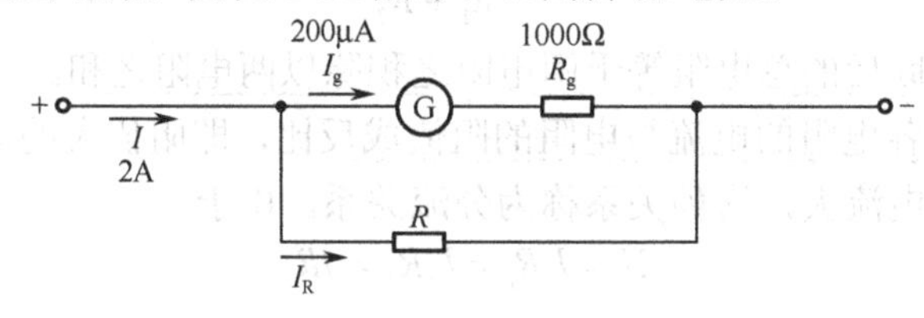

图 1-22 例 16 电路图

微安表允许通过的最大电流是 200μA（0.0002A），在测量 2A 的电流时，分流电阻 R 上通过的电流应为：

$$I_R=I-I_g=2-0.0002=1.9998\text{A}。$$

R 两端的电压等于微安表两端的电压，

即

$$U_R=I_gR_g=0.0002\times1000=0.2\text{V}。$$

所以有

$$R=\frac{U_R}{I_R}=\frac{0.2}{1.9998}\approx0.1\Omega$$

即并联 0.1Ω 的分流电阻后，就可以把这个微安表改装成量程为 2A 的电流表。

推广到一般情况，毫安表（或微安表）改装成安培表时，应并联的电阻 R 为：

$$R=\frac{U_R}{I_R}=\frac{I_gR_g}{I-I_g}$$

上式中，I 为改装后安培表的量程；I_g 为毫安表（或微安表）的满偏电流；R_g 为毫安表（或微安表）的内阻。式中各量的单位均为国际单位。

提醒：电流表是由微安表或毫安表并联一个小电阻而形成的，因此电流表具有很小的内阻，应用中常认为其内阻为 0。

1.4.3 电阻混联电路

既有电阻串联又有电阻并联的电路，称为电阻混联电路。

1. 电阻混联电路的分类

电阻混联电路可分为两大类：

（1）能用电阻串、并联的方法简化为无分支回路的电路，称为简单直流电阻电路。如图 1-23 所示的混联电路最终能简化为无分支的电路，所以是简单直流电阻电路。

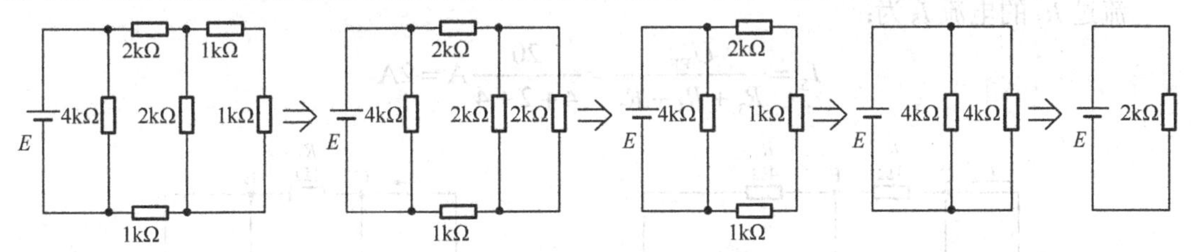

图 1-23　简单直流电阻电路图

（2）不能用电阻串、并联的方法简化为无分支回路的电路，称为复杂直流电阻电路。如图 1-24 所示的混联电路最终只能简化为有分支的电路，所以是复杂直流电阻电路。

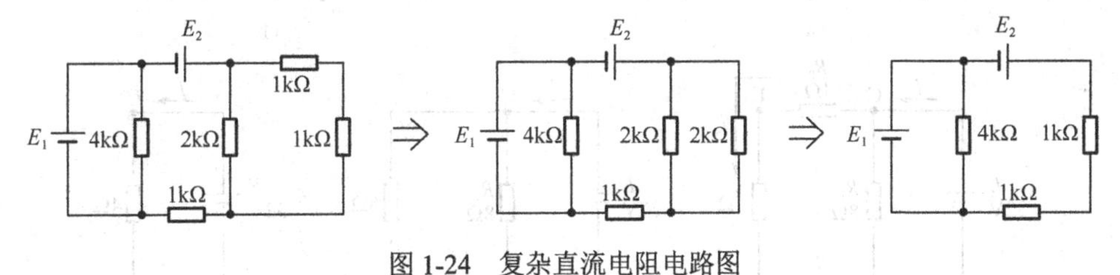

图 1-24　复杂直流电阻电路图

2. 电阻混联电路的简化

一般不容易直接看出简单直流电阻电路电阻之间的串、并联关系，不便进行电路分析。为此应该对电路进行等效变换，最终简化成无分支回路的电路形式。

常用的一种简化电路的方法是先利用电流的分、合关系，把电路转化为容易判断的串、并联形式，然后再等效变换为最简的无分支回路形式。例如，图 1-25（a）所示的混联电路最终可以简化为图 1-25（b）所示的并联电路，也可将各个电阻的位置与 a、b 两点联系起来分析，结果发现所有电阻都接在 a、b 之间，从而得到图 1-25（b）所示的电路图。

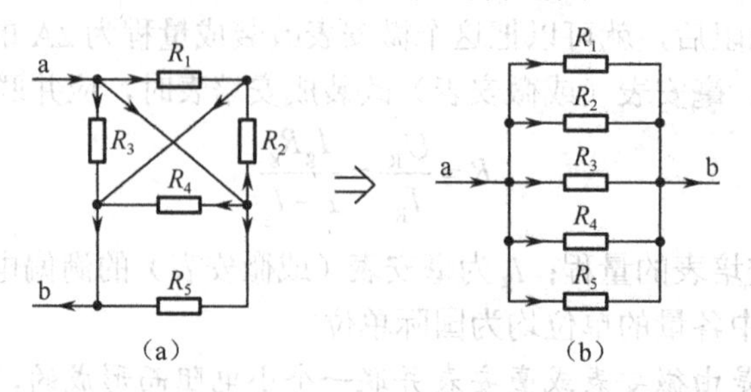

图 1-25　混联电路的化简

【例 17】 电路如图 1-26（a）所示，E=32V。求：（1）总电流 I；（2）通过电阻 R_5 的电流。

解：（1）对电路依次进行化简，参考图 1-26（b）、（c）、（d）、（e），可求得总电阻 R=4Ω。故电路总电流为：

$$I=\frac{E}{R}=\frac{32}{4}=8\text{A}$$

由图 1-26（c）可知，$I_2=\frac{1}{2}I=4\text{A}$，故 $U_{\text{EF}}=I_2\times5=4\times5=20\text{V}$。

流过 R_5 的电流 I_5 为：

$$I_5=\frac{U_{\text{EF}}}{R_3+R_5+R_7}=\frac{20}{4+2+4}\text{A}=2\text{A}$$

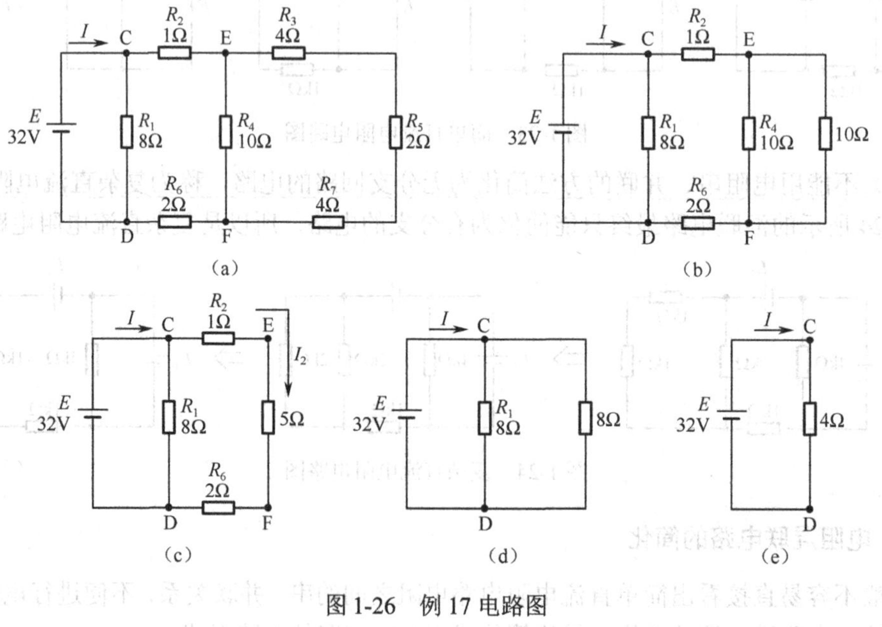

图 1-26　例 17 电路图

【例 18】 图 1-27 所示为惠斯电桥电路。R_1、R_2、R_3、R_4是电桥的四个臂，G 为电流表，当 R_1、R_2、R_3、R_4满足什么条件时，通过电流表的电流 I_g=0。

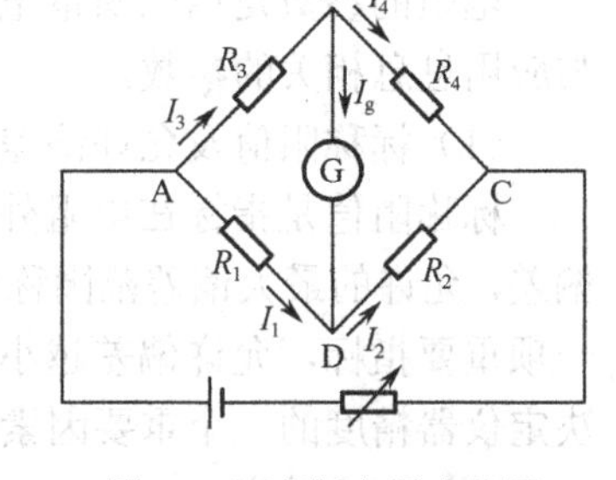

图 1-27 惠斯电桥电路图

解：若 I_g=0，则有：

$$I_1=I_2，I_3=I_4$$

且 B、D 两点的电位相同（BD 之间无电压降），故

$$I_3R_3=I_1R_1，I_4R_4=I_2R_2$$

将两式相除得：

$$\frac{R_3}{R_4}=\frac{R_1}{R_2}$$

变形得：

$$R_3R_2=R_1R_4$$

由此可知：当电桥满足 $R_3R_2=R_1R_4$ 时，I_g=0，此时称电桥平衡。换句话说，当电桥处于平衡状态时，B、D 两点的电位相等，B、D 之间电流为 0。

1.5 电阻器知识

在电工和电子技术中，把具有电阻特性的实体称为电阻器，简称电阻。电阻常用 R 表示，是电工技术和电子技术中最常用的元件之一。

1.5.1 电阻的分类及参数

1. 电阻的分类

电阻的种类很多，随着技术的不断发展，电阻的品种还在继续增加。按照不同的分类方法，电阻可以分为不同的类型。

（1）按电阻体材料的不同，电阻可分为如下几种：

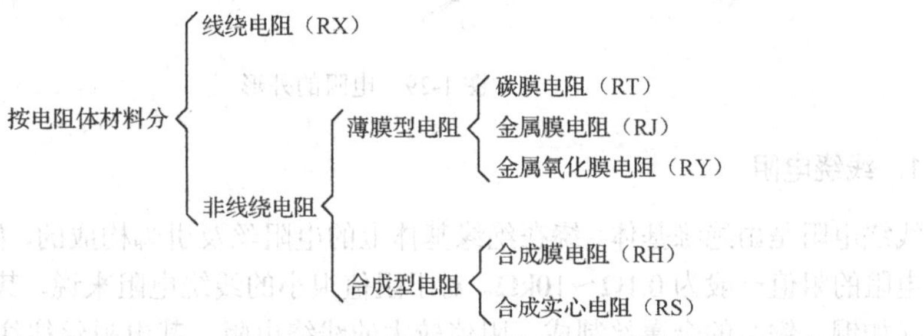

（2）按阻值的可变与否来分，电阻可分为固定电阻和可变电阻，它们在电路中的图形符号略有区别，如图 1-28 所示。

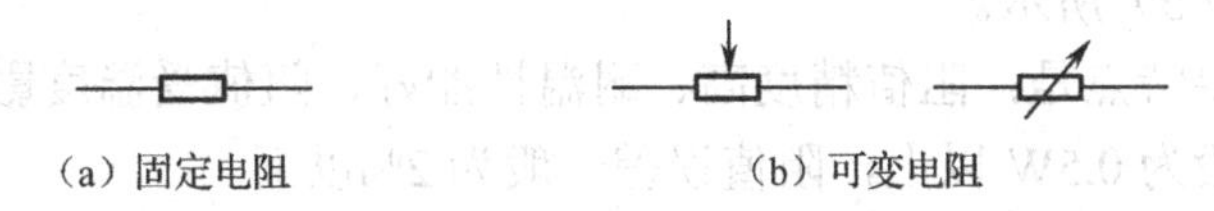

图 1-28 固定电阻和可变电阻的图形符号

2. 电阻的主要参数

电阻的参数是用来衡量电阻性能的基本物理量。电阻的参数较多，这里主要介绍几个与应用息息相关的参数。

（1）标称阻值及允许偏差。

标称阻值是指标在电阻外壳上的电阻值。电阻的实测阻值与标称阻值之间一般会存在偏差，允许的最大偏差范围称为允许偏差（或允许误差）。允许偏差是电阻生产和使用中的一项重要指标，允许偏差越小，说明电阻的精度越高。在精密仪器中，电阻的精度往往是决定仪器精度的一个重要因素。

（2）额定功率。

额定功率是指电阻在正常大气压力及额定温度下，长期连续工作，并能满足规定的性能要求时，所允许耗散的最大功率。

（3）额定工作电压（简称额定电压）。

额定工作电压是由额定功率和标称阻值乘积的平方根算出来的电压，即

$$U_{\mathrm{R}} = \sqrt{PR}$$

式中，U_{R}为额定工作电压，单位为V；P为额定功率，单位为W；R为标称阻值，单位为Ω。

1.5.2 固定电阻

所谓固定电阻是指，在应用时，其阻值不可调的电阻。这类电阻一般只有两个引脚，属二端元件，外形如图1-29所示。常用的固定电阻有线绕电阻和薄膜型电阻。

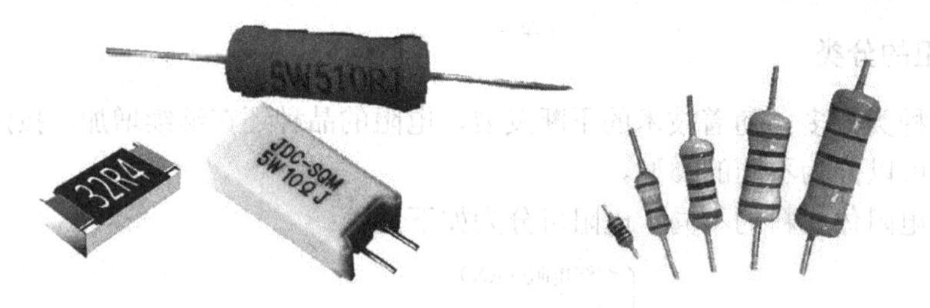

图1-29　电阻的外形

1. 线绕电阻

线绕电阻是由绝缘基体、绕在绝缘基体上的电阻丝及引脚构成的，如图1-30（a）所示。线绕电阻的阻值一般为0.1Ω～10kΩ。对于阻值很小的线绕电阻来说，其电阻丝往往由低电阻率（如铜、铁）的金属丝制成。阻值较大的线绕电阻，其电阻丝往往选用高阻合金丝。在生产线绕电阻时，厂家一般采用白色水泥、硅树脂、绝缘漆等材料进行封装，以免电阻丝裸露，如图1-30（b）所示。

线绕电阻的主要特点是：阻值精度高、耐温性能好、阻值受温度影响小、功率大等。线绕电阻的功率一般为0.5W以上，阻值误差一般为2%以下。

知识窗📖： 线绕电阻上常标有“RX”字样，“R”表示电阻，“X”是“线”的汉语拼音声母，表示“线绕”电阻的意思。

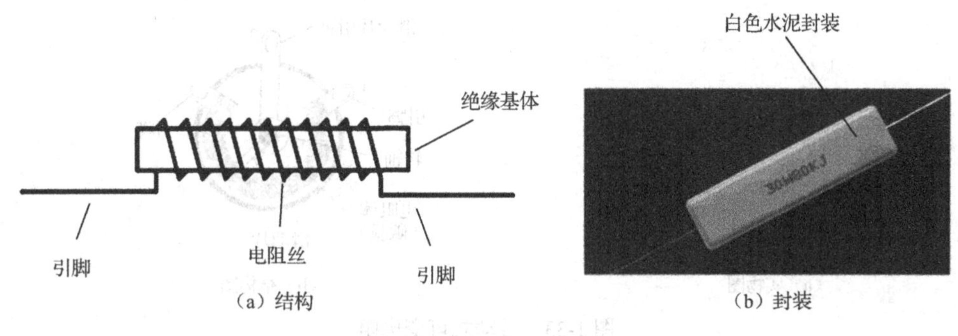

图 1-30　线绕电阻

2. 薄膜型电阻

薄膜型电阻由绝缘基体、沉积在绝缘基体上的导电膜（碳膜、金属膜、金属氧化膜等）及带金属引脚的帽头构成，如图 1-31 所示。

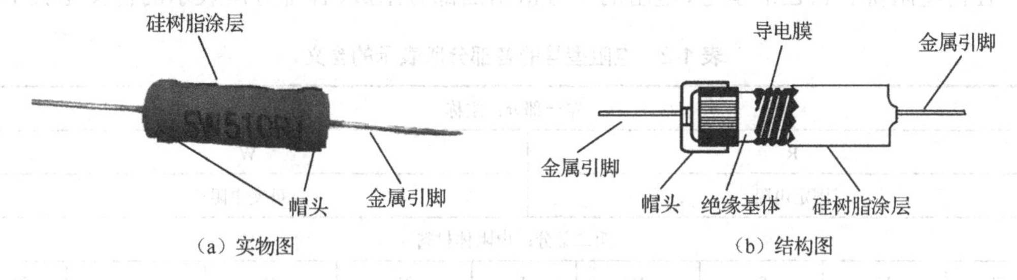

图 1-31　薄膜型电阻

根据所用导电膜的不同，薄膜型电阻又分为碳膜电阻、金属膜电阻及金属氧化膜电阻等。

1.5.3　可变电阻

可变电阻是指，在应用时，其阻值可以调节的电阻，这类电阻一般有三个引脚，属三端元件。可变电阻依靠滑片在电阻丝上滑动来改变电阻的阻值。

常用的可变电阻有滑动式和转动式两种，图 1-32 所示的滑动变阻器就属于滑动式可变电阻，电阻丝绕在绝缘骨架上，通过滑动动点 P 就可改变 C、D 与 A 之间（或 C、D 与 B 之间）的阻值。图 1-33 所示为转动式可变电阻，其使用碳膜作电阻体，转动转轴时，滑动片就会在电阻体上滑动，从而使引脚 2 和引脚 1（或引脚 2 和引脚 3）之间的阻值改变。

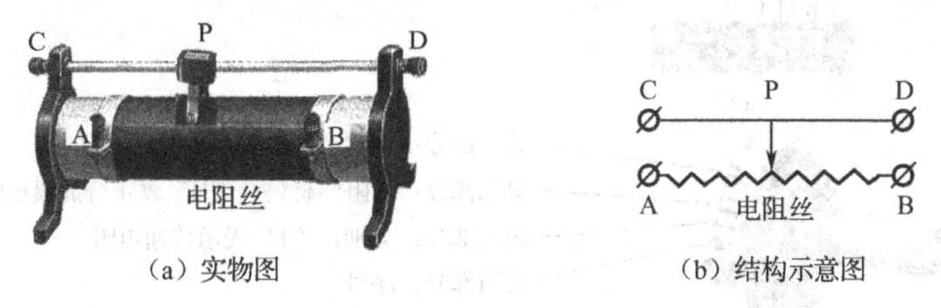

图 1-32　滑动变阻器

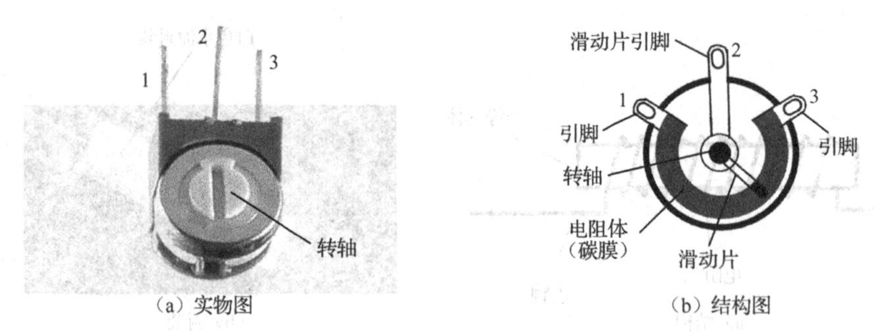

（a）实物图　　（b）结构图

图 1-33　转动式可变电阻

1.5.4　电阻的标识

1. 电阻的型号

任何电阻都有自己的型号，电阻的型号常由四部分组成，各部分所表示的含义见表 1-2。

表 1-2　电阻型号的各部分所表示的含义

<table>
<tr><td colspan="13">第一部分：主称</td></tr>
<tr><td colspan="6">R</td><td colspan="7">W</td></tr>
<tr><td colspan="6">固定电阻</td><td colspan="7">可变电阻</td></tr>
<tr><td colspan="13">第二部分：电阻体材料</td></tr>
<tr><td>T</td><td>H</td><td colspan="2">S</td><td>N</td><td>J</td><td colspan="2">Y</td><td colspan="2">C</td><td colspan="2">I</td><td>X</td></tr>
<tr><td>碳膜</td><td>合成膜</td><td colspan="2">有机实心</td><td>无机实心</td><td>金属膜</td><td colspan="2">金属氧化膜</td><td colspan="2">化学沉积膜</td><td colspan="2">金属玻璃釉</td><td>线绕</td></tr>
<tr><td colspan="13">第三部分：类别</td></tr>
<tr><td>1</td><td>2</td><td>3</td><td>4</td><td>5</td><td>6</td><td>7</td><td>8</td><td>9</td><td>G</td><td>W</td><td>T</td><td>D</td></tr>
<tr><td>普通</td><td>普通</td><td>超高频</td><td>高阻</td><td>高阻</td><td></td><td>精密</td><td>高压</td><td>特殊</td><td>高功率</td><td>微调</td><td>可调</td><td>多圈</td></tr>
<tr><td colspan="13">第四部分：序号（用具体数字表示序号）</td></tr>
</table>

例如，图 1-34（a）所示的电阻为精密金属膜电阻，图（b）所示的电阻为普通合成膜可变电阻。

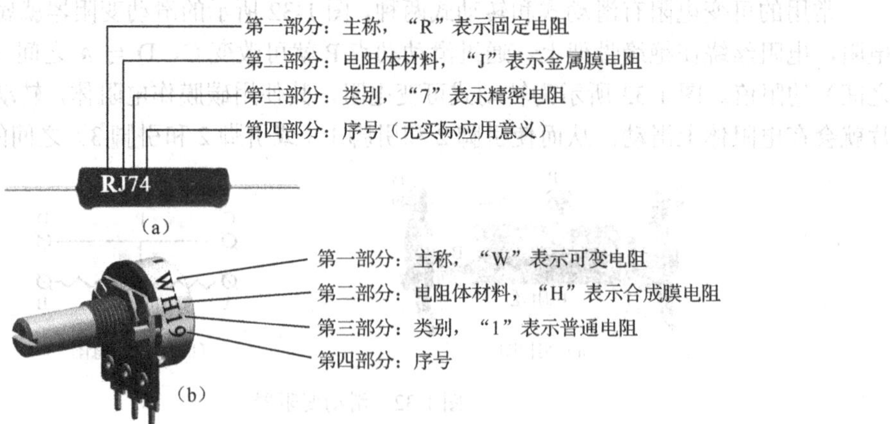

图 1-34　电阻型号的识别

2. 电阻的阻值

电阻的阻值通常以直标、文字符号和色标等方法标出。

（1）直标法。

直标法是指直接用数字和单位标出电阻的阻值，允许误差直接用百分数来表示。例如，某电阻上所标的字样如图 1-35 所示，由图可以看出，该电阻的阻值为 4.7kΩ，允许误差为±2%。

（2）文字符号法。

文字符号法是指用阿拉伯数字和文字符号来表示电阻的阻值，允许误差也用文字符号来表示。

文字符号法常用 R、k、M、G 几个文字符号表示电阻阻值的单位，R 表示 Ω，k 表示 kΩ，M 表示 MΩ，G 表示 GΩ。

文字符号的组合规律是这样的：符号前面的数字表示整数阻值，后面的数字依次表示阻值第一位小数和阻值第二位小数。例如，R15 表示 0.15Ω；1R2 表示 1.2Ω；2k7 表示 2.7kΩ；1M2 表示 1.2MΩ。

电阻的允许误差也用文字符号来表示，具体见表 1-3。

表 1-3 文字符号所表示的电阻误差

文字符号	B	C	D	F	G	J	K	M	N
允许误差	±0.1%	±0.25%	±0.5%	±1%	±2%	±5%	±10%	±20%	±30%

例如，某电阻上标有字样如图 1-36 所示，由图可以看出，该电阻的阻值为 5.1Ω，允许误差为±5%。

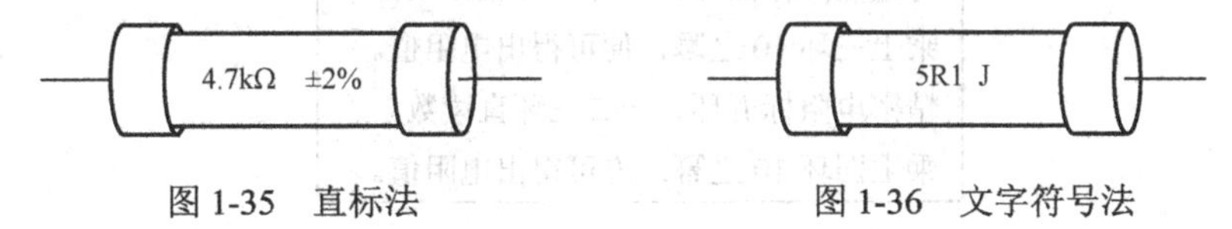

图 1-35 直标法　　图 1-36 文字符号法

（3）色标法。

色标法采用色环来表示电阻的阻值和允许误差。应用时，要求使用者能了解每道色环的含义，并对色环所表示的阻值做出正确的理解。目前，普通电阻及保险电阻大多采用色环来表示阻值及误差，每道色环所代表的含义见表 1-4。

表 1-4 每道色环所代表的含义

色环颜色	第一环	第二环	第三环	第四环
	第一位数字	第二位数字	倍乘数	误差范围
黑	0	0	10^0	
棕	1	1	10^1	±1%
红	2	2	10^2	±2%
橙	3	3	10^3	
黄	4	4	10^4	

续表

色环颜色	第一环	第二环	第三环	第四环
	第一位数字	第二位数字	倍乘数	误差范围
绿	5	5	10^5	±0.5%
蓝	6	6	10^6	±0.25%
紫	7	7	10^7	±0.1%
灰	8	8	10^8	±0.05%
白	9	9	10^9	
金			10^{-1}	±5%
银			10^{-2}	±10%
无色				±20%

例如，某电阻的色环为棕、红、黄、金，则其阻值为 12×10^4=120kΩ，允许误差为±5%。又如，某电阻的色环为绿、蓝、棕、银，则其阻值为 56×10^1=560Ω，允许误差为±10%。

提醒：精密电阻常用五道色环来表示阻值的大小，前三道色环表示前三位数字，第四环表示倍乘数，第五环表示允许误差。

例如，某精密电阻的色环为红、黄、黑、金、棕，则其阻值为 240×10^{-1}=24Ω，允许误差为±1%。

为了让读者能轻松记忆色环电阻，这里给出一段助记口诀，供大家参考。

> 黑 0 棕 1 红为 2，橙 3 黄 4 绿老 5。
> 蓝 6 紫 7 灰是 8，白色为 9 数最大。
> 普通电阻标四环，一环二环直读数。
> 乘上三环 10 之幂，便可得出电阻值。
> 精密电阻标五环，一二三环直读数。
> 乘上四环 10 之幂，方可得出电阻值。

3．电阻的功率

在电阻阻值一定的情况下，电阻的功率反映了电阻对电流的承受能力。功率大的电阻，允许流过的电流也大；功率小的电阻，允许流过的电流也小。

电阻表面所标的功率通常是额定功率，单位为瓦（W）。电阻功率的标识方法有多种，例如，在图 1-37 中，图（a）为 1W 电阻，其中“1W”表示功率为 1W；图（b）为 10W 电阻，RXG-10 中的“10”表示 10W（注意，在电阻功率的标识中省略了“W”）。

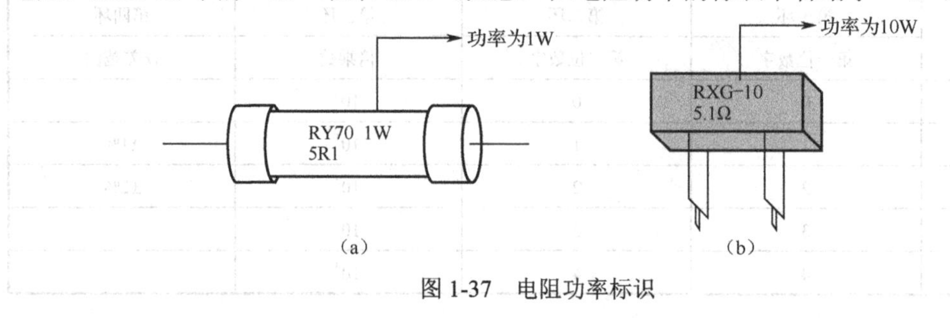

图 1-37 电阻功率标识

电阻的功率是电阻的一项重要参数，在绘制电路图时，通常在电阻符号中（或旁边）标注其功率，具体情况如图 1-38 所示。

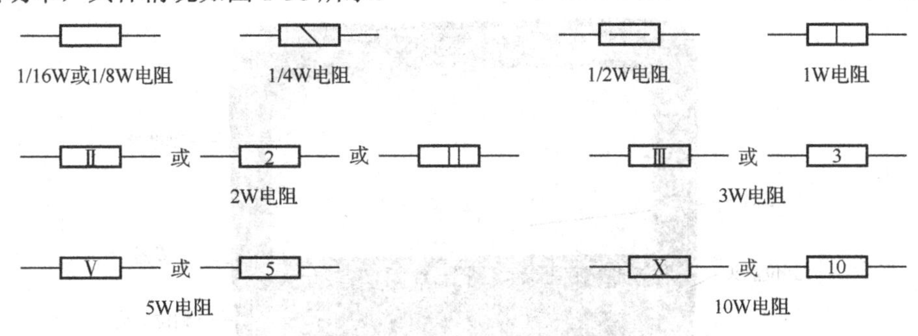

图 1-38　不同功率的电阻符号

1.6　万用表的使用

在电工（或电子）安装和维修实践中，常常离不开测量电路的电阻、电压和电流，这就要求工作人员学会使用万用表。万用表是一种多功能、多量程测量仪表，一般可测量直流电流、直流电压、交流电压、电阻和音频电平等，有的还可以测量交流电流、电容、电感及半导体的一些参数（如 β 值）。万用表是电工电子检修过程中应用最频繁的仪表，熟练地掌握万用表的使用对准确判断故障、提高维修效率极有帮助。万用表有两种类型，即指针式万用表和数字万用表。

1.6.1　指针式万用表的使用

指针式万用表有两种常见的型号，分别是 MF-500 型和 MF47 型。这里，以 MF-500 型为例进行介绍。

MF-500 型万用表由表头、测量电路及转换开关三个主要部分组成。表头是一只高灵敏度的磁电式直流电流表，万用表的主要性能指标基本上取决于表头的性能。表头的灵敏度是指表头指针满刻度偏转时流过表头的直流电流值，这个值越小，表头的灵敏度就越高。测量电路由导线、电阻及电池组成，它能将各种被测量转换成适合表头测量的微小直流电流。转换开关用来选择各种不同的测量电路，以满足不同种类和不同量程的测量要求，MF-500 型万用表的转换开关有两个，分别标有不同的挡位和量程。

1．面板功能说明

MF-500 型万用表的面板结构如图 1-39 所示，它由刻度盘、转换开关、调零器、零 Ω 调节器、到位箭头和各种插孔构成。

（1）刻度盘。

刻度盘上有四条刻度线，从上至下分别是电阻读数线、交直流读数线、交流 10V 专用读数线及电平读数线。

① 电阻读数线：常标有“Ω”或“R”符号，用来读取电阻值。当转换开关置于“Ω”

挡时，就从这条读数线上读数。这条读数线上的刻度呈非线性分布（刻度不均匀），右疏左密，越往左边，所指示的电阻值就越大。

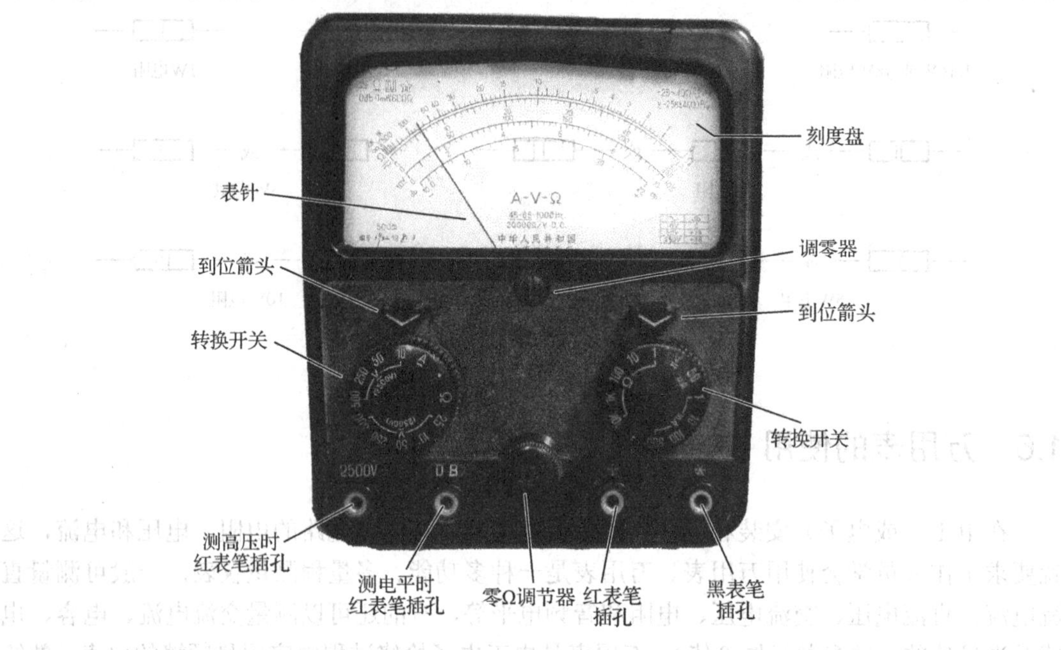

图 1-39　MF-500 型万用表的面板结构

② 交直流读数线：常标有“$\underset{\sim}{}$”或“VA”符号，用来读取交流、直流电压值和直流电流值。当转换开关置于交直流电压（交流 10V 除外）或直流电流挡时，就从这条读数线上读数，这条读数线上的刻度是均匀的。

③ 交流 10V 专用读数线：常标有“10V̰”符号，当转换开关置于交直流电压挡，量程在交流 10V 时，就从此条读数线上读数，这条读数线上的刻度也是均匀的。

④ 电平读数线：常标有“dB”符号，用来读取音频电平值。当测量音频电平时，就从这条读数线上读数，这条读数线上的刻度呈非线性分布（不均匀）。

（2）转换开关。

转换开关用来选择被测量的类型及量程，MF-500 型万用表设有两个这样的开关，每个开关的旋钮上都标有被测量的类型及相应的量程挡位。

（3）各种插孔。

万用表面板上有四个插孔，分别是：

① 负插孔：标有“*”或“-”号，用来插黑表笔（又叫负表笔）；

② 正插孔：标有“+”号，用来插红表笔（又叫正表笔）；

③ dB 插孔：标有“dB”或“DB”符号，测电平时，需将红表笔插入该插孔；

④ 2500V 专用插孔：标有“2500V”，测量 500V 以上的交流电压或直流电压时，需将红表笔插入该插孔。

（4）调零器。

万用表在使用前，表针应指在最左边“0”处，若表针的指示位置发生偏移，则应调节调零器。

（5）零Ω调节器。

零Ω调节器用来校准零Ω位置，当万用表置于电阻挡时，将两表笔短路，表针应右偏至0Ω位置，若不指示在0Ω位置，则应调节零Ω调节器。

2．测量电压

（1）测量交流电压。

将万用表右边的转换开关置于交直流电压挡，另一个转换开关置于交流电压的合适量程上，红表笔插入“+”孔，黑表笔插入“*”孔，用万用表两表笔和被测电路并联即可。

测量交流电压时，若量程置于交流10V挡，则从第三条刻度线（交流10V专用读数线）上读数，表针偏到满量程时，代表10V，偏到4时，代表4V，其他以此类推。若量程分别置于交流50V挡、交流250V挡或交流500V挡，则从第二条读数线（交直流读数线）上读数，满量程时，分别代表50V、250V或500V，其他以此类推。

测量500V以上的交流电压时，两个转换开关的位置仍保持不变，而将红表笔移至“2500V”孔即可，仍从第二条读数线上读数，满量程时代表2500V，其他以此类推。

（2）测量直流电压。

将万用表右边的转换开关置于交直流电压挡，将另一个转换开关置于直流电压的合适量程上。红表笔插入“+”孔，黑表笔插入“*”孔，测量时确保红表笔接高电位，黑表笔接低电位，即让电流从“+”孔流入，从“−”孔流出。若表笔接反，则表针会反方向偏转，容易撞弯指针。测量直流电压也从第二条读数线（交直流读数线）上读数，读数方法与交流电压一样。测量500V以上的直流电压时，红表笔应移至“2500V”孔。

请你注意：测量电压时要选择好量程，如果用小量程去测量大电压，则会有烧表的危险；如果用大量程测量小电压，则指针偏转太少，无法读数。量程的选择应尽量使指针偏转到满刻度的2/3左右。如果事先不清楚被测电压的大小，则应先选择最高量程挡，然后逐渐减小到合适的量程。

3．测量直流电流

测量直流电流时，将万用表左边的转换开关置于直流电流挡（“A”挡），将另一个转换开关置于50μA～500mA的合适量程上。红表笔插入“+”孔，黑表笔插入“*”孔。测量时必须先断开电路，然后按照电流从“+”到“−”的方向，将万用表串联到被测电路中。测量直流电流时，也从第二条读数线（交直流读数线）上读数，读数方法与交流电压类似。

安全提示：在测量电流时，千万不要将万用表与负载并联，否则，由于表头的内阻很小，容易造成短路，从而烧毁仪表。

4．测音频信号电平

红表笔插入“dB”孔，黑表笔插入“*”孔，将万用表的转换开关置于交流电压挡（右侧转换开关置于交直流电压挡，左侧转换开关置于交流电压10～500V的某一挡），从第四条读数线（电平读数线）上读数。若量程在交流10V挡，则直接读数即可；若量程在交流50V、250V或500V挡，则读出的数据应分别加上14dB、28dB或34dB。这种测量方法只适用于音频信号，在测量脉冲信号时，读数不准确，但能反映电平的高低。

5. 测量电阻

红表笔插入“+”孔，黑表笔插入“*”孔，万用表左侧的转换开关置于“Ω”位置，万用表右侧的转换开关置于合适的量程(即 1～10k 的某一挡,注意,此时的量程代表倍率)。短路两笔表，调节“零 Ω 调节器”，使表针指示在右边的 0Ω 处，这个过程称为零 Ω 校正(每换一个量程都要进行零 Ω 校正)。测量电阻时，从第一条读数线上读数，利用读得的数乘以万用表所置的量程，即为测得的电阻。例如，万用表置于“100”挡，读得的数为 4.7，则电阻值为 4.7×100=470Ω；再如，万用表置于“1k”挡，读得的数为 12，则电阻值为 12×1k=12kΩ。

经验谈：万用表电阻读数线是不均匀的，所以选择量程时应使指针停留在刻度线较稀的部分为宜，且指针越接近刻度线的中间，读数越准确。一般情况下，应使指针指在满量程的 1/3～2/3 之间。

6. 使用指针式万用表应注意的事项

指针式万用表属精密仪表，应小心使用，稍有疏忽，轻则损坏元件，重则烧毁表头，造成损失。为了保护万用表，使用中应注意如下事项：

(1) 使用万用表之前，必须熟悉每个转换开关、旋钮、插孔的作用，了解刻度盘上每条刻度线所对应的被测量。测量前，必须明确要测什么和怎样测，然后将转换开关拨到相应的挡位上。假如预先无法估计被测量的大小，则应先拨到最大量程挡，再逐渐减小量程到合适的位置。

(2) 万用表在使用时应水平放置。若发现表针不指在机械零点，需调节“调零器”，使表针回零。读数时，视线应正对表针。

(3) 测量完毕，应将转换开关旋到“•”位置，使测量机构短路。许多型号的万用表无“•”位置，此时，应将转换开关拨到最高电压挡，防止下次开始测量时不慎烧表。

(4) 测电流时，若电源内阻和负载电阻都很小，则应尽量选择较大的电流量程，以降低万用表内阻，从而减小对被测电路工作状态的影响。

(5) 严禁在测电压或电流时拨动量程选择开关，以免损坏万用表。当交流电压上叠加有直流电压时，交直流电压之和不得超过测量范围，必要时可串接 0.1μF/450V 的隔直电容。

(6) 被测电压高于 100V 时需注意安全，应当养成单手操作的习惯。

(7) 测高内阻电源的电压时，应尽量选较大的电压量程，因为量程越大，内阻越高，虽然表针的偏转角度减小了，但是读数却更加准确。

(8) 用万用表测量脉冲电压（如方波、锯齿波等）时，所测得的结果并不准确，因为万用表交流电压的测量只适用于正弦交流电，但在实际中，仍可使用万用表来检测脉冲电压的有无及脉冲电压的大小。

(9) 严禁在被测电路带电的情况下测量电阻，因为这相当于接入一个外加电压，使测量结果不准确，并且极易损坏万用表。测量滤波电容时，应先将电容正、负极短路一下，防止大电容上积存的电荷经过万用表泄放而烧毁表头。

(10) 测量晶体管、电解电容等有极性的元器件时，必须注意两支表笔的极性。万用表的红表笔为正表笔（其插孔上标有“+”），接表内电池的负极，所以带负电；万用表的黑表笔为负表笔（其插孔上标有“-”或“*”），接表内电池的正极，因此带正电。这点十分重要，若表笔接反了，则测量结果会不同。

（11）采用不同电阻挡测量非线性元器件的等效电阻（如二极管的正向电阻）时，所测出的结果相差很大，这属于正常现象。

万用表的 R×10k 挡多采用 9V 叠层电池，故该挡不宜检测耐压很低的元器件，以免击穿元器件。

1.6.2　数字万用表的使用

数字万用表的型号非常多，用法大致一样，这里以 DT-890 型为例进行介绍。

数字万用表的特点是能以数字的形式直接显示出被测量的大小。图 1-40 是 DT-890 型数字万用表的面板图，其面板上有 LCD 显示屏、电源开关、h_{FE} 插孔（测量 β 值）、电容插孔（测量电容容量）、量程转换开关、电容挡调零旋钮、四个输入插孔等。

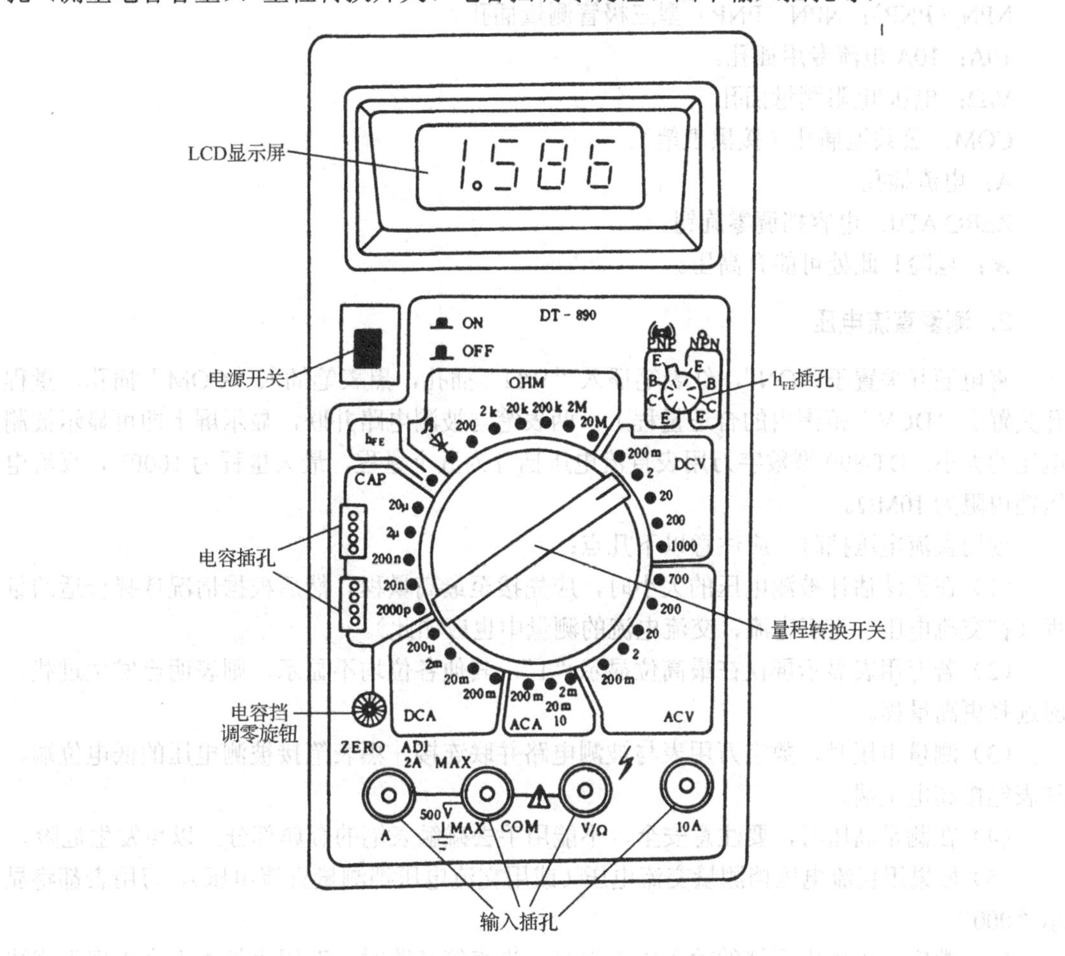

图 1-40　DT-890 型数字万用表的面板图

1. 面板的功能说明

DT-890 型数字万用表面板上各插孔、开关、旋钮都标有一些符号，这些符号所代表的含义如下。

DCA：直流电流挡。

ACA：交流电流挡。

ACV：交流电压挡。

DCV：直流电压挡。

OHM（Ω）：电阻挡。

h_{FE}：放大倍数测量挡。

CAP（CX 或 C）：电容挡。

ON/OFF：电源开关。

NPN（PNP）：NPN（PNP）型三极管测量插孔。

10A：10A 电流专用插孔。

V/Ω：电压/电阻测量插孔。

COM：公共地插孔（接黑表笔）。

A：电流插孔。

ZERO ADJ：电容挡调零旋钮。

⚡：危险！此处可能有高压。

2. 测量直流电压

将电源开关置于“ON”，红表笔插入“V/Ω”插孔，黑表笔插入“COM”插孔，量程开关置于“DCV”范围内的合适量程上，两表笔与被测电路并联，显示屏上即可显示被测电压的大小。DT-890 型数字万用表直流电压挡分为五个量程，最大量程为 1000V，直流电压挡内阻为 10MΩ。

使用直流电压挡时，应注意以下几点：

（1）在无法估计被测电压的大小时，应先拨至最高量程，然后根据情况选择合适的量程（在交流电压、直流电流、交流电流的测量中也应如此）。

（2）若万用表显示屏仅在最高位显示“1”，其他各位均不显示，则表明已发生过载，应选择更高量程。

（3）测量电压时，数字万用表与被测电路并联连接，黑表笔接被测电压的低电位端，红表笔接高电位端。

（4）在测量高压时，要注意安全，不能用手去碰触表笔的金属部分，以免发生危险。

（5）如果用直流电压挡测量交流电压（或用交流电压挡测量直流电压），万用表都将显示“000”。

（6）数字万用表电压挡的输入电阻很高，当表笔开路时，万用表低位上会出现无规律变化的数字，此属正常现象，并不影响测量的准确度。

（7）严禁在测量过程中拨动量程开关（在交流电压、直流电流、交流电流的测量中也应如此）。

3. 测量交流电压

将量程开关置于“ACV”范围内合适的量程位置，表笔接法同前，即可测量交流电压。使用中应注意以下几点：

（1）如果被测交流电压含有直流分量，则二者电压之和不得超过交流电压挡最高输入电压（700V）。

（2）数字万用表的频率特性较差，交流电压频率不得超出45～500Hz的范围。

4. 测量直流电流

将量程开关置于“DCA”范围内合适的量程位置，红表笔插入“A”插孔，黑表笔插入“COM”插孔，即可测量直流电流。使用直流电流挡时，应注意以下几点：

（1）测量电流时，应把数字万用表串联在被测电路中。

（2）当被测电流源内阻很小时，应尽量选用较大量程，以提高测量精度。

（3）当被测电流大于200mA时，应将红表笔改插入“10A”插孔内。测量大电流时，测量时间不得超过15s。

5. 测量交流电流

测量交流电流时，应将量程开关置于“ACA”挡，表笔接法与直流电流挡相同。交流电流挡的使用与直流电流挡基本相同。

6. 测量电阻

测量电阻时，红表笔应插入“V/Ω”插孔，黑表笔插入“COM”插孔，量程开关应置于“OHM”范围内合适的量程位置。使用电阻挡时，应注意以下几点：

（1）在用20MΩ挡时，显示的数值需经过几秒才能稳定下来，数值稳定后方可读数。

（2）在用200Ω挡时，应先短路两支表笔，测出表笔引线电阻值（一般为0.1～0.3Ω），再去测量电阻，并应从测量结果中减去表笔引线的电阻值。

（3）在测量低电阻时，应使表笔与插孔良好接触，以免产生接触电阻。

（4）测量电阻时，绝对不能带电测量，这样测出的结果毫无意义。

（5）测量大电阻时，不能碰触表笔的金属部分，以免引入人体电阻。

（6）测量二极管时，量程开关应置于二极管挡。

（7）检查线路通断时，也是将量程开关置于二极管挡。当被测电路为通路时，万用表可发出声、光指示。

（8）当数字万用表置于电阻挡时，红表笔带正电，黑表笔带负电，在检测有极性的元器件时，必须注意表笔的极性。

7. 测量三极管的 h_{FE}（β 值）

量程开关置于“h_{FE}”挡时，可以测量三极管的电流放大倍数（β 值）。此时，应根据被测三极管的类型，将E、B、C三个电极插入“h_{FE}”插孔的相应孔中，显示屏即可显示 β 值。使用“h_{FE}”挡时，应注意以下几点：

（1）三极管的类型和三个电极均不能插错，否则测量结果毫无意义。

（2）用 h_{FE} 插孔测量三极管的放大倍数时，内部提供的基极电流仅为 10μA，管子工作在小信号状态，这样测出来的放大倍数与使用时的放大倍数相差较大，故测量结果只能作为参考。

（3）当管子穿透电流较大时，测得的结果会偏高，一般偏高 20%～30%。

8. 测量电容

将量程开关置于“CAP”挡，即可测量电容器的容量。电容挡有五个量程，分别为 2000pF、20nF、200nF、2μF 和 20μF。使用时可根据被测电容的容量来选择合适的量程。DT-890 型数字万用表面板上有两组电容插口。每组插口都由四个彼此相连的插孔组成，使用时，可根据被测电容的引脚距离来选择适当的插孔。

使用电容挡时，应注意以下几点：

（1）测量前应先调整“ZERO ADJ”旋钮，使显示值为零。并且，每换一次挡，就要重新调零。

（2）测量电容时，不得碰触电容引线，否则会产生很大的误差，甚至会出现过载现象。

9. 使用数字万用表的注意事项

在使用数字万用表时，应注意以下几点：

（1）使用前要仔细阅读说明书，熟悉各部分的使用方法。

（2）插孔旁边注有危险标记的数字为该插孔的极限值，使用中绝对不能超出此值。

（3）不得在高温、暴晒、潮湿、灰尘大等恶劣环境下使用或存放数字万用表。

（4）使用完毕数字万用表后，应将量程开关置于电压挡的最高量程，然后关闭电源。

（5）如果长时间不使用数字万用表，应将数字万用表内部的电池取出。

本章知识要点

1. 常用的电路符号：

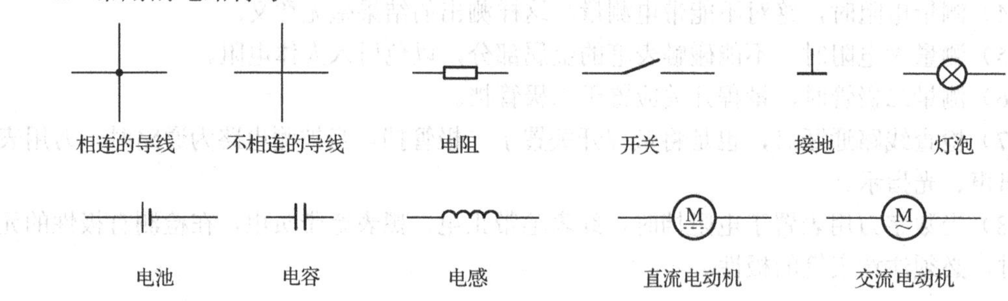

2. 导体的电阻与导体的长度成正比，与导体的横截面积成反比，此外与导体的材料有关，这就是电阻定律，即

$$R = \rho \frac{l}{S}$$

3．电流的大小（电流强度）等于单位时间内通过导体横截面的电量，即

$$I=\frac{q}{t}$$

4．流过电阻的电流与电阻两端的电压成正比，与电阻的阻值成反比，这个规律称为部分电路欧姆定律，即

$$I=\frac{U}{R}$$

5．全电路中电流与电源电动势成正比，与外电路电阻、电源内阻之和成反比，这个规律称为全电路欧姆定律，即

$$I=\frac{E}{R+r_{o}}$$

6．电功与电压、电流强度、通电时间之间的关系为

$$W=UIt$$

7．电功率计算公式为

$$P=\frac{W}{t}$$

拓展公式为

$$P=UI=I^{2}R=\frac{U^{2}}{R}$$

8．电流流过电阻时产生的热量与电流的平方、电阻阻值和通电时间成正比，这就是焦耳定律，即

$$Q=I^{2}Rt$$

9．当负载电阻等于电源内阻时，即 $R=r_{o}$ 时，负载获得的功率最大，且最大值为

$$P_{m}=\frac{E^{2}}{4R}\text{或}\frac{E^{2}}{4r_{o}}$$

10．当电阻串联时，

（1）电路的总电流等于流过各电阻的电流，即 $I=I_1=I_2=\cdots=I_n$。

（2）电路的总电压等于各电阻两端电压之和，即 $U=U_1+U_2+\cdots+U_n$。

（3）电路的总等效电阻等于各电阻之和，即 $R=R_1+R_2+\cdots+R_n$。

（4）电路中消耗的总功率等于各电阻消耗的功率之和，即 $P=P_1+P_2+\cdots+P_n$。

11．当电阻并联时，

（1）电路的总电流等于流过各电阻的分电流之和，即 $I=I_1+I_2+\cdots+I_n$。

（2）电路的总电压等于各电阻两端的电压，即 $U=U_1=U_2=\cdots=U_n$。

（3）电路总电阻的倒数等于各电阻倒数之和，即 $\frac{1}{R}=\frac{1}{R_1}+\frac{1}{R_2}+\cdots+\frac{1}{R_n}$。

（4）电路中消耗的总功率等于各电阻消耗的功率之和，即 $P=P_1+P_2+\cdots+P_n$。

本章实验

实验 1：验证欧姆定律

一、实验目的

通过实验来证实流过电阻的电流与电阻两端电压的正比关系，从而加深对欧姆定律的理解。

二、实验任务

1. 测量流过电阻的电流与电阻两端电压。
2. 根据对应关系验证欧姆定律的正确性。

三、实验器材

蓄电池（6V）一个、滑动变阻器（50Ω/1A）一个、精密电阻（20Ω/2W）一只、电压表（6V）一个、电流表（0.6A）一个、开关一个、导线若干。

四、实验步骤

1. 分析图 1-41（a）所示的电路原理图，从中领会实验原理。

2. 按原理图连接电路，如图 1-41（b）所示，开关 S 处于断开状态，将滑动变阻器调到最大值（注意电流表和电压表的位置和极性不得接错）。

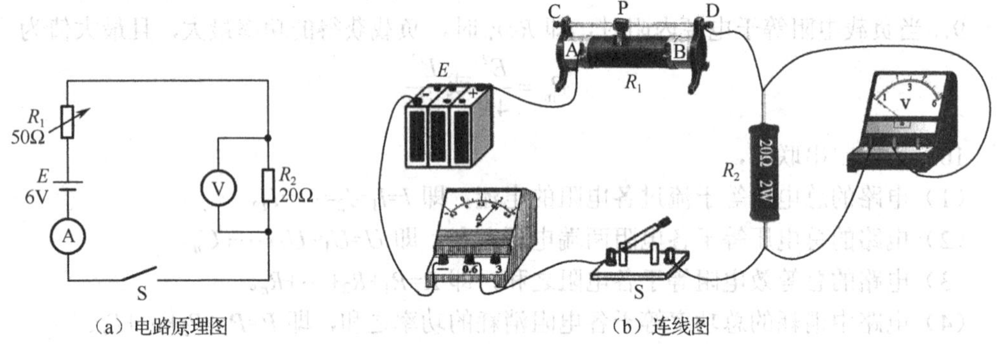

（a）电路原理图　　（b）连线图

图 1-41　实验图

3. 合上开关 S，调节 R_1，使电流表读数为 0.1A，然后读出电压表的数据，并填入表 1-5 中。

4. 同理，调节 R_1，使电流表读数依次为 0.15A、0.2A、0.25A，并分别读出电压表的对应数据，填入表 1-5 中。

5. 计算出每次电压表的读数与 R_2 的比值，验证该比值是否等于此次电流表的读数。

表 1-5　测试数据

项目	调节 R_1	调节 R_1	调节 R_1	调节 R_1
电流表读数	0.1A	0.15A	0.2A	0.25A
电压表读数				
计算 U/R_2				

五、实验结论

根据实验结果，得出________________________________。

实验 2：路端电压特性测试

一、实验目的

通过实验，进一步掌握路端电压与回路电流的关系，加深对路端电压与回路电流的伏安特性曲线的理解。

二、实验任务

1．测量路端电压与回路电流。
2．描出伏安特性曲线，并根据伏安特性曲线求出电源电动势和内阻。

三、实验器材

蓄电池（6V）一个、滑动变阻器（20Ω/1A）一个、精密电阻（2Ω/20W）一只、电压表（6V）一个、电流表（3A）一个、开关一个、导线若干。

四、实验步骤

1．分析图 1-42（a）所示的电路原理图，从中领会实验原理。

2．按原理图连接电路，如图 1-42（b）所示，开关 S 处于断开状态，将滑动变阻器调到最大值（注意电流表和电压表的位置和极性不得接错）。

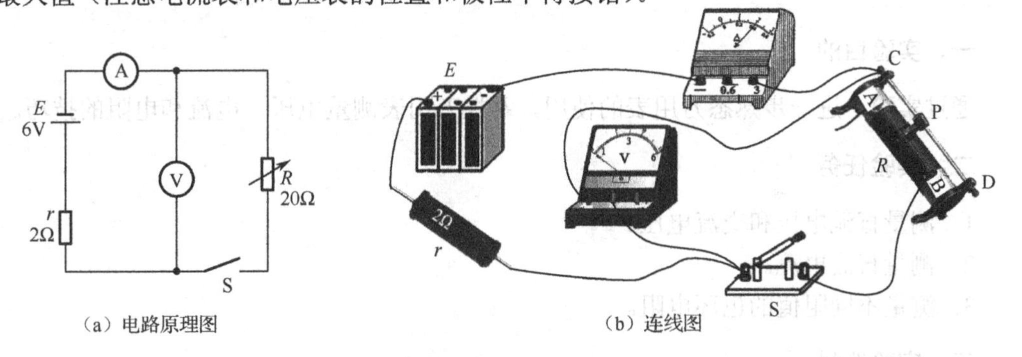

（a）电路原理图　　（b）连线图

图 1-42　实验图

3．在 S 断开的状态下，读出电压表和电流表读数，并填入表 1-6 中。合上开关 S，此时 R 处于最大值，读出电压表和电流表读数，并填入表 1-6 中；调节 R 至 2/3 处，读出电压表和电流表读数，并填入表 1-6 中；调节 R 至 1/3 处，读出电压表和电流表读数，并填入表 1-6 中；调节 R 至最小处，读出电压表和电流表读数，并填入表 1-6 中。

4．将表中 5 组数据描至图 1-43 所示的坐标中，并画出电路的伏安特性曲线。

表 1-6　测试数据

项　目	S 断开	合上 S			
		调节 R 至最大处	调节 R 至 2/3 处	调节 R 至 1/3 处	调节 R 至最小处
电流表读数					
电压表读数（路端电压）					

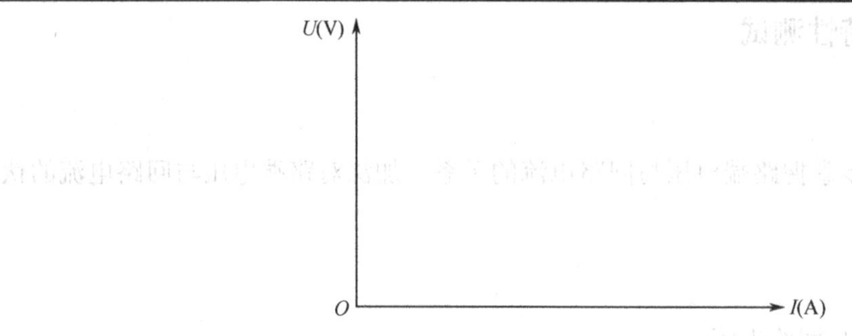

图 1-43　电路的伏安特性曲线

五、实验结论

从伏安特性曲线可以看出，路端电压随电源输出电流的增大而________。

六、分析与思考

1．电路中，为什么要串联一个电阻 r？

2．从伏安特性曲线图中，求出电源电动势和内阻。

实验 3：用万用表测量电压、电流和电阻

一、实验目的

通过实验，进一步熟悉万用表的使用，掌握万用表测量电压、电流和电阻的技巧。

二、实验任务

1．测量直流电压和交流电压。

2．测量直流电流。

3．测量不同阻值的色环电阻。

三、实验器材

万用表一块、蓄电池（6V）一个、不同阻值的色环电阻五只、30Ω/2W 电阻一只，滑动变阻器（50Ω/1A）一个、导线若干。

四、实验步骤

1．熟悉万用表的操作面板，掌握转换开关的使用和刻度线识读规则。

2．测量直流电压。

（1）取下万用表上的 1.5V 和 9V 电池。

（2）将红表笔插入“+”孔，将黑表笔插入“-”孔。

（3）将转换开关拨至直流电压的合适量程，测量 1.5V 电池电压为________，测量 9V 电池电压为________，测量蓄电池电压为________。

3．测量交流电压。

将转换开关拨至交流电压的合适量程，测量市电电压为________。

4．测量直流电流。

（1）按图 1-44（a）所示的电路原理图将电池、30Ω 电阻及滑动变阻器连接好，将滑动变阻器的阻值调至最大。

（2）将转换开关拨至直流电流的合适量程，用万用表红表笔接电池正极，黑表笔接滑动变阻器的 C 点，测得电流为________；断开万用表，将滑动变阻器调至中间位置，再次测得电流为________。

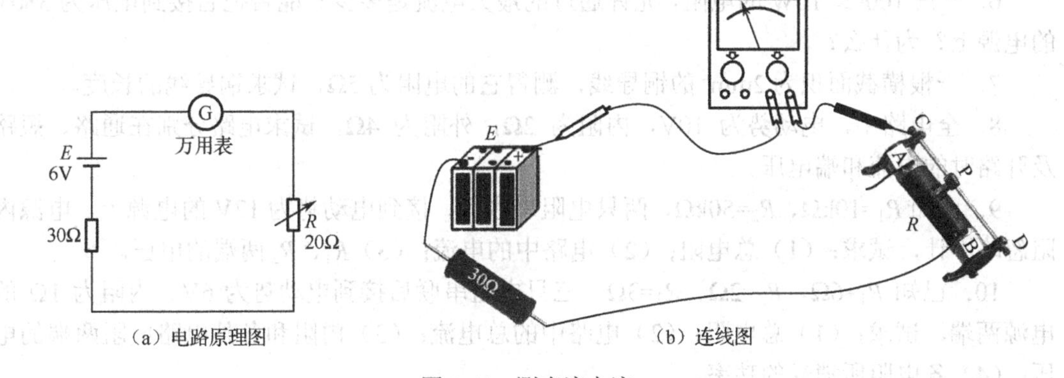

图 1-44　测直流电流

5．测量电阻。

（1）将 1.5V 和 9V 电池装回万用表，并将转换开关拨至电阻的合适量程。

（2）将两只表笔短接，调节零 Ω 调节器，使表针指在 0Ω 位置。

（3）依次测量五只色环电阻，并将测量值填入表 1-7 中，注意每换一次量程，就要调一次 0Ω 位置。

表 1-7　测量电阻

项　　目	电阻 1	电阻 2	电阻 3	电阻 4	电阻 5
色环					
标称值					
测量值					

五、注意事项

1．测量不同被测对象时，转换开关不得拨错。

2．测量时，表笔不得接错，否则表针会反向偏转，甚至损坏万用表。

3．每次测量时，量程要合适，若量程选得太小，则会威胁万用表的安全；若量程选得太大，则影响测量精度。

习题

1．电路通常有哪三种状态？短路会对电路产生什么影响？

2．试画出手电筒的电路图，并说明各部分的作用。

3．有一根导线每小时通过其横截面的电荷量为 900C，请问通过导线的电流是多大？合多少毫安？多少微安？

4．一台电动机的功率为 2kW，每天运行 8h，试求一个月（按 30 天计算）消耗多少度电？

5．如果将一根 20Ω 的电阻丝，从中间剪断，再并联起来，则其总阻值是多少？

6．一只 100Ω、10W 的电阻，允许通过的最大电流是多少？能否把它接到电压为 380V 的电源上？为什么？

7．一根横截面积为 $2mm^2$ 的铜导线，测得它的电阻为 5Ω，试求铜导线的长度。

8．全电路中，电动势为 10V，内阻为 2Ω，外阻为 4Ω，试求电路分别在通路、短路及开路时的电流和端电压。

9．已知 R_1=10kΩ、R_2=50kΩ，两只电阻串联后，接到电动势为 12V 的电源上，电源内阻忽略不计，试求：（1）总电阻；（2）电路中的电流；（3）R_1、R_2 两端的电压。

10．已知 R_1=6Ω、R_2=2Ω、R_3=3Ω，三只电阻串联后接到电动势为 6V、内阻为 1Ω 的电源两端，试求：（1）总电阻；（2）电路中的总电流；（3）内阻和各外电路电阻两端的电压；（4）各电阻所消耗的功率。

11．已知 R_1=40Ω、R_2=60Ω、R_3=30Ω，三只电阻并联后接到内阻为 3Ω、电动势为 36V 的电源两端，试求：（1）总电阻；（2）电路中的总电流；（3）各电阻的电流；（4）内阻和外电路电阻两端的电压。

12．在图 1-45 所示的电路中，电源电动势为 5V，电流表读数为 2A，求电源内阻 r_o。

13．电路如图 1-46 所示，调节 r_o，求路端电压的最大变化范围。

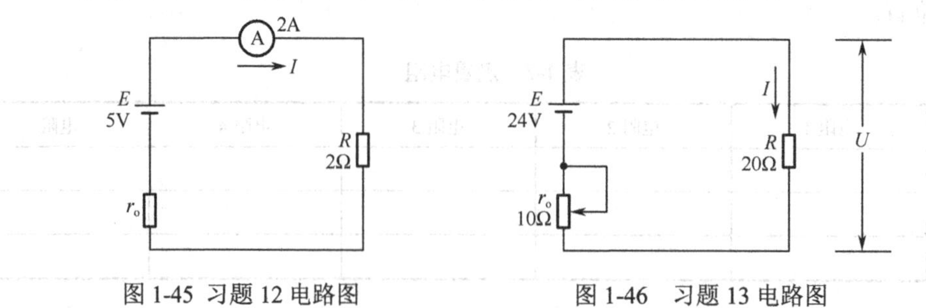

图 1-45 习题 12 电路图　　图 1-46 习题 13 电路图

14．电路如图 1-47 所示，求开关断开时和闭合时 a、b 之间的路端电压。

15．电路如图 1-48 所示，请问当 R 为多大时，R 获得的功率最大？最大功率是多少？

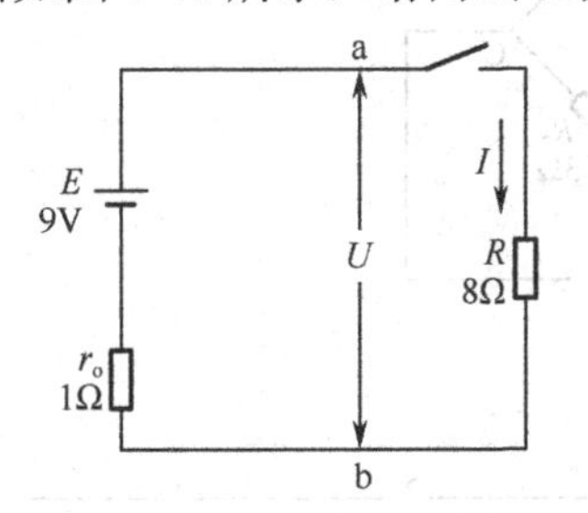

图 1-47　习题 14 电路图

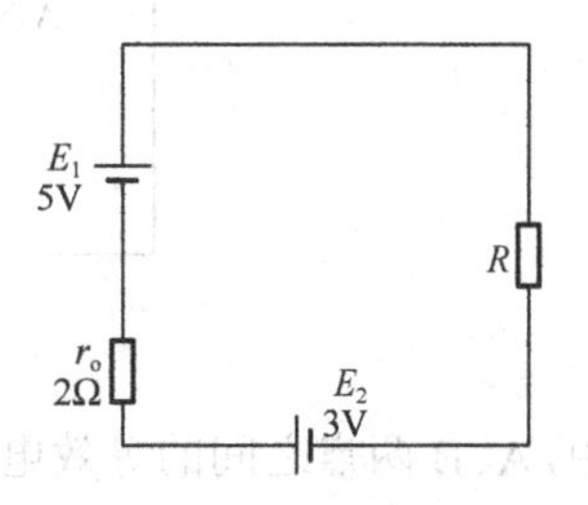

图 1-48　习题 15 电路图

16．有一个毫安表，电阻 R_g=1000Ω，满偏电流 I_g=1mA，要把它改装成量程为 50V 的电压表，应串联多大的电阻？若要把它改装成量程为 10A 的电流表，则应并联多大的分流电阻？

17．有一只灯泡，其额定电压 U_1=10V，正常工作时通过的电流为 0.1A，若要将它接至 15V 电源上，应串联多大的电阻？

18．一只 220V、100W 的灯泡与一只 220V、60W 的灯泡并联接在 220V 的电源上，求：（1）并联后的总电阻；（2）流过每只灯泡的电流。

19．有一个电动势为 24V，内阻为 3Ω 的蓄电池，试问：当外电阻为多大时，蓄电池输出最大功率？最大功率为多少瓦？

20．有一台 40W 扩音器，其输出电阻为 8Ω，现有 8Ω、10W 的扬声器两台，16Ω、20W 的扬声器一台，请问应如何连接（画出电路图）？

单元测试题

一、填空题（20 分，每空 1 分）

1．1kV=________V，1V=________mV；1kΩ=________Ω。

2．电路有三种基本状态，即开路状态、________和________。

3．图 1 所示金属导体中，电流方向为________（向左或向右）。若 1min 内通过的电量为 60C，则电流为________A。

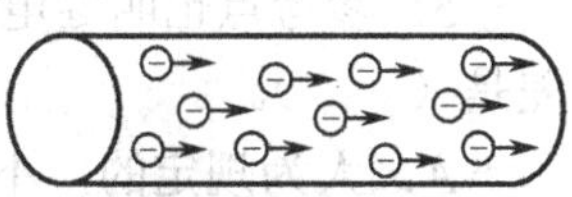

自由电子的运动方向

图 1

4．电压的方向规定为从高电位指向低电位，即电位降低的方向，电动势的方向规定为从电源的________极经内部指向________极。

5．一只 10kΩ 的电阻，流过它的电流为 1mA，则其两端的电压为________，消耗的功率为________。

6．将一只 40W/220V 的灯泡，接在 110V 的电源上，则其功率为________。

7．一根阻值为 2Ω 的导线，从中间剪断，再并联起来，则总电阻为________。

8．电路如图 2 所示，流过 R_5 的电流为________。

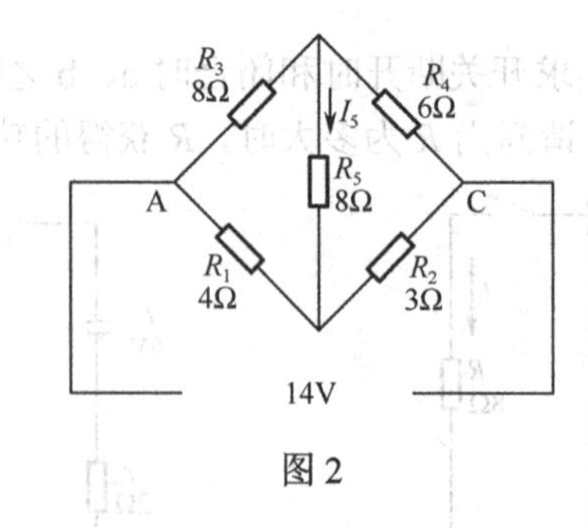

图 2

9. 图 3 中，A、B 两点之间的等效电阻分别为________、________、________、________。

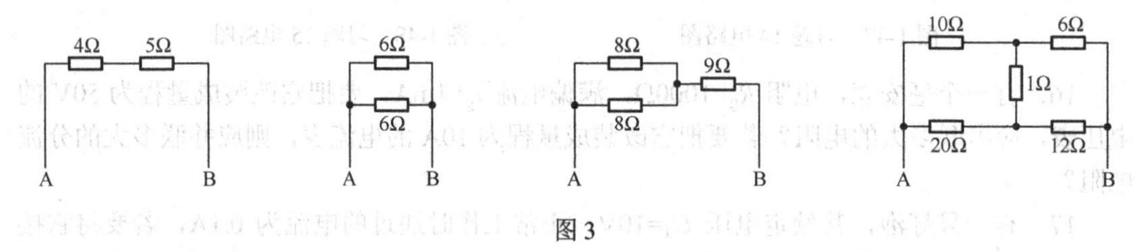

图 3

10. 有一个电动势为 10V，内阻为 2Ω 的蓄电池，在其外部接上________Ω 电阻时，电池的输出功率最大，此最大输出功率为_______W。

二、选择题（20 分。每个 2 分）

1. 将一根导线均匀拉长为原长度的 3 倍，则阻值为原来的（　　）倍。

A. 3　　B. 1/3　　C. 9　　D. 1/9

2. 电流在单位时间内所做的功称为（　　）。

A. 功耗　　B. 功率　　C. 电功率　　D. 耗电量

3. 一个实际电源的输出电压随着负载电流的减小将（　　）。

A. 降低　　B. 升高　　C. 不变　　D. 稍微降低

4. 电路由（　　）和开关四部分组成。

A. 电源、负载、连接导线　　B. 发电机、电动机、母线

C. 发电机、负载、架空线路　　D. 电动机、灯泡、连接导线

5. 参考点也叫零电位点，它是由（　　），当参考点改变时，电路中任意两点的电位差是（　　）。

A. 人为规定的，不变的　　B. 参考方向决定的，变小的

C. 电位的实际方向决定的，变大的　　D. 大地性质决定的，不变的

6. 用万用表测电阻 R 中的直流电流，正确做法是（　　）。

A. 将万用表调到直流电流挡，选择合适量程，然后将万用表串联在 R 上

B. 将万用表调到直流电流挡，选择合适量程，然后将万用表并联在 R 上

C. 将万用表调到直流电压挡，选择合适量程，然后将万用表串联在 R 上

D. 将万用表调到直流电压挡，选择合适量程，然后将万用表并联在 R 上

7. 10 个 100Ω 的电阻串联后，阻值为（　　），10 个 100Ω 的电阻并联后，阻值为（　　）。

A. 1kΩ，10Ω　　B. 10Ω，1kΩ　　C. 1kΩ，1Ω　　D. 1kΩ，1kΩ

8．一根横截面积为 $2.5mm^2$，长度为 150m 的铜导线（$\rho=1.7\times10^{-8}\Omega\cdot m$），其电阻为（　　）。

A．2.04Ω　　B．1.02Ω　　C．4.08Ω　　D．0.51Ω

9．电源电动势为 14V，外接一个 6.8Ω 的电阻，流过电阻的电流为 2A，则电源内阻为（　　）。

A．2Ω　　B．1Ω　　C．4Ω　　D．0.2Ω

10．下列单位中，用来计量电功的是（　　）。

A．伏特　　B．度　　C．焦耳　　D．瓦特

三、判断（10 分）

1．电能表是用来计量电功率的仪表。（　　）

2．一个电池的开路电压为 3V，说明其电动势为 3V。（　　）

3．a、b 两点之间的电压为−5V，说明 b 点电位一定比 a 点电位高。（　　）

4．一个贴片电阻器上标有“101”字样，说明其阻值为 101Ω。（　　）

5．全电路中，若内阻 r=1Ω，外阻 R=9Ω，回路电流 I=1A，则电源两端的电压为 10V。（　　）

6．在生产生活中，为了节省电能，一定要杜绝电阻的热效应，因为它会白白浪费电能。（　　）

7．当电源输出最大功率时，其效率最高。（　　）

8．两个电阻串联后，总功率等于两个电阻功率之和；而两个电阻并联后，总功率却小于两个电阻功率之和。（　　）

9．一个电阻的色环为棕黑红金，则该电阻的阻值为 1kΩ。（　　）

10．如果把一个 24V 的电源正极接地，则负极的电位是−24V。（　　）

四、计算题（50 分）

1．电路如图 4 所示，求：（1）电路的总电阻；（2）电路中的电流 I；（3）U_1、U_2 和 U_3；（4）各电阻所消耗的功率。（16 分）

2．有一个电流表，其内阻为 100Ω，满偏电流为 3mA，要把它改装成量程为 6V 的电压表，需串联多大的分压电阻？要把它改装成量程为 3A 的电流表，需并联多大的分流电阻？（12 分）

3．电路如图 5 所示，求：（1）总电阻；（2）总电压 U；（3）I_1、I_2 和 I_3；（4）总功率。（12 分）

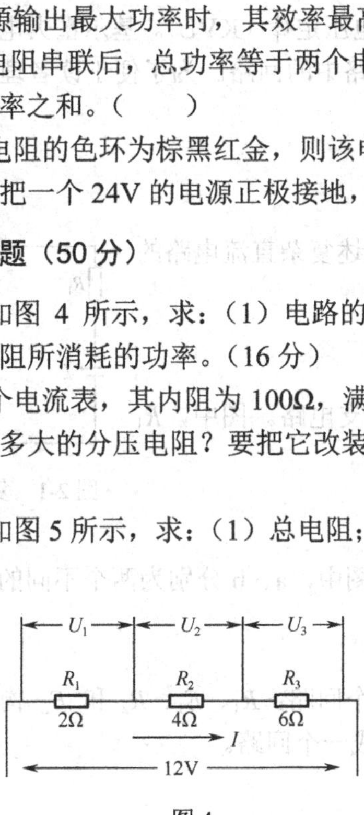

图 4

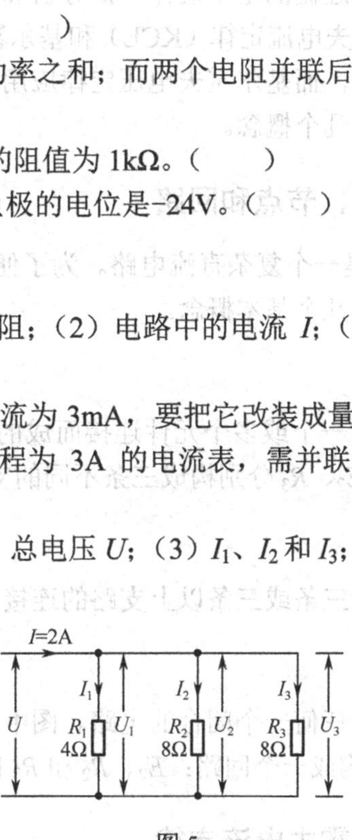

图 5

4．某教室有 10 盏电灯，每个灯泡的功率都为 100W，请问全部灯泡点亮 4h 消耗多少度电？折合多少焦耳？（10 分）

第2章　复杂直流电路

【学习要点】本章主要讲解复杂直流电路的分析方法。重点讲述基尔霍夫定律、电压源和电流源互换原理、戴维南定理、叠加定理四种分析手段，通过实例引导读者利用上述四种分析手段来分析复杂直流电路。学习本章时，应先掌握基尔霍夫定律、电压源和电流源互换原理、戴维南定理、叠加定理的内容，再将其用于实际解题中。

简单直流电路最终能简化为电源与电阻串联的形式，用欧姆定律就能分析计算。而复杂直流电路，不能简化为无分支回路的形式，单独用欧姆定律是无法进行分析计算的。那么怎样分析计算复杂直流电路呢？本章就来探讨这个问题。

2.1　基尔霍夫定律

基尔霍夫定律是由德国物理学家G.R.基尔霍夫在1845年提出的，该定律揭示了电路中电压和电流所遵循的基本规律，是分析和计算复杂电路的基础。基尔霍夫定律包含两个部分，即基尔霍夫电流定律（KCL）和基尔霍夫电压定律（KVL）。基尔霍夫电流定律应用于电路中的节点，而基尔霍夫电压定律应用于电路中的回路。为了便于读者理解基尔霍夫定律，先来介绍几个概念。

2.1.1　支路、节点和回路

图2-1是一个复杂直流电路。为了便于描述复杂直流电路的结构，先引入几个基本概念。

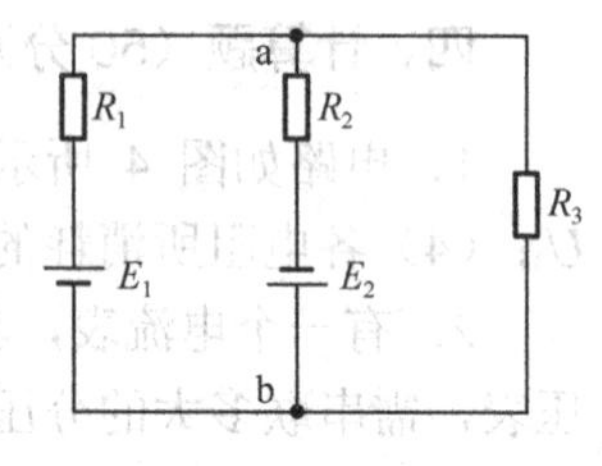

图2-1　复杂直流电路图

1．支路

支路是指一个或多个元件连接而成的无分支电路。图中，R_1和E_1、R_2和E_2、R_3分别构成三条不同的支路。

2．节点

节点是指三条或三条以上支路的连接点。图中，a、b分别为两个不同的节点。

3．回路

回路是指任何一个闭合的电路。图中有三个回路：R_1、E_1、R_2和E_2构成一个回路；E_1、R_1和R_3构成一个回路；E_2、R_2和R_3也构成一个回路。

2.1.2　基尔霍夫电流定律

基尔霍夫电流定律又称节点电流定律，其内容为：电路中流入任意一个节点的电流之和等于流出该节点的电流之和，即

$$\sum I_{\mathrm{i}} = \sum I_{\mathrm{o}} \tag{2-1}$$

式中，I_{i}表示输入电流；I_{o}表示输出电流。

【例1】 试用表达式说明图2-2所示的各支路电流的关系。

解：由基尔霍夫电流定律可知：

$$I_1+I_2=I_3+I_4+I_5+I_6$$

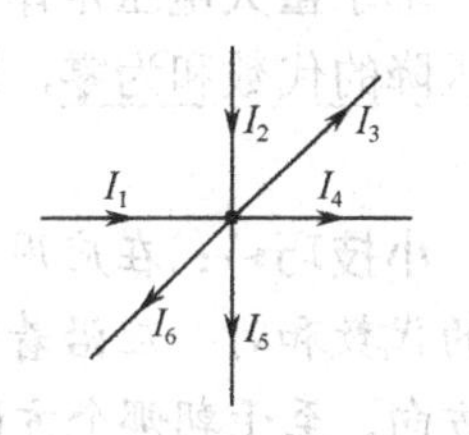

图2-2 输入电流和输出电流

基尔霍夫电流定律可以推广应用于任意假定的封闭面，如图2-3所示的电路，将电阻R_1～R_5所构成的电路看成一个封闭面S，则流进封闭面S的电流应等于从封闭面S流出的电流，故有

$$I_1+I_2=I_3$$

在电子技术中，有一种电子元器件叫三极管，它有三个电极，分别为基极B、集电极C和发射极E，如图2-4所示，这三个电极的电流关系为：

$$I_{\mathrm{B}}+I_{\mathrm{C}}=I_{\mathrm{E}}$$

很显然，若将三极管看成一个封闭面，则它的三个电极的电流关系符合基尔霍夫电流定律。

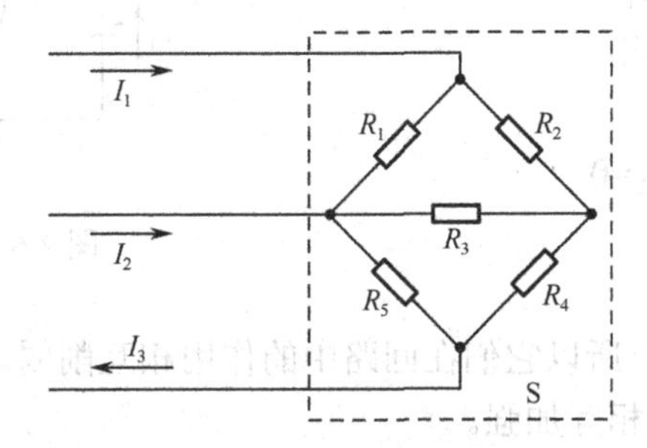

图2-3 封闭面的电流

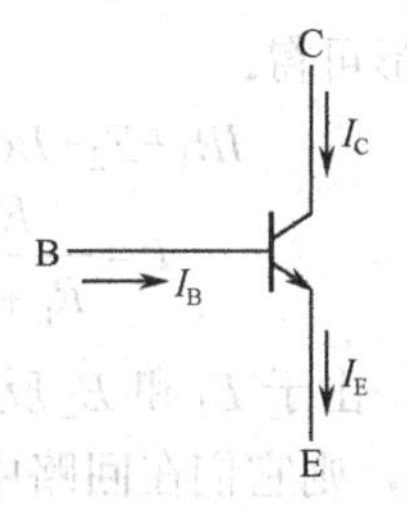

图2-4 三极管的电流

【例2】 求图2-5中的I_4。

解：对于图2-5（a）来说，由基尔霍夫电流定律可得：

$$8=2+3+I_4$$

$$I_4=3\mathrm{A}$$

对于图2-5（b）来说，由基尔霍夫电流定律可得：

$$2+3+4+I_4=0$$ （4路电流均流入，流出电流为0）

$$I_4=-9\mathrm{A}$$

注意：电流为负，说明实际方向与图示方向相反。

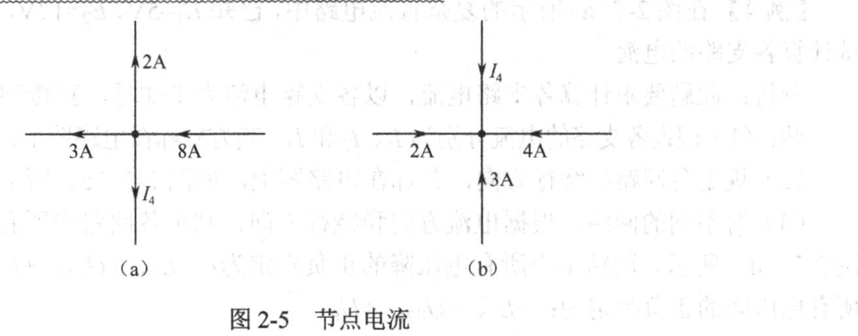

图2-5 节点电流

2.1.3　基尔霍夫电压定律

基尔霍夫电压定律又称回路电压定律，其内容为：电路中任意一个闭合回路中的所有电压降的代数和为零，即

$$\sum U = 0 \tag{2-2}$$

小技巧：在应用基尔霍夫电压定律时，值得注意的是：（1）求闭合回路中所有电压降的代数和时，应沿着回路朝某一个方向依次把回路的所有电压降相加，这个方向称为绕行方向。至于朝哪个方向绕行，可以随意规定。（2）根据绕行方向来判定电压降的正、负。在绕行过程中，某部分电路的电位下降了，则该部分电路的电压降为正，反之为负。

【例 3】 试用表达式说明图 2-6 所示闭合回路中所有电压降的关系，并求出回路电流 I。

解：先规定 I 的方向为顺时针方向，沿着该方向进行绕行，回路中所有电压降的正负判定为：$+U_{R1}$、$+E_2$、$+U_{R2}$、$+U_{R3}$、$-E_1$，由基尔霍夫电压定律对所有电压降求代数和得：

$$U_{R1}+E_2+U_{R2}+U_{R3}-E_1=0$$

上式就是回路中所有电压降的关系式。

将上式变形可得：

$$IR_1+E_2+IR_2+IR_3-E_1=0$$

故

$$I=\frac{E_1-E_2}{R_1+R_2+R_3}$$

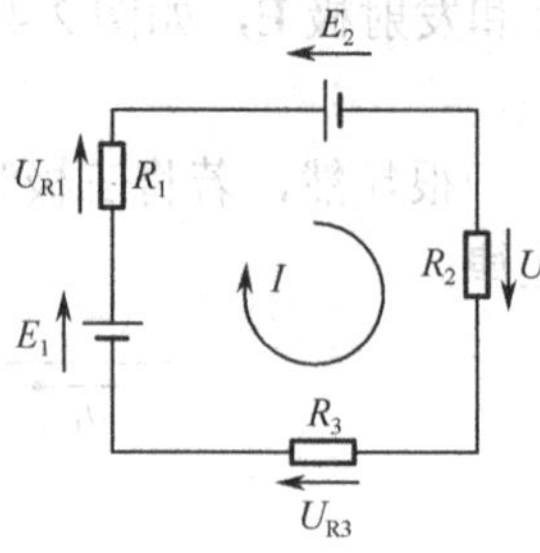

E_2 U_{R1} R_1 R_2 U_{R2} I E_1 R_3 U_{R3}

图 2-6　回路电压

上式表明，由于 E_1 和 E_2 反向串联，所以它们在回路中的作用相互削弱。同理，若 E_1 和 E_2 同向串联，则它们在回路中的作用相互加强。

2.1.4　基尔霍夫定律的应用

应用基尔霍夫定律可以分析计算复杂直流电路，根据所设未知量的不同，在计算电路时所采用的方法与步骤也不同，从而延伸出多种具体的计算方法，其中支路电流法和节点电压法最为常用。下面用实例来说明这两种方法的具体应用。

1．支路电流法

当一个复杂直流电路中所有电源和电阻均已知时，以各支路电流为未知量，根据基尔霍夫电流定律和电压定律列出方程组求解的方法称为支路电流法。

【例 4】 在图 2-7（a）所示的复杂直流电路中，已知 E_1=5V，E_2=12V，R_1=9Ω，R_2=R_3=4Ω，试计算各支路的电流。

分析：此题要求计算各支路电流，以各支路电流为未知量，直接列方程进行求解。

解：（1）假设各支路的电流分别为 I_1、I_2 和 I_3，其方向标在电路图上，如图 2-7（b）所示。

（2）规定各回路的绕行方向，并标在电路图上，如图 2-7（c）所示。

（3）对不同的回路，根据电流方向和绕行方向，判定各回路中所有电压降的正负，如图 2-7（d）所示。回路 1 中所有电压降的正负判定为：$-E_1$、$+U_{R1}$、$+U_{R2}$、$-E_2$；回路 2 中所有电压降的正负判定为：$+E_2$、$-U_{R2}$、$+U_{R3}$。

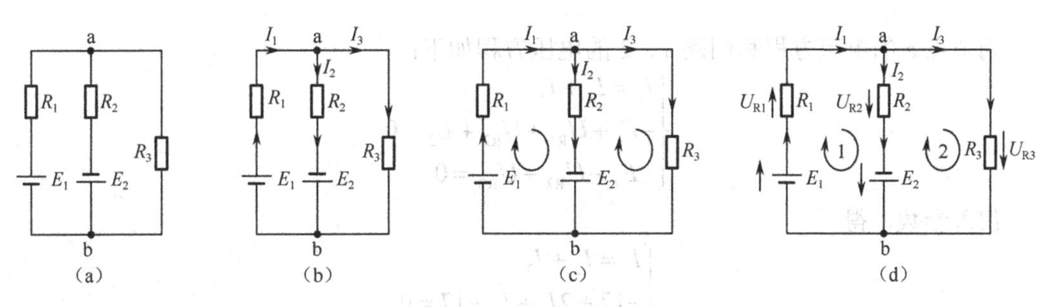

图 2-7　例 4 电路图

（4）对应电路中的节点列节点电流方程，若电路有 n 个节点，列 n−1 个节点电流方程，具体对哪个节点列方程，不受限制。本例对节点 a 列节点电流方程为：$I_1=I_2+I_3$。

（5）对应电路中的回路列回路电压方程，若电路有 m 条支路，列 $m-(n-1)$个回路电压方程。对回路 1 列回路电压方程为：$-E_1+U_{R1}+U_{R2}-E_2=0$；对回路 2 列回路电压方程为：$E_2-U_{R2}+U_{R3}=0$。

（6）根据节点电流和回路电压方程组，求解未知量：

$$\begin{cases} I_1 = I_2 + I_3 \\ -E_1 + U_{R1} + U_{R2} - E_2 = 0 \\ E_2 - U_{R2} + U_{R3} = 0 \end{cases}$$

代入电路参数，得

$$\begin{cases} I_1 = I_2 + I_3 \\ -5 + 9I_1 + 4I_2 - 12 = 0 \\ 12 - 4I_2 + 4I_3 = 0 \end{cases}$$

求解方程组，得

$$\begin{cases} I_1 = 1\text{A} \\ I_2 = 2\text{A} \\ I_3 = -1\text{A} \end{cases}$$

（7）根据求解结果，分析电路中各支路电流的实际方向，I_3 为负值，表示电流 I_3 的实际方向与假设方向相反；I_1、I_2 为正值，表示电流 I_1、I_2 的实际方向与假设方向相同。

【例 5】 在图 2-8（a）所示的复杂直流电路中，已知 $E_1=E_2=17\text{V}$，$R_1=2\Omega$，$R_2=1\Omega$，$R_3=5\Omega$，求各支路的电流。

解：将各支路的电流方向和回路绕行方向标在电路图上，如图 2-8（b）所示。

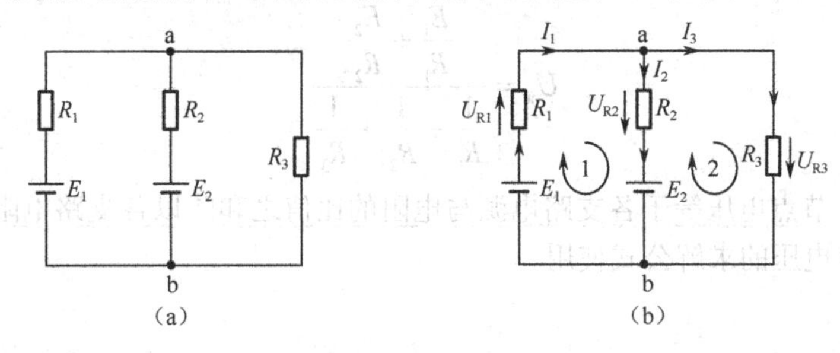

图 2-8　例 5 电路图

列节点 a 的电流方程和回路 1、2 的电压方程如下：

$$\begin{cases} I_1 = I_2 + I_3 \\ -E_1 + U_{R1} + U_{R2} + E_2 = 0 \\ -E_2 - U_{R2} + U_{R3} = 0 \end{cases}$$

代入参数，得

$$\begin{cases} I_1 = I_2 + I_3 \\ -17 + 2I_1 + I_2 + 17 = 0 \\ -17 - I_2 + 5I_3 = 0 \end{cases}$$

求解方程组，得

$$\begin{cases} I_1 = 1\text{A} \\ I_2 = -2\text{A} \\ I_3 = 3\text{A} \end{cases}$$

提醒你：电源正负的确定：沿着绕行方向，电源电位下降了，取正；升高了，取负。电阻电压正负的确定：当回路绕行方向与电流方向相同时，取正；相反时，取负。

2. 节点电压法

以各节点对参考节点的电压为未知量，根据基尔霍夫电流定律列出独立节点的电流方程求解的方法称为节点电压法。若将参考节点视为“地”，则节点对参考节点的电压就是节点的电位，所以节点电压法也可称为节点电位法。

（1）节点电压。

下面来推导一下节点电压，电路如图 2-9（a）所示，图中有 a、b 两个节点，将节点 b 作为参考节点，设节点 a 对节点 b 的电压为 U_a。设各支路电流分别为 I_1、I_2、I_3，方向如图 2-9（b）所示，则

$$I_1 = \frac{E_1 - U_a}{R_1} \qquad I_2 = \frac{E_2 - U_a}{R_2} \qquad I_3 = \frac{U_a}{R_3}$$

根据基尔霍夫电流定律列出节点电流方程：$I_1+I_2=I_3$

即

$$\frac{E_1 - U_a}{R_1} + \frac{E_2 - U_a}{R_2} = \frac{U_a}{R_3}$$

解方程得

$$U_a = \frac{\dfrac{E_1}{R_1} + \dfrac{E_2}{R_2}}{\dfrac{1}{R_1} + \dfrac{1}{R_2} + \dfrac{1}{R_3}} \tag{2-3}$$

上式说明，节点电压等于各支路电源与电阻的比值之和除以各支路电阻的倒数之和。此式可作为节点电压的求解公式使用。

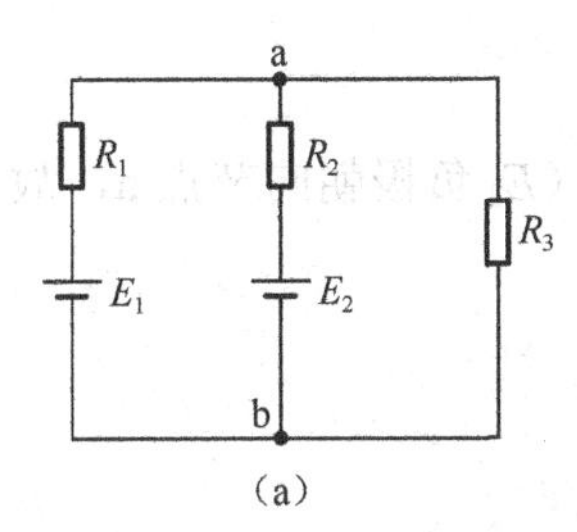

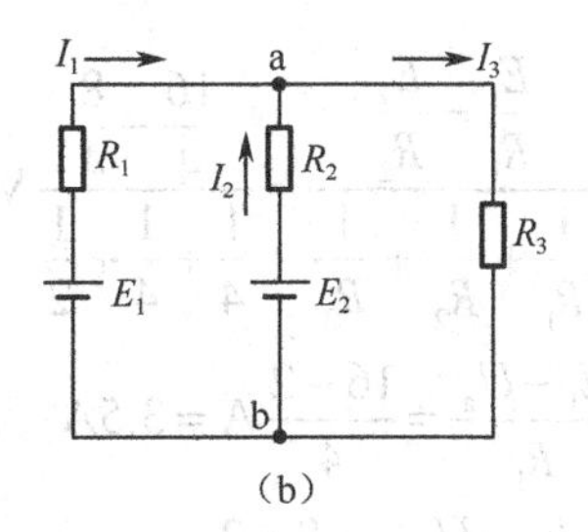

图 2-9　节点电压

提醒你：使用上述公式时应注意两点：一是电源的正负号，当电源的正极朝向节点 a 时，电源取正，若电源的负极朝向节点 a，则电源取负；二是各支路的电流方向，有电源的支路，其电流流入节点 a，无电源的支路，其电流流出节点 a。

（2）节点电压法的应用。

【例 6】 电路如图 2-10（a）所示，用节点电压法求各支路电流。

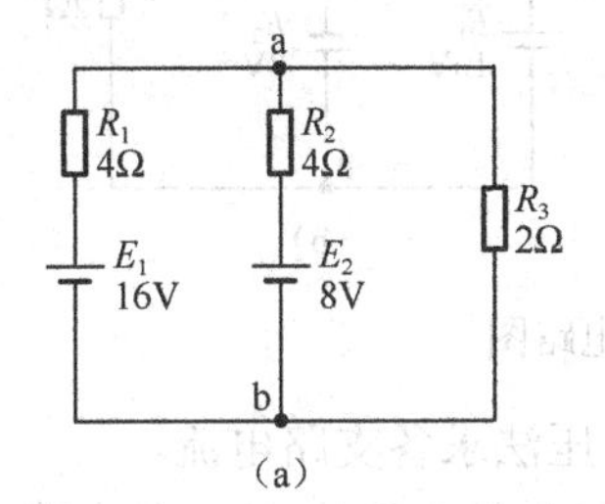

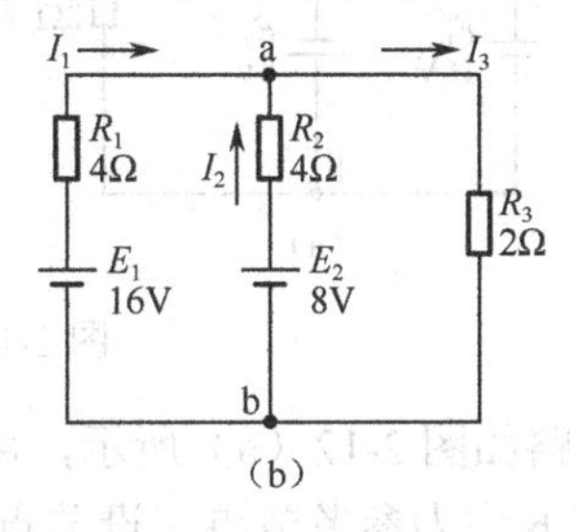

图 2-10　例 6 电路图

解：将节点 b 作为参考节点，设节点 a 对节点 b 的电压为 U_a，各支路电流分别为 I_1、I_2、I_3，方向如图 2-10（b）所示，则有

$$U_a = \frac{\frac{E_1}{R_1}+\frac{E_2}{R_2}}{\frac{1}{R_1}+\frac{1}{R_2}+\frac{1}{R_3}} = \frac{\frac{16}{4}+\frac{8}{4}}{\frac{1}{4}+\frac{1}{4}+\frac{1}{2}}\text{V} = 6\text{V}$$

$$I_1 = \frac{E_1 - U_a}{R_1} = \frac{16-6}{4}\text{A} = 2.5\text{A}$$

$$I_2 = \frac{E_2 - U_a}{R_2} = \frac{8-6}{4}\text{A} = 0.5\text{A}$$

$$I_3 = \frac{U_a}{R_3} = \frac{6}{2}\text{A} = 3\text{A}$$

显然，用节点电压法解题时，无须解多元一次方程，故运算过程变得简单，运算量减小。

【例 7】 电路如图 2-11（a）所示，用节点电压法求各支路电流。

解：将节点 b 作为参考节点，设节点 a 对节点 b 的电压为 U_a，各支路电流分别为 I_1、I_2、I_3，方向如图 2-11（b）所示，则有

$$U_a=\frac{\dfrac{E_1}{R_1}-\dfrac{E_2}{R_2}}{\dfrac{1}{R_1}+\dfrac{1}{R_2}+\dfrac{1}{R_3}}=\frac{\dfrac{16}{4}-\dfrac{8}{4}}{\dfrac{1}{4}+\dfrac{1}{4}+\dfrac{1}{2}}\text{V}=2\text{V}$$ （E_2负极朝向节点 a，故E_2取负）

$$I_1=\frac{E_1-U_a}{R_1}=\frac{16-2}{4}\text{A}=3.5\text{A}$$

$$I_2=\frac{-E_2-U_a}{R_2}=\frac{-8-2}{4}\text{A}=-2.5\text{A}$$ （E_2负极朝向节点 a，故E_2取负）

$$I_3=\frac{U_a}{R_3}=\frac{2}{2}\text{A}=1\text{A}$$

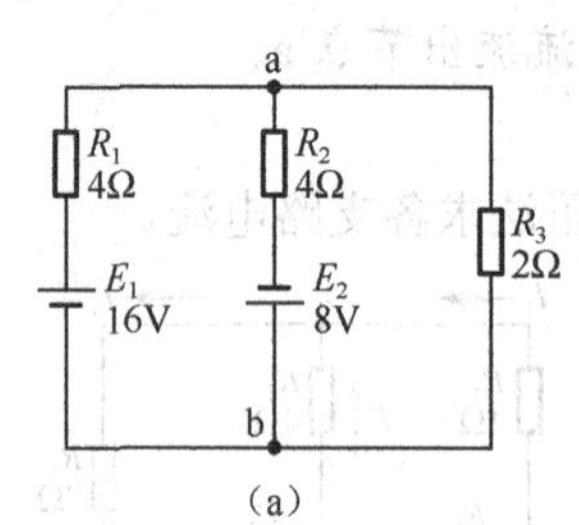
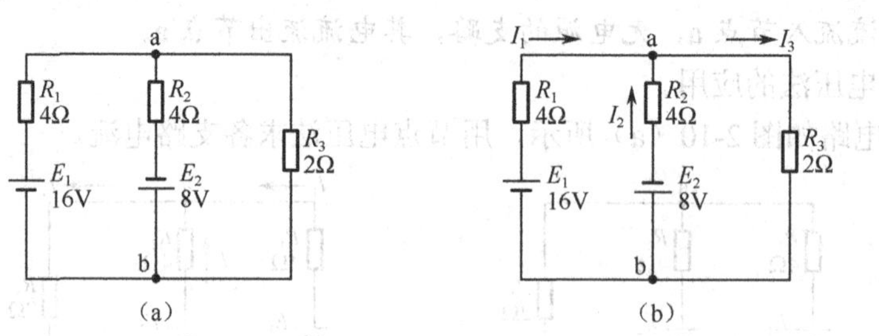

图 2-11 例 7 电路图

【例 8】 电路如图 2-12（a）所示，用节点电压法求各支路电流。

解：将节点 b 作为参考节点，设节点 a 对节点 b 的电压为U_a，各支路电流分别为I_1、I_2、I_3，由于三个支路皆有电源，故设其方向均流入节点 a，如图 2-12（b）所示，则有

$$U_a=\frac{\dfrac{E_1}{R_1}-\dfrac{E_2}{R_2}-\dfrac{E_3}{R_3}}{\dfrac{1}{R_1}+\dfrac{1}{R_2}+\dfrac{1}{R_3}}=\frac{\dfrac{16}{4}-\dfrac{8}{4}-\dfrac{8}{2}}{\dfrac{1}{4}+\dfrac{1}{4}+\dfrac{1}{2}}\text{V}=-2\text{V}$$ （E_2、E_3负极均朝向节点 a，故均取负）

$$I_1=\frac{E_1-U_a}{R_1}=\frac{16+2}{4}\text{A}=4.5\text{A}$$

$$I_2=\frac{-E_2-U_a}{R_2}=\frac{-8+2}{4}\text{A}=-1.5\text{A}$$

$$I_3=\frac{-E_3-U_a}{R_3}=\frac{-8+2}{2}\text{A}=-3\text{A}$$

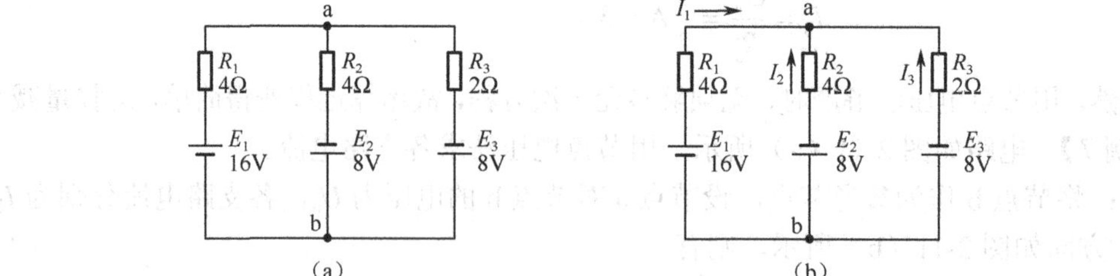
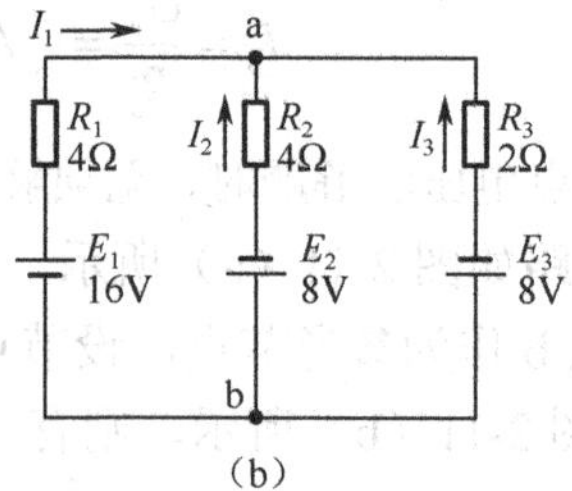

图 2-12 例 8 电路图

2.1.5　电路中各点电位的计算

在分析电路时，不仅要知道电路中电流、电压的大小和方向，有时还要知道电路中各点的电位，在检修电路时，这一点尤为重要，因为需要通过测量分析电路中关键点的电位是否正常，来判断故障部位。下面用一个实例来具体说明电位的计算步骤。

【例 9】 在图 2-13（a）所示的电路中，已知 E_1=9V，E_2=12V，R_1=2Ω，R_2=1Ω，R_3=6Ω，若 a 点为参考点（即接地），试计算 a、b、c 各点的电位。

解：（1）因 a 点为参考点，即零电位点，故有

$$U_a=0V$$

（2）分析并确定电路中电流的方向和大小，因为 $E_2>E_1$，所以电路的总电源电动势为

$$E=E_2-E_1=(12-9)V=3V$$

且方向与 E_2 的方向相同，电路中的电流方向为逆时针方向，如图 2-13（b）所示，大小为

$$I=\frac{E}{R_1+R_2}=\frac{3}{2+1}A=1A$$

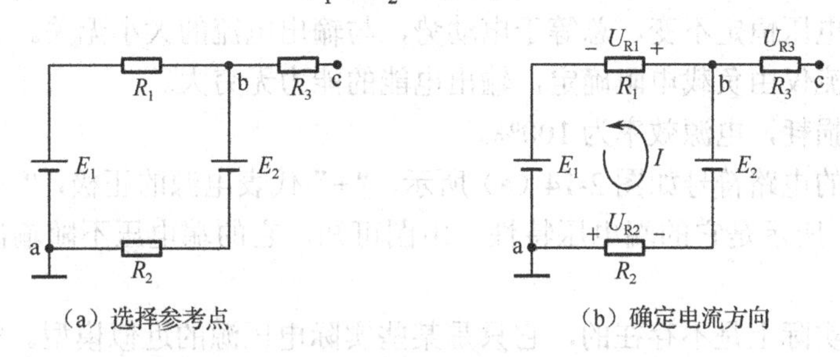

图 2-13　例 9 电路图

（3）求某一点的点位，其等于从该点起沿任意路径绕行到参考点，所途经的所有电压降的代数和。各部分电压降的正、负由电流方向和绕行路径确定。

求 b 点的电位：可以选择从 b 点起经 E_2、R_2 绕行到 a 点，途经两部分电压降，它们的正、负分别为 $+E_2$、$-U_{R2}$，所以 b 点的电位为

$$U_b=(+E_2)+(-U_{R2})=E_2-IR_2$$
$$=12-1\times1=11V$$

也可以选择从 b 点起沿 R_1、E_1 绕行到 a 点，途经两部分电压降，它们的正、负分别为 $+U_{R1}$、$+E_1$，所以 b 点的电位也可以为

$$U_b=(+U_{R1})+(+E_1)=IR_1+E_1$$
$$=1\times2+9=11V$$

求 c 点的电位：可以选择从 c 点起沿 R_3、E_2、R_2 绕行到 a 点，途经三部分电压降。其中因为 R_3 没有电流通过，所以 R_3 上的电压降 U_{R3} 等于 0V，另外两部分电压降的正、负分别为 $+E_2$、$-U_{R2}$，所以 c 点的电位为

$$U_c=(U_{R3})+(+E_2)+(-U_{R2})=U_{R3}+E_2-IR_2$$
$$=0V+12V-1\times1=11V$$

小技巧：在求解电路中某一点的电位时，无论沿哪条路径进行，其求解结果都是唯

一的。但通常情况下都是选择电压降数量较少的路径来计算。

2.2 电压源与电流源的等效互换

电源是各种电能产生器的总称，任何电路都需要电源做“动力”。电源可分为电压源和电流源两种，且这两种电源对外电路来说可以等效互换，利用这种等效互换，可以使复杂直流电路得以简化，所以电压源与电流源的等效互换是分析复杂直流电路的一种常用方法。

2.2.1 电压源与电流源

1. 电压源

以电压的形式向外电路供电的电源叫电压源，前面所讲的电池就是一种电压源。

如果电压源内阻为零，则它会提供一个恒定不变的电压，这样的电压源称为理想电压源（又称恒压源）。理想电压源具有三个特点：

（1）它的端电压恒定不变，总等于电动势，与输出电流的大小无关。

（2）输出电流仅由负载电阻确定，输出电能的能力无穷大。

（3）自身无损耗，电源效率为100%。

理想电压源的电路符号如图2-14（a）所示，“+”代表电源的正极，“-”代表电源的负极，图2-14（b）所示是它的端电压特性，由图可知，它的端电压不随输出电流的变化而变化。

理想电压源实际上是不存在的，它只是某些实际电压源的近似模型。实际电压源往往具有一定的内阻，其端电压随输出电流的增大而减小，但可以将实际电压源看作由理想电压源与一内阻 r 串联的组合，如图2-14（c）所示，图2-14（d）所示是它的端电压特性，随着输出电流的增大，其端电压逐步下降，这一点在上一章“路端电压及电源外特性”中已有分析，这里不再赘述。

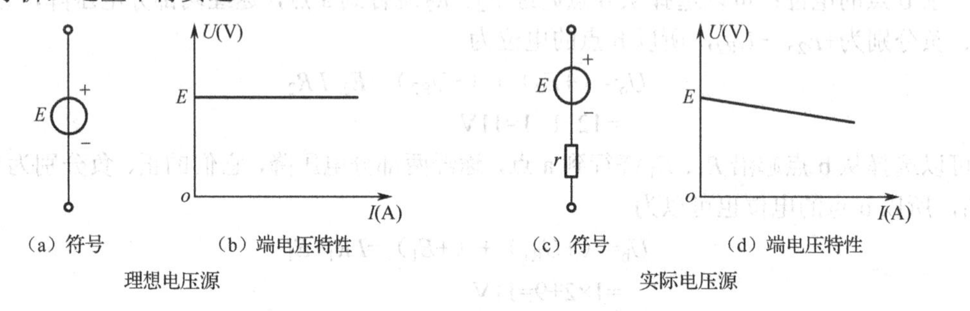

图2-14 理想电压源的电路符号及端电压特性

2. 电流源

以电流的形式向外电路供电的电源称为电流源。如果电流源的内阻为无穷大，则它会提供一个恒定不变的电流，这样的电流源称为理想电流源（又称恒流源）。理想电流源具有以下三个特点：

（1）它的输出电流恒定不变，与负载电阻的大小无关。

（2）输出电压由负载电阻确定，输出电能的能力无穷大。

（3）自身无损耗，电源效率为 100%。

理想电流源的电路符号如图 2-15（a）所示，箭头代表电流方向，图 2-15（b）是它的输出特性（伏安特性）曲线。理想电流源输出一个恒定不变的电流 I_s，与外电路负载电阻的大小无关，其端电压由负载电阻决定。

理想电流源实际上是不存在的，它只是某些实际电流源的近似模型。实际电流源的内阻不可能无穷大，可以将实际电流源看作由理想电流源与一内阻 r 并联的组合，如图 2-16 所示。

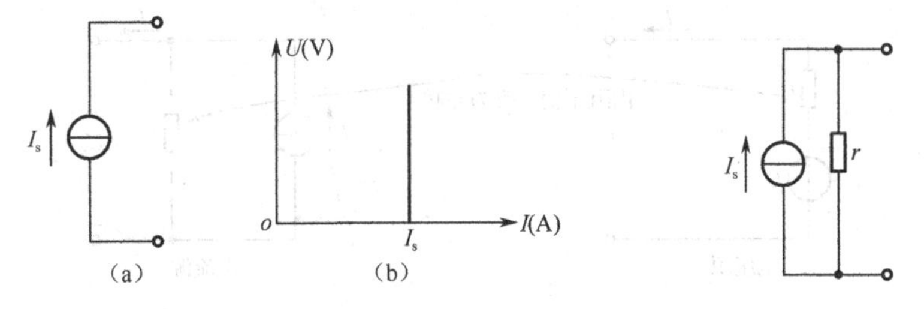

图 2-15　理想电流源符号及输出特性曲线　　图 2-16　实际电流源符号

下面分析一下实际电流源的外特性，参考图 2-17（a）。

当外电路电阻为无穷大（即断开）时，通过 r 的电流 I_r 等于 I_s，端电压 $U=I_s r$，外电路电流 $I=0$。

当外电路电阻为 0（即短路）时，端电压 $U=0$，外电路电流 $I=I_s$，而 $I_r=0$。

当外电路接有负载 R 时，则有

$$U=I_r r=IR$$

因

$$I_r+I=I_s$$

故有

$$I=I_s-I_r=I_s-\frac{U}{r}$$

从而得

$$U=I_s r-Ir$$

上式表明，U 与 I 为线性关系，即实际电流源的外特性（伏安特性）是一条直线，该直线与 I 轴相交于 I_s，与 U 轴相交于 $I_s r$，如图 2-17（b）所示，由图可以看出，实际电流源的端电压随输出电流的增大（负载减小）而减小。

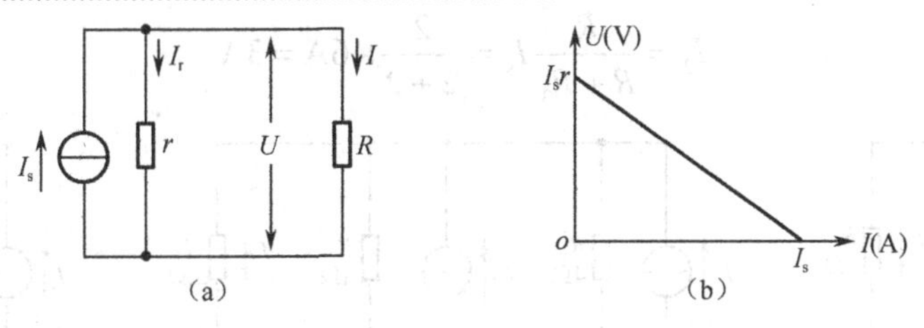

图 2-17　实际电流源的外特性

2.2.2 电压源与电流源的互换

可以将实际电压源看作一个理想电压源与一个内阻 r 的串联组合，而实际电流源可被看作一个理想电流源与一个内阻 r 的并联组合。对于外电路而言，它们之间可以等效互换。

1. 电压源转换成电流源

转换法则：将电压源的短路电流（E/r）作为电流源的电流 I_s，内阻数值保持不变，改为并联，便可将电压源转换为电流源，如图 2-18 所示。值得注意的是，理想电压源和理想电流源因没有内阻存在，故不能相互转换。

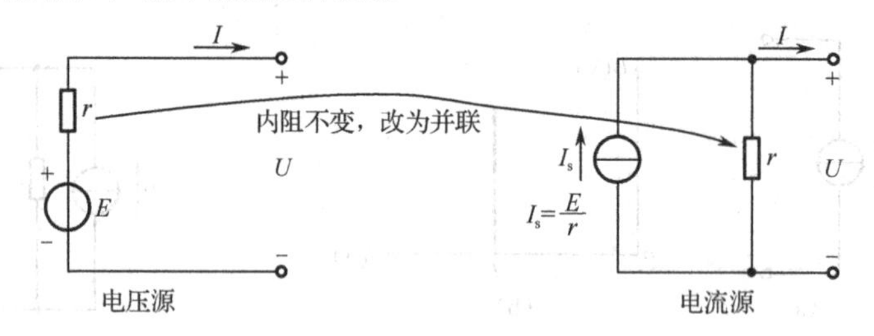

图 2-18 电压源转换成电流源

【例 10】 电路如图 2-19（a）所示，用电源的等效变换求 R_3 的电流。

解：第一步：将 R_1 和 R_2 分别看作 E_1 和 E_2 的内阻，这样就可将两个电压源分别转换成电流源，如图 2-19（b）所示，这两个电流源的内阻仍分别为 R_1 和 R_2，电流源的大小分别为

$$I_{s1}=\frac{E_1}{R_1}=\frac{16}{4}\text{A}=4\text{A}$$

$$I_{s2}=\frac{E_2}{R_2}=\frac{8}{4}\text{A}=2\text{A}$$

第二步：将两个电流源合并，合并后的电流源为 I_s，内阻为 R，如图 2-19（c）所示，则有

$$I_s=I_{s1}+I_{s2}=6\text{A}$$

$$R=\frac{R_1R_2}{R_1+R_2}=\frac{4\times4}{4+4}\Omega=2\Omega$$

第三步：计算 I_3。

$$I_3=\frac{R}{R+R_3}I_s=\frac{2}{2+2}\times6\text{A}=3\text{A}$$

R_1 4Ω　R_2 4Ω　E_1 16V　E_2 8V　I_3　R_3 2Ω

（a）

I_{s1} 4A　R_1 4Ω　I_{s2} 2A　R_2 4Ω　I_3　R_3 2Ω

（b）

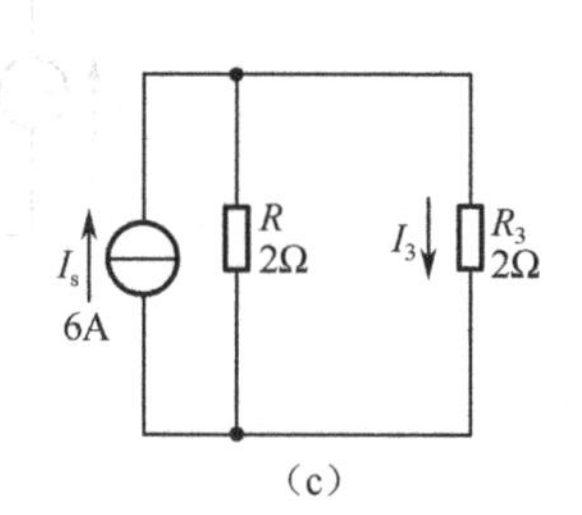

（c）

图 2-19 例 10 电路图

注意：合并电流源时，若电流源的方向相同，则相加；若电流源的方向相反，则相减。

2．电流源转换成电压源

转换法则：将电流源的开路端电压作为电压源的电动势 E，内阻数值保持不变，改为串联，便可将电流源转换为电压源，如图 2-20 所示。

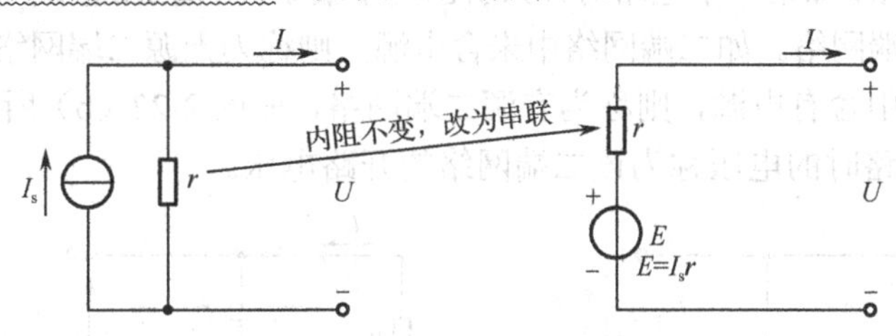

图 2-20　电流源转换成电压源

【例 11】 电路如图 2-21（a）所示，用电源的等效变换求 R_1 的电流。

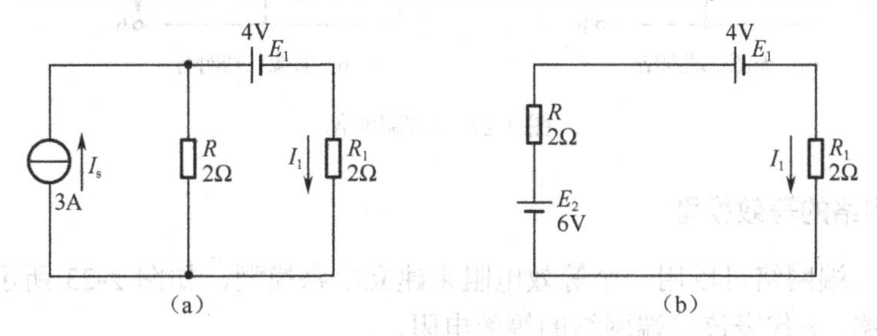

图 2-21　例 11 电路图

解：将 R 看作 I_s 的内阻，这样就可将电流源 I_s 转换为电压源 E_2，如图 2-21（b）所示，E_2 的内阻仍为 R，E_2 的大小为

$$E_2=I_sR=3\times2\text{V}=6\text{V}$$

根据图 2-21（b）求出 R_1 的电流为

$$I_1=\frac{E_2-E_1}{R+R_1}=\frac{6-4}{2+2}\text{A}=0.5\text{A}$$

提醒你：电压源与电流源之间的转换，只对外电路等效，对电源内部是不等效的。所以，在解题时，待求的那条支路必须以外电路形式存在，而不得参与电源之间的转换。否则，算出的答案是错误的。

2.3　戴维南定理

戴维南定理又称等效电压源定律，是由法国科学家 L.C.戴维南于 1883 年提出的一个电学定理，该定理阐述了有源二端网络与电压源之间的等效关系，在分析和计算复杂直流电路时，使用该定理能有效简化电路，从而使复杂问题变为简单问题。

2.3.1 二端网络

1. 二端网络的概念

电路又称电网络，如果一个电路对外只引出两个端子，并通过这两个端子与外电路相连，则称这个电路为二端网络。如二端网络中未含电源，则称为无源二端网络，如图 2-22（a）所示；如二端网络中含有电源，则称为有源二端网络，如图 2-22（b）所示。一个有源二端网络两端点之间开路时的电压称为该二端网络的开路电压。

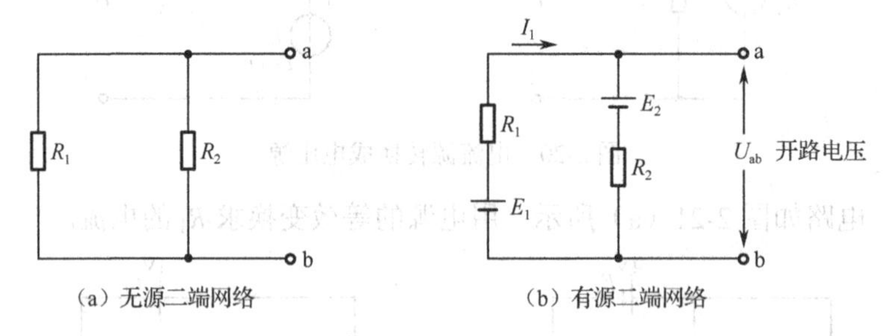

图 2-22 二端网络

2. 二端网络的等效模型

一个无源二端网络可以用一个等效电阻来建立电路模型，如图 2-23 所示，图中 N_P 代表无源二端网络，r 代表该二端网络的等效电阻。

一个有源二端网络可以用具有内阻的电压源来建立电路模型，如图 2-24 所示，图中 N_A 代表有源二端网络，E 和 r 分别代表 N_A 的等效电压源及电源内阻。

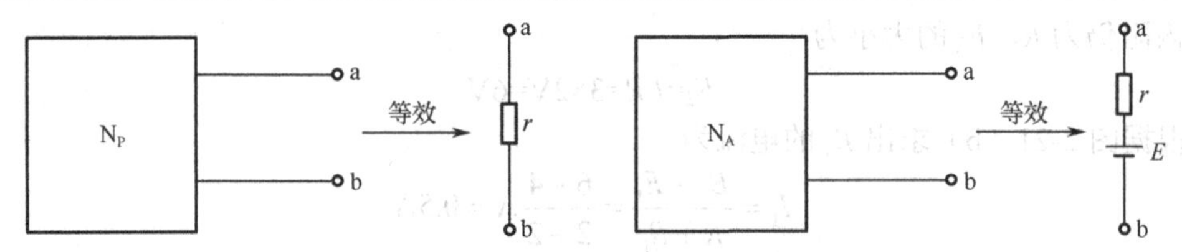

图 2-23 无源二端网络的等效模型　　图 2-24 有源二端网络的等效模型

2.3.2 戴维南定理

对外电路来说，一个有源二端网络可以用一个电压源来代替，该电压源的电动势 E 等于二端网络的开路电压，其内阻 r 等于有源二端网络内所有电源取零，而所有电阻不变情况下所得到的等效电阻，这就是戴维南定理。

例如，电路如图 2-25（a）所示，求流过 R_3 的电流 I_3。

第一步：先将电路分割成两部分，如图 2-25（b）所示，将虚线内的电路看作一个有源二端网络，将虚线外的 R_3 看作外电路。

第二步：根据戴维南定理，将虚线内的有源二端网络转换成一个电压源 E 和内阻 r 串联的形式，如图 2-25（c）所示，这样复杂直流电路就变成了简单直流电路。

第三步：求 E 和 r 的大小。E 等于二端网络的开路电压（即 R_3 未接入电路时，a、b 之间的电压），如图 2-25（d）所示。

$$E = U_{ab} = E_1 - IR_1 = E_1 - \frac{E_1 - E_2}{R_1 + R_2} R_1$$

r 等于有源二端网络内所有电源取零，而所有电阻不变情况下所得到的等效电阻，如图 2-25（e）所示。由于 E_1、E_2 都是电压源，电压源取零就是短路（电流源取零就是开路），所以 r 的大小等于 R_1 和 R_2 的并联值，即

$$r = \frac{R_1 R_2}{R_1 + R_2}$$

第四步：求 I_3 的大小。根据图 2-25（c）可得

$$I_3 = \frac{E}{r + R_3}$$

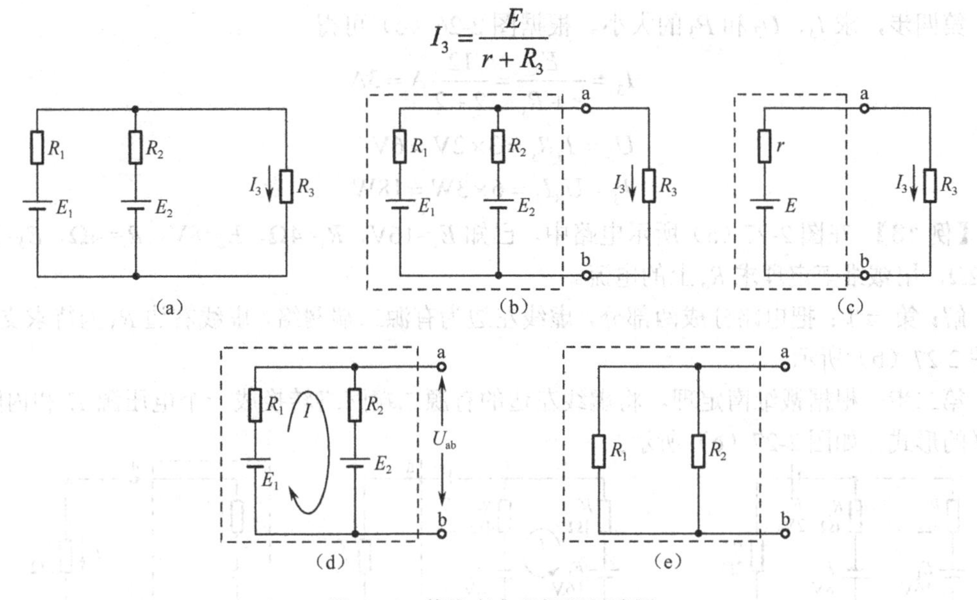

图 2-25　戴维南定理解题思路图

2.3.3　戴维南定理的应用

【例 12】 在图 2-26（a）所示的电路中，已知 E_1=16V，R_1=4Ω，E_2=8V，R_2=4Ω，R_3=2Ω，用戴维南定理求 R_3 上的电流、电压及功率。

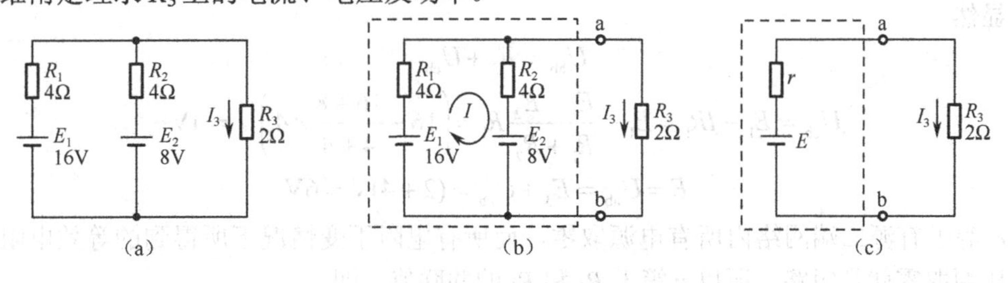

图 2-26　例 12 电路图

解：第一步：把电路分成两部分，虚线框内为有源二端网络，外部的 R_3 为待求支路，如图 2-26（b）所示。

第二步：根据戴维南定理，将虚线内的有源二端网络转换成一个电压源 E 和内阻 r 串联的形式，如图 2-26（c）所示。

第三步：E 等于二端网络的开路电压，即图 2-26（b）中 R_3 未接入时，a、b 之间的电压，从而有

$$E = U_{ab} = E_1 - IR_1 = E_1 - \frac{E_1 - E_2}{R_1 + R_2} R_1 = \left(16 - \frac{16-8}{4+4} \times 4\right)\text{V} = 12\text{V}$$

r 等于有源二端网络内所有电源取零，而所有电阻不变情况下所得到的等效电阻。由于电压源取零就是短路，所以 r 的大小等于 R_1 和 R_2 的并联值，即

$$r = \frac{R_1 R_2}{R_1 + R_2} = \frac{4 \times 4}{4+4}\Omega = 2\Omega$$

第四步，求 I_3、U_3 和 P_3 的大小。根据图 2-26（c）可得

$$I_3 = \frac{E}{r + R_3} = \frac{12}{2+2}\text{A} = 3\text{A}$$

$$U_3 = I_3 R_3 = 3 \times 2\text{V} = 6\text{V}$$

$$P_3 = U_3 I_3 = 6 \times 3\text{W} = 18\text{W}$$

【例 13】 在图 2-27（a）所示电路中，已知 E_1=16V，R_1=4Ω，E_2=8V，R_2=4Ω，E_3=2V，R_3=2Ω，用戴维南定理求 R_3 上的电流。

解：第一步：把电路分成两部分，虚线左边为有源二端网络，虚线右边 R_3 为待求支路，如图 2-27（b）所示。

第二步：根据戴维南定理，将虚线左边的有源二端网络转换成一个电压源 E 和内阻 r 串联的形式，如图 2-27（c）所示。

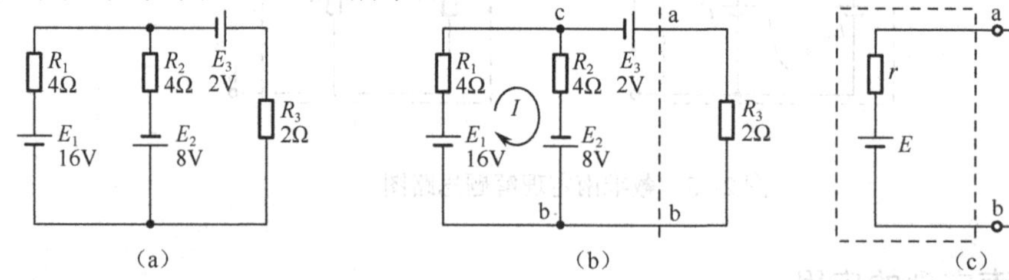

图 2-27　例 13 电路图

第三步：E 等于二端网络的开路电压，即图 2-27（b）中 R_3 未接入时，a、b 之间的电压，显然

$$U_{ab} = E_3 + U_{cb}$$

$$U_{cb} = E_1 - IR_1 = E_1 - \frac{E_1 + E_2}{R_1 + R_2} R_1 = \left(16 - \frac{16+8}{4+4} \times 4\right)\text{V} = 4\text{V}$$

故

$$E = U_{ab} = E_3 + U_{cb} = (2+4)\text{V} = 6\text{V}$$

r 等于有源二端网络内所有电源取零，而所有电阻不变情况下所得到的等效电阻。由于电压源取零就是短路，所以 r 等于 R_1 和 R_2 的并联值，即

$$r = \frac{R_1 R_2}{R_1 + R_2} = \frac{4 \times 4}{4+4}\Omega = 2\Omega$$

第四步：求 I_3 的大小，根据图 2-27（c）可得

$$I_3 = \frac{E}{r + R_3} = \frac{6}{2+2}\text{A} = 1.5\text{A}$$

【例 14】 在图 2-28（a）所示电路中，已知 E_1=16V，R_1=4Ω，I_s=2A，R_2=4Ω，R_3=2Ω，用戴维南定理求 R_3 上的电流。

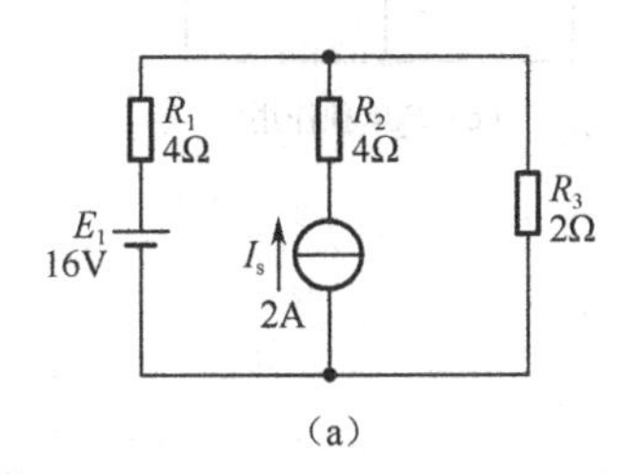

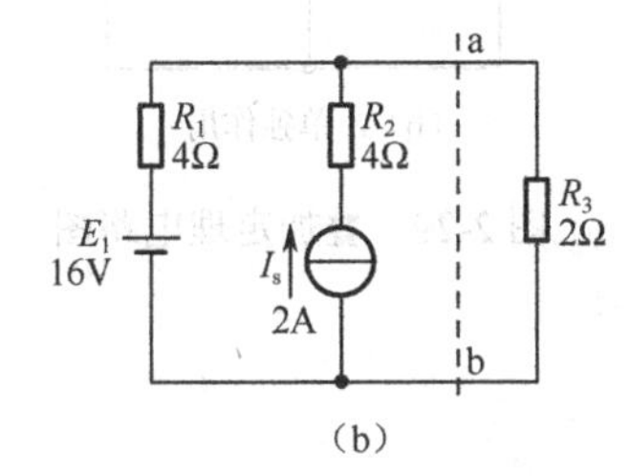

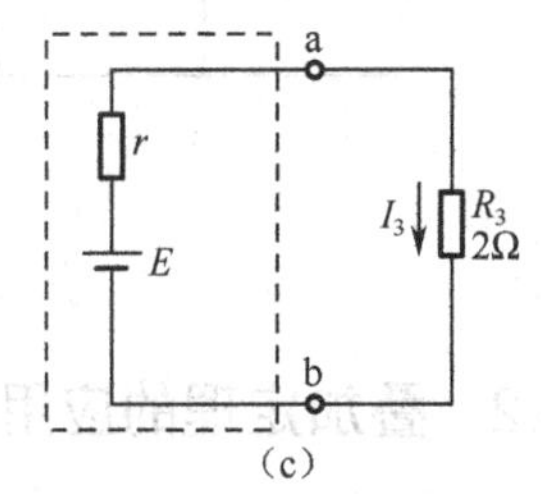

图 2-28　例 14 电路图

解：第一步：把电路分成两部分，虚线左边为有源二端网络，虚线右边 R_3 为待求支路，如图 2-28（b）所示。

第二步：根据戴维南定理，将虚线左边的有源二端网络转换成一个电压源 E 和内阻 r 串联的形式，如图 2-28（c）所示。

第三步：E 等于二端网络的开路电压，显然

$$E = U_{ab} = I_s R_1 + E_1 = (2 \times 4 + 16)\text{V} = 24\text{V}$$

r 等于有源二端网络内所有电源取零，而所有电阻不变情况下所得到的等效电阻。由于电压源取零就是短路，电流源取零就是开路，所以 r 等于 R_1，即

$$r=R_1=4\Omega$$

第四步：求 I_3 的大小，根据图 2-28（c）可得

$$I_3 = \frac{E}{r + R_3} = \frac{24}{4+2}\text{A} = 4\text{A}$$

2.4　叠加定理

叠加定理描述了线性电路中电流的叠加性，它是分析复杂直流电路的一个重要方法。用叠加定理分析复杂直流电路时，其运算量较基尔霍夫定律要小，同时又比戴维南定理及电压源与电流源等效互换原理容易理解。

2.4.1　叠加定理的内容

在具有多个电源的线性电路中，各支路电流等于各电源单独作用时所产生的电流的代数和，这就是叠加定理。

下面来理解一下叠加定理。例如，在图 2-29（a）所示的电路中，求流过 R_3 的电流 I_3。先让电源 E_1 单独作用，如图 2-29（b）所示，求出流过 R_3 的电流 I_3'；再让电源 E_2 单独作用，如图 2-29（c）所示，求出流过 R_3 的电流 I_3''。最后将 I_3' 和 I_3'' 叠加（同向相加，反向相减）即得出 I_3。由此可见，叠加定理能将一个复杂电路简化成两个简单电路，通过对两个

简单电路进行分析，就能达到分析复杂电路的目的。

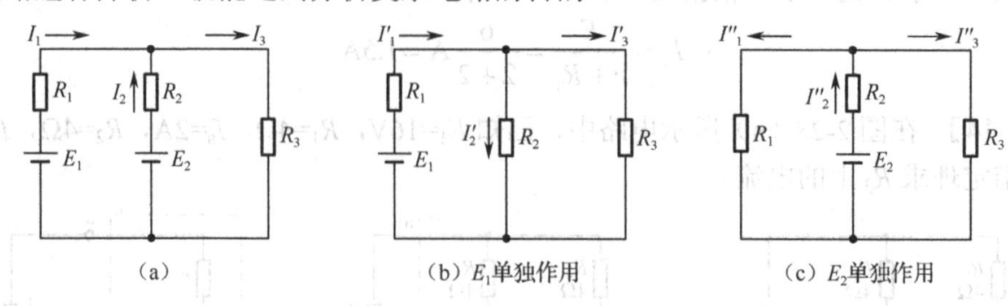

图 2-29　叠加定理电路图

2.4.2　叠加定理的应用

【例 15】　电路如图 2-30（a）所示，已知 E_1=16V，E_2=8V，R_1=R_2=4Ω，R_3=2Ω，用叠加定理求各支路电流。

解：第一步：设各支路电流分别为 I_1、I_2 和 I_3，方向如图 2-30（b）所示。

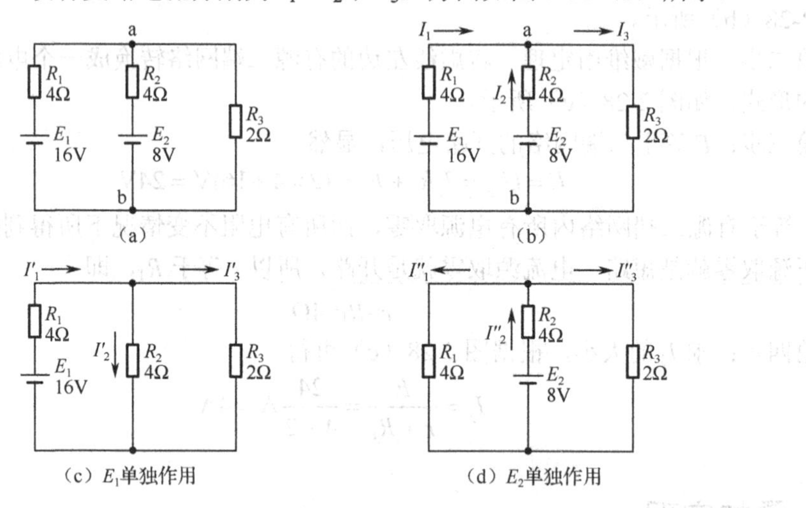

图 2-30　例 15 电路图

第二步：当 E_1 单独作用时（E_2 相当于短路），参考图 2-30（c），有

$$I'_1=\frac{E_1}{R_1+\dfrac{R_2R_3}{R_2+R_3}}=\frac{16}{4+\dfrac{4\times 2}{4+2}}\text{A}=3\text{A}$$

$$I'_2=\frac{R_3}{R_2+R_3}I'_1=\frac{2}{4+2}\times 3\text{A}=1\text{A}$$

$$I'_3=\frac{R_2}{R_2+R_3}I'_1=\frac{4}{4+2}\times 3\text{A}=2\text{A}$$

第三步：当 E_2 单独作用时（E_1 相当于短路），参考图 2-30（d），有

$$I''_2=\frac{E_2}{R_2+\dfrac{R_1R_3}{R_1+R_3}}=\frac{8}{4+\dfrac{4\times 2}{4+2}}\text{A}=1.5\text{A}$$

$$I_1''=\frac{R_3}{R_1+R_3}I_2''=\frac{2}{4+2}\times 1.5\text{A}=0.5\text{A}$$

$$I_3''=\frac{R_1}{R_1+R_3}I_2''=\frac{4}{4+2}\times 1.5\text{A}=1\text{A}$$

第四步：将上述各支路电流叠加，得

$$I_1=I_1'-I_1''=(3-0.5)\text{A}=2.5\text{A}\quad（I_1'和I_1''方向相反，故相减）$$

$$I_2=I_2''-I_2'=(1.5-1)\text{A}=0.5\text{A}\quad（I_2''和I_2'方向相反，故相减）$$

$$I_3=I_3'+I_3''=(2+1)\text{A}=3\text{A}\quad（I_3'和I_3''方向相同，故相加）$$

显然，用叠加定理解题时，无须解多元一次方程，故解题难度比用基尔霍夫定律简单，而且容易理解，但需要反复计算电流，运算量还是比较大的，尤其是当电路中有三个以上电源时，运算量更大。

【例 16】 在图 2-31（a）所示电路中，已知 E_1=16V，R_1=4Ω，I_s=2A，R_2=4Ω，R_3=2Ω，用叠加定理求 R_3 上的电流 I_3。

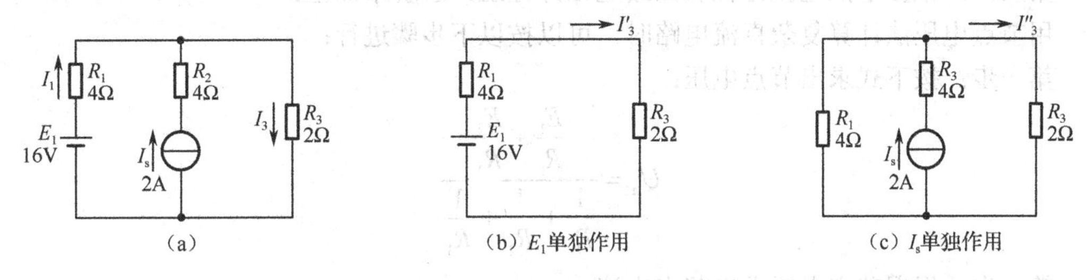

图 2-31　例 16 电路图

解：当 E_1 单独作用时（电流源 I_s 相当于开路），参考图 2-31（b），有

$$I_3'=\frac{E_1}{R_1+R_3}=\frac{16}{4+2}\text{A}=\frac{8}{3}\text{A}$$

当 I_s 单独作用时（电压源 E_1 相当于短路），参考图 2-31（c），有

$$I_3''=\frac{R_1}{R_1+R_3}I_s=\frac{4}{4+2}\times 2\text{A}=\frac{4}{3}\text{A}$$

上述两路电流叠加后得

$$I_3=I_3'+I_3''=\left(\frac{8}{3}+\frac{4}{3}\right)\text{A}=4\text{A}\quad（I_3'和I_3''方向相同，故相加）$$

使用叠加定理解题时，一定要注意，当电压源不作用时，要视为短路；当电流源不作用时，要视为开路。

本章知识要点

1．基尔霍夫定律

（1）基尔霍夫电流定律。

基尔霍夫电流定律又称节点电流定律，其内容为：**电路中流入任意一个节点的电流之和等于流出该节点的电流之和**，即

$$\sum I_{\mathrm{i}} = \sum I_{\mathrm{o}}$$

（2）基尔霍夫电压定律。

基尔霍夫电压定律又称回路电压定律，其内容为：**电路中任意一个闭合回路中的所有电压降的代数和为零**，即

$$\sum U = 0$$

（3）基尔霍夫定律的应用。

用支路电流法计算复杂直流电路时，可以按以下步骤进行：

第一步：将各支路的电流作为未知量。

第二步：规定回路的绕行方向。

第三步：对不同的回路，根据电流方向和绕行方向，判定各回路中所有电压降的正负。

第四步：对应电路中的节点列节点电流方程。

第五步：对应电路中的回路列回路电压方程。

第六步：根据节点电流方程和回路电压方程组，求解未知量。

用节点电压法计算复杂直流电路时，可以按以下步骤进行：

第一步：按下式求出节点电压：

$$U_{\mathrm{a}} = \frac{\dfrac{E_1}{R_1} + \dfrac{E_2}{R_2}}{\dfrac{1}{R_1} + \dfrac{1}{R_2} + \dfrac{1}{R_3}}$$

第二步：根据节点电压求出节点电流。

2．电压源与电流源的等效互换

（1）电压源转换成电流源。

将电压源的短路电流（E/r_0）作为电流源的电流 I_{S}，内阻数值保持不变，改为并联，便可将电压源转换为电流源。电压源转换成电流源的步骤为：

第一步：将与电压源串联的电阻看作电压源的内阻，算出短路电流，即可得出电流源的电流。

第二步：让电压源的内阻保持不变，将其作为电流源的内阻，然后并联在电流源上即可。

（2）电流源转换成电压源。

将电流源的开路端电压作为电压源的电动势 E，内阻数值保持不变，改为串联，便可将电流源转换为电压源。电流源转换成电压源的步骤为：

第一步：将与电流源并联的电阻看作电流源的内阻，算出开路电压，即可得出电压源的电动势。

第二步：让电流源的内阻保持不变，将其作为电压源的内阻，串联在电压源上即可。

3．戴维南定理

对外电路来说，一个有源二端网络可以用一个电压源来代替，该电压源的电动势 E 等于二端网络的开路电压，其内阻 r 等于有源二端网络内所有电源取零，而所有电阻不变情况下所得到的等效电阻，这就是戴维南定理。用戴维南定理计算复杂直流电路时，可以按以下步骤进行：

第一步：先将电路分割成两部分，待求的一部分为外电路，其余为有源二端网络。

第二步：根据戴维南定理，将有源二端网络转换成一个电压源 E 和内阻 r 串联的形式。

第三步：求 E 和 r。E 等于有源二端网络的开路电压，r 等于有源二端网络内所有电源取零，而所有电阻不变情况下所得到的等效电阻。

第四步：求外电路的电流或电压。

4．叠加定理

在具有多个电源的线性电路中，各支路电流等于各电源单独作用时所产生的电流的代数和，这就是叠加定理。用叠加定理计算复杂直流电路时，可以按以下步骤进行：

第一步：设各支路电流分别为 I_1、I_2 和 I_3。

第二步：当 E_1 单独作用时，计算出各支路电流。

第三步：当 E_2 单独作用时，计算出各支路电流。

第四步：将上述各支路电流叠加，就可得出各支路的最终电流。

本章实验

实验 1：电位和电压的测量

一、实验目的

通过实验加深对电位和电压的理解，掌握它们之间的关系，学会使用万用表测量电位和电压。

二、实验任务

1．测出实验电路中的 5 个电位值和 4 个电压值，并发现电位与电压之间的关系。

2．进一步掌握万用表的使用。

三、实验器材

电源一个、实验电路板一块（电路如图 2-32 所示）、万用表一块、导线数根。

四、实验步骤

1．将电源与实验板连接好，合上开关 S。

2．以 f 点为参考点，分别测量 a、b、c、d、e 各点的电位，并把测量数据填入表 2-1 中；再测量电压 U_{ab}、U_{bc}、U_{cd}、U_{cf}，并把测量数据填入表 2-1 中。

3．以 d 点为参考点，分别测量 a、b、c、e、f 各点的电位，并把测量数据填入表 2-1 中；再分别测量电压 U_{ab}、U_{bc}、U_{cd}、U_{cf}，并把测量数据填入表 2-1 中。

4．从表 2-1 中计算 U_a-U_b=________，U_b-U_c=________，U_c-U_d=________，U_c-U_f=________，并将 U_a-U_b，U_b-U_c，U_c-U_d，U_c-U_f 的值分别与 U_{ab}、U_{bc}、U_{cd}、U_{cf} 进行比较。

表 2-1 电位、电压值记录表

参考点 \ 项目	a	b	c	d	e	f	U_{ab}	U_{bc}	U_{cd}	U_{cf}
f						0				
d				0						

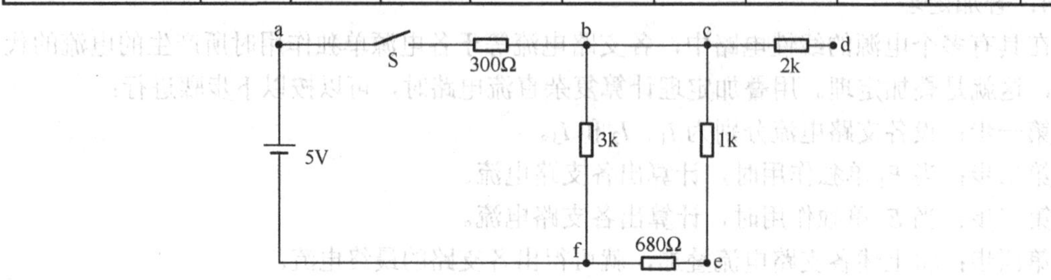

图 2-32 实验电路图

五、实验结论

1．从表 2-1 中可以得出当参考点变换时，任意两点间的电压________。

2．两点间的电压等于这两点间的电位________。

实验 2：戴维南定理

一、实验目的

1．通过实验加深对有源二端网络的认识，领会有源二端网络的开路电压与短路电流的含义，从而进一步理解戴维南定理。

2．通过实验验证戴维南定理的正确性。

二、实验任务

1．测出有源二端网络的开路电压、短路电流和内阻。

2．测量有源二端网络的外特性。

三、实验器材

可调直流稳压电源（0～30V）两个、戴维南定理实验板一块、电阻若干、万用表一块、导线若干。

四、实验步骤

1．将两个电源与实验板按图 2-33（a）连接好，电源电压分别调到 16V 和 8V。

2．用万用表测量 A、B 之间的开路电压 U_{AB}，填入表 2-2 中。

3．用万用表测量 A、B 之间的短路电流 I_S，填入表 2-2 中。

4．用短路线替代电源，用万用表测量 A、B 之间的电阻 r，填入表 2-2 中，然后计算 U_{AB}/I_S，看 U_{AB}/I_S 是否等于 r。

表 2-2　实验数据记录表

测量内容	开路电压 U_{AB}	短路电流 I_S	测量内阻 r	计算内阻（U_{AB}/I_S）
测量数据				

5．拆除短路线，恢复电源，在 A、B 之间接一个 100Ω 的电阻 R_4，如图 2-33（b）所示，测量 R_4 上的电流 I_4，填入表 2-3 中。

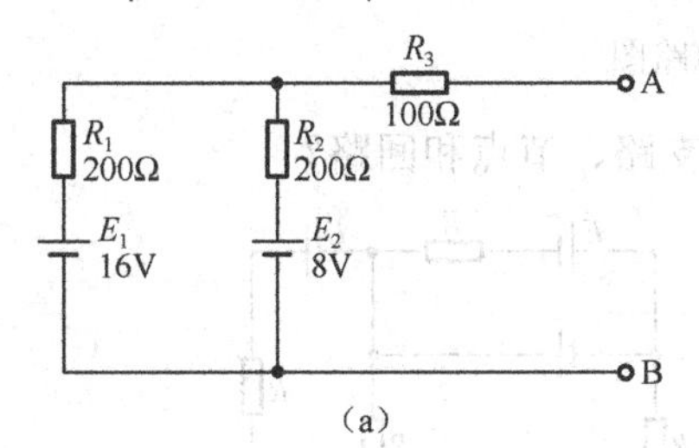

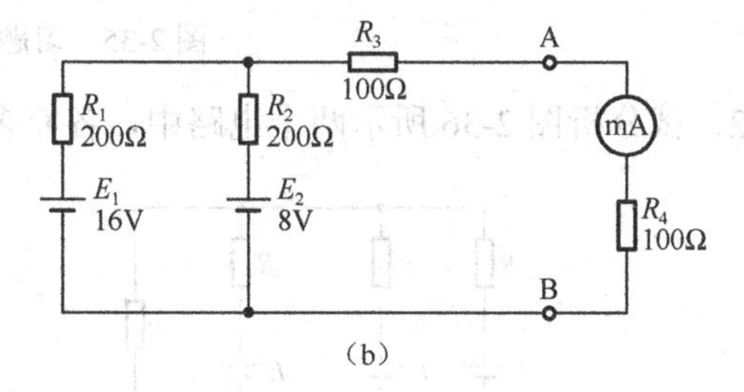

图 2-33　戴维南定理实验电路

6．将两个电源从实验板上拆除，取其中一个电源继续实验。将该电源的输出电压 E 调至 U_{AB}（见表 2-2 中的数据），同时串联一个阻值等于 r 的电阻（见表 2-2 中的数据），此时 E 和 r 就代替了原来的有源二端网络。将原 R_4 接入电路，如图 2-34 所示，测量 R_4 上的电流 I_4，填入表 2-3 中，比较两次测得的 I_4，看是否相等。

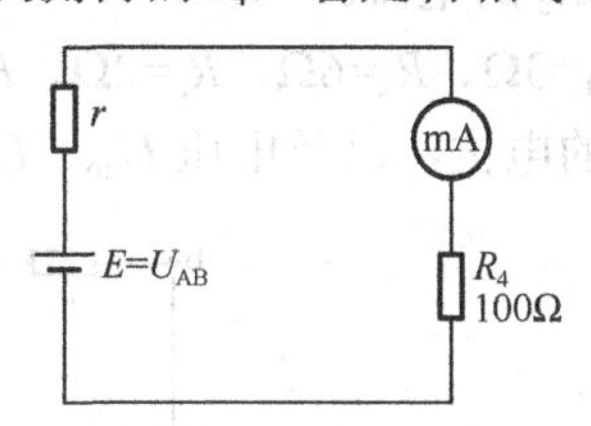

图 2-34　等效电源

表 2-3　实验数据记录表

测量内容	R_4 接入二端网络时，所测得的电流 I_4	R_4 接入等效电源时，所测得的电流 I_4
测量数据		

五、实验结论

一个有源二端网络可以用一个电源来代替，该电源的电动势 E 等于____________________，其内阻 r 等于______________________________。

六、思考与分析

若实验结果出现偏差，请分析原因。

习题

1．电路如图 2-35 所示，求 a、b、d、e 的电位，以及电压 U_{ab}、U_{cd}、U_{ef}。

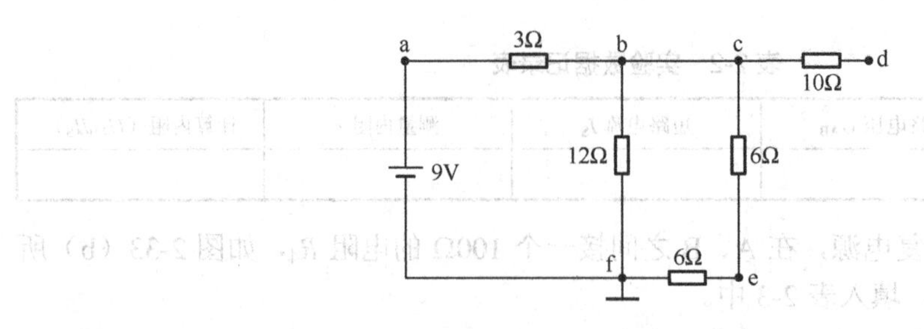

图 2-35　习题 1 电路图

2．试分析图 2-36 所示两个电路中，各有多少支路、节点和回路？

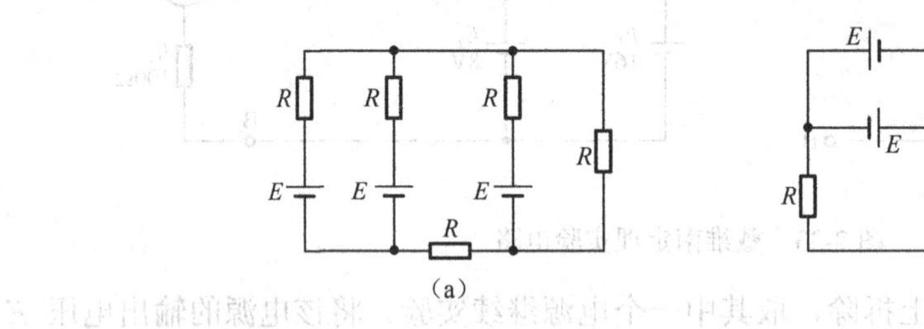

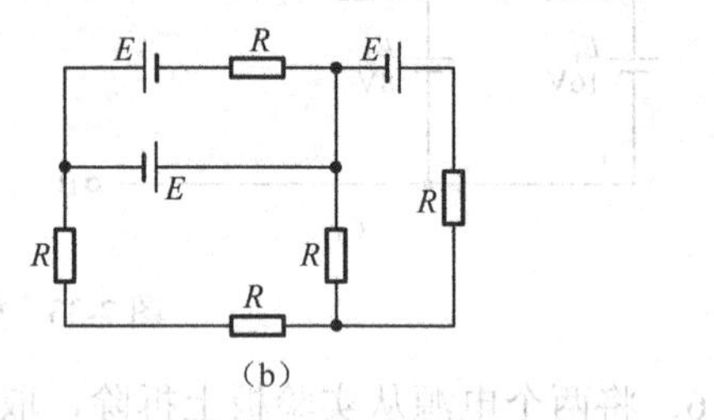

图 2-36　习题 2 电路图

3．电路如图 2-37 所示，已知 $R_1=R_2=R_3=10\Omega$、$E_1=6V$、$E_2=12V$，试用基尔霍夫定律分别求开关 S 断开和接通时，流过 R_3 的电流。

4．如图 2-38 所示，已知 $R_1=3\Omega$、$R_2=6\Omega$、$R_3=2\Omega$、$E_1=10V$、$E_2=14V$，电源内阻忽略不计，试求 a、b、c、d、e 各点的电位，以及电压 U_{ab}、U_{bc}、U_{cd}、U_{de}、U_{ed}、U_{ac}。

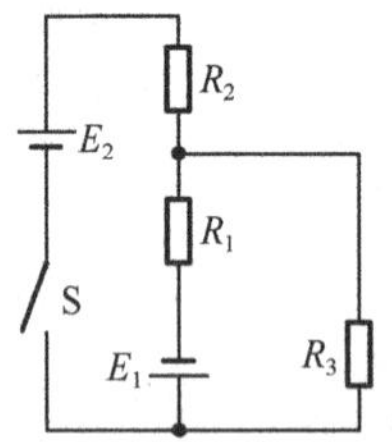

图 2-37　习题 3 电路图

图 2-38　习题 4 电路图

5．如图 2-39 所示，已知 $R_1=R_2=5\Omega$、$R_4=10\Omega$、$E_1=12V$、$E_2=9V$、$E_3=18V$、$E_4=3V$、$I=0.5A$，试用基尔霍夫电压定律求 R_3 的阻值。

6．如图 2-40 所示，已知 $R_1=R_2=R_3=10\Omega$、$E_1=12V$、$E_2=6V$，试用基尔霍夫定律求电路中各条支路的电流。

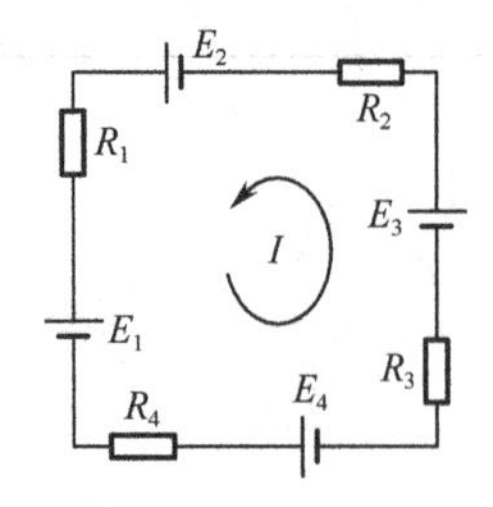

图 2-39　习题 5 电路图

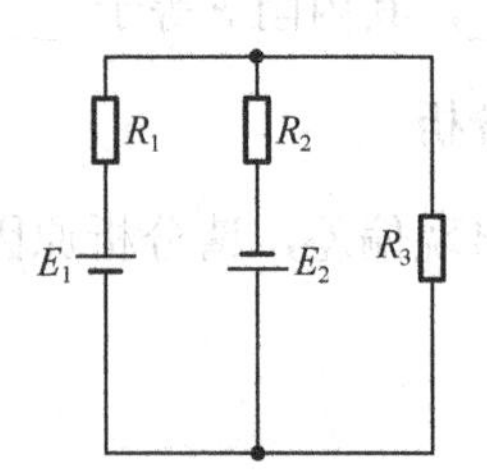

图 2-40　习题 6 电路图

7．电路如图 2-41 所示，已知 I_2=20mA，I_3=30mA，I_5=30mA，求 I_1、I_4 和 I_6。

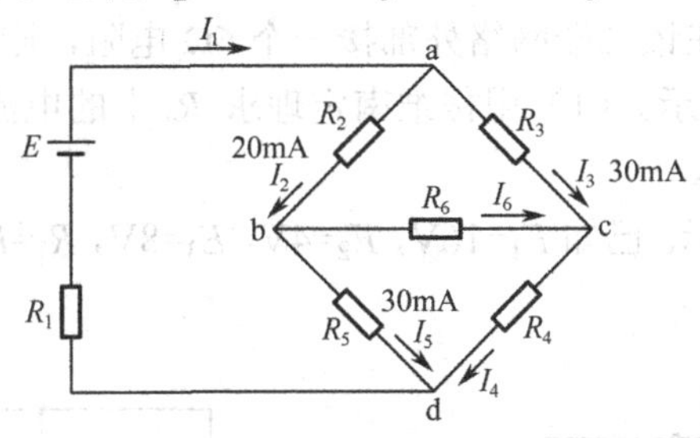

图 2-41　习题 7 电路

8．电路如图 2-42 所示，E_1=130V，E_2=117V，R_1=1Ω，R_2=0.6Ω，R_3=24Ω，求 a、b 之间的电压 U_{ab} 及各支路电流。

9．电路如图 2-43 所示，求各支路电流和理想电流源两端的电压。

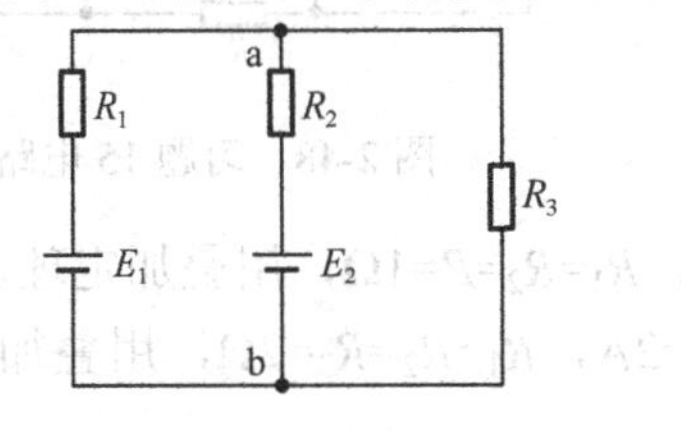

图 2-42　习题 8 电路

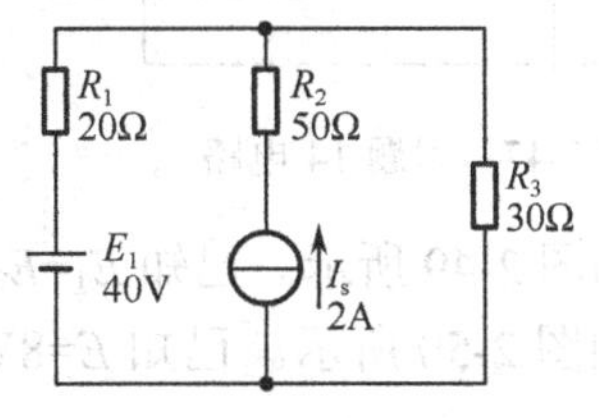

图 2-43　习题 9 电路

10．电路如图 2-44 所示，已知 E_1=12V，E_2=6V，R_1=3Ω，R_2=6Ω，R_3=10Ω，用电源等效变换的方法求电阻 R_3 上的电流。

11．电路如图 2-45 所示，已知 E_1=18V，R_1=2Ω，E_2=10V，R_2=2Ω，R=6Ω，用戴维南定理求 R 中的电流。

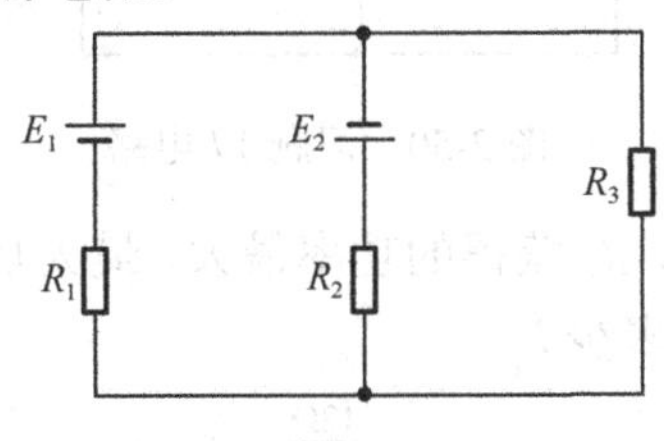

图 2-44　习题 10 电路

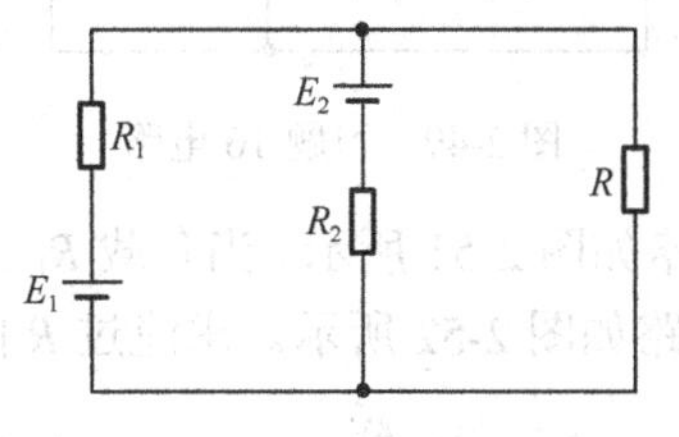

图 2-45　习题 11 电路

12．图 2-46 为一电桥电路，已知 R_1=R_2=1.5Ω，R_3=4Ω，R_4=2Ω，R_5=0.5Ω，E=6V，用戴维南定理求 R_5 上的电流。

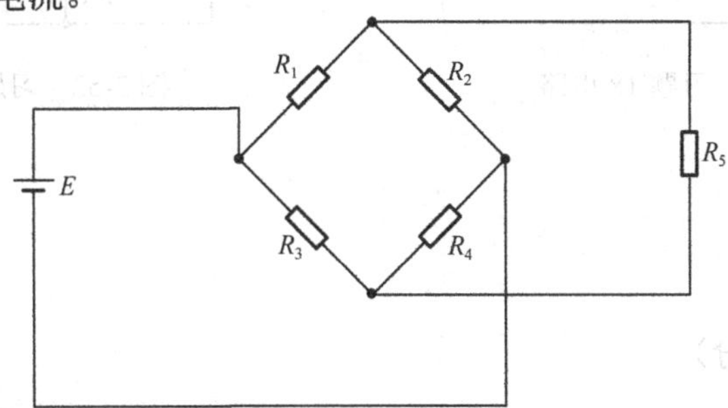

图 2-46　习题 12 电路

13．一个有源二端网络，测得开路端电压为20V，短路电流为5A：（1）用戴维南定理求其等效电压源。（2）若在该二端网络外部接一个6Ω电阻，则流过电阻的电流是多少？

14．电路如图2-47所示。（1）用戴维南定理求R_4上的电流。（2）用电压源与电流源的等效变换求R_4上的电流。

15．电路如图2-48所示。已知E_1=16V，E_2=4V，E_3=8V，R_1=R_5=4Ω，R_2=R_3=2Ω，R_4=1Ω，求流过R_4的电流。

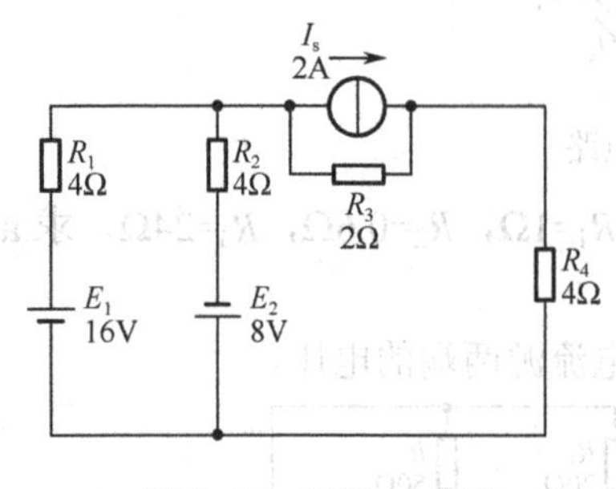

图2-47　习题14电路

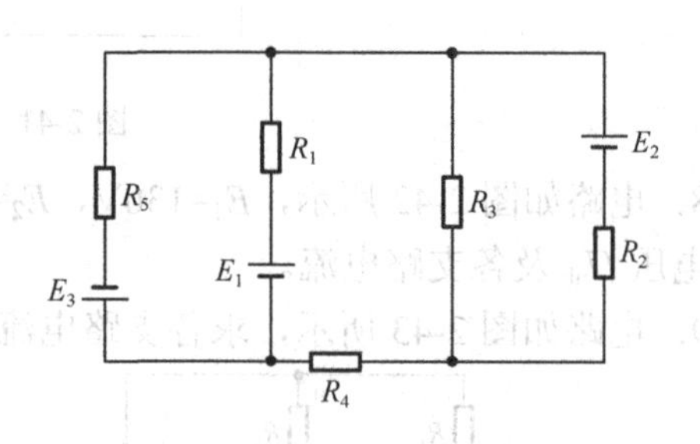

图2-48　习题15电路

16．电路如图2-49所示。已知E_1=E_2=3V，R_1=R_2=R=1Ω，用叠加定理求R上电流。

17．电路如图2-50所示。已知E=8V，I_s=2A，R_1=R_2=R_3=2Ω，用叠加定理求R_3上的电流。

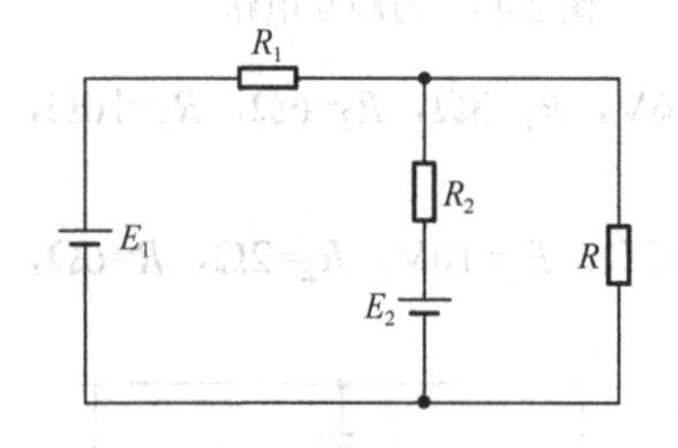

图2-49　习题16电路

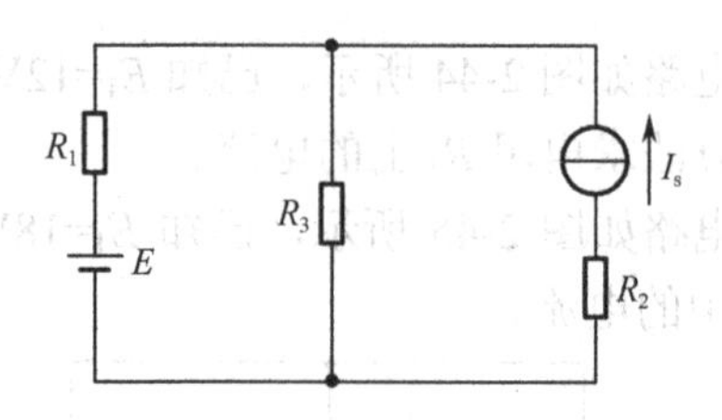

图2-50　习题17电路

18．电路如图2-51所示。当负载R_L为多大时，R_L获得的功率最大，最大功率是多少？

19．电路如图2-52所示。求流过R的电流是多少？

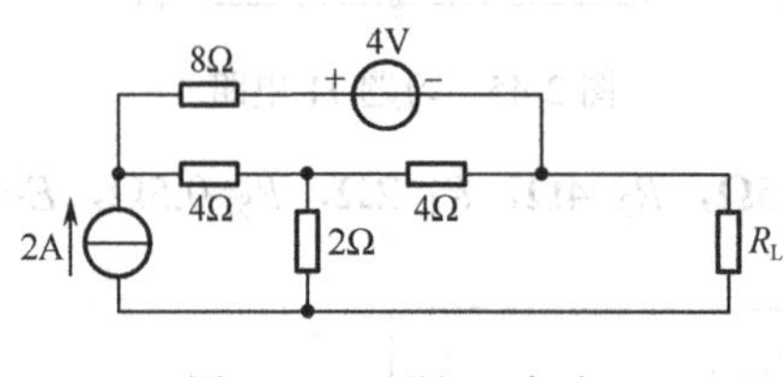

图2-51　习题18电路

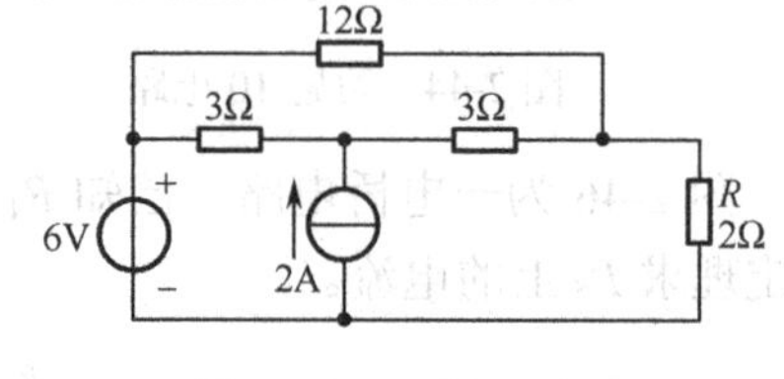

图2-52　习题19电路

单元测试题

一、填空题（20分）

1．电路如图1所示，则I=________。

2．在图 2 中，已知 E_1=12V，E_2=E_3=6V，内阻不计，R_1=R_2=R_3=3Ω，则 U_{ab}=________，U_{ac}=________，U_{bc}=________。

3．电路如图 3 所示，回路电压方程为________________________。

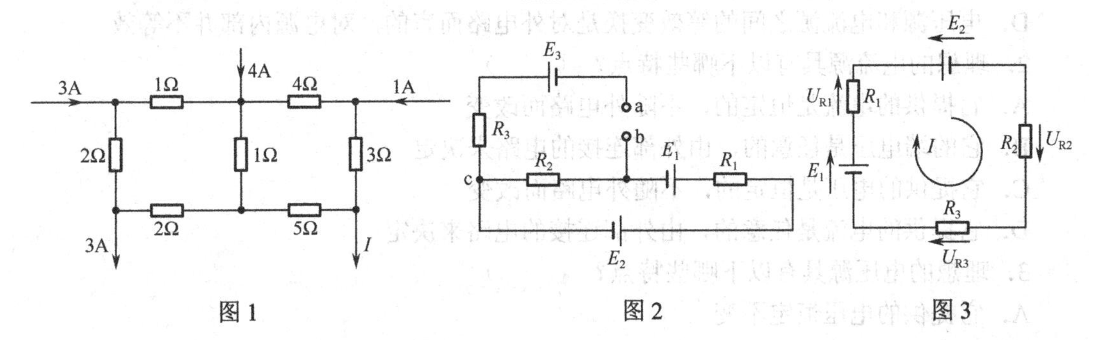

图 1　　　　　　图 2　　　　　　图 3

4．可以把实际电压源看作由理想电压源与一内阻________联的组合；把实际电流源看作由理想电流源与一内阻________联的组合。

5．电路如图 4（a）所示，图 4（b）是其外特性，则 I_s=________，r=________；当 U=10V 时，I=________，此时 R=________。

6．电路如图 5 所示，则流过 R_1 的电流为________，流过 R_2 的电流为________。

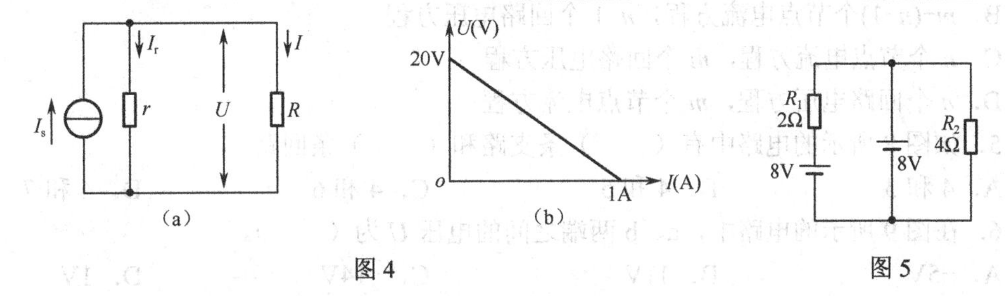

图 4　　　　　　图 5

7．电路如图 6 所示，当可变电阻的中心抽头向左调节时，电压表和电流表的变化规律为：A1________，A2________，V1________，V2________，V________。

8．当一个 5V 电压源与一个 2A 电流源串联给 2Ω 电阻供电时，如图 7 所示，电阻上的功率为________，此功率是____________提供的。

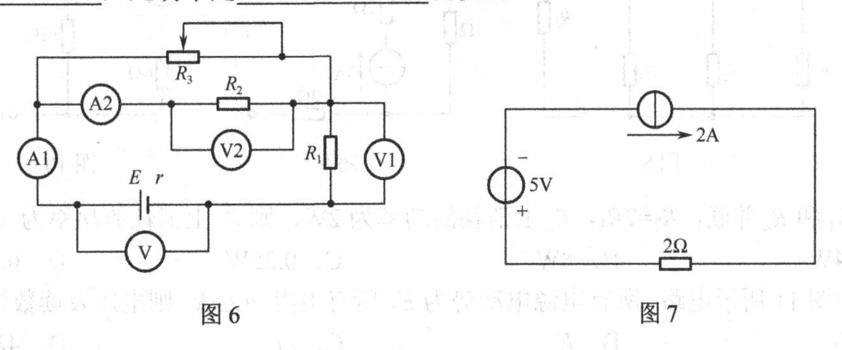

图 6　　　　　　图 7

二、选择题（每个小题至少有一个答案是正确的，请将正确答案选出来。20 分）

1．关于电压源和电流源的描述，正确的有（　　）。

A．对外电路而言，电压源和电流源之间可以等效变换

B．只有理想的电压源和电流源之间才能进行等效变换

C．电压源和电流源之间的等效变换对电源内部也等效

D．电压源和电流源之间的等效变换是对外电路而言的，对电源内部并不等效

2．理想的电流源具有以下哪些特点？（　　）

A．它提供的电流是恒定的，不随外电路而改变

B．它的端电压是任意的，由外部连接的电路来决定

C．它提供的电压是恒定的，不随外电路而改变

D．它提供的电流是任意的，由外部连接的电路来决定

3．理想的电压源具有以下哪些特点？（　　）

A．它提供的电压恒定不变

B．通过它的电流可以是任意的，取决于外电路负载的大小

C．它提供的电流是恒定的，不随外电路而改变

D．它的端电压是任意的，由外部连接的电路来决定

4.若电路有n个节点、m条支路，用基尔霍夫定律列方程时，应列下列哪个方程？（　　）

A．$n-1$个节点电流方程，$m-(n-1)$个回路电压方程

B．$m-(n-1)$个节点电流方程，$n-1$个回路电压方程

C．n个节点电流方程，m个回路电压方程

D．n个回路电压方程，m个节点电流方程

5．如图8所示的电路中有（　　）条支路和（　　）条回路。

A．4和3　　B．4和5　　C．4和6　　D．4和7

6．在图9所示的电路中，a、b两端之间的电压U为（　　）。

A．−5V　　B．11V　　C．−14V　　D．1V

7．某电路如图10所示，则其等效电压源的电动势和电阻分别为（　　）。

A．8V，18Ω　　B．12V，4Ω　　C．8V，4Ω　　D．12V，18Ω

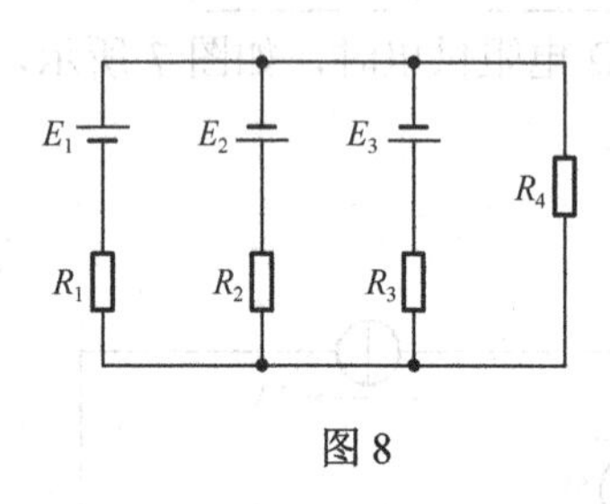

图8

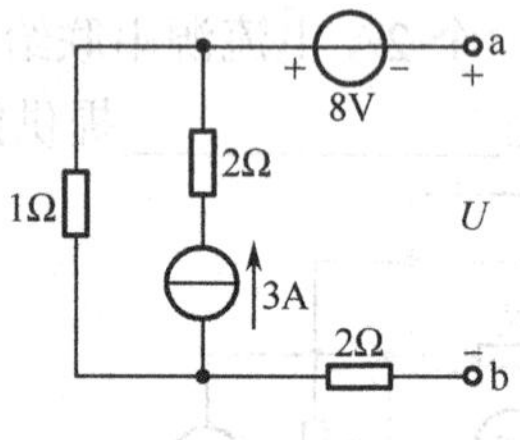

图9

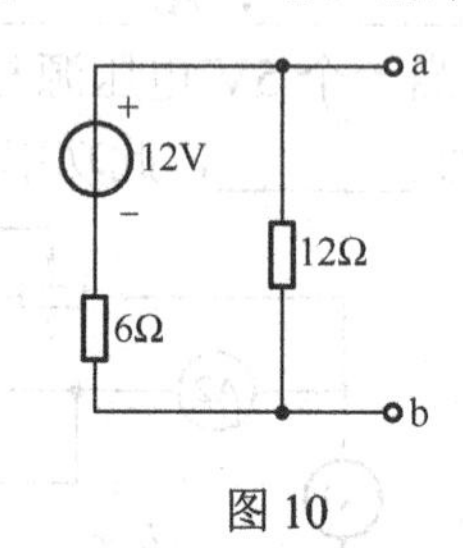

图10

8．R_1和R_2并联，$R_2=2R_1$，R_2上消耗的功率为2W，则R_1上消耗的功率为（　　）。

A．4W　　B．8W　　C．0.25W　　D．0.125W

9. 如图11所示电路，所有电源电动势为E，所有电阻均为R，则电压表读数为（　　）。

A．0　　B．E　　C．$2E$　　D．$4E$

10．如图12所示电路，用电压表接到AB间，读数为6V，若将电流表接到AB间，则读数是（　　）。

A．1A　　B．2A　　C．3A　　D．4A

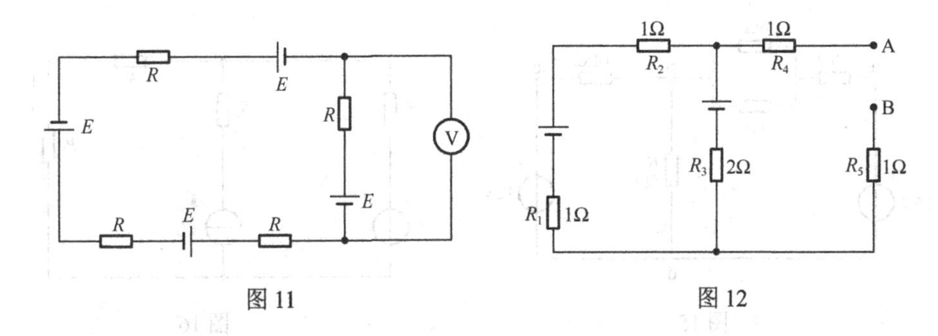

图 11　　　　图 12

三、判断（10 分）

1．通过电阻上的电流增大到原来的 2 倍时，它所消耗的电功率也增大到原来的 2 倍。（　　）

2．在求解电路中某一点电位时，所选的绕行路径不同，求解的结果也不同。（　　）

3．实际电压源的端电压随输出电流的增大而减小。（　　）

4．理想电流源的内阻为无穷大。（　　）

5．无论是电压源还是电流源，不用的时候都得与外电路开路。（　　）

6．任何一个二端网络都可以用一个电源和电阻的串联形式来代替。（　　）

7．在电路中，各支路电流等于各电源单独作用时所产生的电流的代数和。（　　）

8．叠加定理可以用来计算电阻电路中的功率。（　　）

9．计算有源二端网络电阻时，电源内阻不必考虑。（　　）

10．常说的“负载过大”指的是负载电阻过大。（　　）

四、计算题（50 分）

1．在图 13 所示的电路中，已知 E_1=10V，E_2=20V，R_1=4Ω，R_2=2Ω，R_3=8Ω，R_4=6Ω，R_5=6Ω，用戴维南定理求通过 R_4 的电流。（15 分）

2．在图 14 所示的电路中，已知 E_1=12V，E_2=24V，R_1=R_2=20Ω，R_3=50Ω，用两种电源的等效变换，求通过 R_3 的电流。（10 分）

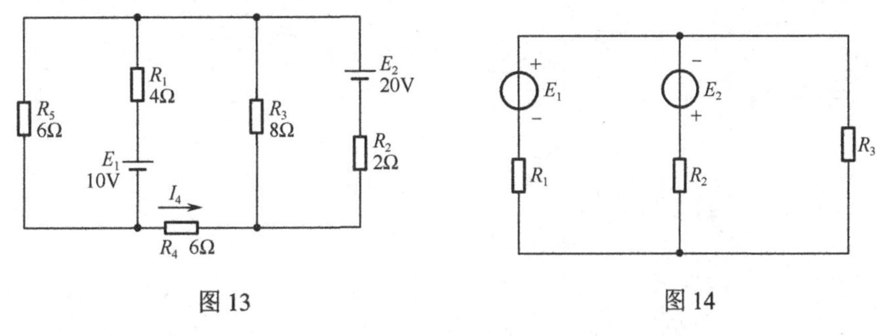

图 13　　　　图 14

3．如图 15 所示电路，用节点电压法求电阻 R 上的电流。（15 分）

4．在图 16 所示电路中，已知 E=10V，I_s=1A，R_1=R_2=R_3=R_L=5Ω，用叠加定理求 R_L 上的电流 I_L。（10 分）

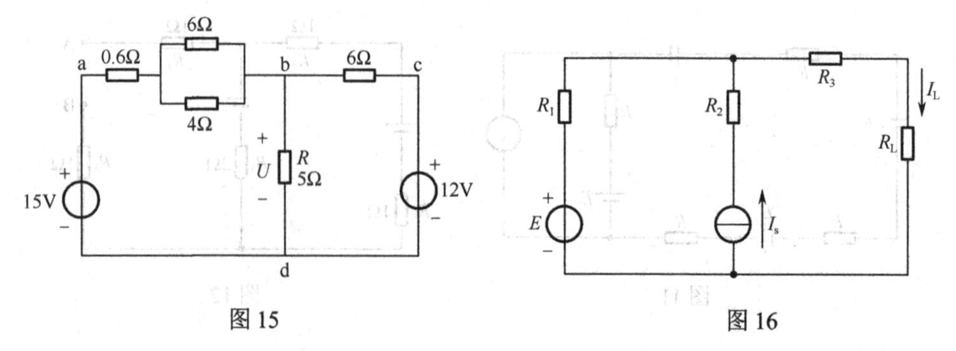

图 15　　图 16

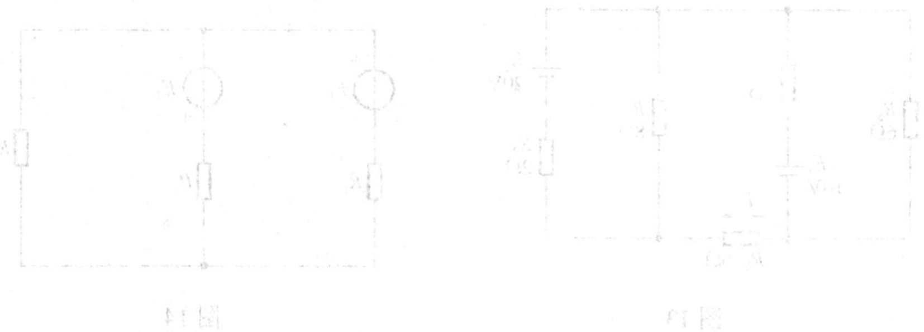

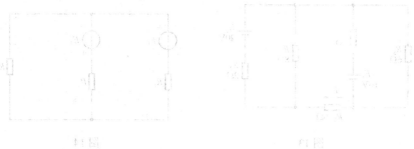

第3章　电容电路

【学习要点】本章从电场入手，介绍了电量、容量等基本概念，分析了电容器串联和并联电路的特点，还对电容器知识进行了介绍。学习本章时，应注重定量分析和定性分析相结合，重点掌握电容电路的分析计算，以及电容器的分类、标识和应用。

3.1　电场

电场就像空气一样存在于我们周围，既看不见也摸不着。它为人们带来巨大便利的同时，有时也会对人们的生活产生不利影响。只有深入地了解电场的特性，才能更好地利用电场，免受其干扰。

3.1.1　电场的概念

自然界中电荷无处不在，并且具有异性相互吸引，同性相互排斥的特点。电荷的这种相互作用是通过电场产生的。电场是一种存在于电荷周围，并对处在其中的其他电荷产生吸引力或排斥力的物质。

电场中处在不同位置的相同电荷，或者处在相同位置的不同电荷，所受到的作用力的大小和方向都是不相同的，由此可见电场是有大小、有方向的。电场的方向规定为正电荷受力的方向。电荷在电场中受到的作用力越大，说明此处的电场越大。

可以用电力线形象地描述电场的大小和方向。图 3-1 为正、负电荷的电场分布情况。电力线的箭头表示了电场的方向，电力线的疏密程度表示了电场的大小。

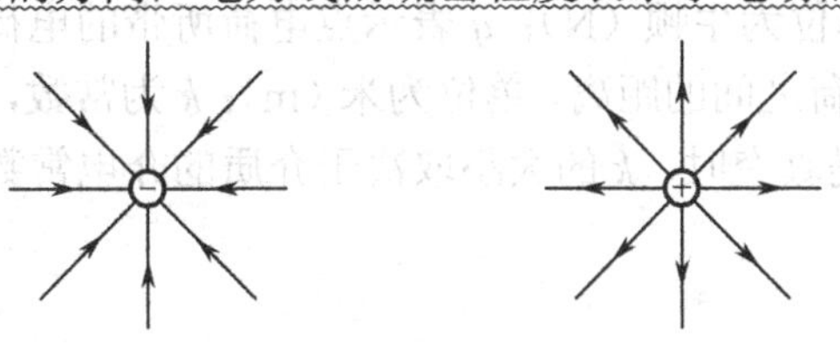

图 3-1　正、负电荷的电场分布情况

3.1.2　静电屏蔽

电场的存在有时会对电路产生不良影响，有什么办法可以避开电场的影响呢？先来看两个实验现象。如图 3-2 所示，在电场中放一个金属空壳，发现金属空壳内并没有电场，这说明电场被金属空壳屏蔽，而不能进入金属空壳内。如图 3-3 所示，在一个接地的金属空壳内放一个正电荷，在金属空壳外却没有发现正电荷的电场，这说明电场同样被金属空壳屏蔽，而不能逸出金属空壳。这种金属空壳对电场有屏蔽作用的现象，称为静电屏蔽。

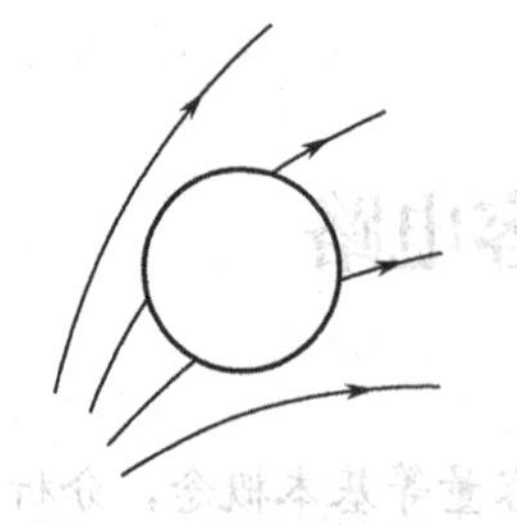

图 3-2　屏蔽外电场

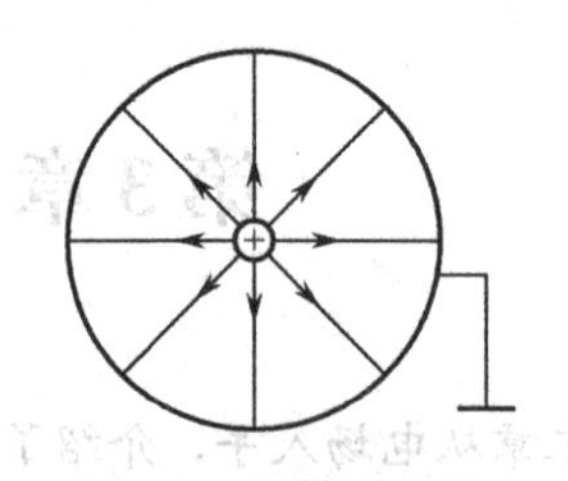

图 3-3　屏蔽内电场

顺便指出☞：在电子技术中，常常需要把电子元件，有时甚至是整个电路，用接地的金属空壳封装起来，其目的之一就是利用接地金属空壳的静电屏蔽作用，使它们与外电路隔离，以免通过电场相互干扰。例如，电视机中的高频电路、中频变压器等都是用接地的金属空壳封装起来的。

3.1.3　库仑定律

如果带电体所带的电荷不随时间而改变，同时带电体对于观察者来说是静止的，那么这种电荷就叫静电荷。静电荷产生不随时间而改变的电场，称为静电场。

静电荷与静电场是不可分割的。静电场是一种物质，实验证明它具有质量和能量，这些都是物质的基本属性。

电场对处于其中的任何电荷都有作用力，1785 年，法国物理学家库仑通过实验的方法发现了两个静止点电荷之间相互作用的基本规律，这就是著名的库仑定律。其内容是：在真空中静止的任意两个点电荷，相互之间有力的作用，作用力 F 的大小与两个电荷的电荷量 q_1、q_2 的乘积成正比，与它们之间距离 r 的平方成反比，作用力的方向在它们的连线上，且同性电荷为斥力，异性电荷为吸力。其表达式为

$$F = k\frac{q_1 q_2}{r^2} \tag{3-1}$$

式中，F 表示力，国际单位为牛顿（N）；q 表示点电荷所带的电荷量（简称电量），国际单位为库仑（C）；r 为点电荷之间的距离，单位为米（m）；k 为常数，其值为 $k=9\times10^9\text{N}\cdot\text{m}^2/\text{C}^2$。当点电荷之间的介质不是真空时，$k$ 的大小取决于介质的介电常数。

3.2　电容器概述

在电路中经常用到一种叫电容器的元器件，尤其是在电子技术中，电容器的应用十分广泛，有滤波、积分、微分、移相、耦合信号等作用。

3.2.1　电容器的容量和额定直流工作电压

两个彼此绝缘而又相互靠近的导体就构成一个电容器。如图 3-4（a）所示是一个平行板电容器的结构示意图，图 3-4（b）是电容器的电路符号。

1. 电容器的容量

如图 3-5 所示，电容器与电源连接后，在电场的作用下，电源会使 A 极板带上正电荷，

使 B 极板带上负电荷。电容器两极板所带电荷的电量是相等的，称为电容器所带电量，用 Q 表示。电容器两极板的电压越高，电容器所带电量也就越多。电容器两极板加上单位电压时，电容器所带的电量称为电容器的电容量，简称电容或容量，用 C 表示，即

$$C = \frac{Q}{U} \tag{3-2}$$

式中，容量的国际单位为法拉，简称法（F）；电量的单位为库仑（C）；电压的单位为伏特（V）。

常用的容量单位还有毫法（mF）、微法（μF）、纳法（nF）及皮法（pF），它们之间的换算关系如下：

$$1\text{F}=10^3\text{mF}=10^6\mu\text{F}=10^9\text{nF}=10^{12}\text{pF}$$

平板电容器的容量 C 与电容器两极板的正对面积 S 成正比，与两极板的距离 d 成反比，并且与两极板之间的绝缘材料（介质）的介电常数 ε 有关，它们的关系式为：

$$C = \varepsilon \frac{S}{d} \tag{3-3}$$

式中，容量的单位为法（F）；介电常数的单位为（F/m）；面积的单位为平方米（m^2）；距离的单位为米（m）。

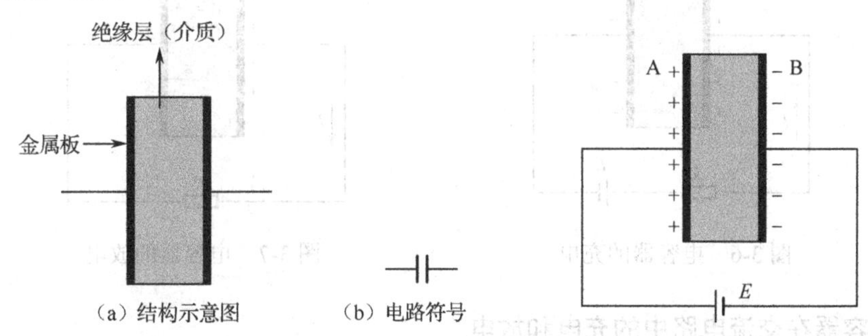

（a）结构示意图　（b）电路符号

图 3-4　平行板电容器的结构示意图及电路符号　　图 3-5　电容器的带电情况

2. 电容器的额定直流工作电压

电容器两端的电压升高到一定值时，两极板之间的绝缘介质会被击穿而导电，这个电压值称为电容器的击穿电压。

电容器能够长时间正常工作所加的最高直流电压，称为电容器的额定直流工作电压，它比击穿电压小。

电容器被用于交流电路中时，加在它两端的交流电压的最大值应小于等于额定直流工作电压。

3.2.2　电容器的充电和放电

1. 电容器的充电

如图 3-6 所示，不带电荷的电容器与电源连接后，在电场的作用下，一方面电源正极的正电荷会移向 A 极板，另一方面电源负极的负电荷会移向 B 极板，这样在电路中就形成

了一个电流，方向是从电源正极经电容器回到电源负极。这个电流使电容器所带电量逐渐增加，所以称其为充电电流。随着电容器两极板所带电量的增加，电容器两端的电压也随之升高，当升高到等于电源电动势时，电量不再增加，充电电流为零，充电过程结束。

充电后的电容器的内部存在电场，方向是从带正电荷的极板指向带负电荷的极板。电源提供给电容器的能量以电场能的形式存储在电容器上。

2. 电容器的放电

如图 3-7 所示，已经充电的电容器两端用电阻连接后，B 极板所带的负电荷通过电阻向 A 极板移动，与 A 极板所带的正电荷相互中和形成电流，方向是从电容器的 A 极板通过电阻流到电容器的 B 极板。

这个电流使电容器所带电量逐渐减少，所以称它为放电电流。随着两极板所带电量的减少，电容器两端的电压也随之降低，电容器内部电场逐渐减弱。当两极板正、负电荷中和完毕后，电容器两端的电压降为零，内部电场也减弱至零，放电结束。电容器在放电过程中，其存储的电场能逐渐转化为热能而被电阻消耗。

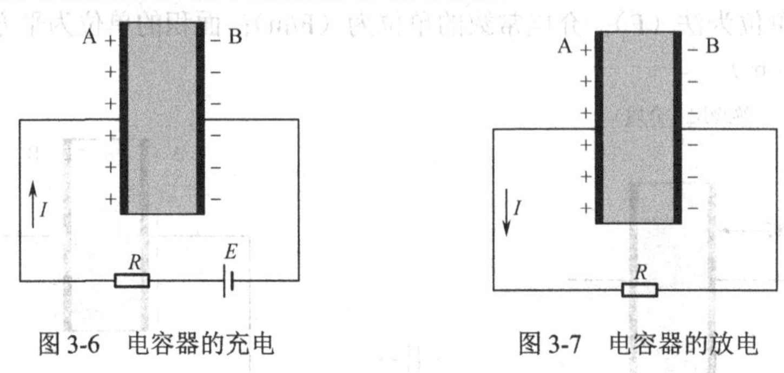

图 3-6　电容器的充电　　　　图 3-7　电容器的放电

3. 电容器在交流电路中的充电和放电

在直流电路中，只有在电容器充电、放电过程中才有电流，充电、放电结束后，电流变为零，所以称电容器有“隔直流”的作用。当电容器两端接交流电源时，由于交流电源电动势的大小、方向都随时间不断改变，所以导致电容器不停地进行正、反向充电、放电，电路中始终会存在充电、放电电流。

例如，当交流电源的极性为左正右负时，如图 3-8（a）所示，交流电源会对电容器充电，使 A 极板带上正电荷，B 极板带上负电荷；当交流电源的极性变为右正左负时，如图 3-8（b）所示，电源会对电容器反向充电（或理解为电容器经电源放电），反向充电的结果必使 B 极板带上正电荷，A 极板带上负电荷。随着交流电源极性的反复变化，电路中总有电流流过，这说明交流电能够通过电容。因此形象地称电容器有“通交流”的作用。

4. *RC* 电路的时间常数

电容器充电、放电的快慢与电路中电阻的阻值及电容器的容量有关。当电源电动势和电容器的容量不变时，电阻越大，充电、放电电流越小，充电、放电结束所需的时间越长；当电源电动势和电阻不变时，电容器的容量越大，电容器达到同样电压所需的电量就越多，充电、放电所需的时间就越长。

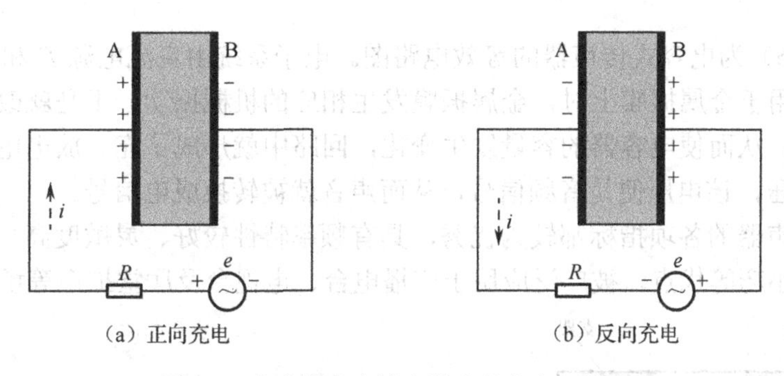

图 3-8　电容器在交流电路中的充电、放电

为了衡量电容器充电、放电的快慢，常引入时间常数的概念，其等于电阻与电容的乘积，用 τ 表示，即

$$\tau=RC \tag{3-4}$$

式中，时间常数的单位为秒（s）；电阻的单位为欧姆（Ω）；电容的单位为法（F）。时间常数越大，充电、放电的速度越慢；时间常数越小，充电、放电的速度越快。

5. 电容器的电场能量

充电后的电容器在两个极板上分别聚集有相同数量的正、负电荷，根据库仑定理，这些电荷之间存在吸力，电荷被约束在极板上，极板中间建立起电场，方向从带正电荷的极板指向带负电荷的极板，如图 3-9 所示。电源提供给电容器的能量以电场能的形式存储在电容器上，能量的大小可按式（3-5）计算。电容器在放电过程中，其存储的电场能逐渐转化为热能而被电阻消耗。

$$W=\frac{1}{2}QU=\frac{1}{2}CU^2 \tag{3-5}$$

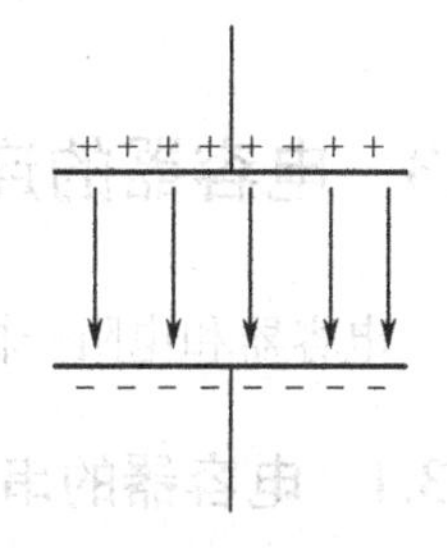

图 3-9　电容中的电场能量

式中，W 表示存储在电容器中的电场能量，单位为焦耳（J）；Q 表示电容器上的电量，单位为库仑（C）；U 表示电容器上的电压，单位为伏特（V）。

【例 1】 一个 1000μF 的电容器充电后，其两端的电压为 10V，求电容器所带的电量和所存储的电场能分别是多少？

解：电容器所带的电量为

$$Q=CU=1000\times10^{-6}\times10\text{C}=10^{-2}\text{C}$$

电容器所存储的电场能为

$$W=\frac{1}{2}QU=\frac{1}{2}\times10^{-2}\times10\text{J}=5\times10^{-2}\text{J}$$

6. 电容器充、放电原理的应用

电容器充、放电原理有着广泛的应用，这里不妨举例来说明。例如，在开会、录音等场合，经常用到一种叫电容式传声器（传声器俗称话筒）的器件，它能将声音转换为电信号（电压）。这种传声器就是根据电容器的充放电原理制造出来的。

图 3-10（a）为电容式传声器的结构图。金属振膜和后极板相距 20～50μm，形成一个 50～200pF 的电容器，用来感应声波。

图 3-10（b）为电容式传声器的等效电路图。电子系统由直流电源 E 和负载电阻 R 组成。当声波作用于金属振膜上时，金属振膜发生相应的机械振动，于是就改变了它与后极板之间的距离，从而使电容器的容量发生变化，回路中就形成了充、放电电流，电流经电阻 R 转化为电压，该电压便是音频信号，从而声音就被转换成电信号。

电容式传声器的各项指标都较为优秀，具有频率特性较好、灵敏度高、音质清脆、构造坚固、体积小巧等优点，被广泛应用于广播电台、电视台及厅堂扩声等场合。

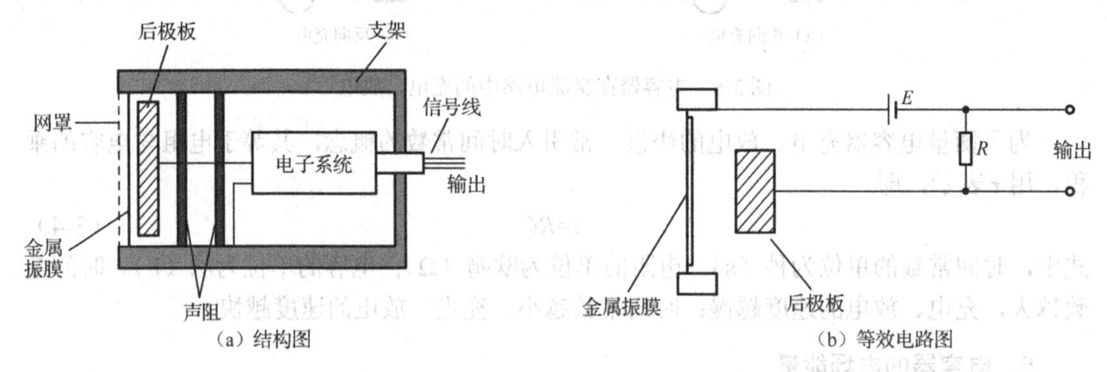

图 3-10　电容式传声器的结构图及等效电路图

3.3　电容器的连接

电容器和电阻一样，在电路中也有串联和并联方式。

3.3.1　电容器的串联

图 3-11 为电容器的串联电路，其有如下一些特点：

（1）电路中每个电容器所带电量都相等，且等于总等效电容器所带电量，即

$$Q = Q_1 = Q_2 = Q_3 \tag{3-6}$$

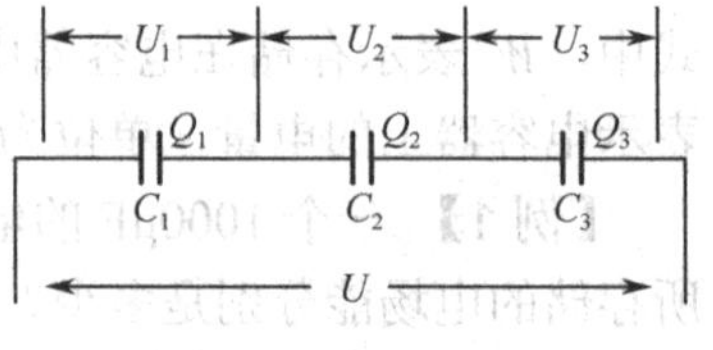

图 3-11　电容器的串联电路图

（2）电路的总电压等于各电容器两端电压之和，即

$$U = U_1 + U_2 + U_3 \tag{3-7}$$

（3）电路总电容的倒数等于各电容的倒数之和，即

$$\frac{1}{C} = \frac{1}{C_1} + \frac{1}{C_2} + \frac{1}{C_3} \tag{3-8}$$

电容器串联后，相当于增大了两板间的距离，故总容量小于每一个电容器的容量；若 n 个容量相同的电容器串联后，则总容量只有原来的 $1/n$。

若是两个电容器串联，则

$$C = \frac{C_1 C_2}{C_1 + C_2} \tag{3-9}$$

（4）电路中各电容器两端的电压与电容器的容量成反比，即容量大的电容器两端的电压小，容量小的电容器两端的电压大，这种关系称为电容器的分压关系。设电容器串联后，

总等效电容器所带的电量为 Q，则各电容器的分压关系为

$$U_1=\frac{Q}{C_1}，\ U_2=\frac{Q}{C_2}，\ U_3=\frac{Q}{C_3} \tag{3-10}$$

上式表明，在电容器串联电路中，电容器的容量越小，它分得的电压就越大；电容器的容量越大，它分得的电压就越小。

应用技巧：由电容器串联电路的特点可知，在使用电容器时，如果电容器的额定直流工作电压小于实际工作电压，则可以在满足容量要求的情况下，用串联的方法，提高总等效电容器的额定直流工作电压。当多个容量不同的电容器串联时，各电容器上所加的电压不一样，应该保证每一个电容器的额定直流工作电压都大于实际所加的电压。

【例 2】 电路如图 3-12 所示，已知 C_1=4μF，C_2=6μF，总容量是多少？各电容器所带的电量是多少？各电容器两端的电压是多少？

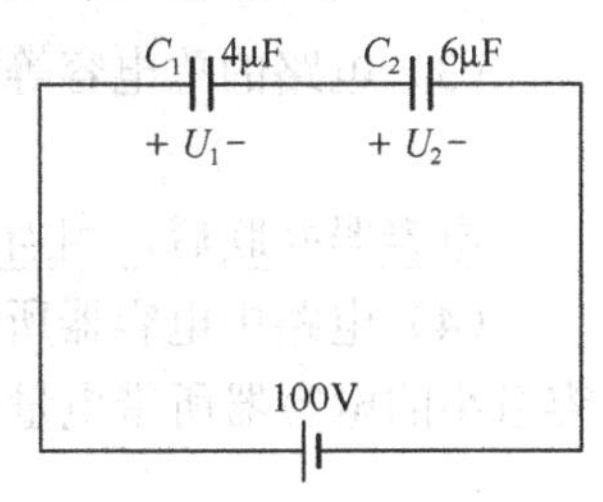

图 3-12 例 2 电路图

解：(1) 总容量为

$$C=\frac{C_1C_2}{C_1+C_2}=\frac{4\times6}{4+6}\mu\text{F}=2.4\mu\text{F}$$

(2) 总电量为 $Q=CU=2.4\times10^{-6}\times100\text{C}=2.4\times10^{-4}\text{C}$

故 $Q_1=Q_2=Q=2.4\times10^{-4}\text{C}$

(3) 各电容器两端的电压为

$$U_1=\frac{Q}{C_1}=\frac{2.4\times10^{-4}}{4\times10^{-6}}\text{V}=60\text{V}$$

$$U_2=\frac{Q}{C_2}=\frac{2.4\times10^{-4}}{6\times10^{-6}}\text{V}=40\text{V}$$

【例 3】 现有两个电容器，其中 C_1=3μF，额定工作电压为 30V，C_2=6μF，额定工作电压为 20V，若将这两个电容器串联起来，接在 50V 的直流电源上，如图 3-13 所示，则各电容器能否安全工作？

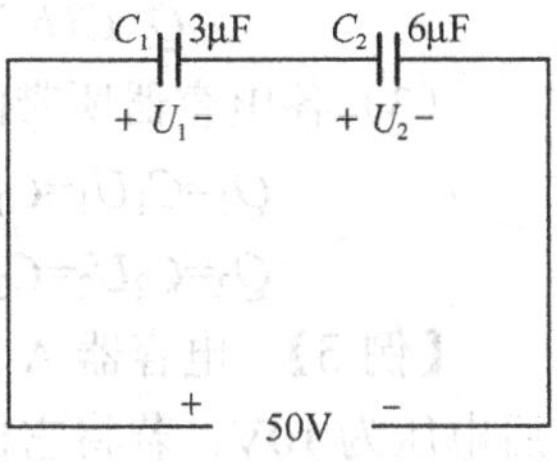

解：总容量为

$$C=\frac{C_1C_2}{C_1+C_2}=\frac{3\times6}{3+6}\mu\text{F}=2\mu\text{F}$$

总电量为 $Q=CU=2\times10^{-6}\times50=1\times10^{-4}\text{C}$

各电容器所分得的电压为

$$U_1=\frac{Q}{C_1}=\frac{1\times10^{-4}}{3\times10^{-6}}\text{V}=33.3\text{V}$$

$$U_2=\frac{Q}{C_2}=\frac{1\times10^{-4}}{6\times10^{-6}}\text{V}=16.7\text{V}$$

图 3-13 例 3 电路图

因 U_1>30V，故 C_1 不能正常工作，有击穿的危险；U_2 虽然小于 20V，看似 C_2 能正常工作，但只要 C_1 击穿，50V 电压就会全部加在 C_2 上，并将 C_2 也击穿。

3.3.2 电容器的并联

图 3-14 为电容器的并联电路，其有如下一些特点：

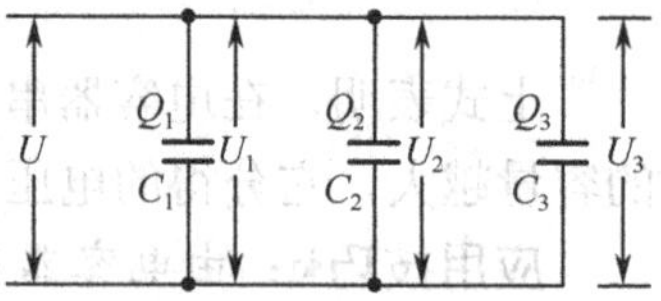

（1）电路中所有电容器所带的总电量等于各电容器所带电量之和，即

$$Q = Q_1 + Q_2 + Q_3 \tag{3-11}$$

图 3-14 电容器的并联电路

（2）电路中各电容器两端的电压都相等，且等于电路的总电压，即

$$U = U_1 = U_2 = U_3 \tag{3-12}$$

（3）电路的总电容等于各电容之和，即

$$C = C_1 + C_2 + C_3 \tag{3-13}$$

电容器并联后，相当于极板增大了。

（4）电路中电容器所带电量与电容器的容量成正比，即容量大的电容器所带电量多，容量小的电容器所带电量少。设电容器并联后两端电压为 U，则有

$$Q_1 = C_1U\text{，}\ Q_2 = C_2U\text{，}\ Q_3 = C_3U$$

应用技巧：由电容器并联电路的特点可知，在使用电容器时，如果电容器的容量小于实际要求的容量，则可以在满足耐压的前提下，采用并联的方法来提高总容量。

【例 4】 电路如图 3-15 所示，已知 C_1=10μF，C_2=20μF，R=1kΩ，E=100V，总容量是多少？总电量是多少？各电容器所带的电量是多少？

解：在直流电容电路中，仅接通电源的瞬间有电流流过电容器，使电容器充电，随后，电路中不再有电流，故 R 在电路中不产生压降，计算时，视为短路。

（1）总容量 C 为

$$C = C_1 + C_2 = (10 + 20)\mu\text{F} = 30\mu\text{F}$$

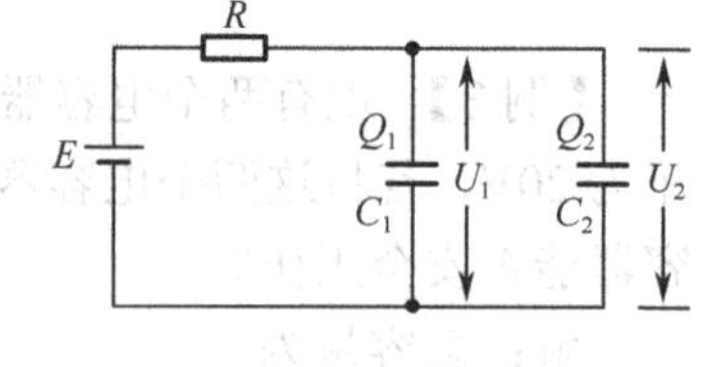

图 3-15 例 4 电路图

（2）总电量为

$$Q=CU=30\times10^{-6}\times100\text{C}=3\times10^{-3}\text{C}$$

（3）各电容器所带的电量为

$$Q_1=C_1U_1=C_1E=10\times10^{-6}\times100\text{C}=1\times10^{-3}\text{C}$$

$$Q_2=C_2U_2=C_2E=20\times10^{-6}\times100\text{C}=2\times10^{-3}\text{C}$$

【例 5】 电容器 A 的电容为 3μF，充电后电压为 50V，电容器 B 的电容为 6μF，充电后电压为 10V，若将它们同向并联起来，如图 3-16 所示，其电压是多少？各电容器的电量又是多少？电荷是从哪个电容器流到另一个电容器的？

解：（1）并联前，A、B 两个电容器的电量分别为

$$Q_{A1}=C_AU_A=3\times10^{-6}\times50\text{C}=15\times10^{-5}\text{C}$$

$$Q_{B1}=C_BU_B=6\times10^{-6}\times10\text{C}=6\times10^{-5}\text{C}$$

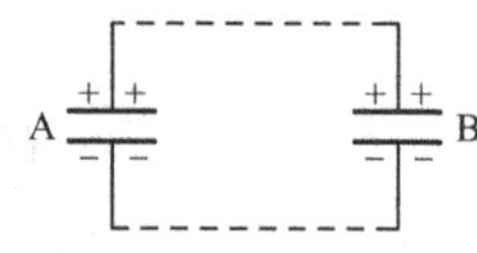

图 3-16 例 5 电路图

两个电容器的总电量为

$$Q=Q_A+Q_B=21\times10^{-5}\text{C}$$

故同向并联后的电压为

$$U=\frac{Q}{C}=\frac{Q}{C_A+C_B}=\frac{21\times10^{-5}}{3\times10^{-6}+6\times10^{-6}}\text{V}=\frac{70}{3}\text{V}$$

（2）并联后，各电容器的电量分别为 Q_{A2}、Q_{B2}，则有

$$Q_{A2}=C_AU=3\times10^{-6}\times\frac{70}{3}\text{C}=7\times10^{-5}\text{C}$$

$$Q_{B2}=C_BU=6\times10^{-6}\times\frac{70}{3}\text{C}=14\times10^{-5}\text{C}$$

（3）并联后，电容器 A 的电量减少了，而电容器 B 的电量增加了，故电荷从电容器 A 流到了电容器 B。

3.4　电容器知识

电容器充电之后，其上就存储了电荷，故可认为电容器是一种可以“装电”的容器，它的容量大小决定了它对电荷的存储能力。电容器的用途十分广泛，是电子设备中常用的元器件之一。

3.4.1　电容器的分类

1．按电容器的容量是否可调来分

按电容器的容量是否可调来分，可将电容器分为固定电容器、可变电容器及微调电容器，如图 3-17 所示。

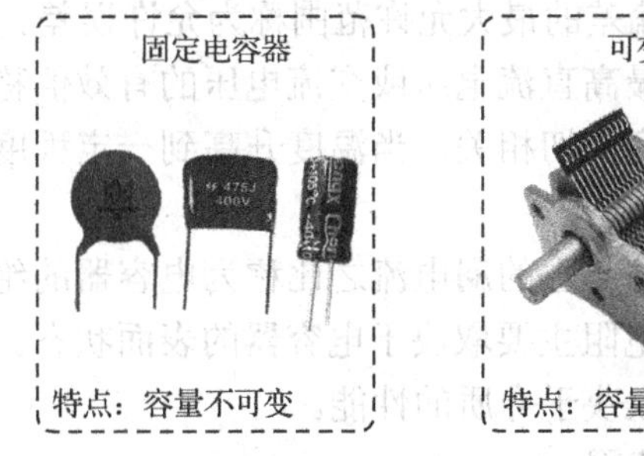

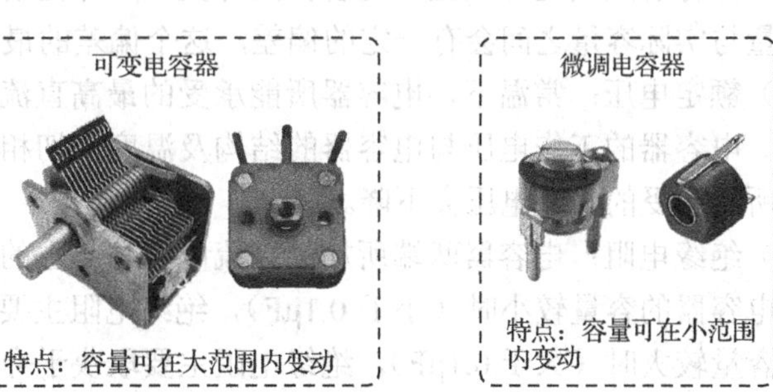

图 3-17　按电容器的容量是否可调分类

2．按介质来分

按电容器所用的介质来分，可将电容器分为有机介质电容器（如纸介质电容器、塑料薄膜电容器、纸膜复合介质电容器及薄膜复合介质电容器等）、无机介质电容器（如云母电容器、玻璃釉电容器、瓷介质电容器等）、气体介质电容器（如空气电容器、真空电容器、充气式电容器等）、电解电容器（如铝电解电容器、钽电解电容器、铌电解电容器、无极性电容器等），如图 3-18 所示。

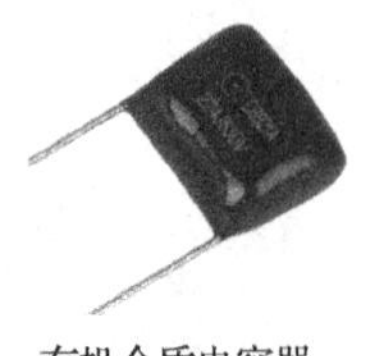

有机介质电容器

无机介质电容器

气体介质电容器

电解电容器

图 3-18　按电容器所用的介质分类

3.4.2　电容器的电路符号及主要参数

1. 电容器的电路符号

电容器的电路符号如图 3-19 所示。

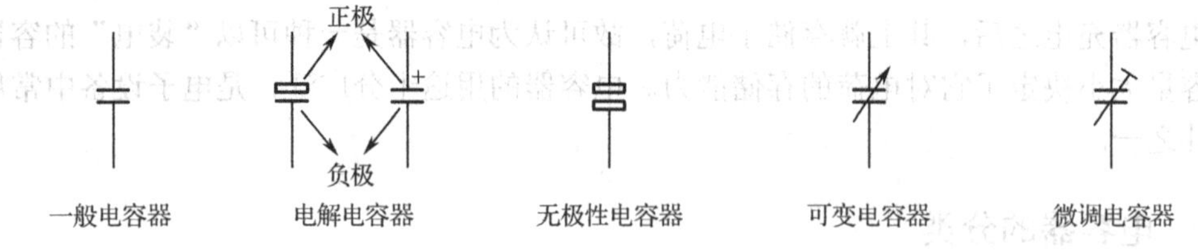

图 3-19　电容器的电路符号

2. 电容器的主要参数

（1）标称容量及允许误差：电容器的外壳上所标注的容量值称为电容器的标称容量。标称容量与实际容量之间会有一定的偏差，这个偏差的最大允许范围称为允许误差。

（2）额定电压：常温下，电容器所能承受的最高直流电压或交流电压的有效值称为额定电压。电容器的工作电压与电容器的结构及温度密切相关，当温度升高到一定程度后，电容器所能承受的最高电压会下降。

（3）绝缘电阻：电容器两端所加的直流电压与产生的漏电流之比称为电容器的绝缘电阻。当电容器的容量较小时（小于 0.1μF），绝缘电阻主要取决于电容器的表面状态。当电容器的容量较大时（大于 0.1μF），绝缘电阻主要取决于介质的性能。

（4）工作温度：指电容器能连续工作的温度范围。

（5）损耗：电容器在工作时因发热而消耗的能量称为电容器的损耗。电容器的损耗是衡量其品质优劣的重要指标，损耗越大，发热越严重。在直流电压的作用下，电容器的损耗往往很小，但在交变电压的作用下，电容器的损耗会有所增大。

（6）频率特性：随着频率的上升，一般电容器的容量呈下降的规律，这一特性称为电容器的频率特性。

3.4.3　电容器的命名

国产电容器的型号常由四部分组成。第一部分为产品的主称，常用字母 C 来表示电容器；第二部分用字母表示产品的介质材料，详细情况见表 3-1；第三部分用数字或字母表示产品的分类，详细情况见表 3-2；第四部分用数字表示产品的序号，说明产品的外形尺寸和性能指标。

表 3-1　字母与产品介质材料之间的对应关系

字　母	电容器介质材料	字　母	电容器介质材料
A	钽电解	L	极性有机薄膜（如聚酯等）
B	非极性有机薄膜（如聚苯乙烯等）	N	铌电解
C	高频陶瓷	O	玻璃膜
D	铝电解	Q	漆膜
E	其他材料电解	S、T	低频陶瓷
G	合金电解	V、X	云母纸
H	纸膜复合	Y	云母
I	玻璃釉	Z	纸介质
J	金属化纸		

值得一提：由于有机薄膜介质存在极性和非极性之分，所以规定用 B 表示非极性有机薄膜材料，用 L 表示极性有机薄膜材料。同时还规定，在 B 后加一个字母来表示非极性有机薄膜的具体材料，如用 BF 表示聚四氯乙烯；在 L 后加一个字母来表示极性有机薄膜的具体材料，如用 LS 表示聚碳酸酯。

表 3-2　用数字或字母表示产品的分类

数字或字母	瓷介质电容器	云母电容器	有机薄膜电容器	电解电容器
1	圆形	非密封	非密封	箔式
2	管形	非密封	非密封	箔式
3	叠片	密封	密封	烧结粉，非固体
4	独石	密封	密封	烧结粉，固体
5	穿心		穿心	
6	支柱等			
7				无极性
8	高压	高压	高压	
9			特殊	特殊
G	高功率			
W	微调			

例如，某电容器的型号为 CBB12，则其含义为：

第一部分“C”：表示电容器。

第二部分“BB”：表示介质材料，第一个“B”表示介质为非极性有机薄膜，第二个“B”表示介质的具体材料为聚丙烯。

第三部分“1”：表示分类，说明该电容器为非密封型。

第四部分“2”：表示序号，指产品的外形、性能指标等。

3.4.4 电容器的标识

一个电容器上除了标有型号，还常标有耐压（额定电压）、容量、允许误差、工作温度范围等内容，这些统称为电容器的标识。电容器的标识通常有直标法、文字符号法、数码表示法及数值表示法4种。

1. 直标法

直标法是一种最直观的方法。这种方法是指直接在电容器的表面标出型号、耐压、容量、允许误差、生产日期等内容。目前，大多数电容器采用此法标识。例如，某电容器上的标识如图3-20（a）所示，则说明该电容器的产地是南通，型号为CD11，耐压为63V，容量为470μF。

再如，某电容上标识如图3-20（b）所示，则说明该电容器的型号为CY31，耐压为100V，容量为0.022μF。

顺便指出☞：在实际应用时，尤其应关注电容器的耐压和容量。

图3-20 直标法

2. 文字符号法

文字符号法是一种比较直观的标识方法，其是利用数字和文字符号在电容器表面标出有关参数和诸如产地、生产日期等相关内容。

（1）容量标识

电容器的容量用数字和单位的缩写来表示，单位前的数字表示整数，单位后的数字表示小数。例如，某些电容器上分别标有如图3-21所示的文字符号，则表示的容量分别为：

5P1：5.1pF；10P：10pF；2n2：2.2nF；4μ7：4.7μF；μ22：0.22μF。

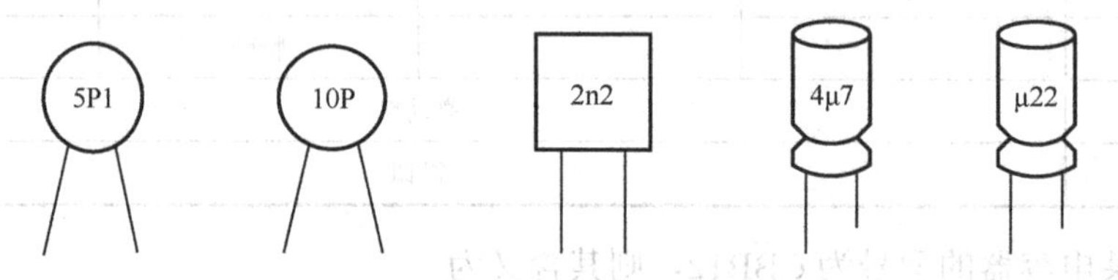

图3-21 用文字符号法所标的容量

（2）误差标识

电容器容量的允许误差用字母表示，见表3-3。

表 3-3　表示电容器容量误差的文字符号

文字符号	允许误差/%	文字符号	允许误差/%	文字符号	允许误差/%
Y	±0.001	D	±0.5	H	0～+100
X	±0.002	F	±1	R	−10～+100
E	±0.005	G	±2	T	−10～+50
L	±0.01	J	±5	Q	−10～+30
P	±0.02	K	±10	S	−20～+50
W	±0.05	M	±20	Z	−20～+80
B	±0.1	N	±30	不标记	−20～+不规定
C	±0.25				

（3）温度标识

电容器的工作温度用字母和数字表示，其中，字母表示负温度，数字表示正温度，详细情况见表 3-4。

表 3-4　表示电容器工作温度的字母及数字

字母	温度/℃	数字	温度/℃	数字	温度/℃
A	−10	0	+55	4	+125
B	−25	1	+70	5	+155
C	−40	2	+85	6	+200
D	−55	3	+100	7	+250
E	−65				

为了让读者进一步熟悉文字符号法，下面举几个例子来说明。

有三个电容器，其上所标的文字符号分别如图 3-22（a）、（b）、（c）所示，则这些文字符号所代表的含义如图中注解所示。

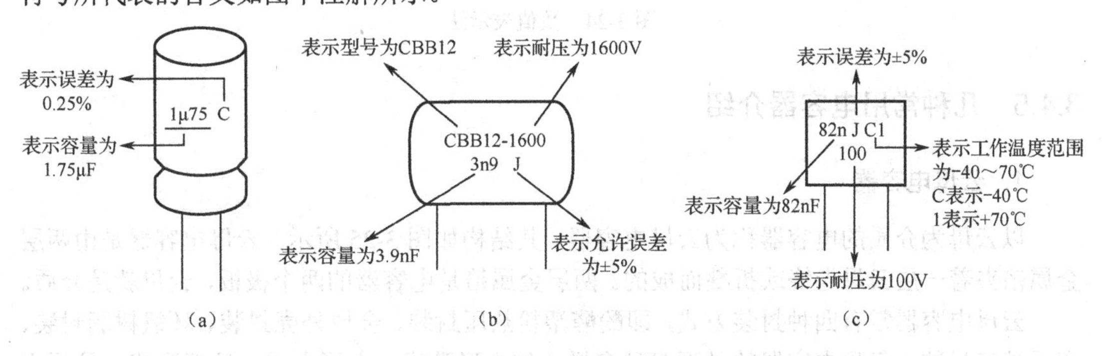

图 3-22　文字符号法举例

3．数码表示法

数码表示法是一种用数字表示电容器容量的方法。数字后面的字母代表允许误差，遵循表 3-3 中的规定。表示电容器容量的数码常由三位数字构成，前两位为容量的有效数字，第三位为 10 的幂次，利用前两位有效数字乘以 10 的幂次，方可得出电容器的容量。例如有五个电容器，其上所标的数码如图 3-23 所示，则这五个电容器的容量分别为：

221：22×10^{1}=220pF；332：33×10^{2}=3300pF；473：47×10^{3}=47000pF=47nF；

394：39×10^{4}=390000pF=0.39μF；105：10×10^{5}=1000000pF=1μF。

数字后面的“M、J、K”等，均代表允许误差，可参考表 3-3。

提醒你：*采用数码表示容量时，直接算出的容量以 pF 为单位，若数值太大，则可以换算成其他单位。*

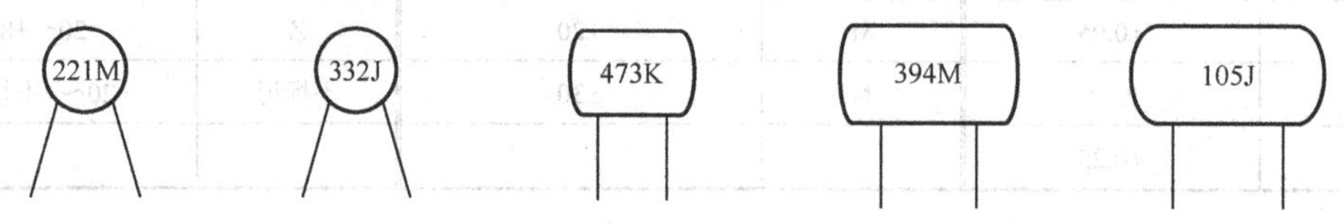

图 3-23　数码表示法

4. 数值表示法

数值表示法是一种利用具体数值来表示电容器容量的方法。识别这种电容器的容量时，应注意其单位，当整数部分大于 0 时，单位为 pF；当整数部分为 0 或未标具体数字时，则单位为 μF。例如，有四个电容器，其上所标的数值如图 3-24 所示。对于图 3-24（a）和图 3-24（b）来说，因其整数部分大于 0，应以 pF 为单位，故其容量分别为 5.1pF 和 51pF；对于图 3-24（c）来说，因其整数部分为 0，应以 μF 为单位，故其容量为 0.022μF；对于图 3-24（d）来说，因其整数部分无具体数字，也应以 μF 为单位，故其容量为 0.22μF。

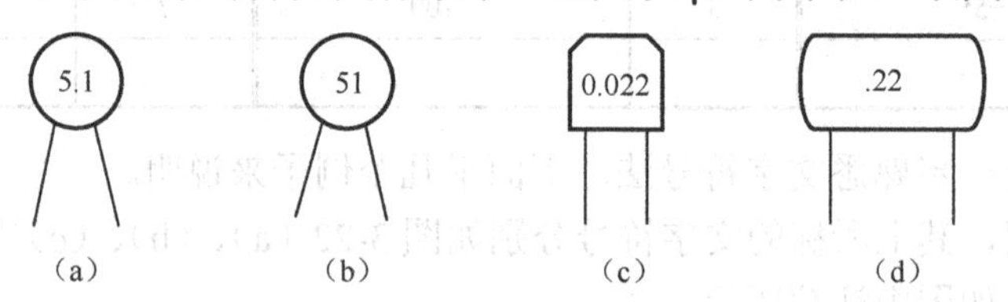

图 3-24　数值表示法

3.4.5　几种常用电容器介绍

1. 云母电容器

以云母为介质的电容器称为云母电容器，其结构如图 3-25 所示。云母电容器是由两层金属箔夹着一层云母卷绕或折叠而成的。两层金属箔是电容器的两个极板，云母就是介质。

云母电容器常有四种封装方式，即酚醛塑粉热压封装、金属外壳封装、环氧树脂封装、瓷质外壳封装。云母电容器的外形多种多样，如方形卧式、方形立式、柱形卧式、柱形立式等，如图 3-26 所示。

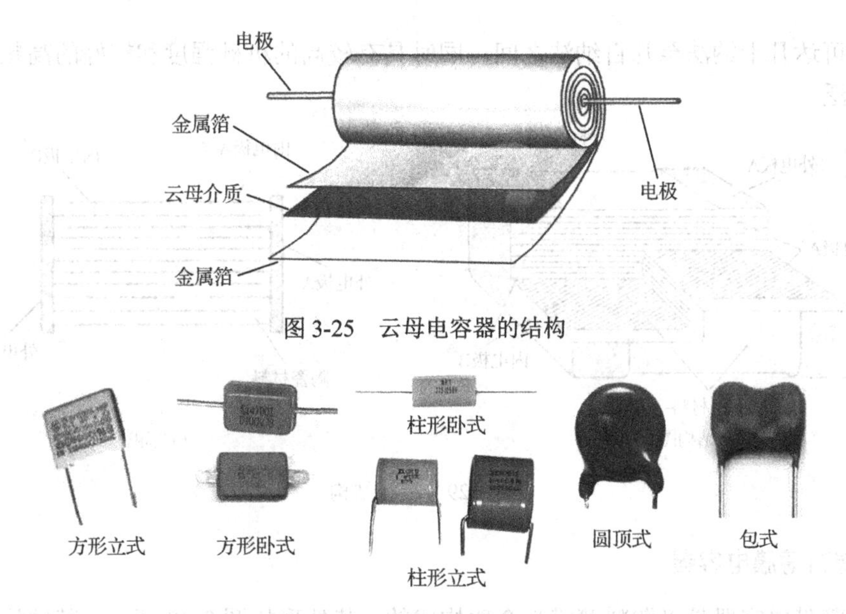

图 3-25　云母电容器的结构

图 3-26　云母电容器的外形

值得一提：云母电容器的容量往往较小，一般在 0.1μF 以下。容量为几百 pF～10000pF 的云母电容器比较常用。云母电容器的主要特点是高频性能好、稳定性和可靠性高，能用于要求较高的场合。

2．瓷介质电容器

瓷介质电容器是以陶瓷材料为介质的电容器，又称陶瓷电容器，其外形如图 3-27 所示。根据所用陶瓷材料的特点，可将其分为高频陶瓷电容器和低频陶瓷电容器。

容量较小的瓷介质电容器采用单层结构，即在陶瓷片的两面分别沉积一层银，作为电容器的两块极板，再在银电极上焊上引线（引脚），然后封装起来即可，如图 3-28 所示。这种电容器的容量往往在几 pF 至几十 nF 之间，它的制造工艺比较简单，成本低廉，是应用较广泛的一种电容器。这类电容器具有较高的机械强度、高频性能很好。

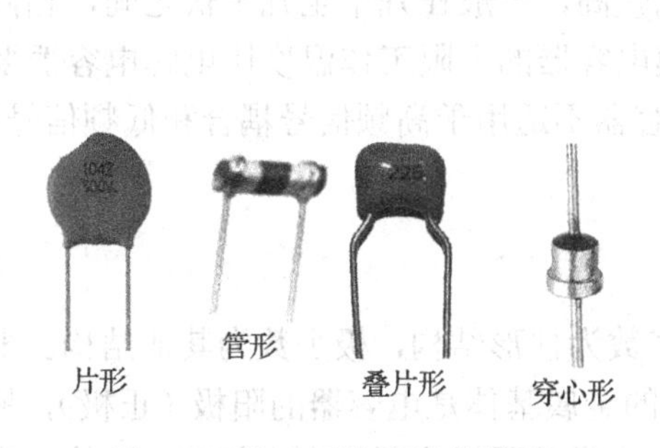

图 3-27　瓷介质电容器的外形

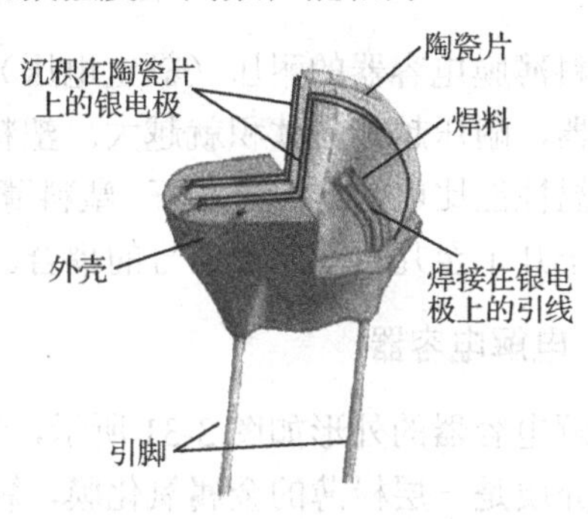

图 3-28　单层结构

容量较大的瓷介质电容器采用梳状结构，如图 3-29 所示。它由梳状电极 A、梳状电极 B 和陶瓷材料构成，每个梳状电极都由内、外两部分组成。A、B 电极就是电容器的两块极板，它们之间的陶瓷材料就是介质。内电极连在外电极上，外电极与引脚相连。这种电容器的容量可达几十纳法至几百纳法之间，同时具有较高的机械强度和较好的高频特性，应用十分广泛。

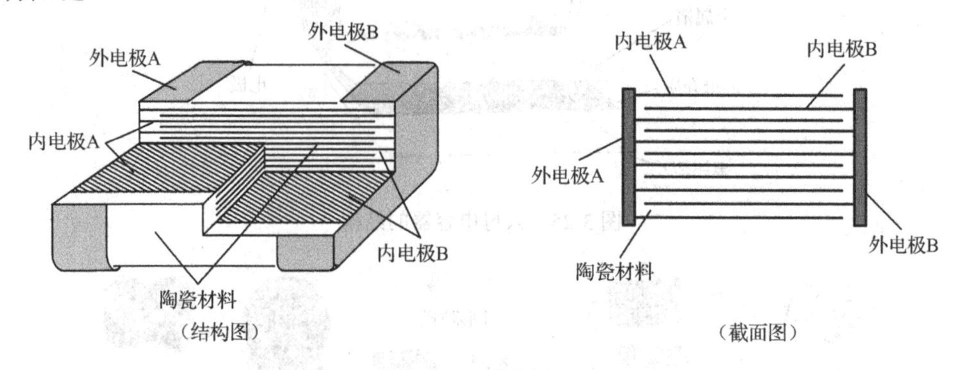

图 3-29　梳状结构

3．塑料薄膜电容器

塑料薄膜电容器是以塑料薄膜为介质构成的，其外形如图 3-30 所示，其结构与云母电容器相似，只不过介质换成了塑料薄膜。由于塑料薄膜电容器的结构简单，容易生产，且体积较小，因而得到了广泛应用。根据塑料薄膜材料的不同，塑料薄膜电容器可分为聚苯乙烯电容器、聚丙烯电容器、聚四氟乙烯电容器、涤纶（聚酯）电容器、聚碳酸酯漆膜电容器及复合膜电容器等多种类型。

图 3-30　塑料薄膜电容器的外形

塑料薄膜电容器的耐压（额定电压）都比较高，一般在几十至几千伏之间，相同容量的电容器，耐压越高，体积就越大。塑料薄膜电容器的上限工作温度比电解电容器要高，故其耐温性能比电解电容器要好。塑料薄膜电容器不适用于高频信号耦合和低频信号耦合，但适用于几十至几百千赫兹信号的耦合。

4．电解电容器

电解电容器的外形如图 3-31 所示，绝大多数为柱形结构，极少数为其他结构。电解电容器的介质是一层极薄的金属氧化膜，氧化膜的金属基体是电容器的阳极（正极），另一块未氧化的金属极板是电容器的阴极（负极）。氧化膜及阴极均浸泡在电解液中，从而决定了电解电容器的电极有正负之分。

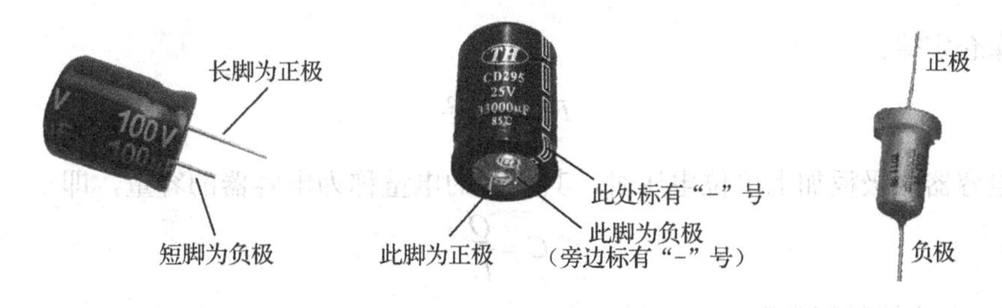

图 3-31　电解电容器的外形

电解电容器的容量可以做得很大，一般在微法级以上，最大的可以做到法拉级。电解电容器的损耗较大，其温度特性及频率特性不如前面所介绍的几种电容器好。长期使用时，电解电容器的电解液易发生泄漏、干涸。特别是温度过高时，电解液会膨胀，从而使电容器的顶部隆起，甚至发生炸裂现象。

请你注意：使用电解电容器时，一定要注意电容器的正、负极，长脚为正极，短脚为负极，在外壳上一般也对正极或负极做了标记，应用时，正极接高电位，负极接低电位，不能接反，一旦接反，就有炸裂的可能。还应注意电容器的耐压，一旦电容器两端的电压超过其耐压值，电容器就有击穿甚至炸裂的可能。

电解电容器可分为铝电解电容器、钽电解电容器及铌电解电容器。铝电解电容器是目前用得最广泛的一类电解电容器，图 3-32 为铝电解电容器的结构图，由图 3-32（a）可以看出，铝电解电容器由芯子、填充材料、铝外壳、橡胶密封塞及引脚构成。芯子是铝电解电容器的核心部分，由四层薄板卷绕而成，如图 3-32（b）所示。

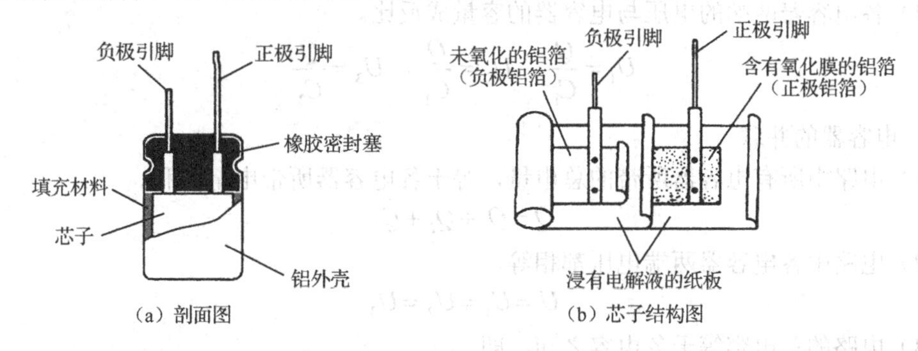

图 3-32　铝电解电容器的结构

铝电解电容器具有容量范围宽、容易制作、价格低廉等特点，故应用十分广泛，但铝电解电容器的性能非常一般（如工作温度范围窄、损耗大，高频特性差、漏电电流大等），一般用于电源滤波、低频耦合、低频旁路、低频退耦等方面。

本章知识要点

1. 电场是一种存在于电荷周围，并对处在其中的其他电荷产生吸引力或排斥力的物质。电场是有大小、有方向的。

2．库仑定律：

$$F = k\frac{q_1 q_2}{r^2}$$

3．电容器两极板加上单位电压时，其所带的电量称为电容器的容量，即

$$C = \frac{Q}{U}$$

4．RC 电路的时间常数：

$$\tau = RC$$

5．电容器的电场能量：

$$W = \frac{1}{2}QU = \frac{1}{2}CU^2$$

6．电容器的串联

（1）电路中每个电容器所带电量都相等，且等于总电容器所带电量。

$$Q = Q_1 = Q_2 = Q_3$$

（2）电路的总电压等于各电容器两端电压之和。

$$U = U_1 + U_2 + U_3$$

（3）电路总电容的倒数等于各电容的倒数之和。

$$\frac{1}{C} = \frac{1}{C_1} + \frac{1}{C_2} + \frac{1}{C_3}$$

（4）各电容器两端的电压与电容器的容量成反比。

$$U_1 = \frac{Q}{C_1}，U_2 = \frac{Q}{C_2}，U_3 = \frac{Q}{C_3}$$

7．电容器的并联

（1）电路中所有电容器所带的总电量，等于各电容器所带电量之和。

$$Q = Q_1 + Q_2 + Q_3$$

（2）电路中各电容器两端电压都相等。

$$U = U_1 = U_2 = U_3$$

（3）电路的总电容等于各电容之和，即

$$C = C_1 + C_2 + C_3$$

（4）电容器所带电量与电容器的容量成正比。

$$Q_1 = C_1 U，Q_2 = C_2 U，Q_3 = C_3 U$$

本章实验

电容器充、放电现象观测

一、实验目的

通过实验，总结表针的偏转角度与容量的关系，从而加深对电容器充、放电的理解。

二、实验任务

1．测出四个不同容量的电容器的充电和放电数据。

2．对充电和放电数据进行对比分析，找出充、放电电流与容量的关系。

三、实验器材

可调稳压电源一个（0～15V），1000μF、100μF、4.7μF、0.1μF 电容器各一个，万用表一块。

四、实验步骤

1．用万用表1k挡分别测量1000μF、100μF、4.7μF、0.1μF的电容器（测量时注意正、负极），观察现象，填写表3-5，并总结表针的偏转角度与容量的关系。

表3-5 实验数据1

电容器	1000μF	100μF	4.7μF	0.1μF
表针的偏转值				
偏转角度对比				

注："表针的偏转值"填写表针偏转至最大位置时所指示的电阻值。

"偏转角度对比"填写"最大"、"第二大"、"第三大"、"最小"。

2．用可调稳压电源输出3V电压对各电容进行充电，充电完毕，用万用表电压挡测量电容器，观察电容器两端是否有电压存在及测量过程中电压的变化规律，并填写表3-6。

表3-6 实验数据2

电容器	1000μF	100μF	4.7μF	0.1μF
电压值				
电压变化规律				

注："电压值"填写万用表测量电容器的电压时最初指示的数值。

"电压变化规律"填写测量过程中表针回偏的速度快慢（即放电的快慢）。

五、实验结论

根据实验数据1得出电容器容量越大，充电时，表针偏转角度就________。

根据实验数据2得出电容器容量越大，放电的速度就________。

习题

1．电容器在充、放电过程中，电流的方向、大小是如何变化的？

2．一个3300μF的电容器，其两端电压为12V，试求电容器所带的电量。

3．如果一个25V、100μF的电容器损坏，能否用50V、100μF的电容器替换，为什么？

4．为什么说电容器有"隔直流、通交流"的特性？

5．一个0.1μF的电容器和一个15kΩ的电阻串联，试求电路的时间常数。

6．已知 $C_1=C_2=C_3=1\mu F$，$C_4=2\mu F$，试分别求图 3-33（a）、（b）所示电路的总容量。

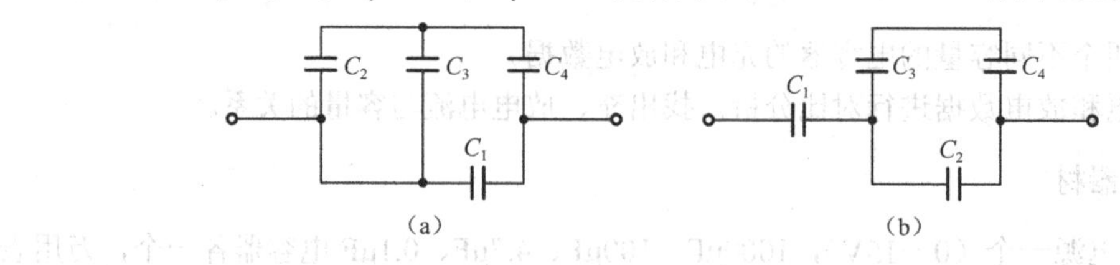

图 3-33　习题 6 电路图

7．1μF、16V 和 0.1μF、63V 的两个电容器并联后，最高允许加多高电压？

8．一个 22μF、30V 和一个 48μF、50V 的电容器串联后接在 60V 的电压上，两个电容器能否安全工作？

9．电路如图 3-34 所示，求：（1）电路的总容量。（2）各电容器两端的电压。（3）各电容器的电量。（4）各电容器所储存的能量。

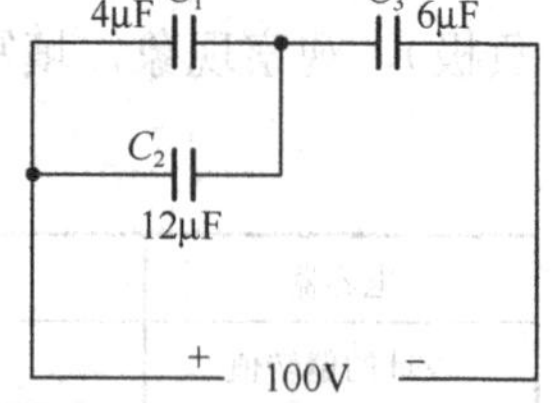

图 3-34　习题 9 电路图

10．电容器有哪些类型？电容器的基本特性是什么？

11．试比较电解电容器、涤纶电容器及瓷介质电容器的频率特性。

12．说出图 3-35 所示电容器的型号、耐压及容量。

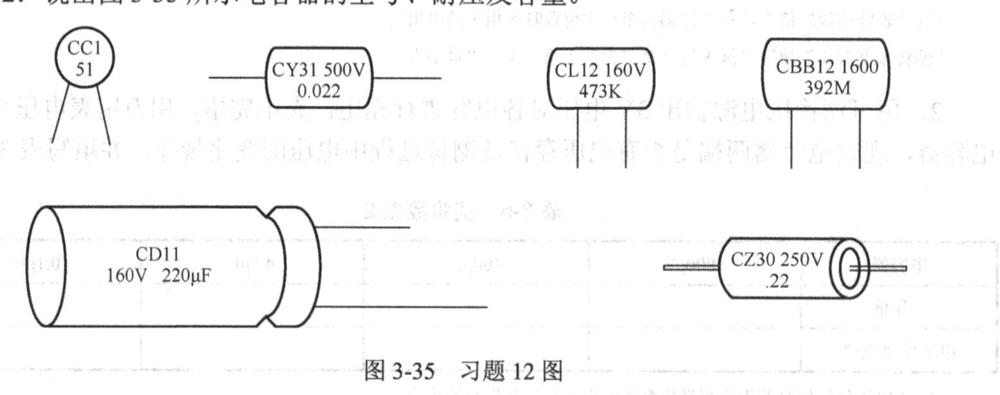

图 3-35　习题 12 图

单元测试题

一、填空题（30 分，每空 1.5 分）

1. 电容的国际单位是________，用符号 F 表示，1F=________μF=________nF=________pF，电容器的电路符号是________。

2. 一个电容器的容量为 1000μF，其上所带的电量为 0.1C，则其两端电压为________V，其存储的电场能为________J。

3．一个 10nF 的电容器与一个 30nF 的电容器串联，总容量为________，若接在 40V 的直流电压上，则各电容器上的电压分别是________V 和________V，各电容器所带的电量是________。

4．一个 10nF 的电容器与一个 30nF 的电容器并联，总容量为________，若接在 40V

的直流电压上，则各电容器上所带的电量分别是________和________，总电量是________。

5．电力线的箭头表示电场的________，电力线的疏密程度表示电场的________。

6．一个电容器上标有“333”字样，说明该电容器的容量为________。

7．电容器的应用十分广泛，在电路中具有________、________等作用。

二、选择题（每个小题至少有一个答案是正确的，请将正确答案选出来。20 分）

1．若电容器不带电（即未充电），则（　　）。

A．电容器没有容量　　B．电容器两端没有电压

C．电容器上无电量　　D．电容器损坏

2．一个 10μF 的电容器与一个 100kΩ 的电阻串联，则时间常数为（　　）。

A．100s　　B．10s　　C．1s　　D．0.1s

3．将一个已充好电的平板电容器与电源切断，再将两极板间的距离增大一倍，则（　　）。

A．电容器上的电量不变，容量也不变

B．电容器两端的电压会增大一倍，但容量会减小一半

C．电容器两端的电压不变，容量也不变

D．电容器两端的电压会减小一半，但容量会增大一倍

4．两个点电荷之间存在力的作用，并可用（　　）定律进行计算。

A．欧姆定律　　B．基尔霍夫定律　　C．库仑定律　　D．焦耳定律

5．电荷与电荷之间的作用力体现为（　　）。

A．吸引力　　B．排斥力　　C．吸引力或排斥力　　D．静电力

6．下列电容器中，高频特性最好的是（　　）。

A．涤纶电容器　　B．云母电容器

C．电解电容器　　D．塑料薄膜电容器

7．用万用表 100Ω 挡检测 10nF 电容器，发现表针大幅度偏转，说明（　　）。

A．电容器开路　　B．电容器击穿

C．电容器漏电　　D．无法判断电容器的好坏

8．电容器具有（　　）特点。

A．隔直流　　B．通直流　　C．通交流　　D．隔交流

9．一个 100μF 电容器上充有近 300V 的电压，现要对其进行放电，正确的作法是（　　）。

A．用导线将两个引脚短接，便可实现放电

B．用起子的金属部分短接两个引脚，便可实现放电

C．用万用表测量电容器的电压，便可实现放电

D．用一个 3kΩ/5W 的电阻跨接在电容器的两个引脚上，便可实现放电

10．电路中一个 3μF/450V 的电容器损坏，可以用（　　）来替代。

A．两个 1.5μF/450V 的电容器并联

B．两个 6μF/450V 的电容器并联

C．两个 1.5μF/450V 的电容器串联

D．一个 1μF/450V 的电容器与一个 2μF/450V 的电容器并联

三、判断题（20 分）

1．电场的方向规定为电子受力的方向。（　　）

2．静电屏蔽不能用于电子技术中。（　　）

3．电容器是一种无极性元件，因而不存在正、负极之分。（　　）

4．将电容器接在交流电路中时，电容器中会有持续的电流流过。（　　）

5. 充电后的电容器会建立起电场，方向从带负电荷的极板指向带正电荷的极板。（　　）

6．电容式话筒是根据电容器的充放电原理制造出来的。（　　）

7．两个电容器串联后，总容量为两个电容器的容量之和。（　　）

8．电解电容器特别适用于耦合高频信号。（　　）

9．电容器所带的电量越多，其容量就越大。（　　）

10．电容器串联后，相当于增大了两极板的面积。（　　）

四、计算题

1．一个 10μF 的电容器与一个 20μF 的电容器串联后，接在 30V 的直流电源上，求两个电容器上的电量是多少？存储的电场能各是多少？（10 分）

2．电容器 A 的容量为 10μF，充电后电压为 10V，电容器 B 的容量为 2μF，充电后电压为 40V，若将它们同向并联起来，其电压是多少？各电容器的电量又是多少？电荷是从哪个电容器流到另一个电容器的？（20 分）。

第4章　磁场与电磁感应

【学习要点】本章主要讲解电磁学基本概念、基本定则、基本定律等方面的知识。学习本章时，应以磁场的基本物理量、电磁感应现象、三大定则方法、两大基本定律为重点，在此基础上掌握磁场力、感生电动势的计算方法及方向判断，并能运用这些知识分析、解决实践中的一些问题。

4.1　磁场及其基本物理量

静止的电荷会产生电场，运动的电荷周围不仅有电场，而且有磁场。磁场和电场一样既看不见也摸不着，但可以通过磁力线、磁感应强度、磁通等来描述它的特性。

4.1.1　磁体和磁场

1. 磁体

某些物质具有吸引铁（Fe）、钴（Co）、镍（Ni）等物质的特性，这种特性就叫磁性。具有磁性的物体称为磁体，如磁铁就是最常见的磁体。

磁体上磁性最强的部分叫磁极，如图 4-1 所示。无论磁体的大小如何，它均有两个磁极，可以在水平面内自由转动的磁体，静止时总是一个磁极指向南方，另一个磁极指向北方，指向南的磁极叫作南极（S 极），指向北的磁极叫作北极（N 极）。指南针就是根据这一现象而制作出来的。

图 4-1　磁体的磁极

任何磁体的磁极总是成对出现的，把一个磁体折成两段并不能把它的北极和南极分开，而是磁体的每一半都有自己的 N 极和 S 极。不同磁体的异名磁极总是互相吸引，同名磁极总是互相排斥。

2. 磁场

库仑定律告诉我们，两个点电荷之间存在作用力，且同性电荷相斥，异性电荷相吸，电荷之间的这种作用力是通过电场产生的。与此类似，磁极之间也具有作用力，磁极在不接触的情况下，具有异名磁极相互吸引，同名磁极相互排斥的特点。磁极的这种相互作用是通过磁场产生的。磁场是一种存在于磁极周围空间，对处在其中的其他磁极产生吸引力或排斥力的物质。

和电场一样，磁场也有大小和方向，它对处在其中不同位置的相同磁极，产生大小和方向不同的作用力。如果把小磁针放在磁场中的某一点，可以看到小磁针会受到磁场力的作用，当小磁针静止后，它的两极不再指向南、北方，而指向其他方向，这说明磁场是有方向性的。通常规定，在磁场中某一点，小磁针 N 极的受力方向（即小磁针静止后 N 极所指的方向）就是该点的磁场方向。

磁场可以用磁力线（又叫磁感线）形象地描述它的大小和方向。图 4-2 所示为条形磁铁和 U 形磁铁的磁力线分布情况，不难看出，磁力线是一种闭合曲线，它总是从 N 极出来回到 S 极。磁力线上每一点的切线方向都与该点的磁场方向相同。

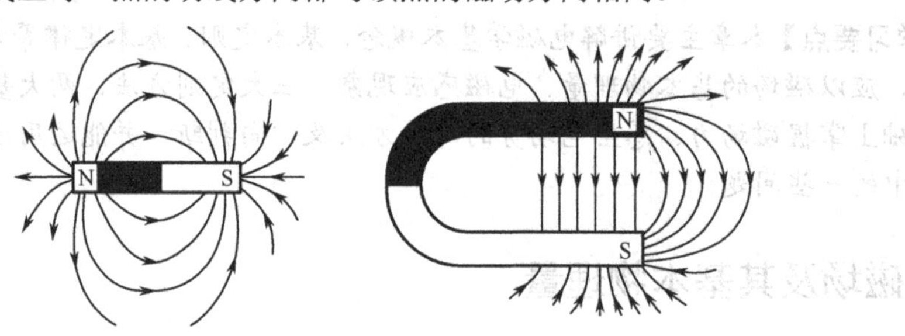

图 4-2　条形磁铁和 U 形磁铁的磁力线分布情况

4.1.2　电流的磁场

自然界中除磁铁能产生磁场外，电流也能产生磁场，这种现象称为电流磁效应。如图 4-3 所示为直导线中电流产生的磁场的磁力线分布情况。磁力线是一圈圈以导线上各点为圆心的同心圆，并且都在与导线垂直的平面上。

知识窗📖： *直导线中电流产生的磁场方向可以用安培定则来判定：右手握住直导线，大拇指伸直指向电流方向，四指所指方向就是磁场方向。*

如图 4-4 所示为环形导线中电流产生的磁场的磁力线分布情况。它的磁力线是一圈圈围绕环形导线的闭合曲线，在环形导线的中心轴上，磁力线和环形导线所在的平面垂直。

知识窗📖： *环形导线中电流产生的磁场方向也可以用安培定则来判定：右手握住环形导线，四指指向电流方向，大拇指伸直所指的方向就是磁场方向。*

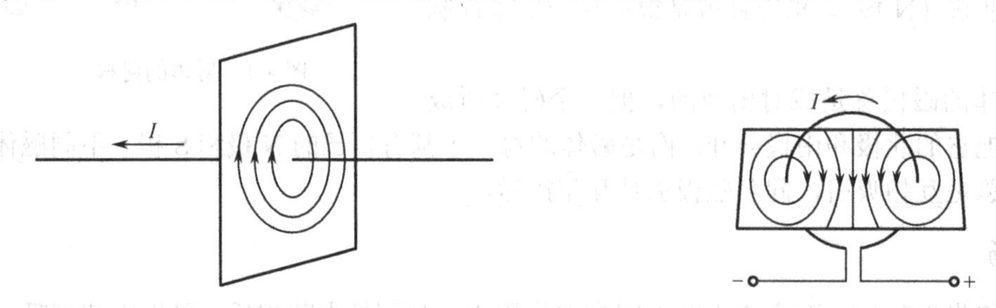

图 4-3　直导线中电流产生的磁场的磁力线分布情况　　图 4-4　环形导线中电流产生的磁场的磁力线分布情况

如图 4-5 所示为螺线管导线中电流产生的磁场的磁力线分布情况。它与条形磁铁的磁场分布情况相似。螺线管导线可以看作由许多环形导线并排连接而成，所以流过它的电流产生的磁场方向的判定方法与环形导线中电流产生的磁场方向的判定方法一致。

【例 1】 在一条水平走向的导线下方平行放置一个小磁针，给导线通以图 4-6（a）所示的电流，小磁针会怎样旋转？

解：根据安培定则（右手握住直导线，大拇指伸直指向电流方向，四指所指方向就是磁场方向)，可知磁力线的环绕方向如图 4-6（b）所示，进而可以判断出小磁针会顺时针方向偏转 90°。

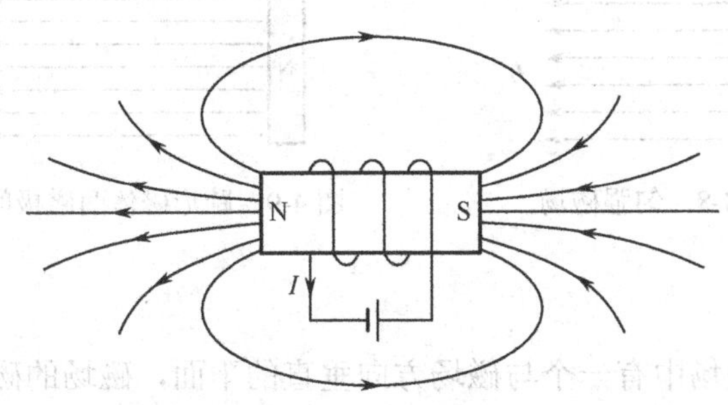

图 4-5　螺线管导线中电流产生的磁场的磁力线分布情况

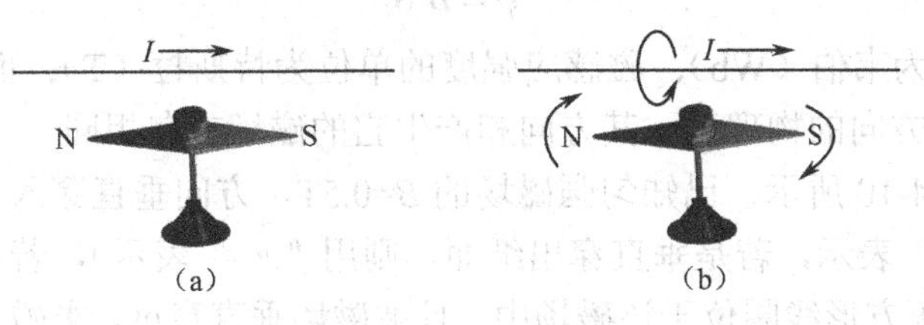

图 4-6　例 1 电路图

【例 2】　在一螺线管旁放置一个小磁针，如图 4-7（a）所示，合上开关 S 后，小磁针会怎样旋转?

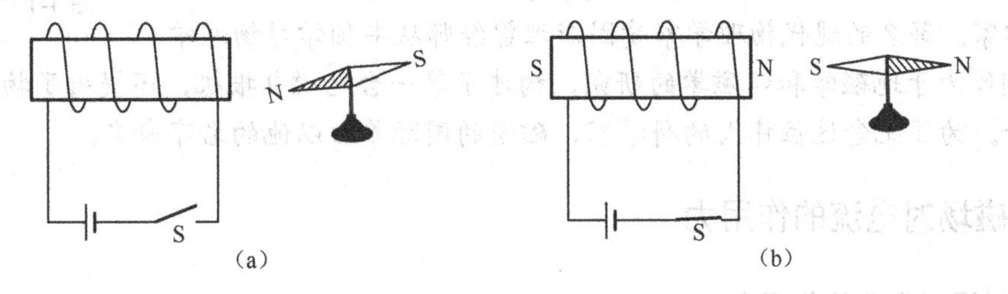

图 4-7　例 2 电路图

解：根据安培定则（右手握住螺线管，四指指向电流方向，大拇指伸直所指的方向就是磁场方向)，可知螺线管的右端为 N 极，左端为 S 极，故小磁针会逆时针旋转，最后 S 极朝左，N 极朝右，如图 4-7（b）所示。

4.1.3　磁场的基本物理量

1．磁感应强度

垂直穿过单位面积的磁力线的多少称为磁感应强度。磁感应强度是衡量磁场大小和方向的物理量，用 B 表示，其国际单位为特斯拉（T)，简称特。

大小和方向都相同的磁场称为匀强磁场，匀强磁场内部的磁场强弱和方向处处相同，其磁力线是一系列疏密间隔相同的平行直线，如图 4-8 所示。匀强磁场只是一个理想化概念，完全均匀的磁场是不存在的，较大的蹄形磁体两磁极间的磁场也只是一个近似的匀强磁场，如图 4-9 所示。

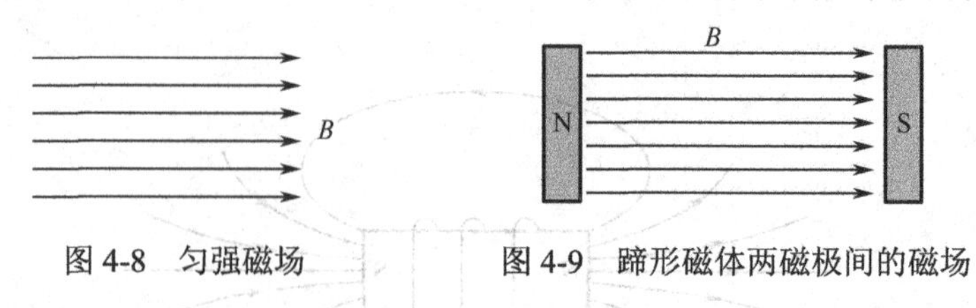

图 4-8　匀强磁场　　图 4-9　蹄形磁体两磁极间的磁场

2．磁通

假设在一个匀强磁场中有一个与磁场方向垂直的平面，磁场的磁感应强度为 B，平面的面积为 S，那么磁感应强度与面积的乘积就称为穿过这个面的磁通，用 ϕ 表示，即

$$\phi = B\,S \tag{4-1}$$

式中，磁通的单位为韦伯（Wb）；磁感应强度的单位为特斯拉（T）；面积的单位为平方米（m^2）。磁通也是有方向的物理量，其方向和产生它的磁场方向相同。

【例 3】 如图 4-10 所示，已知匀强磁场的 B=0.5T，方向垂直穿入纸面（图中用“×”表示，若是垂直穿出纸面，则用“·”表示），若一边长为 20cm 的正方形线圈位于该磁场中，且被磁场垂直穿过，求磁通是多少？

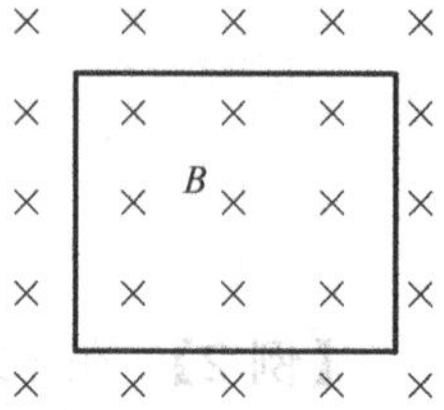

解：$\phi = BS = 0.5 \times 0.2 \times 0.2\text{Wb} = 0.02\text{Wb}$

图 4-10　例 3 图

知识窗：韦伯，全名为威廉·爱德华·韦伯（1804～1891），德国物理学家。著名的现代物理学家爱因斯坦曾经师从韦伯学习物理学。韦伯长期致力于地磁学和电磁学的研究，构建了第一台电磁电报机，还提出了物质的电磁结构理论。为了纪念这位伟大的科学家，磁通的国际单位以他的名字命名。

4.1.4　磁场对电流的作用力

1．磁场对电荷的作用力

假如匀强磁场的磁感应强度为 B，电荷 q 在磁场中的运行速度为 v，方向与磁场方向垂直，如图 4-11 所示。此时磁场对 q 会产生一个作用力 F，这个力称为洛仑兹力。F 的方向垂直于 v 和 B 所决定的平面，如图 4-12 所示，F 的大小等于 B 与 qv 的乘积，即

$$F = Bqv \tag{4-2}$$

式中，F 的单位为牛顿（N）；磁感应强度 B 的单位为特斯拉（T）；电荷 q 的单位为库仑（C）；速度 v 的单位为米/秒（m/s）。

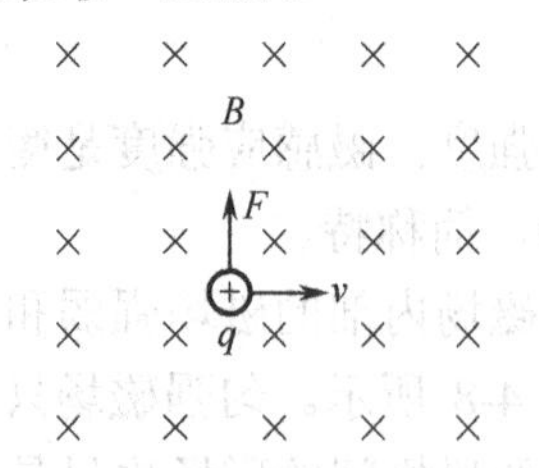

图 4-11　电荷在磁场中运行

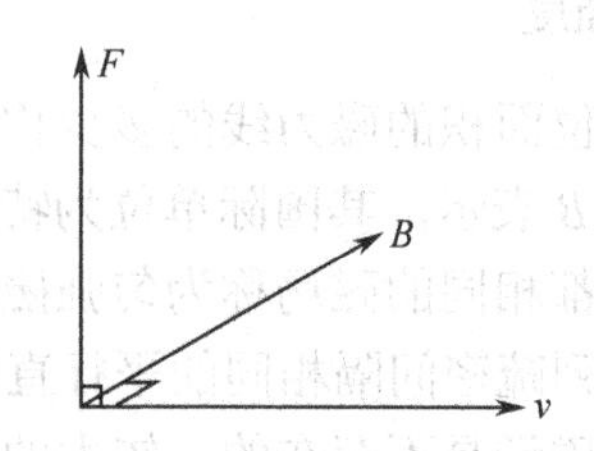

图 4-12　F、B、v 的空间关系

知识窗📖：洛仑兹力的方向可以用左手定则来判定：展平左手手掌，四指并拢，大拇指与四指垂直，然后让磁力线穿过掌心，四指指向正电荷运行方向（或负电荷运行的反方向），则大拇指所指的方向就是洛仑兹力方向。

2．磁场对通电导体的作用力

磁场对处在其中的电流能产生力的作用。如图 4-13 所示，在一个磁感应强度为 B 的匀强磁场中，有一段长度为 l，并有电流 I 流过的导体，设导体与磁场方向的夹角为 θ，这段导体会受到磁场对它的一个作用力 F（这个力称为安培力），且有

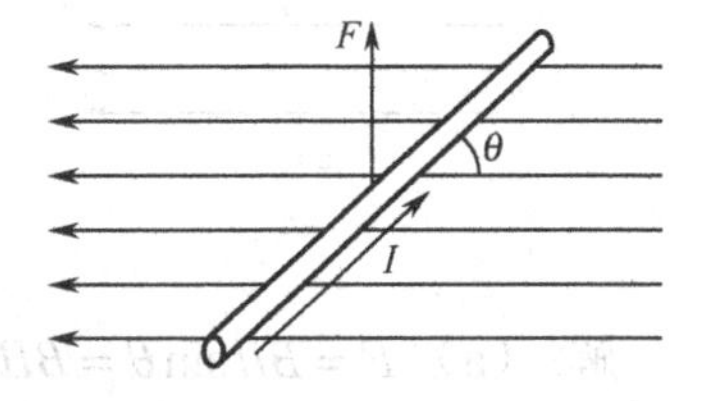

图 4-13　电流在磁场中的受力情况

$$F = BIl\sin\theta \tag{4-3}$$

式中，F 的单位为牛顿（N）；磁感应强度 B 的单位为特斯拉（T）；电流 I 的单位为安培（A）；长度 l 的单位为米（m）。

由式（4-3）可知，当 θ=90° 时，即导体与磁场方向垂直时，导体受到的作用力最大，为 BIl；当 θ=0° 时，即导体与磁场方向平行时，导体受到的作用力最小，为 0；θ 由 90° 减小为 0° 的过程中，导体受到的作用力也由最大值减小为最小值。安培力实际上是洛仑兹力的宏观表现，是导体内部所有移动电荷集体受力的一种表现，它的方向也可用左手定则来判断，具体方法如下。

展平左手手掌，四指并拢，大拇指与四指垂直，然后让磁力线穿过掌心，四指指向电流方向，大拇指所指的方向就是电流受力方向。

3．电流在磁场中受力作用的应用

电流在磁场中受力这一规律被广泛应用于生产生活中，如扬声器发声、电子束扫描、电动机转动等，都是这一规律的具体应用。下面以纸盆扬声器为例来说明扬声器的工作原理。

图 4-14（a）是纸盆扬声器的结构图，它的主要部件是磁体、音圈和纸盆。

图 4-14（b）是它的工作原理图。当音圈中有音频电流流过时，音圈就会在磁场中受力运动，从而带动纸盆振动发出声音，声音通过空气向外传播。

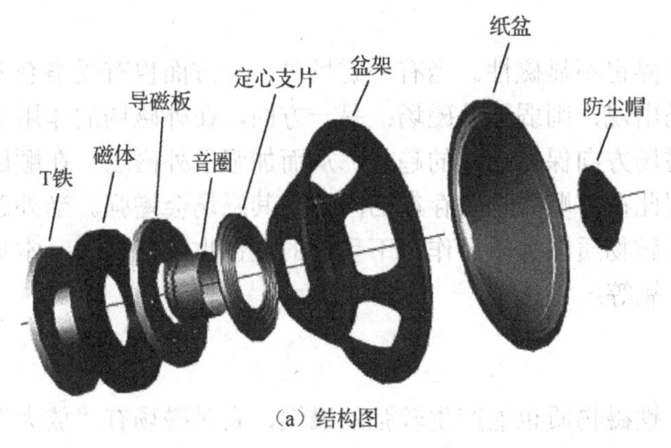

（a）结构图

（b）工作原理图

图 4-14　纸盆扬声器

【例 4】图 4-15 中，已知匀强磁场的磁感应强度 B=1T，位于磁场中的导线长度为 1m，当导线中通以 2A 电流时，求导线的受力大小及力的方向。

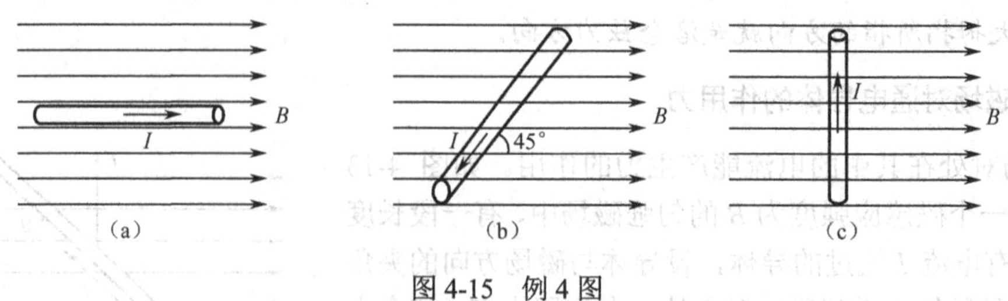

图 4-15　例 4 图

解：(a) $F = BIl\sin\theta = BIL\sin 0^\circ = 0$。

(b) $F = BIl\sin\theta = 1\times 2\times 1\times \sin 45^\circ\ \mathrm{N} = \sqrt{2}\mathrm{N}$，力的方向为垂直于纸面向外。

(c) $F = BIl\sin\theta = 1\times 2\times 1\times \sin 90^\circ\ \mathrm{N} = 2\mathrm{N}$，力的方向为垂直于纸面向里。

4.2　磁介质的磁化

4.2.1　磁介质

物质在外磁场作用下表现出磁性的现象称为磁化。能被磁化的物质称为磁介质。磁介质可分为抗磁物质、顺磁物质和铁磁物质等类型。

1．抗磁物质

在没有外磁场时，抗磁物质对外界不显磁性。当有外磁场作用时，分子中每个电子都受到洛仑兹力的作用，因此电子的运动状态要改变，实验表明，这种受洛仑兹力作用以后的电子运动所产生的附加磁场的方向总与外磁场的方向相反(即反磁)，所以削弱了外磁场，使得有这种物质存在的区域的磁场减弱。当外磁场消失后，反磁作用也消失。抗磁物质在外磁场中呈现的磁性是很微弱的。铋是最显著的抗磁物质，除此之外还有金、银、铜、锌、锑、石墨、氢气等。

2．顺磁物质

在无外磁场时，顺磁物质对外界也不显磁性。当有外磁场时，一方面也有受洛仑兹力作用的电子运动所产生的附加磁场出现，削弱了外磁场；另一方面，在外磁场的作用下，内部磁分子会发生旋转，有与外磁场方向保持一致的趋势，从而加强了外磁场。在顺磁物质中，加强作用大于削弱作用，因此在有顺磁物质存在的区域，其磁场会增强。当外磁场消失后，顺磁物质也失去磁性。顺磁物质在外磁场作用下呈现的磁性也是很弱的。常见的顺磁物质有铝、镁、钙、钨、铂、氧等。

3．铁磁物质

即使在较弱的外磁场作用下，铁磁物质也能产生较强的磁性，它对磁场有“放大”作用，使原磁场增强很多。铁磁物质是强磁性物质，抗磁物质和顺磁物质是弱磁性物质。常见的铁磁物质有铁、钴、镍和它们的合金。

4.2.2　磁导率与磁场强度

1．磁导率

磁导率是用来表征磁介质导磁性能的物理量，是指磁介质在磁场中导通磁力线的能力。磁导率用 μ 表示，其国际单位为亨/米（H/m）。不同的磁介质具有不同的磁导率，例如，真空的磁导率（用 μ_0 表示）为：

$$\mu_0=4\pi\times10^{-7}\text{H/m}$$

实际应用中，通常使用的是磁介质的相对磁导率 μ_r，其定义为磁导率 μ 与真空磁导率 μ_0 之比，即

$$\mu_r=\mu/\mu_0$$

相对磁导率是没有单位的，它只表明磁介质的磁感应强度是真空中磁感应强度的倍数。抗磁物质的 $\mu_r<1$；顺磁物质的 $\mu_r>1$；铁磁物质的 $\mu_r>>1$。

2．磁场强度

磁场强度是用来描述磁场性质的物理量，用 H 表示。磁场中某一点的磁场强度等于该点的磁感应强度 B 与磁介质的磁导率 μ 的比值，即

$$H=\frac{B}{\mu} \tag{4-4}$$

式中，磁场强度 H 的国际单位为安/米（A/m），其方向与磁感应强度 B 的方向一致。

4.2.3　铁磁物质的磁化

1．磁畴

铁磁物质的相对磁导率 μ_r 很大，从而决定了其具有特殊的磁性能，它的磁化过程与其他物质不一样。为了便于分析理解铁磁物质的磁化现象，这里不妨引入磁畴的概念，认为铁磁物质是由磁畴组成的，每个磁畴相当于一个小磁铁，在未受到外界磁场的作用时，磁畴排列是杂乱无章的，对外不显磁性，如图 4-16（a）所示。当受到外磁场的作用时，磁畴排列会变得有序，从而对外开始显示磁性。若外磁场逐步增大，磁畴排列会变得越来越有序，对外显示的磁性也越来越强，如图 4-16（b）所示。

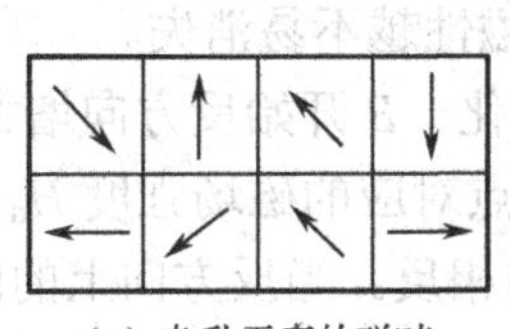

（a）杂乱无章的磁畴

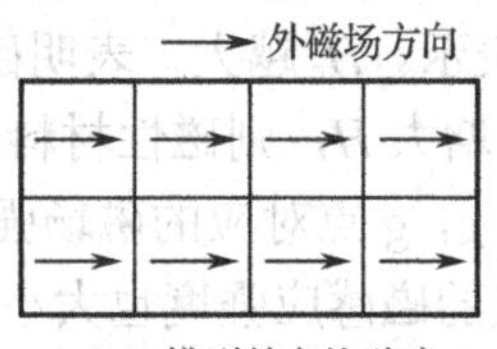

（b）排列整齐的磁畴

图 4-16　磁畴

2. 磁化曲线

铁磁物质的磁化过程可以用磁化曲线和磁滞回线来描述。图 4-17 为磁化曲线图，横坐标为 H，表示外界磁场的强度；纵坐标为 B，表示铁磁物质被磁化后的磁感应强度。

由图可知，当外磁场 H 由 0 开始逐渐增大时，B 也由 0 开始逐渐增大，但在开始的一小段区域里（图中 oa 段），由于磁畴具有惰性，它们转变方向的速度并不随外磁场的变化而线性变化，故磁感应强度 B 随外磁场强度 H 的上升而缓慢上升。随着 H 的继续增大，磁畴转变方向的速度加快，沿 H 方向逐步整齐排列起来，故 B 上升的速度加快，几乎随 H 的增大而线性变化（图中 ac 段）。当磁畴排列基本整齐后，若 H 继续增大，B 也不会再大幅度增大（图中 cd 段）。到达 d 点后，磁畴全部排列整齐了，即使 H 再增大，B 也不再增大，即达到磁饱和状态。

不同的铁磁物质有着不同的磁化曲线，B 的饱和值也不相同，但是同一种铁磁物质，不论怎样磁化，它的磁感应强度饱和值 B_M 都是一定的。

3. 磁滞回线

磁滞回线是铁磁物质在交变磁场中被反复磁化时的 B-H 曲线，如图 4-18 所示。

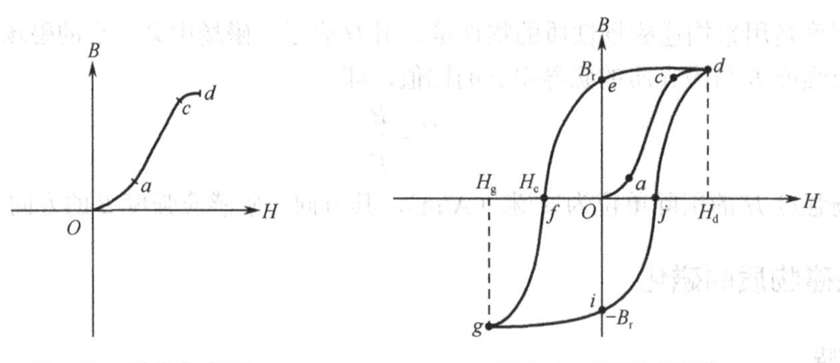

图 4-17　磁化曲线图　　　　图 4-18　磁滞回线图

由图可知，当磁场强度 H 从 0 逐渐增大时，B 沿磁化曲线上升到饱和点 d。达到 d 点后，逐渐减小 H 值，此时 B 并不按原磁化曲线下降，而是沿另一条曲线 de 下降。当 H 减小至 0 时，B 并不减小为 0，而保持为一定的数值 B_r，这个数值叫作剩磁感应强度，简称剩磁。

若要消去铁磁物质的剩磁，必须加反方向的磁场，当反方向增大 H 时，B 沿 ef 曲线下降，下降到 f 点时，B 减小至 0，剩磁被消去。常将 B 下降到 0 时所需的反方向磁场强度称为矫顽力，用 H_c 表示。H_c 越大，表明磁性材料的磁性越不易消失。

若继续反方向增大 H，则磁性材料会被反向磁化，B 开始反方向增大，并沿 fg 曲线磁化到反方向饱和点 g，g 点对应的磁场强度 H_g 与 d 点对应的磁场强度 H_d 大小相等，但方向相反。g 点和 d 点的磁感应强度也大小相等，方向相反。当反方向上的磁场强度逐步减小至 0 时，反方向上的磁感应强度 B 沿曲线 gi 下降。到 i 点时，H 减小至 0，但 B 并未减小至 0，仍保留一定的剩磁 $-B_r$。若要消去该剩磁，只有正方向增大 H，此时 B 沿曲线 ij 变化，到达 j 点时，剩磁减小为 0。若继续增大 H，又会正方向磁化至饱和点 d。因此当对磁性材料反复磁化时，就形成了一条闭合的 B-H 曲线 $defgijd$，这一闭合曲线就叫作磁滞回线。

铁磁物质的用途非常大，如电磁铁和变压器的铁芯、磁盘、磁带等，都是采用铁磁物质制造出来的。

4.3 电磁感应

既然电流能产生磁场，那么磁场是否也能产生电流呢？实验证明，变化的磁场也能产生电流。

4.3.1 电磁感应现象

图 4-19 为电磁感应实验原理电路。下面先来看三个实验。

在图 4-19（a）所示的实验中，导体 ab 与电流表形成回路，磁感应强度方向垂直回路所在的平面向外，当导体 ab 快速地在回路上左右移动时，电流表指针会来回摆动，这说明回路中产生了电流。

在图 4-19（b）所示的实验中，螺线管与电流表构成回路。当磁铁快速插入螺线管中或快速从螺线管中拔出时，电流表指针会来回摆动，这说明回路中产生了电流。

在图 4-19（c）所示的实验中，螺线管 C 与电流表构成回路，在螺线管 C 中放一个螺线管 D，螺线管 D 与电池 *E*、开关 S 形成回路。当开关 S 反复接通和断开时，电流表的指针会来回摆动，这说明回路中产生了电流。

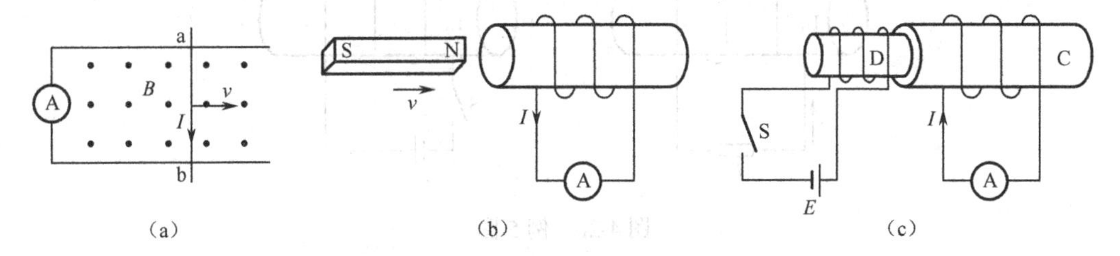

图 4-19 电磁感应实验原理电路

上面三个实验中的电路都产生了电流，并且有一个共同点，即穿过与电流表连接的闭合回路的磁通都发生了变化。这说明穿过闭合回路的磁通发生变化，闭合回路中就会产生电流，如果回路开路，就会在开路的两端之间产生电动势，这种现象称为电磁感应现象，在电磁感应现象中产生的电流称为感生电流，产生的电动势称为感生电动势。

4.3.2 感生电流的方向

在上面三个实验中，电流表来回摆动，这说明感生电流的方向在不停变化。

知识窗📖：感生电流的方向可以用楞次定律来判定。楞次定律的内容为：感生电流的方向总是使感生电流产生的磁场阻碍引起感生电流的磁通的变化。

在图 4-19（a）所示的实验中，当导体 ab 向右运动时，闭合回路面积 *S* 变大，因而穿过回路的磁通 $\phi=BS$ 增加，感生电流产生的磁场方向应该垂直回路所在的平面向里，与原磁场方向相反，使总的磁感应强度 *B* 减小，从而阻碍磁通 $\phi=BS$ 增加。根据感生电流产生的磁场方向，再用安培定则可以判定回路中的感生电流方向为顺时针方向。

顺便指出☞：导体切割磁力线时产生的感生电流方向还可以用右手定则来判定：展平右手手掌，四指并拢，大拇指与四指垂直，然后让磁力线穿过掌心，大拇指指向导体的运动方向，四指所指的方向就是感生电流的方向。

在图4-19（b）所示的实验中，当条形磁铁向右运动时，线圈内的磁通增加，磁通方向朝右。根据楞次定律可知，线圈产生的感生电流必然产生一个方向朝左的磁通，以达到阻碍朝右磁通增加的效果。要产生朝左的磁通，感生电流需要产生一个方向朝左的磁场，于是由安培定则可以判定，感生电流应该从左向右流经电流表。

在图4-19（c）所示的实验中，当开关S接通的瞬间，螺线管D的电流由0开始增加，从而产生一个朝左增加的磁场。这个磁场会使螺线管C内的磁通增加，磁通方向朝左。根据楞次定律可知，螺线管产生的感生电流必然产生一个方向朝右的磁通，以达到阻碍朝左磁通增加的效果。要产生朝右的磁通，感生电流需要产生一个方向朝右的磁场，于是由安培定则可以判定，感生电流应该从右向左流经电流表。

【例5】 两个彼此靠得很近的螺线管如图4-20所示，螺线管L_1经开关S与电源E相连，在S闭合的瞬间，螺线管L_2中的电流方向是怎样的？

解：由安培定则可知，在开关S闭合的瞬间，螺线管L_1的磁场极性为左N右S，该磁场会引起L_2产生感生电流。根据楞次定律可知，螺线管L_2产生的感生电流必然产生一个方向朝右的磁通，由安培定则可以判定，L_2中感生电流的方向为左入右出。

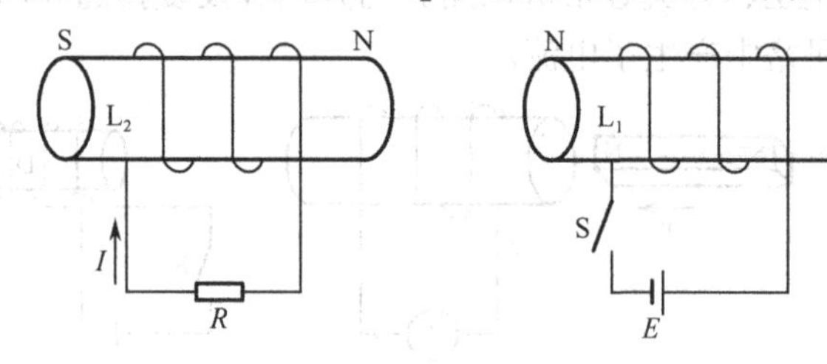

图4-20　例5图

4.3.3 法拉第电磁感应定律

法拉第在进行电磁实验中发现，不论用什么方法，只要穿过闭合电路的磁通量发生变化，闭合电路中就有电流产生。1831年，法拉第根据大量实验事实总结出如下定律：

电路中感生电动势的大小与穿过回路的磁通的变化率成正比，即磁通变化越快，回路产生的感生电动势就越大；磁通变化越慢，回路产生的感生电动势就越小。这一规律称为法拉第电磁感应定律，它的表达式为

$$E=\frac{\Delta\phi}{\Delta t}$$

若闭合电路为一个n匝线圈，则又可表示为

$$E=n\frac{\Delta\phi}{\Delta t} \tag{4-5}$$

式中，E为感生电动势，单位为伏特（V）；n为线圈的匝数；$\Delta\phi$为磁通变化量，单位为韦伯（Wb）；Δt为磁通发生变化所用的时间，单位为秒（s）；$\Delta\phi/\Delta t$实际上是单位时间内穿

过回路的磁通变化量，即磁通的变化率，单位为韦伯每秒（Wb/s）。

若是导体在磁场中作切割磁力线运行，则可按下式计算电动势的大小。

$$E = Blv\sin\theta \qquad (4\text{-}6)$$

式中，B 为磁感应强度，单位为 T；l 为磁场中导体的长度，单位为 m；v 为导体的运行速度，单位为 m/s；θ 为运行方向与磁力线方向间的夹角。

【例 6】 一个匀强磁场的磁感应强度为 0.1T，内部放置一个面积为 0.1m^2、匝数为 100 的线圈，线圈的平面与磁场垂直，如图 4-21（a）所示。若在 0.1s 内，将线圈从磁场中完全平移出磁场外，如图 4-21（b）所示，则线圈产生的感生电动势的平均值是多少？

解：线圈位于磁场中时，磁通为

$$\phi = BS = 0.1\times 0.1\text{Wb} = 0.01\text{Wb}$$

线圈移出磁场后，磁通为 0，故磁通变化量为

$$\Delta\phi = 0.01\text{Wb}$$

所以感生电动势的平均值为

$$E = n\frac{\Delta\phi}{\Delta t} = 100\times\frac{0.01}{0.1}\text{V} = 10\text{V}$$

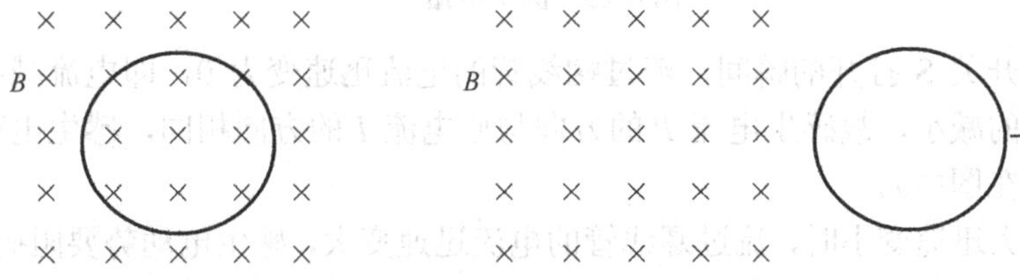

（a）线圈位于磁场内　　（b）线圈移除磁场外

图 4-21　例 6 图

电磁感应现象在生活实践中的应用非常广泛，作用十分巨大。发电机、动圈式扬声器等，都是根据电磁感应原理制造出来的，可以说，电磁感应原理改变了人们的生活，也改变了这个世界。

4.3.4　自感现象

1. 自感现象的产生

电流在它周围空间会产生磁场，变化的磁场在闭合回路中会产生电流，由此可见，电流与磁场是密切联系的。

在如图 4-22 所示的电路中，开关未闭合时，线圈中的电流为 0。开关闭合后，线圈中的电流 I 快速增加，同时在线圈周围的空间产生一个快速增加的磁场，该磁场又会使穿过线圈自身的磁通也快速增加。线圈中的磁通发生了变化，线圈就会产生感生电动势和感生电流。由楞次定律可知，线圈产生的感生电流 I' 的方向与原电流 I 的方向相反，线圈产生的感生电动势总是阻碍原电流的增加。这

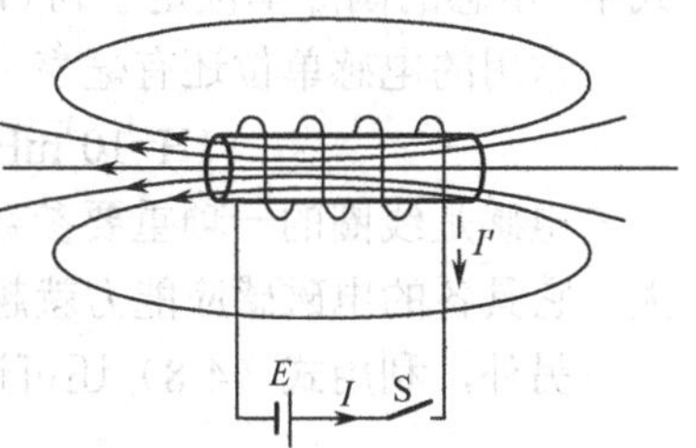

图 4-22　自感现象电路

种由于线圈自身的电流变化而产生的电磁感应现象，称为自感现象。

提醒你：自感现象中产生的感生电动势称为自感电动势，它总是阻碍电路中原电流的变化。在图 4-22 中，开关闭合的瞬间，线圈产生的感生电动势的极性为右正左负，它阻碍电流 I 的增大；开关断开的瞬间，线圈产生的感生电动势的极性为左正右负，它阻碍电流 I 的减小。

【例 7】 电路如图 4-23 所示。(1) 当图（a）中开关 S 打开的瞬间，线圈产生的自感电动势极性（方向）是怎样的？(2) 当图（b）中 R 由大迅速变小时，线圈产生的自感电动势极性又是怎样的？

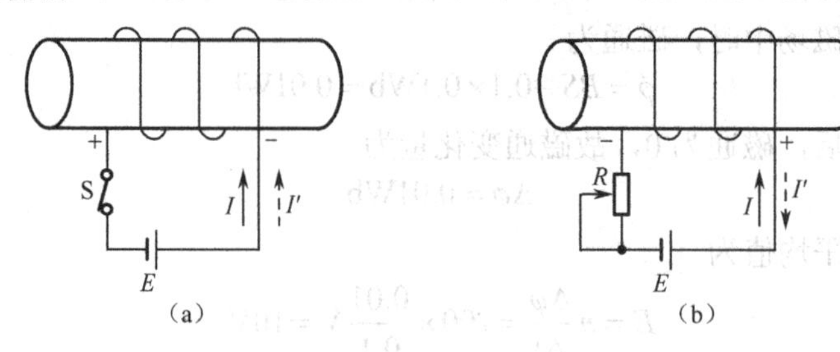

图 4-23　例 7 电路

解：(1) 当开关 S 打开的瞬间，流过螺线管的电流迅速变为 0，即电流减小，感生电动势要阻碍电流的减小，故感生电流 I' 的方向与原电流 I 的方向相同，感生电动势的极性为左正右负（标在图中）。

(2) 当 R 由大迅速变小时，流过螺线管的电流迅速变大，感生电动势要阻碍电流变大，故感生电流 I' 的方向与原电流 I 的方向相反，感生电动势的极性为右正左负（标在图中）。

2. 自感系数

如果线圈有 n 匝，通过每一匝线圈的磁通为 ϕ，那么线圈的总磁通为

$$\psi = n\phi \tag{4-7}$$

式中的总磁通 Ψ，又称为线圈的自感磁链。

同样的电流通过不同的线圈时，产生的自感磁链不相同。线圈的自感磁链与电流的比值称为线圈的自感系数（或电感系数），简称电感（或电感量），用 L 表示，因此在电子技术中，线圈又被称为电感器。电感表示了线圈通过单位电流时产生的自感磁链，即

$$L = \frac{\psi}{I} \tag{4-8}$$

式中，电感的国际单位是亨利（H）；自感磁链的单位为韦伯（Wb）；电流的单位为安培（A）。

常用的电感单位还有毫亨（mH）、微亨（μH）、纳亨（nH），它们之间的换算关系如下：

$$1\text{H}=10^3\text{mH},\quad 1\text{mH}=10^3\mu\text{H},\quad 1\mu\text{H}=10^3\text{nH}$$

电感是线圈的一项重要参数，它反映了线圈电磁感应能力的大小。线圈的电感系数越大，它具备的电磁感应能力就越强；电感系数越小，它具备的电磁感应能力就越弱。

另外，利用式（4-8）还可进一步推导出螺线管的电感 L 为

$$L = \frac{n^2 \mu S}{l} \tag{4-9}$$

式中，n 为线圈的匝数；μ 为螺管芯的磁导率；S 为截面积；l 为螺线管轴线平均长度。使用上式时，要求螺线管的长度远大于直径，即 $l>>d$，如图 4-24 所示。

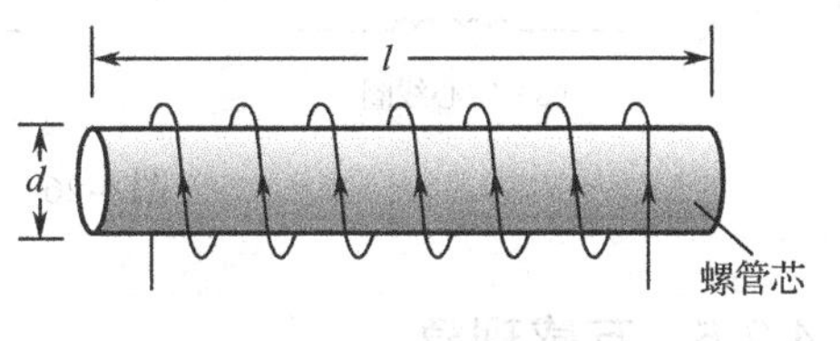

图 4-24　螺线管

3．自感电动势

由法拉第电磁感应定律可得：

$$E = n\frac{\Delta\phi}{\Delta t} = \frac{\Delta\psi}{\Delta t} = L\frac{\Delta I}{\Delta t}$$

这说明线圈在自感现象中产生的自感电动势 E 的大小与线圈电流的变化率（$\Delta I/\Delta t$）、线圈的电感 L 成正比，即

$$E = L\frac{\Delta I}{\Delta t} \tag{4-10}$$

上式表明，只有流过线圈的电流发生变化时，线圈才会产生自感电动势，其方向总是阻碍原电流的变化；若流过线圈的电流不变，线圈就不会产生自感现象。

【例 8】 电路如图 4-25 所示，螺线管的电感系数为 100mH，线圈内阻忽略不计。若在 0.5s 内，R_W 从最大值 98Ω 调到最小值 0Ω，则螺线管产生的平均电动势是多少？

解：R_W 最大时，电路的电流为

$$I_1 = \frac{E}{R_W + R} = \frac{10}{98+2}\text{A} = 0.1\text{A}$$

R_W 最小时，电路的电流为

$$I_2 = \frac{E}{R_W + R} = \frac{10}{2}\text{A} = 5\text{A}$$

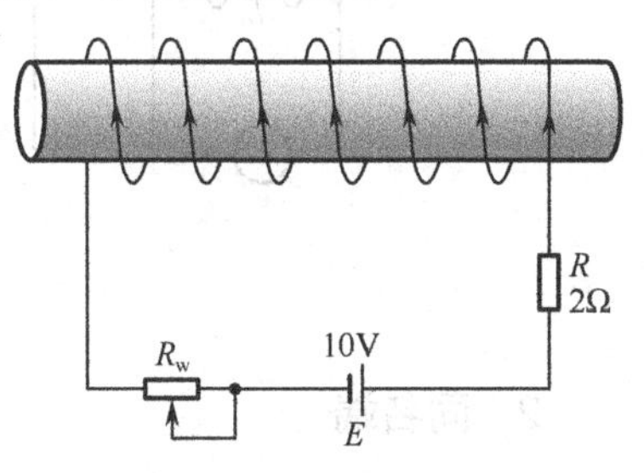

图 4-25　例 8 电路

故有

$$E = L\frac{\Delta I}{\Delta t} = L\frac{I_2 - I_1}{\Delta t} = 0.1\times\frac{5-0.1}{0.5}\text{V} = 0.98\text{V}$$

4．线圈中的磁场能

磁场能量是在建立磁场的过程中由外力或外电源提供的。当线圈接通电源时，线圈会产生自感电动势，电源反抗线圈的自感电动势所做的功就会转化为磁场能，该能量存储在线圈中，其大小为

$$W_L = \frac{1}{2}LI^2 \tag{4-11}$$

式中，W_L 表示磁场能，单位为 J；L 为线圈的电感系数，单位为 H；I 为流过线圈的电流，单位为 A。

5．线圈的电路符号

在电工、电子技术中，线圈常被称为电感器，简称电感。它的电路符号如图 4-26 所示。铁芯线圈是由导线绕在铁芯上或在空心线圈中插一铁芯而构成的。磁芯线圈是由导线绕在磁芯上或在空心线圈中插一磁芯而构成的。铁芯常由铁磁物质制成，磁芯常由铁氧体材料制成。

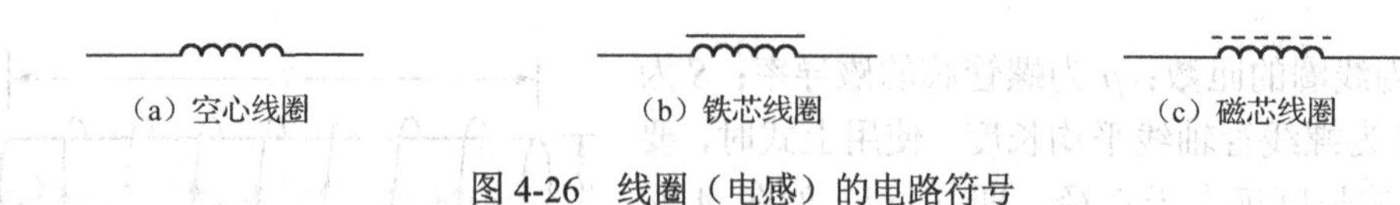

图 4-26　线圈（电感）的电路符号

4.3.5　互感现象

1. 互感现象的产生

当同一螺管芯上绕有两个线圈，或者两个彼此独立的线圈靠得很近时，如图 4-27 所示，给第一个线圈通以交变电流，电流所产生的交变磁通必有一部分穿过第二个线圈（这一部分磁通叫互感磁通），从而在第二个线圈中产生交变的互感磁链，使第二个线圈产生感生电动势，这种现象称为互感现象，所产生的感生电动势叫互感电动势。同理，若给第二个线圈通以交变电流，则第一个线圈也会产生互感电动势。由此可知，互感现象是两个（或多个）线圈之间的互感磁链在线圈中所引起的电磁感应现象。

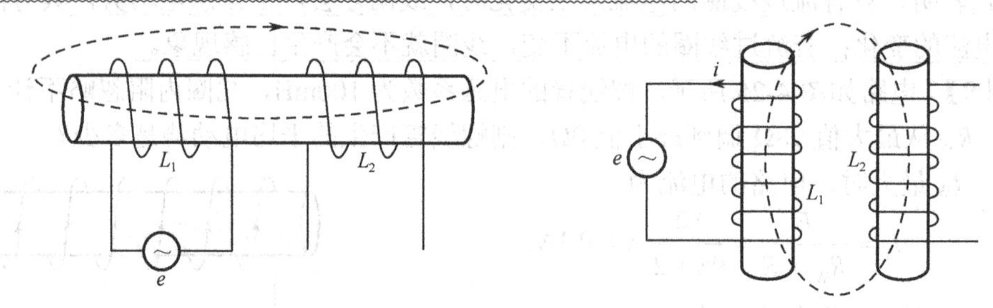

图 4-27　两个线圈之间的互感

2. 同名端

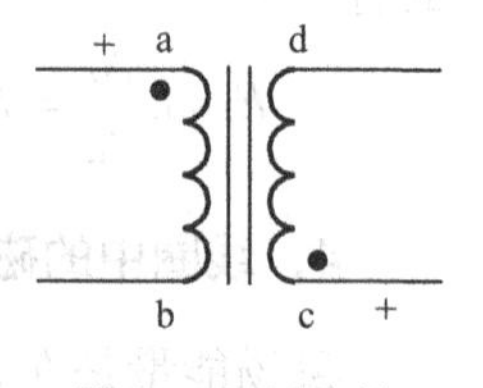

图 4-28　同名端

两个或两个以上的线圈，在同一个变化磁通下产生互感时，各线圈某一端的感生电动势的极性总是相同的，这些极性相同的端子称为同名端。在电路图中，用“•”来标记互感线圈的同名端。如图 4-28 所示，a 端与 c 端为同名端，它们产生的感生电动势的极性总是同时为正或同时为负。b 端与 d 端也是同名端。

【例 9】 互感线圈如图 4-29 所示，试根据线圈的绕向判断同名端。

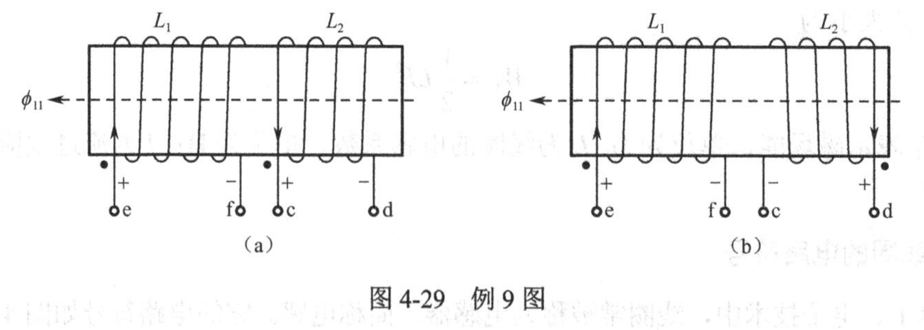

图 4-29　例 9 图

解：图（a）：假设某个瞬间，L_1 上所加的外电压为 e 正 f 负（标在图中），则 L_1 的电流方向为 e 入 f 出（标在图中），该电流产生的磁通 ϕ_{11} 向左（安培定则），ϕ_{11} 的一部分穿过

L_2，使 L_2 产生互感电动势，根据楞次定律，可判断 L_2 的互感电动势方向为 c 正 d 负（标在图中），所以 e 和 c 为同名端（f 和 d 也为同名端）。

图（b）：采用相同的方法，可以判断 e 和 d 为同名端（f 和 c 也为同名端）。

3. 互感系数

和自感现象中线圈有自感系数一样，互感现象中线圈也有互感系数。其与两个线圈各自的自感系数有关，还和两个线圈的互感磁链的相互影响程度有关。互感系数用 M 表示，两个线圈的自感系数分别用 L_1、L_2 表示，互感磁链相互影响程度用耦合系数 K 表示，它们之间的关系可以表示为

$$M = K\sqrt{L_1L_2} \tag{4-12}$$

式中，M、L_1 和 L_2 的单位均为亨利（H）；K 是一个无单位的常数。

4. 互感电动势

具有互感现象的两个线圈，若第一个线圈有变化的电流 i_1 通过，则会使第二个线圈产生互感电动势 E_2。实验表明，E_2 的大小与第一个线圈中的电流变化率（$\Delta i_1/\Delta t$）、两个线圈的互感系数 M 成正比，即

$$E_2 = M\frac{\Delta i_1}{\Delta t} \tag{4-13}$$

式中，电动势的单位为 V；电流的单位为 A；时间的单位为 s。

同理，若第二个线圈中有变化的电流 i_2 通过，也会使第一个线圈产生互感电动势 E_1，其大小为

$$E_1 = M\frac{\Delta i_2}{\Delta t}$$

与自感现象一样，互感现象也只会发生在交变电流电路中，若流过互感线圈的电流不变，互感现象也就不会产生。变压器是利用互感原理制造出来的，它只对交流电起变压作用，对直流电无变压作用，关于变压器的知识，后续章节还会讲解。

4.4 互感线圈的连接

互感线圈是指彼此具有互感作用的两个或多个线圈。与电阻和电容器一样，在电路中，互感线圈也可以串联或并联，并且串联或并联后性质不变（仍为电感），总电感可按相应的公式进行计算。

4.4.1 互感线圈的串联

当两个互感线圈串联时，存在两种接法：一种是两个线圈的异名端连接在一起，如图 4-30（a）所示，这样电流都是从两个线圈的同名端流入的（或流出的），故称顺向串联；另一种是两个线圈的同名端连接在一起，如图 4-30（b）所示，这种连接的电流是从两个线圈的异名端流入的，故称反向串联。

当两个互感线圈顺向串联时，其总电感（或称等效电感）为 L_S，且 L_S 的大小为

$$L_S = L_1 + L_2 + 2M \tag{4-14}$$

当两个互感线圈反向串联时，其总电感（或称等效电感）为 L_F，且 L_F 的大小为

$$L_F = L_1 + L_2 - 2M \tag{4-15}$$

由以上两式可以看出，顺向串联的总电感要大于反向串联的总电感。

（a）顺向串联　　（b）反向串联

图 4-30　互感线圈串联

【例 10】　互感线圈连接如图 4-30 所示。已知 L_1=9mH，L_2=4mH，两个线圈之间的耦合系数为 0.2，分别求顺向串联和反向串联时的总电感。

解：

$$M = K\sqrt{L_1 L_2} = 0.2\sqrt{9 \times 4} = 1.2\text{mH}$$

故顺向串联的总电感为

$$L_S = L_1 + L_2 + 2M = 9 + 4 + 2 \times 1.2 = 15.4\text{mH}$$

反向串联的总电感为

$$L_F = L_1 + L_2 - 2M = 9 + 4 - 2 \times 1.2 = 10.6\text{mH}$$

4.4.2　互感线圈的并联

两个互感线圈并联时，也存在两种接法：一种是两个线圈的同名端并接在一起，称为同侧并联，如图 4-31（a）所示；另一种是两个线圈的异名端并接在一起，称为异侧并联，如图 4-31（b）所示。

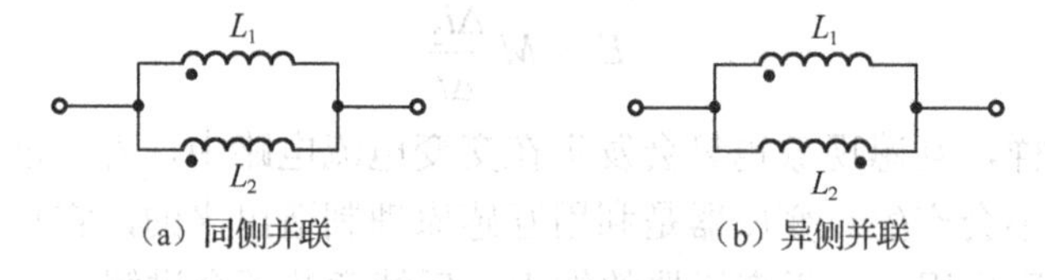

（a）同侧并联　　（b）异侧并联

图 4-31　互感线圈并联

当两个互感线圈同侧并联时，其总电感（或称等效电感）为 L_T，且 L_T 的大小为

$$L_T = \frac{L_1 L_2 - M^2}{L_1 + L_2 - 2M} \tag{4-16}$$

当两个互感线圈异侧并联时，其总电感（或称等效电感）为 L_Y，且 L_Y 的大小为

$$L_Y = \frac{L_1 L_2 - M^2}{L_1 + L_2 + 2M} \tag{4-17}$$

由以上两式可以看出，两个互感线圈并联时，同侧并联的总电感要大于异侧并联的总电感。

【例 11】　互感线圈连接如图 4-31 所示。已知 L_1=27mH，L_2=3mH，两个线圈之间的耦合系数为 0.2，分别求出同侧并联和异侧并联时的总电感。

解：

$$M = K\sqrt{L_1 L_2} = 0.2\sqrt{27 \times 3} = 1.8\text{mH}$$

故同侧并联时的总电感为

$$L_{\mathrm{T}}=\frac{L_1L_2-M^2}{L_1+L_2-2M}=\frac{27\times3-1.8^2}{27+3-2\times1.8}\approx2.95\mathrm{mH}$$

异侧并联时的总电感为

$$L_{\mathrm{Y}}=\frac{L_1L_2-M^2}{L_1+L_2+2M}=\frac{27\times3-1.8^2}{27+3+2\times1.8}\approx2.31\mathrm{mH}$$

4.5　电感器知识

当电感器通入电流之后，就会产生磁场，并存储磁场能，故电感器是一种储能元件，其用途十分广泛，是电子设备中常用的元件之一。

4.5.1　电感器的分类

电感器的种类很多，按线圈的绕制方式来分，可分为空心电感器（空心线圈）、铁芯电感器（铁芯线圈）和磁芯电感器（磁芯线圈），如图 4-32 所示。

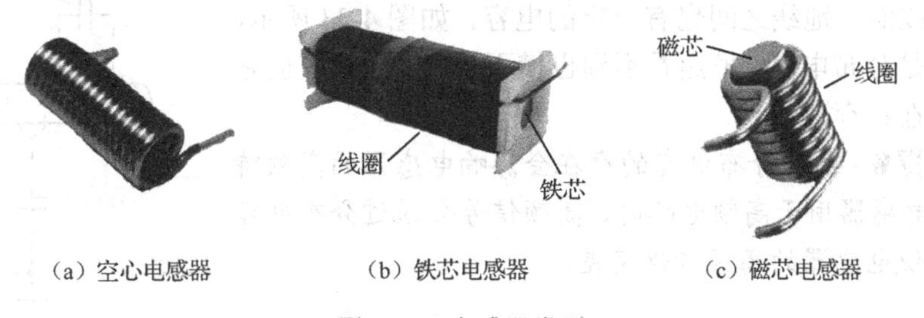

（a）空心电感器　　（b）铁芯电感器　　（c）磁芯电感器

图 4-32　电感器类型

空心电感器是由导线绕制成空心线圈而构成的；铁芯电感器是由导线绕在铁芯上（或在空心电感器中增加一铁芯）而构成的；磁芯电感器是由导线绕在磁芯上（或在空心电感器中增加一磁芯）而构成的。对于空心电感器来说，若在其中增加一铁芯或磁芯，它的电感量会明显增大。铁芯电感器常用于低频电路，而磁芯电感器和空心电感器常用于高频电路。

4.5.2　电感器的主要参数

1. 直流电阻

电感器的直流电阻是指绕制电感器线圈的导线电阻。

电感器一般是由铜丝绕制而成的，而任何导体都存在一定的直流电阻，铜丝也不例外，因此，电感器也会存在一定的直流电阻。由于绕制电感器的铜丝长度不会很长，且铜的电阻率很小，因此电感器的直流电阻往往很小，一般可忽略不计。

2. 电感量

电感量又叫电感系数或自感系数，它是反映电感器具备电磁感应能力的物理量，是电感器的一个重要参数，常用 L 表示。电感量是电感器的固有参数，一旦电感器制成后，其电感量也就确定了。

电感量与线圈匝数、线圈直径及有无铁（磁）芯密切相关。一般而言，线圈匝数越多，其直径越大，电感量 L 也就越大。同一电感线圈，加铁芯或磁芯后，其电感量也会增大许多。

3. 品质因数

品质因数是衡量电感器质量的重要参数。当电感器用于某一交流环境时，其感抗（对交流电的阻碍作用）与直流电阻的比值叫品质因数。品质因数常用 Q 表示，其表达式为

$$Q=\frac{2\pi fL}{R}=\frac{\omega L}{R}$$

式中，f 表示交流电的频率，单位为 Hz；L 表示电感量，单位为 H；ω 表示交流电的角频率；R 表示电感器的直流电阻，单位为 Ω。

4. 分布电容

由于电感器是由导线绕制而成的，所以匝与匝之间具有一定的电容，线圈与地线之间也有一定的电容，如图 4-33 所示，这些电容都是分布电容。虽然看不到也摸不着这些电容，但它们却是实实在在存在的。

值得一提：由于分布电容的存在会影响电感器的高频特性，所以当电感器用于高频电路时，高频信号会通过分布电容传输，从而使电感器的高频特性变差。

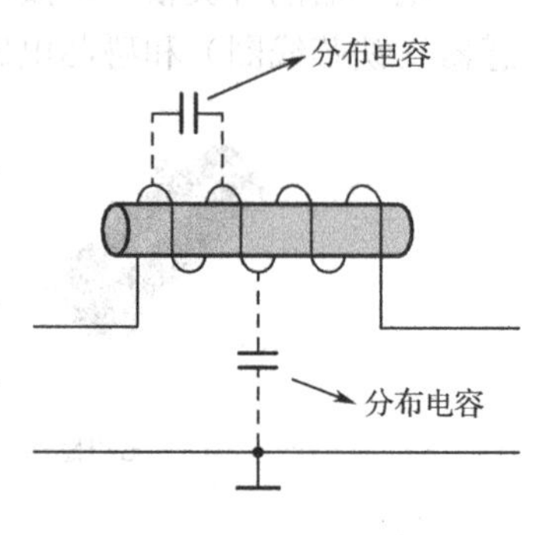

图 4-33　分布电容

4.5.3　电感器的标识

电感器的电感量一般采用数字、文字符号或色环标在电感器的身上。电感器的标识分为四类，即直接标识、文字符号标识、数码标识和色环标识。

1. 直接标识

直接标识是指直接用数字和单位标出电感器的电感量，如图 4-34 所示。采用直接标识时，如果电感器体积较小，则单位中的“H”可以省掉。

82N
电感量为
82nH

图 4-34　直接标识

直接标识的优点是：电感器的电感量一目了然，无须翻译，使用时不会弄错。

缺点是：只适用于体积大的电感器。

2. 文字符号标识

文字符号标识是指用数字和文字符号来表示电感器的电感量。10μH 以下的贴片电感器常采用这种标识。

文字符号的组合规律是这样的：用符号 R 代表小数点，R 前面的数字表示整数，后面的数字依次表示第一位小数和第二位小数，电感量的单位为 μH。当 R 前面无数字时，则视为 0，如图 4-35 所示。

用“R”表示小数点的最大优点是容易引起视觉上的注意，不会弄错。若直接标出小数点，则因小数点太小，不易引起注意，从而读错数据，例如，将 1.5μH 当成 15μH。

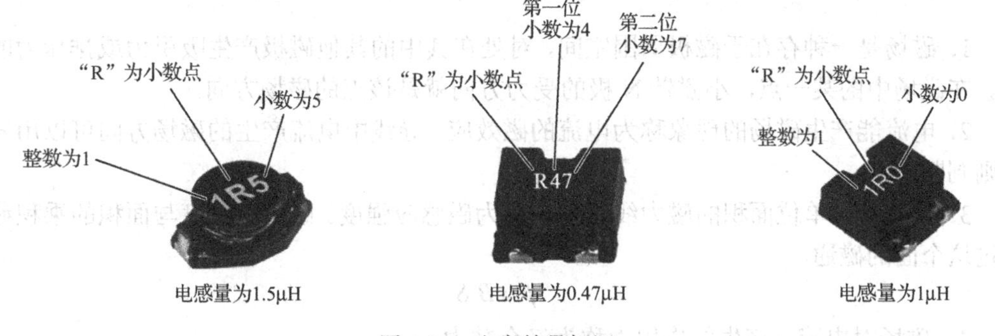

图 4-35 文字符号标识

3. 数码标识

数码标识是指采用三位数码表示电感器的电感量。数码标识多用于磁芯电感器。

当采用数码标识时，其识读方法同数码标识的电容器，单位为 μH，若直接算出数值太大，则可以换算成 mH，如图 4-36 所示。

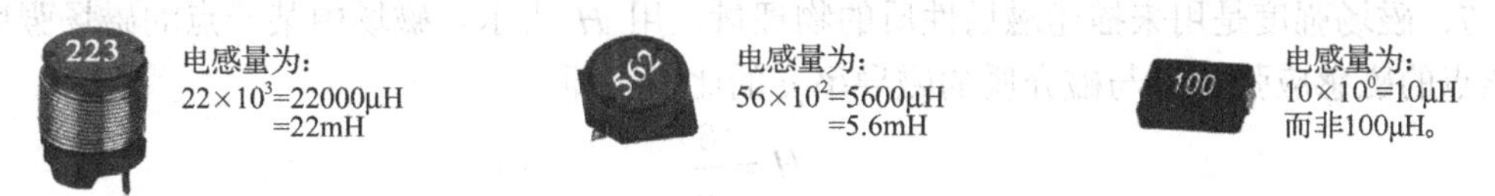

图 4-36 数码标识

4. 色环标识

当电感量采用色环标识时，其识读方法同色环电阻器，单位为 μH。

4.5.4 电感器的检测

电感器在使用过程中常会出现断路、短路等现象，可通过测量和观察来判断。

1. 利用万用表检测

利用万用表 1Ω 或 10Ω 挡很容易判断电感器是否断路，若测得的阻值很大，甚至为无穷大，则说明电感器断路。若测得的阻值，小于正常阻值，则说明电感器存在短路现象。对于那些绕组少，直流电阻很小的电感器，一旦出现匝间短路现象，则很难用万用表进行判断，只有采用元件代换法来证实。

2. 观察判断

有些电感器可通过观察其表面来判断好坏。例如，若电感器表面出现了铜绿、霉变等现象，则说明电感器很可能损坏。若表面出现烧焦、烧黑等现象，则说明内部线圈出现了匝间击穿或烧断现象。当电感器内部线圈出现断路或短路时，在有条件的情况下，可以重绕。

本章知识要点

1. 磁场是一种存在于磁极周围空间，对处在其中的其他磁极产生吸引力或排斥力的物质。在磁场中的某一点，小磁针 N 极的受力方向就是该点的磁场方向。

2. 电流能产生磁场的现象称为电流的磁效应。导线中电流产生的磁场方向可以用安培定则判断。

3. 垂直穿过单位面积的磁力线的多少称为磁感应强度。磁感应强度与面积的乘积称为穿过这个面的磁通。

$$\phi = B S$$

4. 磁场对电荷 q 产生的作用力称为洛仑兹力。

$$F = Bqv$$

5. 磁场对通电导体的作用力为 $F = BIl\sin\theta$。方向可用左手定则来判断。

6. 磁导率是用来表征磁介质导磁性能的物理量，是指磁介质在磁场中导通磁力线的能力。磁导率用 μ 表示，真空的磁导率用 μ_0 表示，相对磁导率用 μ_r 表示。

$$\mu_r = \mu/\mu_0$$

7. 磁场强度是用来描述磁场性质的物理量，用 H 表示。磁场中某一点的磁场强度等于该点的磁感应强度 B 与磁介质的磁导率 μ 的比值，即

$$H = \frac{B}{\mu}$$

8. 铁磁物质的磁化过程可以用磁化曲线和磁滞回线来描述。

9. 穿过闭合回路的磁通发生变化，闭合回路中就会产生电流，如果回路开路，就会在开路的两端之间产生电动势，这种现象称为电磁感应现象。感生电流的方向可以用楞次定律来判定。楞次定律的内容为：感生电流的方向总是使感生电流产生的磁场阻碍引起感生电流的磁通的变化。

10. 电路中感生电动势的大小与穿过回路的磁通的变化率成正比，这种规律称为法拉第电磁感应定律。

$$E = n\frac{\Delta\phi}{\Delta t}$$

若是导体在磁场中作切割磁力线运行，则电动势的大小为

$$E = Blv\sin\theta$$

11. 若线圈中的磁通发生了变化，则线圈就会产生感生电动势和感生电流，这种电磁

感应现象称为自感现象。自感现象中产生的感生电动势称为自感电动势，它总是阻碍电路中原电流的变化。线圈的自感磁链与电流的比值称为线圈的自感系数（或电感系数），简称电感（或电感量），用 L 表示：

$$L = \frac{\psi}{I}$$

电感系数是线圈的一项重要参数，它反映了线圈电磁感应能力的大小。

线圈产生的自感电动势 E 的大小与线圈电流的变化率（$\Delta I/\Delta t$）、线圈的电感 L 成正比，即

$$E = L\frac{\Delta I}{\Delta t}$$

12．线圈中磁场能的大小为

$$W_{\mathrm{L}} = \frac{1}{2}LI^2$$

13．互感现象是两个（或多个）线圈之间的互感磁链在线圈中所引起的电磁感应现象。

互感系数用 M 表示为

$$M = K\sqrt{L_1 L_2}$$

互感电动势 E 与线圈中的电流变化率（$\Delta i/\Delta t$）、两线圈的互感系数 M 成正比，即

$$E = M\frac{\Delta i}{\Delta t}$$

14.当两个互感线圈顺向串联时，其总电感 L_{S} 为 $L_{\mathrm{S}} = L_1 + L_2 + 2M$ 。

当两个互感线圈反向串联时，其总电感 L_{F} 为 $L_{\mathrm{F}} = L_1 + L_2 - 2M$ 。

15．当两个互感线圈同侧并联时，其总电感 L_{T} 为

$$L_{\mathrm{T}} = \frac{L_1 L_2 - M^2}{L_1 + L_2 - 2M}$$

当两个互感线圈异侧并联时，其总电感 L_{Y} 为

$$L_{\mathrm{Y}} = \frac{L_1 L_2 - M^2}{L_1 + L_2 + 2M}$$

本章实验

电磁感应现象观察

一、实验目的

通过实验，加深对电磁感应现象的认识，理解法拉第电磁感应定律。

二、实验任务

1．观察磁铁插入或抽出时表针的偏转方向。

2．观察磁铁插入或抽出时表针的偏转角度。

三、实验器材

空心线圈一个、微安表一块、条形磁铁一根、导线若干。

四、实验步骤

1. 按图 4-37 所示连接电路。

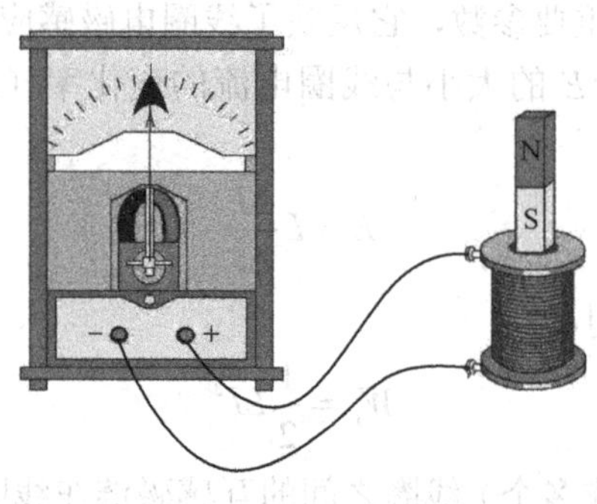

图 4-37　实验电路

2. 仔细观察条形磁铁快速插入和抽出空心线圈时微安表表针的摆动情况，并分析其原因。

3. 改变条形磁铁插入和抽出空心线圈的速度，再注意观察微安表表针最大摆动角度的变化情况，并分析其原因。

五、实验结论

1. 磁铁插入时表针的偏转方向与抽出时表针的偏转方向是________的（相同、相反）；

2. 条形磁铁插入和抽出的速度越快，表针的偏转角度就________，这说明感生电流的大小与穿过线圈的磁通的变化率成________。

习题

1. 如图 4-38 所示，一根垂直于纸面的通电直导体，有电流 I 垂直纸面流出，试问它产生的磁场 B 的方向是顺时针还是逆时钟？并把它标在图上。

2. 如图 4-39 所示，一个通电线圈，电流为顺时针方向，试问它产生的磁场方向如何？并把它标在图上。

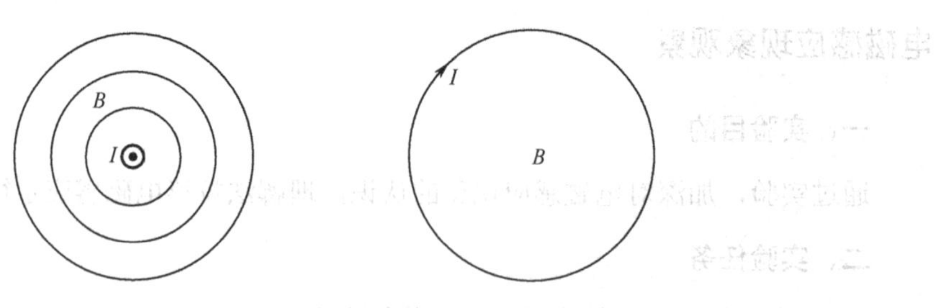

图 4-38　习题 1 图　　　　图 4-39　习题 2 图

3. 一个通电螺线管产生了如图 4-40 所示的磁场极性，试判断螺线管两端所加的电源极性，并把它标在图上。

4．一个螺线管两端所加的电源极性如图 4-41 所示，试判断螺线管产生的磁场方向，并把它标在图上。

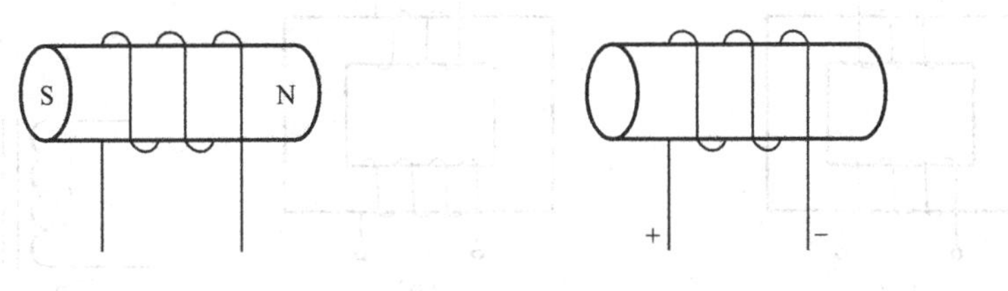

图 4-40　习题 3 图　　　　图 4-41　习题 4 图

5．试根据左手定则判断图 4-42 中电流的方向或通电导体的受力方向，并把它标在图上。

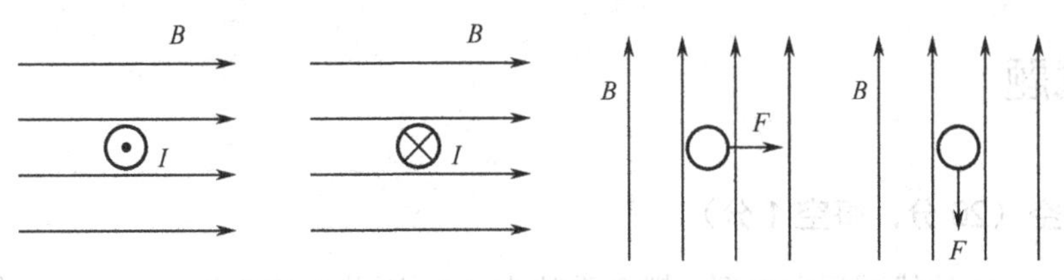

图 4-42　习题 5 图

6．在磁感应强度为 0.5T 的匀强磁场中，垂直磁场方向放置一个围成 $1cm^2$ 的线圈，试求通过该线圈的磁通。

7．如图 4-43 所示，矩形线圈所在的平面垂直磁力线，线圈分别做不同的运动，哪些情况能产生感生电流？并把感生电流的方向标在图上。

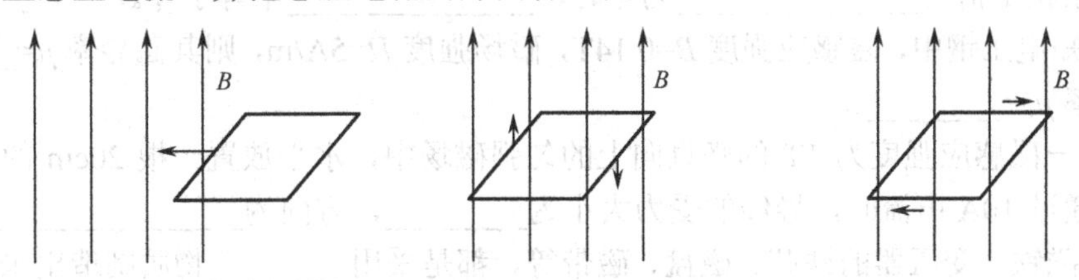

图 4-43　习题 7 图

8．如图 4-44 所示，在线圈 L_1 出现以下几种情况时，线圈 L_1、L_2 分别产生的感生电动势和感生电流的方向各是怎样的？（1）开关 S 闭合瞬间；（2）电阻 R_W 增大；（3）电阻 R_W 减小；（4）电阻 R_W 不变；（5）开关 S 断开瞬间。

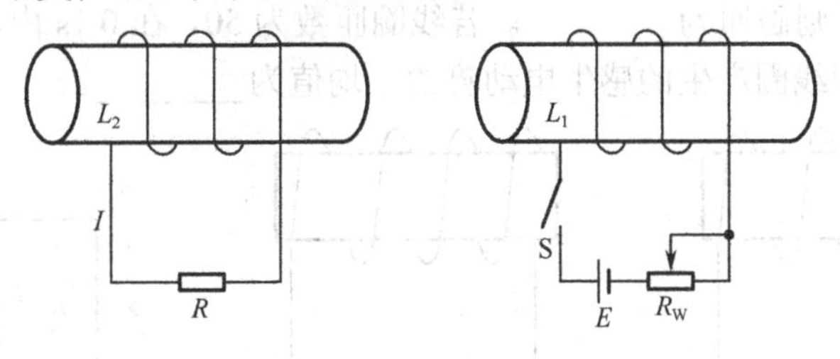

图 4-44　习题 8 图

9．根据图 4-45 中的线圈绕向，判断两线圈的同名端。

10. 两互感线圈如图 4-46 所示，用实验的方法判断它们的同名端，画出实验电路图，并写出判断步骤。

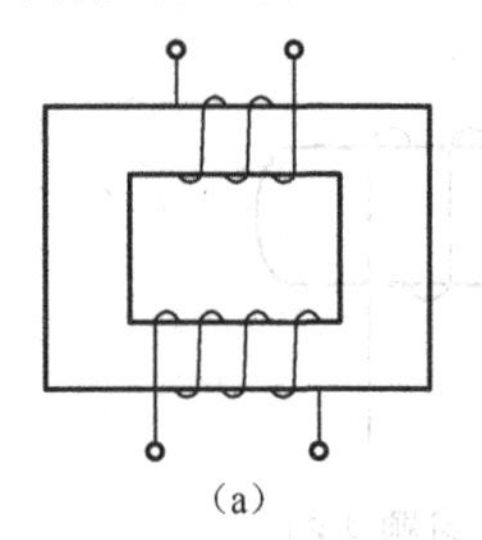

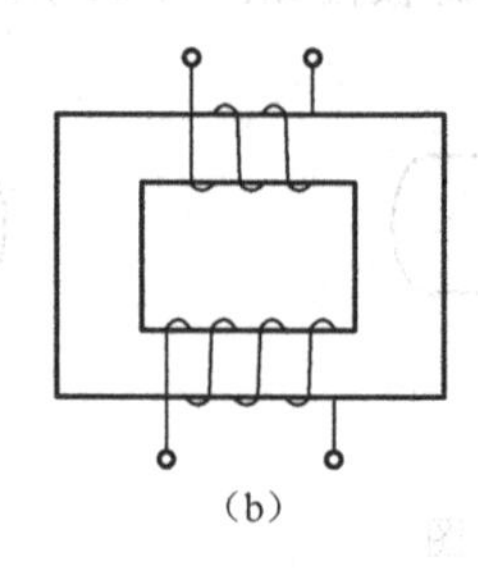

图 4-45　习题 9 图

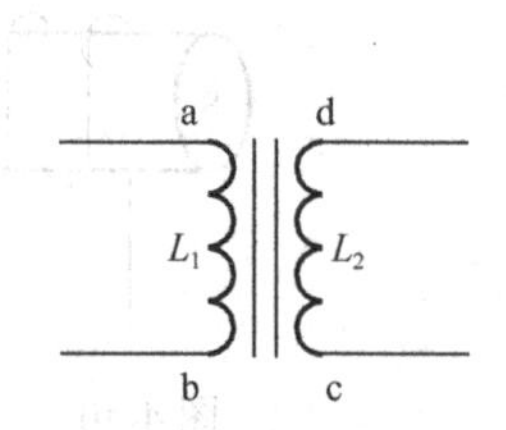

图 4-46　习题 10 图

单元测试题

一、填空（20 分，每空 1 分）

1. 两个 4mH 的线圈反向串联，耦合系数为 0.5，则总电感量为________；若同向串联，则总电感量为________。

2. 有两根相互平行的直导线 A、B，其中 A 通以稳恒电流，B 是某闭合回路的一部分，当它们相互靠近时，B 中产生感应电流的方向与 A 中的电流方向________。

3. 所谓磁滞现象，就是______________的变化总是落后于______________的变化。所谓剩磁现象就是指当______________为零时，______________不等于零。

4. 已知电工钢中，磁感应强度 B=0.14T，磁场强度 H=5A/m，则其磁导率 μ=________，相对磁导率 μ_r=________。

5. 在一磁感应强度为 1T 的竖直向上的匀强磁场中，水平放置一根 20cm 的长导线，由南向北通过 10A 电流时，导线的受力大小为________，方向为______________。

6. 电磁铁、变压器的铁芯、磁盘、磁带等，都是采用________物质制造出来的。在磁场中的某一点，小磁针________极的受力方向就是该点的磁场方向。磁力线是一种闭合曲线，它总是从________极出来，回到________极。

7. 如图 1 所示，S 闭合时，流过 R 的电流方向为______________。

8. 如图 2 所示，匀强磁场的 B=1T，若一边长为 10cm 的正方形线圈位于该磁场中，且被磁场垂直穿过，则磁通为________。若线圈匝数为 50，在 0.1s 内，将线圈从磁场中完全平移出磁场外，则线圈产生的感生电动势的平均值为________。

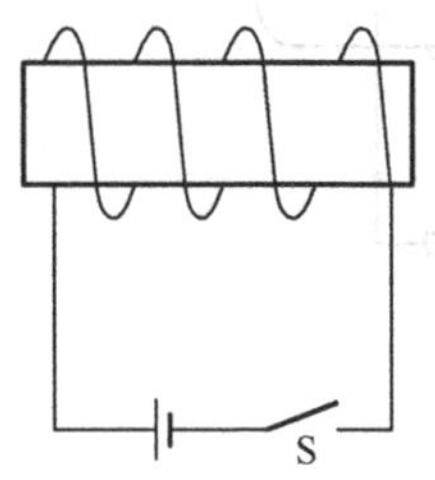

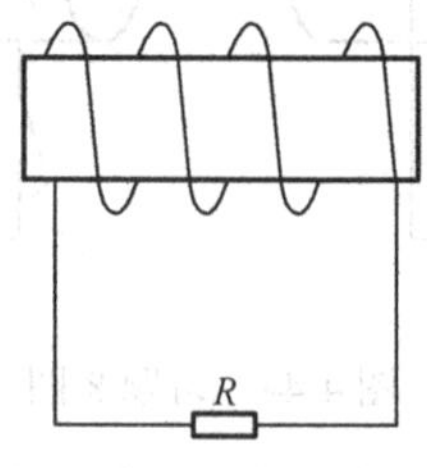

图 1

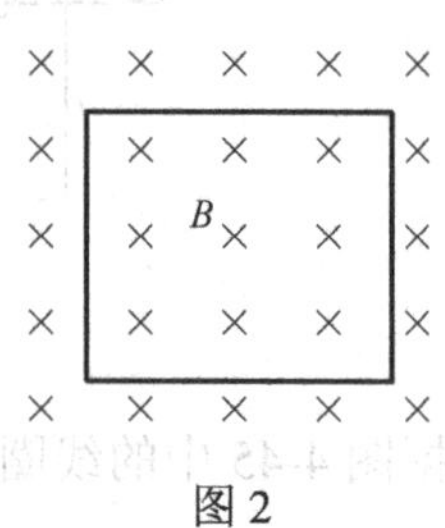

图 2

9．若一线圈的电感量为 0.5H，流过它的电流为 1A，则其产生的自感磁链为________，存储的磁场能为________。

二、选择（20 分，每小题 2 分）

1．两根平行导线通过同向电流时,导体之间相互（　　）。

A．排斥　　B．产生振荡　　C．产生涡流　　D．吸引

2．感生电流所产生的磁通总是企图（　　）原有磁通的变化。

A．影响　　B．增强　　C．阻碍　　D．衰减

3．线圈中感生电动势的方向（或感生电流的方向）可以根据（　　）定律来分析，并应用线圈的右手定则来判定。

A．欧姆　　B．基尔霍夫　　C．楞次　　D．戴维南

4．磁通的单位是（　　）。

A．Wb　　B．T　　C．MB　　D．F

5．互感电动势的方向不仅取决于磁通的（　　），还与线圈的绕向有关。

A．方向　　B．大小　　C．强度　　D．增减

6．导线和磁力线发生相对切割运动时，导线中会产生感生电动势，它的大小与（　　）有关。

A．电流强度　　B．电压强度

C．方向　　D．导线的有效长度

7．线圈磁场方向的判断方法用（　　）。

A．直导线右手定则　　B．螺线管右手定则

C．左手定则　　D．右手发电机定则

8．运动导体切割磁力线而产生最大电动势时，导体与磁力线之间的夹角应为（　　）。

A．0°　　B．30°　　C．45°　　D．90°

9．如图 3 所示电路，对于图 a 来说，在 S 闭合后的瞬间，螺线管感生电动势的方向为（　　）；对于图 b 来说，在 S 断开后的瞬间，螺线管感生电动势的方向为（　　）。

A．右正左负，右正左负　　B．右正左负，左正右负

C．右负左正，右正左负　　D．右负左正，右负左正

10．将条形磁铁按图 4 所示方向从线圈中快速拔出，下面几种说法正确的是（　　）。

A．线圈内的电流由 A 到 B，$U_A>U_B$　　B．线圈内的电流由 B 到 A，$U_A>U_B$

C．线圈内的电流由 A 到 B，$U_A<U_B$　　D．线圈内的电流由 B 到 A，$U_A<U_B$

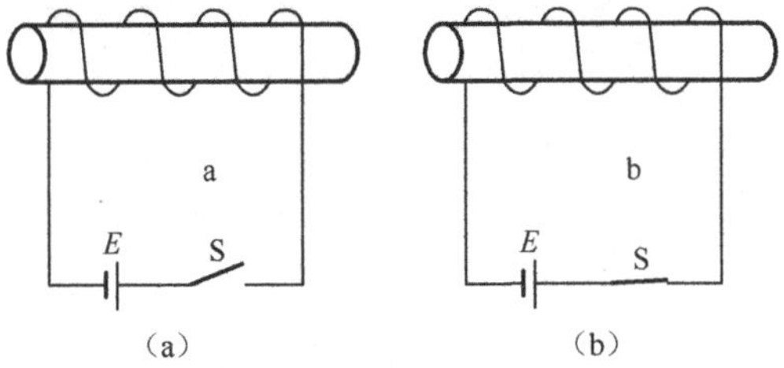

a　E　S　(a)

b　E　S　(b)

图 3

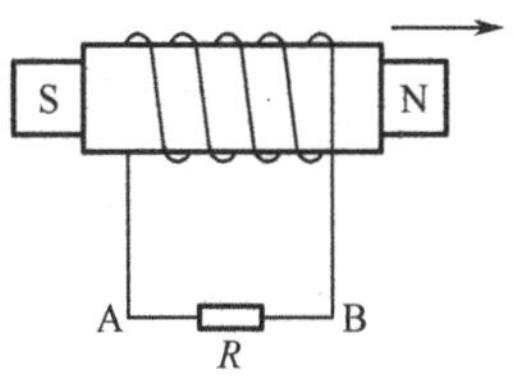

S　N　A　B　R

图 4

三、判断题（20 分，每小题 2 分）

1．铁磁物质的磁导率很低，所以铁磁物质容易被磁化。（　　）

2．直导线在磁场中运动一定会产生感生电动势。（　　）

3．在匀强磁场中，磁感应强度 B 与垂直于它的截面积 S 的乘积，叫作该截面的磁通。（　　）

4．将一根条形磁铁的 N 极截去，则只剩下 S 极。（　　）

5．磁场可用磁力线来描述，磁铁中的磁力线方向始终从 N 极到 S 极。（　　）

6．在电磁感应中，感生电流和感生电动势是同时存在的，没有感生电流，也就没有感生电动势。（　　）

7．线圈本身的电流变化而引起的在线圈内部产生电磁感应的现象，叫作互感现象。（　　）

8．两个互感线圈顺向串联的总电感一定大于反向串联的总电感。（　　）

9．当电流从两个线圈的同名端流入时，产生的磁通方向相同，否则相反。（　　）

10．线圈中的电流变化越快，线圈产生的自感电动势就越大。（　　）

四、分析与计算题

1．线圈 ab 和线圈 cd 绕在同一铁芯上，如图 5 所示，试用直流电源和万用表判定线圈 ab 和线圈 cd 的同名端，并作图说明判定的过程。（10 分）

2．线圈的电感量为 1H，在 1s 内其电流由 2A 变化至 10A，电流的方向如图 6 所示，求其产生的自感电动势 E，并在图中标出自感电动势的极性。（10 分）

3．图 7 中，已知匀强磁场的磁感应强度 B=0.5T，位于磁场中的导线长度为 1m，当导线中通以 1A 电流时，求导线的受力大小及力的方向。（10 分）

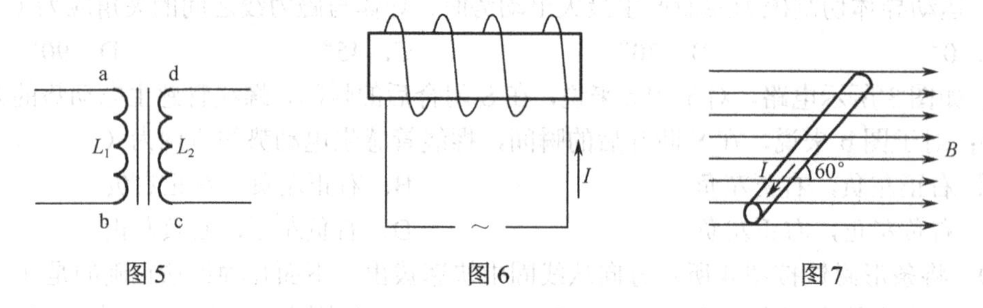

图 5　　图 6　　图 7

4．一匀强磁场的 B=0.5T，其内部放置一个匝数为 100、半径为 10cm 的线圈，且线圈的平面与磁场垂直，若在 0.5s 内将线圈完全移出磁场，求线圈产生的感生电动势的平均值。（10 分）

第5章　正弦交流电及其电路

【学习要点】本章主要介绍正弦交流电的基本概念、基本电路及基本规律。要求读者能熟练运用这些基本概念和基本规律来分析正弦交流电路。学习本章时，应注意比较交流电与直流电、交流电路与直流电路的异同，理解它们在本质上的联系。重点掌握纯电阻电路、纯电感电路、纯电容电路及 *RLC* 串联电路的特点，理解交流电路中阻抗三角形、电压三角形、功率三角形的含义，并能对交流电路进行分析计算。

5.1　正弦交流电

大小随时间变化的电流叫作变动电流。大小随时间周期性变化的电流叫作周期性变动电流。大小和方向都随时间周期性变化，且一个周期内的平均值为零的电流叫作交变电流，简称交流电。

5.1.1　正弦交流电概述

1. 正弦交流电的概念

大小和方向随时间均按正弦规律变化的电流（或电动势、电压）叫作正弦交流电。正弦交流电常用 AC 表示（直流电常用 DC 表示）。正弦交流电是生产生活中使用广泛的一种交流电，生活中所说的交流电指的就是正弦交流电。图 5-1 为正弦交流电流 i 和正弦交流电压 u 的波形图，它们反映了正弦交流电随时间变化的规律。

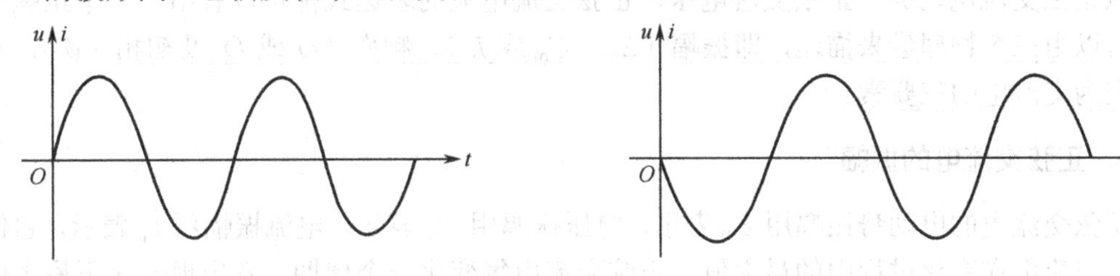

图 5-1　正弦交流电压和正弦交流电流的波形图

正弦交流电的变化规律也可以用正弦函数的形式表示出来，如正弦交流电压和正弦交流电流可以分别表示为

$$u = U_{\mathrm{m}} \sin(\omega t + \phi_{\mathrm{o}}) \tag{5-1}$$

$$i = I_{\mathrm{m}} \sin(\omega t + \phi_{\mathrm{o}}) \tag{5-2}$$

式中，U_{m} 和 I_{m} 分别表示正弦交流电的电压振幅和电流振幅；ω 表示角频率；ϕ_{o} 表示初相。因为 u、i 反映了正弦交流电压和正弦交流电流每一时刻的值，所以被称为正弦交流电压和正弦交流电流的瞬时值。

2. 正弦交流电的产生

图 5-2（a）是正弦交流电产生示意图。在一个匀强磁场中放置一个矩形线圈 abcd，将 b 和 c 作为两个电极，通过电刷引出，只要匀速转动线圈，线圈就能产生交流电输出，并使外部的小灯泡点亮。

设磁场的磁感应强度为 B，矩形线圈以角速度 ω 旋转，ab 边和 cd 边均以线速度 $v=\omega r$（r 为旋转半径）切割磁力线，在不同的时间，导线所处的位置不同，切割磁力线的数目也不同。假设矩形线圈自中性面处逆时针方向开始旋转，t 秒后，线框转了 ωt 度，如图 5-2（b）所示，由于有两条边做切割磁力线运行，故产生的感生电动势为

$$e=2Blv\sin\omega t=E_m\sin\omega t$$

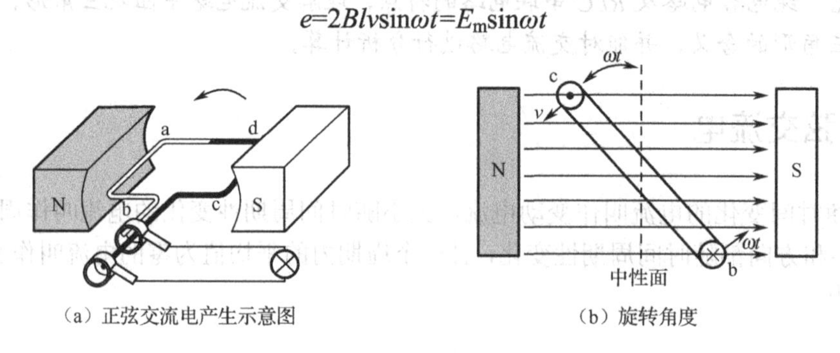

（a）正弦交流电产生示意图　　（b）旋转角度

图 5-2　正弦交流电产生示意图及旋转角度

式中，$E_m=2Blv$，表示交流电动势的最大值。上式表明，矩形线圈产生的电动势是随时间做正弦变化的正弦交流电动势。产生交流电的装置叫作交流发电机，它的实际结构要比图 5-2 复杂得多。

5.1.2 正弦交流电的三要素

从正弦交流电动势、正弦交流电压、正弦交流电流的表达式都可以看出，一个正弦交流电可以由三个物理量来描述，即振幅（E_m、U_m 或 I_m）、频率（ω 或 f）及初相（ϕ_0），常称它们为交流电的三要素。

1. 正弦交流电的振幅

正弦交流电的电动势振幅用 E_m 表示，电压振幅用 U_m 表示，电流振幅用 I_m 表示，它们是正弦交流电在变化过程中的最大值。正弦交流电每变化一个周期，各出现一次正最大值和一次负最大值。

由于正弦交流电的大小是随时间变化的，所以在分析计算正弦交流电路的电功、电热及电功率时，计算结果也随时间变化，很不方便。为此正弦交流电引入一个既能表示大小又不随时间变化的物理量，即有效值。正弦交流电在热效应方面与直流电的某个数值相当，这个数值就称为交流电的有效值。例如，我国生活所用的照明电在热效应方面与 220V 直流电相当，故照明电的有效值就是 220V。人们通常说的 220V 交流电指的是交流电的有效值为 220V，而不是指瞬时值或最大值。

正弦交流电的有效值等于最大值的 $1/\sqrt{2}$（或 0.707）。正弦交流电压的有效值用 U 表

示，正弦交流电流的有效值用 I 表示，它们与最大值的关系为

$$U=\frac{U_m}{\sqrt{2}}\qquad I=\frac{I_m}{\sqrt{2}}\tag{5-3}$$

顺便指出☞：直流电表（无论是电压表还是电流表）的指针偏转角度与通过的电流成正比，其不能直接用来测量交流电流。测量交流电流必须使用交流电表。交流电表内的测量电路能将交流电流转化为直流电流，并以有效值的形式显示出来，所以交流电表测得的结果是交流电流的有效值，而不是瞬时值或最大值。

有效值这一概念在正弦交流电中十分重要，它是分析电路和设计电路必须要考虑的因素。除了有效值，交流电还有平均值。由于正弦交流电的正、负半周是对称的，所以它在数学上的平均值是 0，但电工技术中关心的是其量值（绝对值）的大小，所以电工技术上的平均值指的是电流（或电压）的绝对值在一个周期内的平均值。平均电压用 U_a 表示，平均电流用 I_a 表示，经过计算，平均值与最大值的关系为

$$U_a=0.637U_m\qquad I_a=0.637I_m$$

2．正弦交流电的频率

正弦交流电每经过一段相同的时间后，又会重复上一次的变化规律。正弦交流电每变化一次所经历的时间，称为正弦交流电的周期，用 T 表示，单位为秒（s）。正弦交流电在一秒内变化的次数，称为正弦交流电的频率，用 f 表示，单位为赫兹（Hz）。周期和频率都是表示交流电变化快慢的物理量，它们互为倒数关系，即

$$T=\frac{1}{f}\quad 或\quad f=\frac{1}{T}\tag{5-4}$$

除了周期和频率，还有一个表示正弦交流电变化快慢的物理量，称为角频率，用 ω 表示，单位为弧度每秒（rad/s），它与频率的关系为

$$\omega=2\pi f\tag{5-5}$$

图 5-3 是两个频率不同的正弦交流电，如果 u_1 完成了一次周期性变化，u_2 就完成了两次周期性变化，所以 u_2 的频率是 u_1 的两倍，或者说 u_2 的周期是 u_1 的 1/2。也就是说，频率越高，周期越短；频率越低，周期就越长。

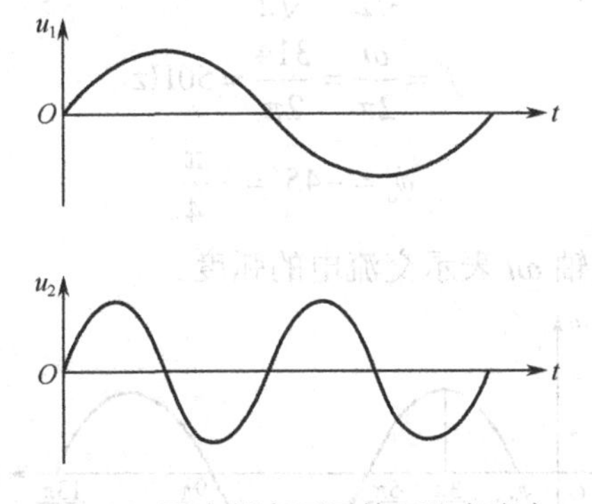

图 5-3　两个频率不同的正弦交流电

对于我国生产生活所用的交流电来说，其频率 f=50Hz（角频率 ω=100π=314），周期为 0.02s。

3. 正弦交流电的初相

初相是反映正弦交流电变化步调的物理量，频率相同而初相不同的正弦交流电具有不同的变化步调，即它们不在同一时刻达到正最大值或负最大值。正弦交流电函数表达式中的ϕ_o就是正弦交流电的初相，其单位为弧度（rad）或度。

图 5-4 是两个频率相同而初相不同的正弦交流电，u_1 的初相为 0，u_2 的初相为ϕ_o，它们之间的初相差为ϕ_o。很明显，这两个交流电的变化步调不一致，它们到达正最大值和负最大值的时间不同，u_2 总是比 u_1 先到达最大值，或者说 u_2 比 u_1 超前ϕ_o。

两个频率相同的正弦交流电 u_1 和 u_2，如果它们的初相差为 0，说明它们同相；如果它们的初相差为 π（180°），说明它们反相；如果它们的初相差为正值，说明 u_1 超前 u_2；如果它们的初相差为负值，说明 u_1 落后 u_2。

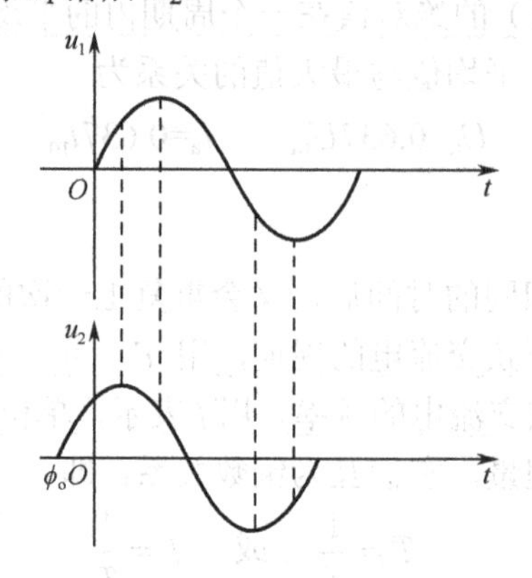

图 5-4 两个频率相同而初相不同的正弦交流电

【例 1】 已知交流电 u=311sin(314t−45°)，求其最大值 U_m、有效值 U、频率 f 及初相ϕ_o，并画出波形图。

解：由交流电的表达式可知

$$U_m=311\text{V}$$

$$U=\frac{U_m}{\sqrt{2}}=\frac{311}{\sqrt{2}}\approx 220\text{V}$$

$$f=\frac{\omega}{2\pi}=\frac{314}{2\pi}=50\text{Hz}$$

$$\phi_o=-45^\circ=-\frac{\pi}{4}$$

波形如图 5-5 所示，横轴 ωt 表示交流电的弧度。

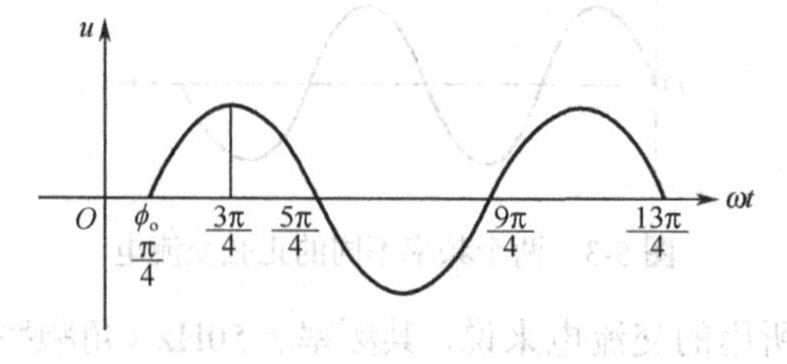

图 5-5 例 1 波形图

5.1.3 正弦交流电的表示方法

正弦交流电有三种常用的表示方法，即解析式（又称函数式）表示法、波形图表示法及相量图表示法。下面以正弦交流电压、正弦交流电流和正弦交流电动势分别说明这三种表示方法。

1．解析式（函数式）表示法

正弦交流电压：　　$u = U_{\mathrm{m}}\sin(\omega t + \phi_{\mathrm{o}})$

正弦交流电流：　　$i = I_{\mathrm{m}}\sin(\omega t + \phi_{\mathrm{o}})$

正弦交流电动势：　　$e = E_{\mathrm{m}}\sin(\omega t + \phi_{\mathrm{o}})$

【例 2】 某正弦交流电压的有效值 U=220V，频率 f=50Hz，初相 ϕ_{o}=60°，写出它的解析式，并求 t=0.1s 时的电压瞬时值。

解：$u = U_{\mathrm{m}}\sin(\omega t + \phi_{\mathrm{o}}) = 220\sqrt{2}\sin(2\pi f t + 60^\circ) \approx 311\sin(100\pi t + 60^\circ)$

t=0.1s 时的电压瞬时值为

$$u = 311\sin(100\pi t + 60^\circ) = 311\sin(10\pi + 60^\circ) \approx 269\text{V}$$

2．波形图表示法

图 5-6 所示分别为正弦交流电流、正弦交流电压和正弦交流电动势的波形图。图中，I_{m}、U_{m} 和 E_{m} 分别表示电流、电压和电动势的最大值；ϕ_{o} 表示初相；ω 表示角频率。

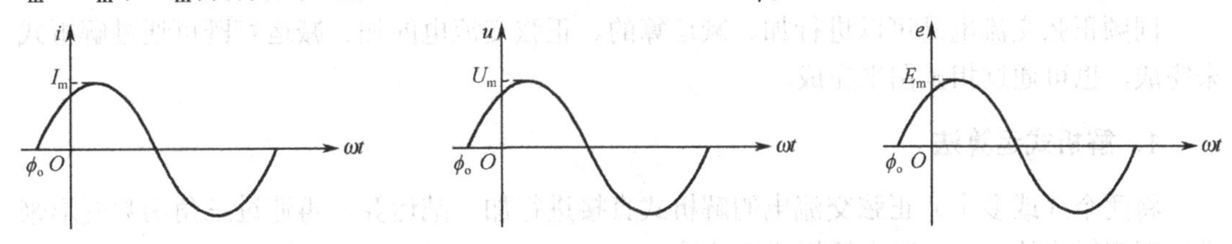

图 5-6　正弦交流电流、正弦交流电压和正弦交流电动势的波形图

【例 3】 某正弦交流电压的有效值 U=220V，频率 f=50Hz，初相 ϕ_{o}=45°，请用波形图法表示该交流电。

解：$U_{\mathrm{m}} = \sqrt{2}U = 220\sqrt{2} \approx 311\text{V}$

故该交流电的波形如图 5-7 所示。

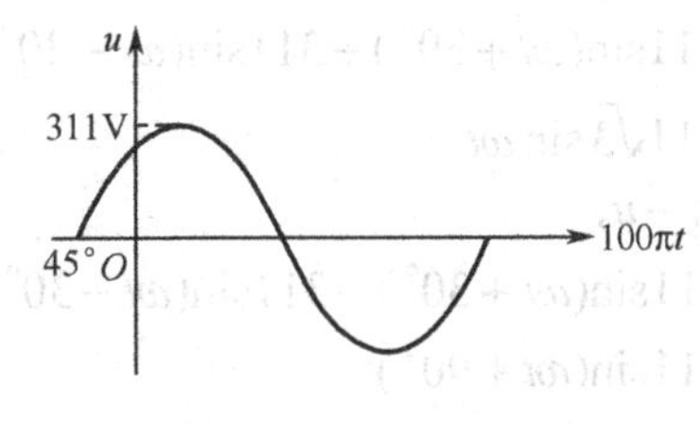

图 5-7　例 3 波形图

3．相量图表示法

如图 5-8 所示分别为正弦交流电压、正弦交流电流和正弦交流电动势的相量图。图中

U、I、E 表示相量的长度，它代表交流电的有效值；小点表示相量；相量与横轴的夹角ϕ_0代表正弦交流电的初相。

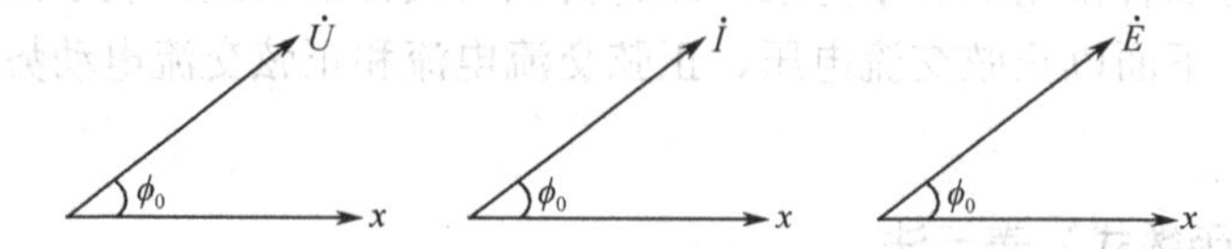

图 5-8　正弦交流电压、正弦交流电流和正弦交流电动势的相量图

【例 4】 设$u = 220\sqrt{2}\sin(\omega t + 45^\circ)$，$i = 0.5\sqrt{2}\sin\omega t$，作 u 和 i 的相量图。

解：$U = \dfrac{U_m}{\sqrt{2}} = \dfrac{220\sqrt{2}}{\sqrt{2}} = 220\text{V}$

$I = \dfrac{I_m}{\sqrt{2}} = \dfrac{0.5\sqrt{2}}{\sqrt{2}} = 0.5\text{A}$

故相量图如图 5-9 所示。

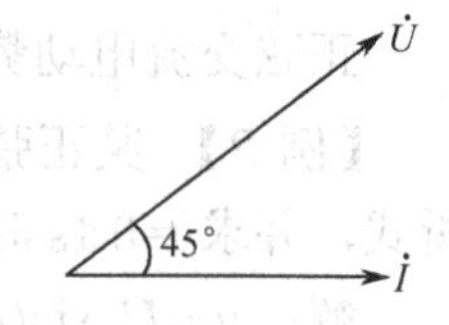

图 5-9　例 4 相量图

值得一提☞：画相量图时，只有频率相同（即同频）的正弦交流电，才可以画在同一相量图上，由于上题的 u 和 i 同频（频率都是 ω），故可画在同一图上，从而便于比较。不同频率的正弦交流电不能画在同一相量图上，而应画在各自的相量图上。

5.1.4　正弦交流电的加、减运算

同频正弦交流电是可以进行加、减运算的。正弦交流电的加、减运算既可通过解析式来完成，也可通过相量图来完成。

1. 解析式运算法

将两个（或多个）正弦交流电的解析式直接进行加、减运算，再通过三角函数变形来求出新解析式的方法，称为解析式运算法。

【例 5】 两正弦交流电的解析式分别如下：

$$u_1 = 311\sin(\omega t + 30^\circ),\quad u_2 = 311\sin(\omega t - 30^\circ)$$

求：（1）u_1+u_2 和 u_1-u_2；（2）若 $\omega=100\pi$，当 t=0.02s 时，计算 u_1+u_2 和 u_1-u_2 的值。

解：（1）用 u_h 表示 u_1+u_2，用 u_c 表示 u_1-u_2，则有

$$\begin{aligned} u_h &= u_1 + u_2 \\ &= 311\sin(\omega t + 30^\circ) + 311\sin(\omega t - 30^\circ) \\ &= 311\sqrt{3}\sin\omega t \end{aligned}$$

$$\begin{aligned} u_c &= u_1 - u_2 \\ &= 311\sin(\omega t + 30^\circ) - 311\sin(\omega t - 30^\circ) \\ &= 311\sin(\omega t + 90^\circ) \end{aligned}$$

（2）当 t=0.02s 时，有

$$u_h = u_1 + u_2 = 311\sqrt{3}\sin\omega t = 311\sqrt{3}\sin(100\pi \times 0.02) = 0\text{V}$$

$$u_c = u_1 - u_2 = 311\sin(\omega t + 90^\circ) = 311\sin(100\pi \times 0.02 + 90^\circ) = 311\text{V}$$

2．相量图运算法

相量图运算法是指将两个（或多个）正弦交流电的相量图作在同一图上，再通过相量相加的方式求出新相量的方法。

【例 6】 两正弦交流电的解析式分别如下：

$$u_1 = 311\sin(\omega t + 30^\circ)\text{，}\quad u_2 = 311\sin(\omega t - 30^\circ)$$

求 u_1+u_2 和 u_1-u_2。

解：两正弦交流电的有效值 U_1、U_2 为

$$U_1 = U_2 = \frac{311}{\sqrt{2}} = 220\text{V}$$

作相量图如图 5-10 所示，图中，U_h 表示 $u_\text{h}=u_1+u_2$ 的有效值，U_c 表示 $u_\text{c}=u_1-u_2$ 的有效值。作图的顺序为：①先作 u_1 的相量图（图中 $\dot{U}_1$）和 u_2 的相量图（图中 $\dot{U}_2$）；②利用平行四边形法则求出 u_1+u_2 的相量图（图中 $\dot{U}_\text{h}$）；③将 U_2 反向等量延长，做出 $-U_2$ 的相量图；④利用平行四边形法则将 U_1 和 $-U_2$ 相加，求出 u_1-u_2 的相量图（即图中 $\dot{U}_\text{c}$）。各相量之间的角度关系也标在图中。

由相量图可知：

$$U_\text{h} = 2U_1\cos 30^\circ = 2\times 220\times\frac{\sqrt{3}}{2} = 220\sqrt{3}\text{V}$$

U_h 与横轴的夹角 $\phi_0=0^\circ$，故有

$$\begin{aligned} u_\text{h} &= u_1 + u_2 \\ &= U_\text{h}\sqrt{2}\sin(\omega t + \phi_0) \\ &= 220\sqrt{3}\sqrt{2}\sin\omega t \\ &\approx 311\sqrt{3}\sin\omega t \end{aligned}$$

由相量图还可知：

$$U_\text{c}=U_1=U_2=220\text{V}$$

U_c 与横轴的夹角 $\phi_0=90^\circ$，故有

$$\begin{aligned} u_\text{c} &= u_1 - u_2 \\ &= U_\text{c}\sqrt{2}\sin(\omega t + \phi_0) \\ &= 220\sqrt{2}\sin(\omega t + 90^\circ) \\ &\approx 311\sin(\omega t + 90^\circ) \end{aligned}$$

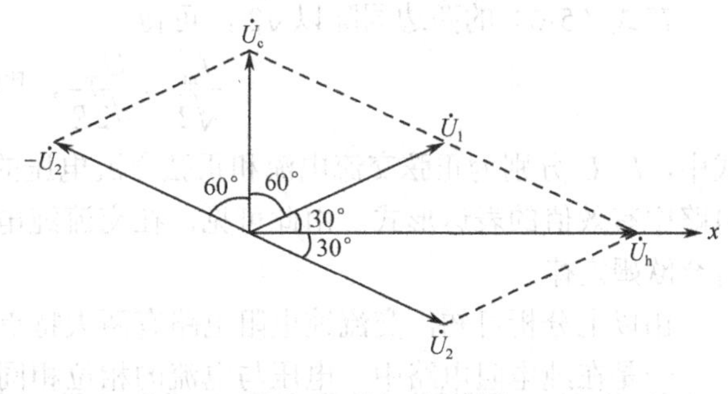

图 5-10　例 6 相量图

特别指出☞：由于 $u_1-u_2=u_1+(-u_2)$，所以 u_1 与 u_2 的相量减运算实际上就是 u_1 与 $-u_2$ 之间的相量加运算，而 $-u_2$ 相量是 u_2 相量反向等量延长的结果。明白了这一点，就可轻松地将相量减运算转化为相量加运算，然后利用平行四边形法则求出结果。

5.2　正弦交流电路

通有正弦交流电的电路称为正弦交流电路。正弦交流电路包含纯电阻电路、纯电感电路、纯电容电路、*RLC* 串联电路、*RLC* 并联电路等。

5.2.1 纯电阻电路

1. 电阻中的电流

只含电阻元件的正弦交流电路称为纯电阻电路。如图 5-11 所示，在电阻两端加上正弦交流电压 $u = U_m \sin\omega t$ ，电路中就会产生正弦交流电流。

实验证明，在纯电阻电路中，正弦交流电流和正弦交流电压在同一时刻达到最大值或最小值，即它们的变化步调一致，相位相同，称 u、i 同相，如图 5-12 所示。

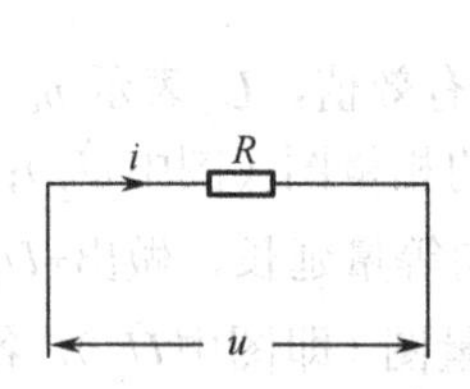

图 5-11 纯电阻电路图

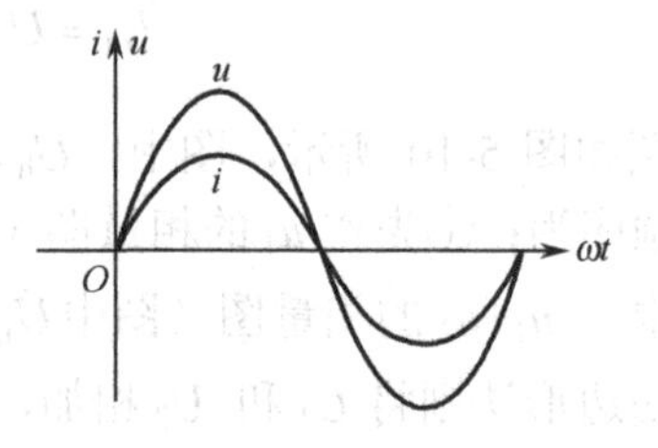

图 5-12 纯电阻电路的电流和电压

根据欧姆定律可知，在纯电阻电路中，正弦交流电压与正弦交流电流之间的关系为

$$i = \frac{u}{R} = \frac{U_m \sin\omega t}{R} = \frac{U_m}{R}\sin\omega t = I_m \sin\omega t$$

式中，

$$I_m = \frac{U_m}{R} \tag{5-6}$$

在式（5-6）的两边同除以 $\sqrt{2}$，可得

$$\frac{I_m}{\sqrt{2}} = \frac{U_m}{\sqrt{2}R}，即 I = \frac{U}{R} \tag{5-7}$$

式中，I、U 分别为正弦交流电流和正弦交流电压的有效值，该式为欧姆定律在交流纯电阻电路中有效值的表达形式。由此可见，在交流纯电阻电路中，瞬时值、最大值及有效值均符合欧姆定律。

由以上分析可知，交流纯电阻电路有两大特点：

一是在纯电阻电路中，电压与电流的相位相同（同步）；

二是电阻对交流电和对直流电具有相同的阻碍作用，可以用欧姆定律分析。

2. 电阻上消耗的功率

电阻上消耗的功率为 p，则

$$p = i^2 R = I_m^2 R \sin^2\omega t = \frac{1}{2} I_m^2 R(1-\cos 2\omega t) = I^2 R(1-\cos 2\omega t)$$

功率也是时间的函数，称为瞬时功率。该功率始终大于等于 0，说明电阻总是在消耗能量。

一个周期内瞬时功率 p 的平均值叫作交流电的平均功率，用 P 表示，若进一步计算还可得出：

$$P = I^2 R = UI \tag{5-8}$$

由此可知，在交流电路中，电阻的平均功率形式和直流电路一样。

【例 7】 在图 5-13（a）中，R=22Ω，其上加一交流电压 u=311sin314t，求流过 R 的电流有效值，并写出电流的解析式、画出 u 和 i 的波形图。

解：电流的最大值 I_m 和有效值 I 分别为

$$I_m = \frac{U_m}{R} = \frac{311}{22} \approx 14.14\text{A}$$

$$I = \frac{I_m}{\sqrt{2}} = \frac{14.14}{\sqrt{2}} = 10\text{A}$$

故电流解析式为

$$i = 14.14\sin 314t$$

波形图如图 5-13（b）所示。

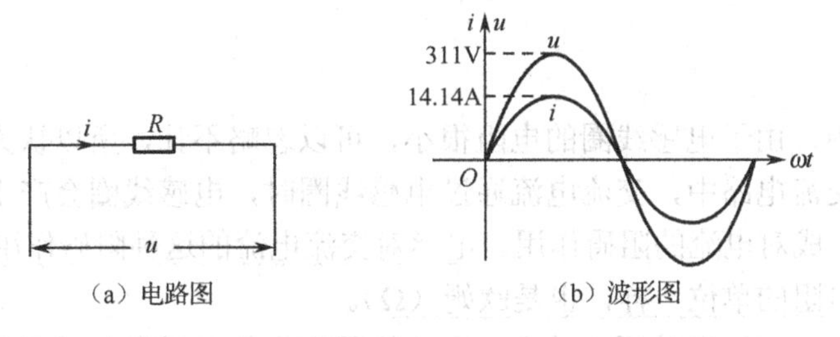

（a）电路图　　（b）波形图

图 5-13　例 7 图

【例 8】 电阻 R=10Ω，流过它的电流为 i=10sin(ωt+30°)，求：（1）电阻两端电压 u 的解析式；（2）画出 u、i 的相量图；（3）电阻上消耗的平均功率。

解：（1）u 的解析式为

$$u = Ri = 10 \times 10\sin(\omega t + 30^\circ)$$
$$= 100\sin(\omega t + 30^\circ)$$

（2）u、i 的有效值分别为

$$U = \frac{100}{\sqrt{2}}\text{V}$$

$$I = \frac{10}{\sqrt{2}}\text{A}$$

故 u、i 的相量图如图 5-14 所示。

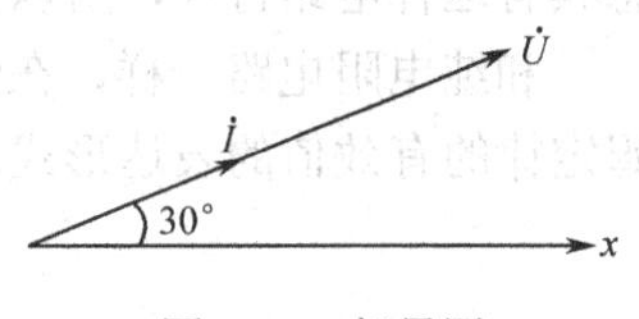

图 5-14　相量图

（3）电阻上消耗的平均功率为

$$P = UI = \frac{100}{\sqrt{2}} \times \frac{10}{\sqrt{2}} = 500\text{W}$$

5.2.2　纯电感电路

1．电感中的电流

只含电感元件的正弦交流电路称为纯电感电路。如图 5-15（a）所示，在电感两端加上正弦交流电压 $u = U_m \sin\omega t$ ，电路中就会产生正弦交流电流。

实验证明，在纯电感电路中，正弦交流电流总比正弦交流电压慢 90°（π/2 弧度）达到最大值或最小值，即电流在相位上落后电压 90°，波形图如图 5-15（b）所示，相量图如图 5-15（c）所示。

由于电路中的电流在相位上落后电压 90°，所以交流电流表达式为

$$i = I_{m}\sin(\omega t - 90^{\circ})$$

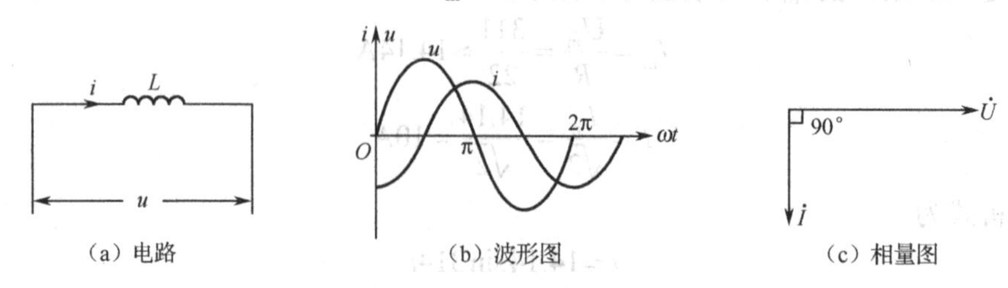

图 5-15　纯电感电路、波形图及相量图

2．感抗

在直流电路中，由于电感线圈的电阻很小，可以忽略不计，所以认为它对直流电流没有阻碍作用。在交流电路中，交流电流通过电感线圈时，电感线圈会产生自感现象阻碍电流的变化，从而形成对电流的阻碍作用。电感对交流电流的这种阻碍作用称为感抗，用 X_{L} 表示，其单位和电阻的单位一样，也是欧姆（Ω）。

在交流电路中，交流电的频率越高，电感线圈产生的自感现象越明显，对电流的阻碍作用也越大，电感线圈的感抗也越大；电感线圈的自感系数越大，自感现象也越明显，电感线圈的感抗也越大。可见，感抗的大小与电感线圈的自感系数 L 和电路中交流电的频率 f 都有关系，它们的关系式为：

$$X_{L} = 2\pi fL = \omega L \tag{5-9}$$

式中，感抗的单位为Ω；交流电频率的单位为 Hz；自感系数的单位为 H。

由上式可以看出，当电感的自感系数不变时，通过它的交流电流的频率越高，感抗越大，通过它的交流电流的频率越低，感抗越小；当通过它的是直流电流时，可以认为频率为零，感抗也为零。所以说电感有“通直流、阻交流”“通低频、阻高频”的特性。由于电感具有这种电路特性，所以它常被串联在直流供电线路上，用来滤除交流干扰信号。

和纯电阻电路一样，在纯电感电路中，正弦交流电流与正弦交流电压的关系也符合欧姆定律的有效值的表达形式，即

$$I = \frac{U}{X_{L}} \tag{5-10}$$

式中，I、U 分别为正弦交流电流和正弦交流电压的有效值。

由以上分析可知，纯电感电路有三大特点：

一是流过电感的电流落后电压 90°；

二是电感具有“通直流、阻交流”“通低频、阻高频”的特性；

三是可以用欧姆定律分析电感电路。

3．电感中的能量

在纯电阻电路中，电流流过电阻时会做功，所做的功全部转换为热量而消耗。

电感却不一样，它只与外部电路来回交换能量，而不消耗能量。正半周电流增大时，电感存储磁场能，正半周电流减小时，电感释放磁场能；负半周电流增大时，电感又存储磁场能，负半周电流减小时，电感又释放磁场能。在一个周期内，电感与外电路交换两次能量，电感自身消耗的平均功率为 0，但电感存储的磁场能最大值为

$$W_{\mathrm{Lm}}=\frac{1}{2}LI_{\mathrm{m}}^{2} \tag{5-11}$$

【例 9】 在 100mH 的电感上加一交流电压 u=314sin314t，求电流的解析式，以及流过电感的电流有效值。

解：感抗 X_{L} 为

$$X_{\mathrm{L}}=2\pi fL=\omega L=314\times100\times10^{-3}=31.4\Omega$$

因电感中的电流落后电压 90°，故电流的解析式为

$$\begin{aligned}i&=\frac{U_{\mathrm{m}}}{X_{\mathrm{L}}}\sin(314t-90^{\circ})\\&=\frac{314}{31.4}\sin(314t-90^{\circ})\\&=10\sin(314t-90^{\circ})\end{aligned}$$

电感中的电流有效值为

$$I=\frac{10}{\sqrt{2}}\approx7.07\mathrm{A}$$

【例 10】 电路如图 5-16（a）所示，电感的自感系数 L=50mH，流过它的电流 I=5A（有效值），频率 f=50Hz，初相为 30°，求 L 两端电压的解析式，并画出电压和电流的相量图。

解：电流的解析式为

$$i=I\sqrt{2}\sin(\omega t+30^{\circ})=7.07\sin(\omega t+30^{\circ})$$

$$X_{\mathrm{L}}=2\pi fL=2\times3.14\times50\times0.05=15.7\Omega$$

$$U=IX_{\mathrm{L}}=5\times15.7=78.5\mathrm{V}$$

因电压超前电流 90°，故 L 两端电压的解析式为

$$\begin{aligned}u&=U\sqrt{2}\sin(\omega t+30^{\circ}+90^{\circ})\\&=78.5\sqrt{2}\sin(\omega t+120^{\circ})\\&\approx111\sin(\omega t+120^{\circ})\end{aligned}$$

电压和电流的相量图如图 5-16（b）所示。

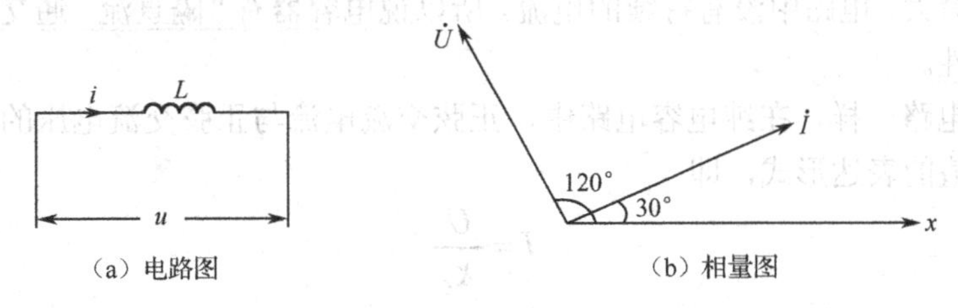

图 5-16　例 10 的电路图及相量图

5.2.3 纯电容电路

1. 电容中的电流

只含电容器的正弦交流电路称为纯电容电路。如图 5-17（a）所示，在电容器的两端加上正弦交流电压 $u = U_{\mathrm{m}} \sin \omega t$，电路中就会产生反复对电容器充电的电流，它也是按正弦规律变化的交流电流。

实验证明，在纯电容电路中，正弦交流电流总比正弦交流电压快 90°（π/2 弧度）达到最大值或最小值，即电流在相位上超前电压 90°，如图 5-17（b）所示，相量图如图 5-17（c）所示。

由于电路中的电流在相位上超前电压 90°，所以交流电流的表达式为

$$i = I_{\mathrm{m}} \sin(\omega t + 90^{\circ})$$

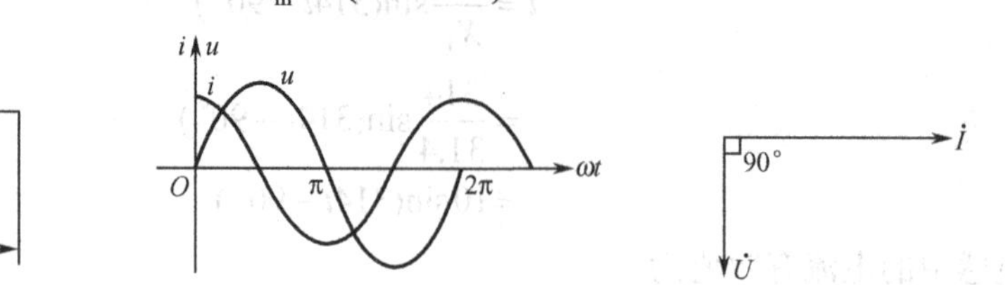

（a）电路图　（b）波形图　（c）相量图

图 5-17　纯电容电路图及其波形图、相量图

2. 容抗

电容器在反复充电时，极板上已经累积的电荷总是要排斥继续向极板充电的同种电荷，这就形成了对交流电流的阻碍作用。电容对交流电流的这种阻碍作用称为容抗，用 X_{C} 表示，其单位和电阻的单位一样，也是欧姆（Ω）。

容抗的大小与电容器的容量 C 和电路中交流电的频率 f 有关，即

$$X_{\mathrm{C}} = \frac{1}{2\pi fC} = \frac{1}{\omega C} \tag{5-12}$$

式中，容抗的单位为Ω；交流电频率的单位为 Hz；电容的单位为 F。

由上式可以看出，电容器的容量不变时，加在其两端的交流电压的频率越高，它的容抗就越小；频率越低，容抗就越大。当加在其两端的是直流电压时，可以将频率看作零，此时容抗为无穷大，电路中没有持续的电流。所以说电容器有“隔直流、通交流”“阻低频、通高频”的特性。

和纯电阻电路一样，在纯电容电路中，正弦交流电流与正弦交流电压的关系也符合欧姆定律的有效值的表达形式，即

$$I = \frac{U}{X_{\mathrm{C}}} \tag{5-13}$$

式中，I、U 分别为正弦交流电流和正弦交流电压的有效值。

由以上分析可知，纯电容电路有三大特点：

一是流过电容的电流超前电压 90°；

二是电容具有“隔直流、通交流”“阻低频、通高频”的特性；
三是可以用欧姆定律分析电容电路。

3. 电容中的能量

与电感类似，电容也不消耗能量，它只与外部电路来回交换能量，每周期交换两次，自身消耗的平均功率为 0，电容存储的电场能的最大值为

$$W_{\mathrm{Cm}}=\frac{1}{2}CU_{\mathrm{m}}^{2} \tag{5-14}$$

【例 11】 在 10μF 的电容器上加一交流电压 u=311sin314t，求：（1）电流的解析式；（2）流过电容器的电流有效值。

解：（1）先求容抗 X_{C}：

$$X_{\mathrm{C}}=\frac{1}{2\pi fC}=\frac{1}{\omega C}=\frac{1}{314\times10\times10^{-6}}\Omega\approx318\Omega$$

因电容器的电流超前电压 90°，故电流的解析式为

$$i=\frac{311}{318}\sin(314t+90^{\circ})\approx0.98\sin(314t+90^{\circ})$$

（2）流过电容器的电流有效值为

$$I=\frac{0.98}{\sqrt{2}}\mathrm{A}\approx0.7\mathrm{A}$$

【例 12】 电路如图 5-18（a）所示，已知 C=50μF，流过它的交流电流为 $i=3.45\sqrt{2}\sin(100\pi t+60^{\circ})$，求：（1）$C$ 上的交流电压解析式；（2）在 t=0.01s 时，电流与电压的值；（3）画出电压、电流相量图。

解：（1）先求容抗 X_{C}：

$$X_{\mathrm{C}}=\frac{1}{2\pi fC}=\frac{1}{\omega C}=\frac{1}{100\pi\times50\times10^{-6}}\approx63.7\Omega$$

因电流的有效值为 I=3.45A，故 C 上的电压有效值为

$$U=IX_{\mathrm{C}}=3.45\times63.7\mathrm{V}\approx220\mathrm{V}$$

C 上的交流电压解析式为

$$u=220\sqrt{2}\sin(100\pi t+60^{\circ}-90^{\circ})$$
$$\approx311\sin(100\pi t-30^{\circ})$$

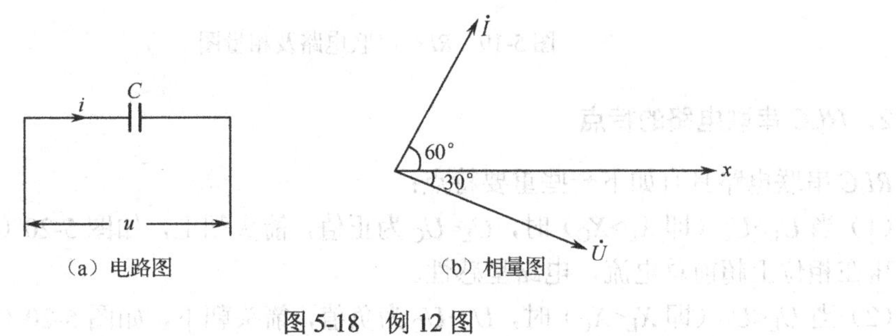

图 5-18　例 12 图

（2）在 t=0.01s 时，有

$$u = 311\sin(100\pi t - 30^\circ) = 311\sin(100\pi \times 0.01 - 30^\circ) = 155.5\text{V}$$

$$i = 3.45\sqrt{2}\sin(100\pi t + 60^\circ) \approx 4.9\sin(100\pi \times 0.01 + 60^\circ) = -4.2\text{A}$$

（3）电压、电流相量图如图 5-18（b）所示。

5.2.4 *RLC* 串联电路

由电阻、电感、电容依次连接而成的电路称为 *RLC* 串联电路，如图 5-19（a）所示。

1. 分压关系

在 *RLC* 串联电路中，流过 *R*、*L*、*C* 上的电流是同一电流，称其为总电流；*R*、*L*、*C* 上的电压之和称为总电压。

设流入 *RLC* 串联电路中的总电流为 $i = I_\text{m}\sin\omega t$，则电阻两端就会产生正弦交流电压，且与电流同相，即

$$u_\text{R} = U_\text{Rm}\sin\omega t$$

电感两端也会产生正弦交流电压，且在相位上超前电流 90°，即

$$u_\text{L} = U_\text{Lm}\sin(\omega t + 90^\circ)$$

电容两端也会产生正弦交流电压，且在相位上滞后电流 90°，即

$$u_\text{C} = U_\text{Cm}\sin(\omega t - 90^\circ)$$

电路的总电压为

$$u = u_\text{R} + u_\text{L} + u_\text{C}$$

各元件上的电压有效值为

$$U_\text{R}=IR \qquad U_\text{L}=IX_\text{L} \qquad U_\text{C}=IX_\text{C}$$

式中，U_R、U_L、U_C 分别表示 *R*、*L*、*C* 上的电压有效值；*I* 表示电路中电流的有效值。以上电流、电压的大小、相位关系可以用图 5-19（b）所示的相量图来表示。

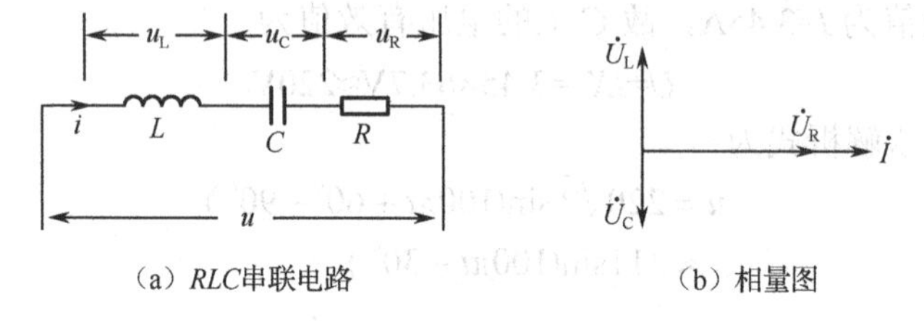

（a）*RLC*串联电路　　（b）相量图

图 5-19　*RLC* 串联电路及相量图

2. *RLC* 串联电路的特点

RLC 串联电路具有如下一些重要特点：

（1）当 $U_\text{L}>U_\text{C}$（即 $X_\text{L}>X_\text{C}$）时，$U_\text{L}-U_\text{C}$ 为正值，箭头朝上，如图 5-20（a）所示。此时，总电压在相位上超前总电流，电路呈感性。

（2）当 $U_\text{L}<U_\text{C}$（即 $X_\text{L}<X_\text{C}$）时，$U_\text{L}-U_\text{C}$ 为负值，箭头朝下，如图 5-20（b）所示，此时，总电压在相位上滞后总电流，电路呈容性。

（3）当 $U_L=U_C$（即 $X_L=X_C$）时，U_L 与 U_C 刚好抵消，如图 5-20（c）所示，此时，总电压与总电流相位相同，并且大小与电阻两端的电压大小相等，电路呈纯阻性。

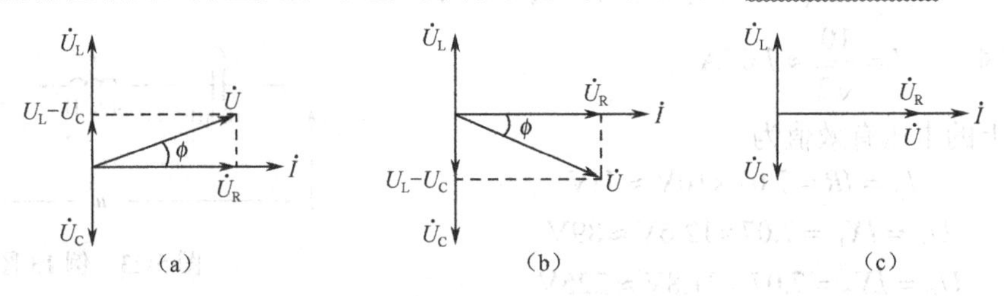

图 5-20 三种情况下的相量图

图中，U_L、U_C、U_R 及 U 分别代表电感、电容、电阻上电压的有效值及总电压的有效值，I 代表总电流的有效值。ϕ表示总电压与总电流的相位差。

由图可以看出，电路的端电压与各分电压构成一直角三角形，叫电压三角形，如图 5-21 所示。端电压 U 为斜边，电阻电压 U_R 为邻边，｜U_L-U_C｜为对边。电压三角形比较重要，在分析电路时，经常要根据一些已知条件，利用电压三角形来求未知量。

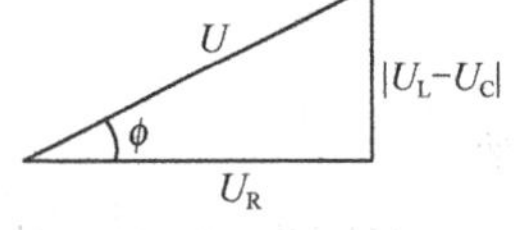

图 5-21　电压三角形

3. 电路的总阻抗

由电压三角形可以看出，总电压与电阻、电感、电容两端电压之间的关系为

$$U=\sqrt{U_R^2+(U_L-U_C)^2} \tag{5-15}$$

把 $U_R=IR$、$U_L=IX_L$、$U_C=IX_C$ 代入上式并变形后可得

$$U=I\sqrt{R^2+(X_L-X_C)^2} \tag{5-16}$$

式中 $\sqrt{R^2+(X_L-X_C)^2}$ 称为 RLC 串联电路的总阻抗，用 Z 表示，即

$$Z=\sqrt{R^2+(X_L-X_C)^2} \tag{5-17}$$

总阻抗 Z 的单位为Ω，所以式（5-16）也可以写成：

$$U=IZ \text{ 或 } I=\frac{U}{Z} \tag{5-18}$$

这正是 RLC 串联电路中，欧姆定律的有效值表达形式，其中，I、U 分别为总电流和总电压的有效值。

由式（5-17）可以看出，Z、R 和｜X_L-X_C｜也构成一个直角三角形，叫阻抗三角形，如图 5-22 所示。总阻抗 Z 为斜边，电阻 R 为邻边，电抗｜X_L-X_C｜为对边。阻抗三角形与电压三角形的本质是一样的，它们是相似三角形，在分析电路时，可以根据一些已知条件，利用阻抗三角形来求未知量。

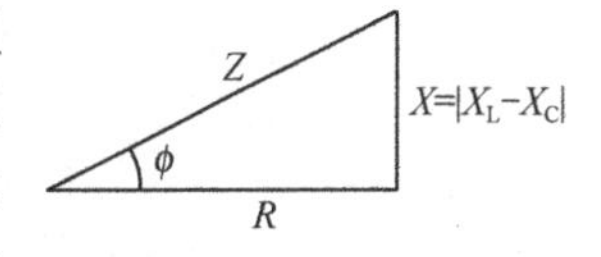

图 5-22　阻抗三角形

【例 13】 电路如图 5-23 所示，已知 $i=10\sin314t$，求：（1）电路的总阻抗 Z；（2）各元件上的电压有效值；（3）总电压 u 的解析式。

解：（1）$X_L=\omega L=314\times40\times10^{-3}\Omega\approx12.6\Omega$

$$X_C=\frac{1}{\omega C}=\frac{1}{314\times100\times10^{-6}}\Omega\approx31.8\Omega$$

故总阻抗 Z 为

$$Z=\sqrt{R^2+(X_L-X_C)^2}=\sqrt{10^2+(12.6-31.8)^2}\Omega\approx 21.6\Omega$$

（2）因 $I=\dfrac{10}{\sqrt{2}}\approx 7.07\text{A}$

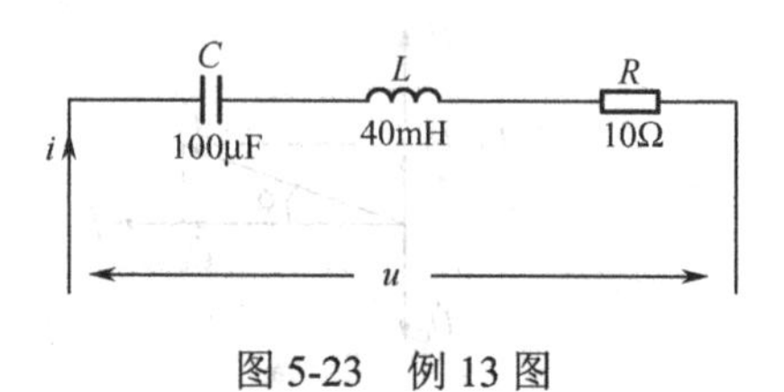

图 5-23　例 13 图

故各元件上的电压有效值为

$$U_R=IR=7.07\times 10\text{V}\approx 71\text{V}$$
$$U_L=IX_L=7.07\times 12.6\text{V}\approx 89\text{V}$$
$$U_C=IX_C=7.07\times 31.8\text{V}\approx 225\text{V}$$

（3）$U=\sqrt{U_R^2+(U_L-U_C)^2}=\sqrt{71^2+(89-225)^2}\text{V}\approx 153\text{V}$

根据阻抗三角形，得

$$\tan\phi=\frac{|X_L-X_C|}{R}=\frac{31.8-12.6}{10}=1.92$$

故 $\phi=62.5^\circ$（总电压与总电流的相位差）

又因为 $X_L<X_C$，电路呈容性，故总电压在相位上滞后总电流 62.5°，从而得电压 u 的解析式为

$$u=U\sqrt{2}\sin(314t-62.5^\circ)=153\sqrt{2}\sin(314t-62.5^\circ)$$

【例 14】 一个 RLC 串联电路，其中，R=40Ω，L=7.3mH，C=10μF，外加电压 $u=50\sin(\omega t+30^\circ)$，$f=10^3$Hz，求：（1）电流 i 的解析式；（2）各元件上的电压 u_R、u_L、u_C 的解析式；（3）画出相量图。

解：（1）$X_L=\omega L=2\pi fL=2\times 3.14\times 10^3\times 7.3\times 10^{-3}\Omega\approx 46\Omega$

$$X_C=\frac{1}{\omega C}=\frac{1}{2\pi fC}=\frac{1}{2\times 3.14\times 10^3\times 10\times 10^{-6}}\Omega\approx 16\Omega$$

电抗为 $X=X_L-X_C=(46-16)\Omega=30\Omega$（呈感性）

总阻抗为 $Z=\sqrt{R^2+(X_L-X_C)^2}=\sqrt{40^2+30^2}\Omega=50\Omega$

故总电压与总电流的相位差为

$$\phi=\arctan\frac{X}{R}=\arctan\frac{30}{40}=37^\circ$$

总电流的最大值 I_m 和有效值 I 分别为

$$I_m=\frac{U_m}{Z}=\frac{50}{50}\text{A}=1\text{A}$$

$$I=\frac{I_m}{\sqrt{2}}=\frac{1}{\sqrt{2}}\text{A}\approx 0.707\text{A}$$

因电路呈感性，总电压在相位上超前总电流，故电流 i 的解析式为

$$i=I_m\sin(\omega t+30^\circ-37^\circ)=\sin(\omega t-7^\circ)$$

（2）R 上的电压最大值 U_{Rm} 和有效值 U_R 分别为

$$U_{Rm}=I_mR=1\times 40\text{V}=40\text{V}；\ U_R=IR=0.707\times 40\text{V}\approx 28.3\text{V}$$

因 u_R 与 i 同相，故

$$u_R=U_{Rm}\sin(\omega t-7^\circ)=40\sin(\omega t-7^\circ)$$

L 上的电压最大值 U_{Lm} 和有效值 U_L 分别为

$$U_{Lm}=I_m X_L=1\times 46V=46V；\ U_L=IX_L=0.707\times 46V\approx 32.5V$$

因 u_L 超前 i 90°，故

$$u_L=U_{Lm}\sin(\omega t-7^\circ+90^\circ)=46\sin(\omega t+83^\circ)$$

C 上的电压最大值 U_{Cm} 和有效值 U_C 分别为

$$U_{Cm}=I_m X_C=1\times 16V=16V；\ U_C=IX_C=0.707\times 16V\approx 11.3V$$

因 u_C 落后 i 90°，故

$$u_C=U_{Cm}\sin(\omega t-7^\circ-90^\circ)=16\sin(\omega t-97^\circ)$$

（3）相量图如图 5-24 所示。

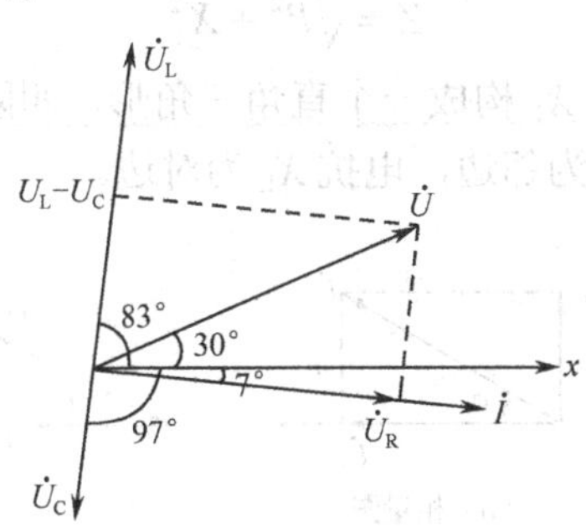

图 5-24　相量图

5.2.5　*RLC* 串联电路的特殊形式

当 R、X_L、X_C 中有一个为 0 时，*RLC* 串联电路就变成 *RL* 串联电路、*RC* 串联电路或 *LC* 串联电路，所以常将 *RL* 串联电路、*RC* 串联电路及 *LC* 串联电路视为 *RLC* 串联电路的特殊形式。

1．*RL* 串联电路

RL 串联电路如图 5-25（a）所示。在 *RL* 串联电路中，流过 R、L 的电流是同一电流，称为总电流；R、L 上的电压之和称为总电压。

1）分压关系及电路特点

设流入 *RL* 串联电路中的总电流为 $i=I_m\sin\omega t$，则电阻上的电压与电流同相，即

$$u_R=U_{Rm}\sin\omega t$$

电感上的电压超前电流 90°，即

$$u_L=U_{Lm}\sin(\omega t+90^\circ)$$

电路的总电压为　$u=u_R+u_L$

R、L 上的电压有效值分别为

$$U_R=IR\qquad U_L=IX_L$$

RL 串联电路的相量图如图 5-25（b）所示，图中，U_R、U_L 分别表示 R、L 上的电压有效值，I 表示电路中电流的有效值，U 表示总电压的有效值。

RL 串联电路的特点是：总电压在相位上超前总电流 ϕ，电路总是呈感性。

U_L、U_R及U构成一个直角三角形，叫电压三角形，如图 5-25（c）所示。端电压U为斜边，电阻电压U_R为邻边，电感电压U_L为对边。

2）电路的总阻抗

由电压三角形可以看出，总电压与电阻、电感两端电压之间的关系为

$$U=\sqrt{U_R^2+U_L^2} \tag{5-19}$$

把$U_R=IR$、$U_L=IX_L$代入上式，变形后可得

$$U=I\sqrt{R^2+X_L^2}=IZ \tag{5-20}$$

式中，Z为RL串联电路的总阻抗（单位为Ω），即

$$Z=\sqrt{R^2+X_L^2} \tag{5-21}$$

由上式可以看出，Z、R和X_L构成一个直角三角形，叫阻抗三角形，如图 5-25（d）所示。总阻抗Z为斜边，电阻R为邻边，电抗X_L为对边。

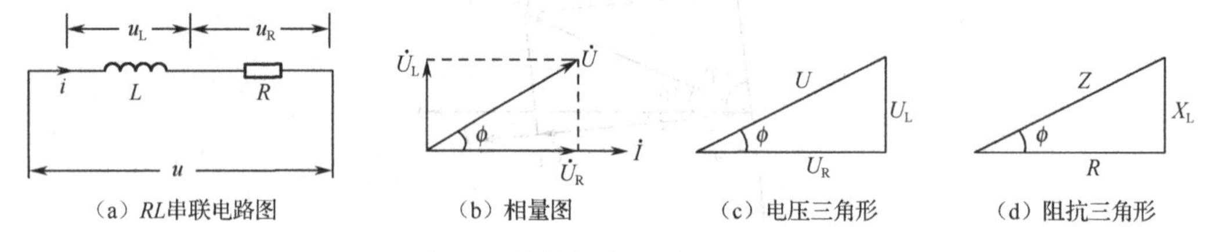

（a）RL串联电路图　（b）相量图　（c）电压三角形　（d）阻抗三角形

图 5-25　RL串联电路的相关图形

【例 15】一个RL串联电路如图 5-26 所示，R=50Ω，L=7.96mH，外加电压$u=100\sin\omega t$，$f=10^3$Hz，求：（1）电流i的解析式；（2）电压u_R、u_L的解析式；（3）画出相量图。

解：（1）$X_L=2\pi fL=2\times3.14\times10^3\times7.96\times10^{-3}\approx50\Omega$

总阻抗为$Z=\sqrt{R^2+X_L^2}=\sqrt{50^2+50^2}\Omega=50\sqrt{2}\Omega$

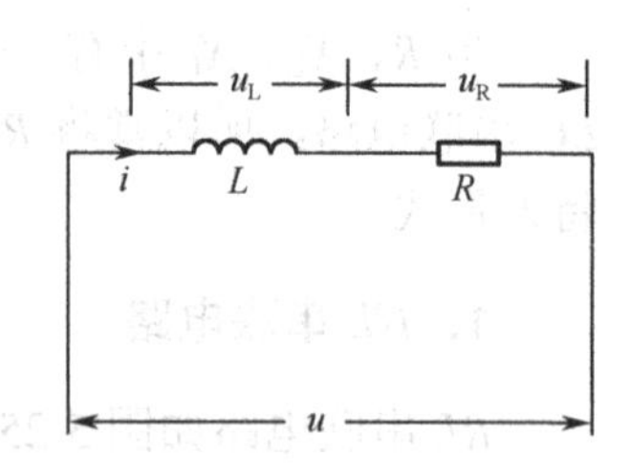

图 5-26　例 15 图

总电压与总电流的相位差为

$$\phi=\arctan\frac{X_L}{R}=\arctan\frac{50}{50}=45^\circ$$

总电流的最大值I_m和有效值I分别为

$$I_m=\frac{U_m}{Z}=\frac{100}{50\sqrt{2}}A=\sqrt{2}A\text{；}\quad I=\frac{I_m}{\sqrt{2}}=\frac{\sqrt{2}}{\sqrt{2}}A=1A$$

因总电压超前总电流ϕ，故电流i的解析式为

$$i=I_m\sin(\omega t-\phi)=\sqrt{2}\sin(\omega t-45^\circ)$$

（2）R上的电压最大值U_{Rm}和有效值U_R分别为

$$U_{Rm}=I_mR=\sqrt{2}\times50V=50\sqrt{2}V\text{；}\quad U_R=IR=1\times50V=50V$$

因u_R与i同相，故

$$u_R=U_{Rm}\sin(\omega t-45^\circ)=50\sqrt{2}\sin(\omega t-45^\circ)$$

L上的电压最大值U_{Lm}和有效值U_L分别为

$$U_{Lm}=I_mX_L=\sqrt{2}\times50V=50\sqrt{2}V\text{；}\quad U_L=IX_L=1\times50V=50V$$

因u_L超前i 90°，故

$$u_L = U_{Lm}\sin(\omega t - 45^\circ + 90^\circ) = 50\sqrt{2}\sin(\omega t + 45^\circ)$$

（3）相量图如图 5-27 所示。

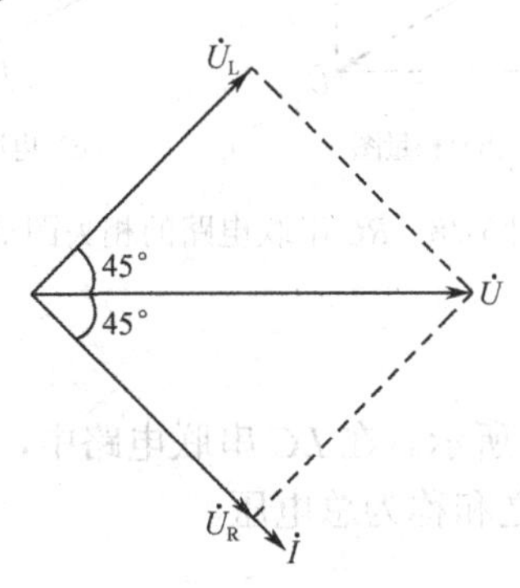

图 5-27　相量图

2．*RC* 串联电路

RC 串联电路如图 5-28（a）所示。在 *RC* 串联电路中，流过 *R*、*C* 上的电流是同一电流，称其为总电流；*R*、*C* 上的电压之和称为总电压。

1）分压关系及电路特点

设流入 *RC* 串联电路中的总电流为 $i = I_m \sin\omega t$，则电阻上的电压与电流同相，即

$$u_R = U_{Rm}\sin\omega t$$

电容上的电压落后电流 90°，即

$$u_C = U_{Cm}\sin(\omega t - 90^\circ)$$

电路的总电压为 $u = u_R + u_C$

R、*C* 上的电压有效值分别为

$$U_R = IR，U_C = IX_C$$

RC 串联电路的相量图如图 5-28（b）所示，图中，U_R、U_C 分别表示 *R*、*C* 上的电压有效值，*I* 表示电路中电流的有效值，*U* 表示总电压的有效值。

RC 串联电路的特点是：总电压在相位上落后总电流ϕ，电路总是呈容性。

U_C、U_R 及 *U* 构成电压三角形，如图 5-28（c）所示。

2）电路的总阻抗

总电压与电阻、电容两端电压之间的关系为

$$U = \sqrt{U_R^2 + U_C{}^2} \tag{5-22}$$

变形后可得

$$U = I\sqrt{R^2 + X_C^2} = IZ \tag{5-23}$$

式中，*Z* 为 *RC* 串联电路的总阻抗（单位为 Ω），即

$$Z = \sqrt{R^2 + X_C^2} \tag{5-24}$$

由上式可以看出，*Z*、*R* 和 X_C 构成阻抗三角形，如图 5-28（d）所示。

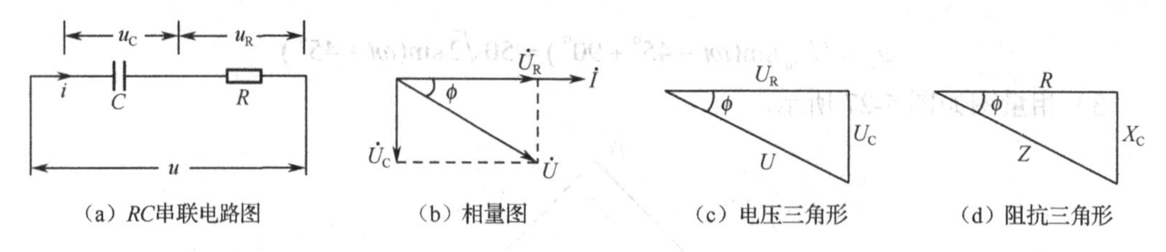

（a）RC串联电路图　　（b）相量图　　（c）电压三角形　　（d）阻抗三角形

图 5-28　RC 串联电路的相关图形

3. LC 串联电路

LC 串联电路如图 5-29（a）所示。在 LC 串联电路中，流过 L、C 的电流是同一电流，称其为总电流；L、C 上的电压之和称为总电压。

1）分压关系

设流入 LC 串联电路中的总电流为 $i = I_m \sin\omega t$，因电感两端电压超前电流 90°，故

$$u_L = U_{Lm}\sin(\omega t + 90^\circ)$$

电容两端电压滞后电流 90°，故

$$u_C = U_{Cm}\sin(\omega t - 90^\circ)$$

电路的总电压为

$$u = u_L + u_C$$

L、C 上的电压有效值为

$$U_L = IX_L，U_C = IX_C$$

式中，U_L、U_C 分别表示 L、C 上的电压有效值；I 表示电路中电流的有效值。

2）电路特点

LC 串联电路的相量图如图 5-29（b）、（c）、（d）所示，具有如下一些重要特点：

（1）当 $U_L > U_C$（即 $X_L > X_C$）时，$U_L - U_C$ 为正值，箭头朝上，如图 5-29（b）所示。此时，总电压在相位上超前总电流 90°，电路呈纯感性。

（2）当 $U_L < U_C$（即 $X_L < X_C$）时，$U_L - U_C$ 为负值，箭头朝下，如图 5-29（c）所示，此时，总电压在相位上滞后总电流 90°，电路呈纯容性。

（3）当 $U_L = U_C$（即 $X_L = X_C$）时，U_L 与 U_C 刚好全部抵消，如图 5-29（d）所示，此时，总电压 U 为 0，电路总阻抗等于 0，称 LC 串联电路发生谐振（关于 LC 串联电路的谐振，后续章节还有详细分析）。

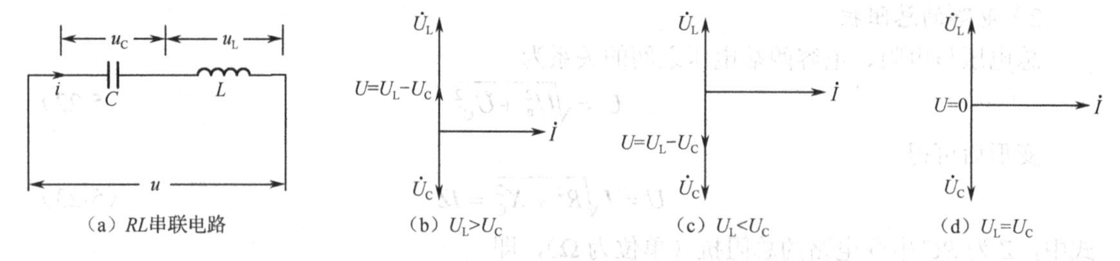

（a）RL串联电路　　（b）$U_L > U_C$　　（c）$U_L < U_C$　　（d）$U_L = U_C$

图 5-29　LC 串联电路及相量图

3）电路的总阻抗

LC 串联电路的总阻抗 Z 为

$$Z=|X_L-X_C| \tag{5-25}$$

总阻抗 Z 的单位为 Ω。

【例 16】 一个 LC 串联电路的 C=10μF，L=7.96mH，流过的电流 $i=5\sin\omega t$，$f=10^3$Hz，求：（1）电路是感性的还是容性的？（2）总电压 u 及电压 u_C、u_L 的解析式；（3）画出相量图。

解（1）$X_L=2\pi fL=2\times3.14\times10^3\times7.96\times10^{-3}\Omega\approx50\Omega$

$$X_C=\frac{1}{2\pi fC}=\frac{1}{2\times3.14\times10^3\times10\times10^{-6}}\Omega\approx16\Omega$$

因 $X_L>X_C$，故电路呈纯感性。

（2）$Z=X_L-X_C=(50-16)\Omega=34\Omega$

$$U_m=I_mZ=5\times34\text{V}=170\text{V}$$

$$u=U_m\sin(\omega t+90^\circ)=170\sin(\omega t+90^\circ)$$

$$U_{Cm}=I_mX_C=5\times16\text{V}=80\text{V}$$

$$u_C=U_{Cm}\sin(\omega t-90^\circ)=80\sin(\omega t-90^\circ)$$

$$U_{Lm}=I_mX_L=5\times50\text{V}=250\text{V}$$

$$u_L=U_{Lm}\sin(\omega t+90^\circ)=250\sin(\omega t+90^\circ)$$

（3）$U=\dfrac{U_m}{\sqrt2}=\dfrac{170}{\sqrt2}\text{V}\approx120\text{V}$

$$U_L=\frac{U_{Lm}}{\sqrt2}=\frac{250}{\sqrt2}\text{V}\approx177\text{V}$$

$$U_C=\frac{U_{Cm}}{\sqrt2}=\frac{80}{\sqrt2}\text{V}\approx57\text{V}\qquad I=\frac{I_m}{\sqrt2}=\frac{5}{\sqrt2}\text{A}\approx3.5\text{A}$$

作相量图，如图 5-30 所示。

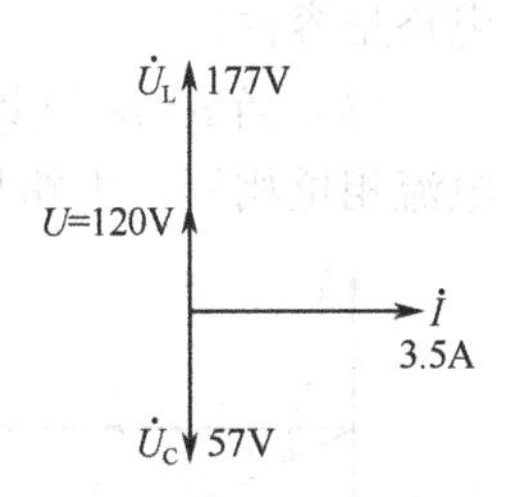

图 5-30　相量图

5.2.6 *RLC* 并联电路

电阻、电感、电容并排连接而成的电路称为 RLC 并联电路，如图 5-31（a）所示。

1. 分流关系

设 RLC 并联电路两端所加的总电压为 $u=U_m\sin\omega t$，则电阻中就会产生正弦交流电流，且与电压同相，即

$$i_R=I_{Rm}\sin\omega t$$

电感中也会产生正弦交流电流，且在相位上滞后电压 90°，即

$$i_L=I_{Lm}\sin(\omega t-90^\circ)$$

电容中也会产生正弦交流电流，且在相位上超前电压 90°，即

$$i_C=I_{Cm}\sin(\omega t+90^\circ)$$

电路中的总电流为

$$i=i_R+i_L+i_C$$

各元件上的电流有效值为

$$I_R=\frac{U}{R};\quad I_L=\frac{U}{X_L};\quad I_C=\frac{U}{X_C}$$

式中，I_R、I_L、I_C分别表示 *R*、*L*、*C* 上的电流有效值；*U* 表示总电压的有效值。以上电流、电压的大小及相位关系可以用相量图 5-31（b）来表示。

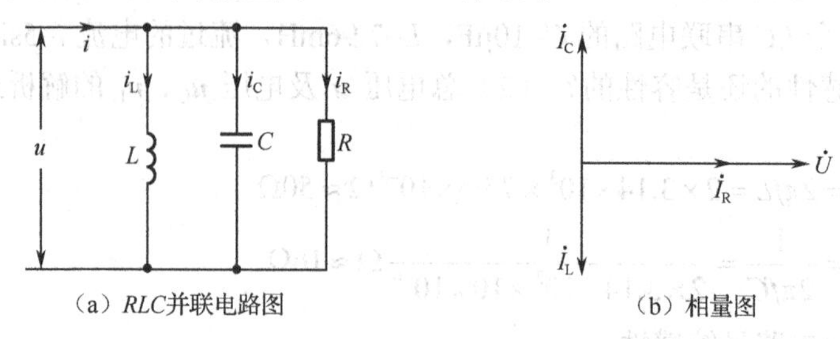

（a）*RLC*并联电路图　　（b）相量图

图 5-31　*RLC* 并联电路图及其相量图

2. RLC 并联电路的特点

RLC 并联电路具有如下一些重要特点：

（1）当 $I_L>I_C$（即 $X_L<X_C$）时，参考图 5-32（a）所示，总电压在相位上超前总电流，电路呈感性。

（2）当 $I_L<I_C$（即 $X_L>X_C$）时，参考图 5-32（b）所示，总电压在相位上滞后总电流，电路呈容性。

（3）当 $I_L=I_C$（即 $X_L=X_C$）时，参考图 5-32（c）所示，I_L 与 I_C 刚好抵消，总电压与总电流相位相同，电路呈纯阻性。电路处于这种状态时，说明 *RLC* 电路发生了并联谐振。

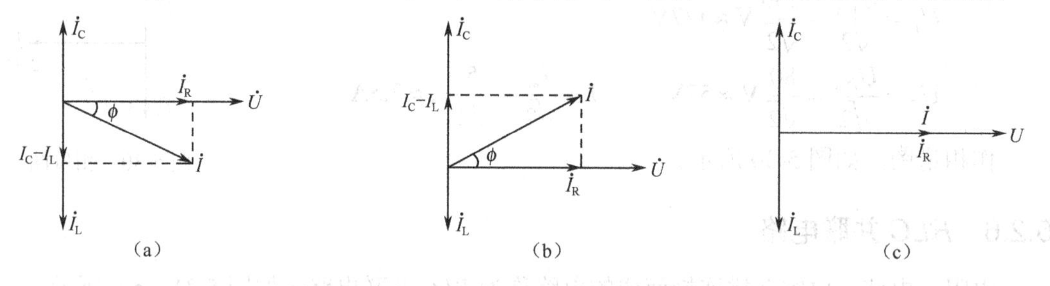

图 5-32　*RLC* 并联电路在三种情况下的相量图

图中，I_L、I_C、I_R及 *I* 分别代表电感、电容、电阻上电流的有效值及总电流的有效值，*U* 代表总电压的有效值。ϕ表示总电流与总电压的相位差。

由图中可以看出，电路的总电流与各分电流构成一个直角三角形，此三角形称为电流三角形，如图 5-33 所示。总电流 *I* 为斜边，电阻上的电流 I_R 为邻边，$|I_L-I_C|$ 为对边。*RLC* 并联电路中电流三角形的重要性同 *RLC* 串联电路中的电压三角形。

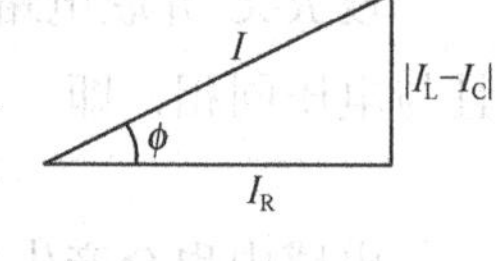

图 5-33　电流三角形

3. 电路的总阻抗

由电流三角形可以看出，总电流与电阻、电感、电容中各分电流之间的关系为

$$I=\sqrt{I_R^2+(I_L-I_C)^2} \tag{5-26}$$

在 *RLC* 并联电路中，总电流的有效值与总电压的有效值之间的关系仍遵循欧姆定律，即

$$I = \frac{U}{Z}$$

式中，Z 为 RLC 并联电路的总阻抗，单位为欧姆（Ω），其计算公式如下：

$$Z = \frac{1}{\sqrt{\left(\frac{1}{R}\right)^2 + \left(\frac{1}{X_L} - \frac{1}{X_C}\right)^2}} \tag{5-27}$$

5.3　RLC 电路的谐振

前已述及，在 RLC 电路中，其总阻抗可以是感性的，也可以是容性，还可以是阻性的。当电路中的感抗等于容抗时，感抗和容抗互相抵消，整个电路就表现为纯阻性电路，这种现象称为电路发生了谐振。因 RLC 电路有串联和并联之分，故谐振也有串联谐振和并联谐振之分。

5.3.1　RLC 串联谐振

由 RLC 串联电路可知，当电路中的 $X_L=X_C$ 时，电路的总电压与总电流同相，电路呈纯阻性，这时称电路发生了串联谐振。

1. 谐振频率

RLC 串联电路只会在一个特定的频率点上发生谐振，这个频率称为串联谐振频率，用 f_o 表示。因电路谐振时 $X_L = X_C$，即

$$2\pi f_o L = \frac{1}{2\pi f_o C}$$

变形后可得

$$f_o = \frac{1}{2\pi\sqrt{LC}} \tag{5-28}$$

上式就是谐振频率的计算公式，f_o 表示谐振频率，单位为赫兹（Hz）；L 的单位为亨利（H）；C 的单位为法拉（F）。也可用角频率表示，即

$$\omega_o = \frac{1}{\sqrt{LC}} \tag{5-29}$$

【例 17】 收音机磁性天线输入回路是一个 LC 串联电路，若 L=500μH，C 是可变电容，容量的调节范围为 27～270pF，求 LC 电路的谐振频率范围。

解：当 C=270 pF 时，电路的谐振频率为 f_1，则有

$$f_1 = \frac{1}{2\pi\sqrt{LC}} = \frac{1}{2\pi\sqrt{500\times10^{-6}\times270\times10^{-12}}}\text{kHz} \approx 433\text{kHz}$$

当 C=27pF 时，电路的谐振频率为 f_2，则有

$$f_2 = \frac{1}{2\pi\sqrt{LC}} = \frac{1}{2\pi\sqrt{500\times10^{-6}\times27\times10^{-12}}}\text{kHz} \approx 1370\text{kHz}$$

故 LC 电路的谐振频率范围为 433～1370kHz。

2．特性阻抗和谐振阻抗

将式（5-29）两边同时乘以 L，得

$$\omega_o L = \frac{L}{\sqrt{LC}} = \sqrt{\frac{L}{C}}$$

由于电路谐振时

$$X_C = X_L = \omega_o L = \frac{L}{\sqrt{LC}} = \sqrt{\frac{L}{C}} = \delta \tag{5-30}$$

式中，$\delta = \sqrt{L/C}$ 称为电路谐振时的特性阻抗，单位为Ω。

此时，电路阻抗 Z_o 为

$$Z_o = \sqrt{R^2 + (X_L - X_C)^2} = R$$

故当 RLC 发生串联谐振时，电路阻抗最小，且为纯电阻（纯阻性），其大小等于 R，R 就是电路的谐振阻抗。

当 R=0 时（LC 串联谐振），Z_o=0，这说明，当 LC 串联电路发生谐振时，电路的阻抗为 0。利用 LC 串联谐振电路的这一性质，可以设计出吸收网络或选频网络，以吸收或选择某一特定频率的信号，LC 串联电路的这种特性叫选择性。

3．谐振电流

当 RLC 发生串联谐振时，电路中总电流最大，且与总电压同相。

由于串联电路谐振时电路阻抗最小，所以总电压不变时，总电流最大：

$$I_o = \frac{U}{Z_o} = \frac{U}{R}$$

很明显，当 R=0 时（LC 串联谐振），I_o 为无穷大。由于电感都是由导线（一般为铜线）绕制的，总有一定的电阻，故实际中 I_o 不可能为无穷大。

4．品质因数（Q 值）

当 RLC 发生串联谐振时，电路中电感、电容两端的电压大小相等，且为电路总电压的 Q 倍，电阻两端的电压等于电路总电压。

电感上的电压为

$$U_L = I_o X_L = \frac{U}{R} X_L = \frac{X_L}{R} U$$

电容上的电压为

$$U_C = I_o X_C = \frac{U}{R} X_C = \frac{X_C}{R} U$$

而 $X_L = X_C$，所以有

$$U_L = U_C = QU \tag{5-31}$$

式中，Q 称为串联谐振电路的品质因数，又称 Q 值。可见电路发生串联谐振时，电感、电容上的电压是总电压的 Q 倍：

$$Q=\frac{X_L}{R}=\frac{X_C}{R}=\frac{2\pi f_o L}{R}=\frac{1}{2\pi f_o CR} \tag{5-32}$$

一般 *RLC* 串联谐振电路的 Q 值在几十到几百之间，所以当电路发生串联谐振时，电感、电容两端的电压要比总电压高很多。

电阻上的电压为

$$U_R=I_o R=\frac{U}{R}R=U$$

顺便指出☞：由于 *RLC* 串联谐振电路只在特定频率下发生谐振，所以电路对不同频率的信号具有选择性，可用于选择特定频率的信号。例如，收音机、电视机等在调台收节目时，就是利用串联谐振电路选择信号的。

5. 选择性

串联谐振电路选择性的好坏与 Q 值有关。如图 5-34 所示为三条不同 Q 值的串联谐振电路的电流频率特性曲线，其中 $Q_3>Q_2>Q_1$。

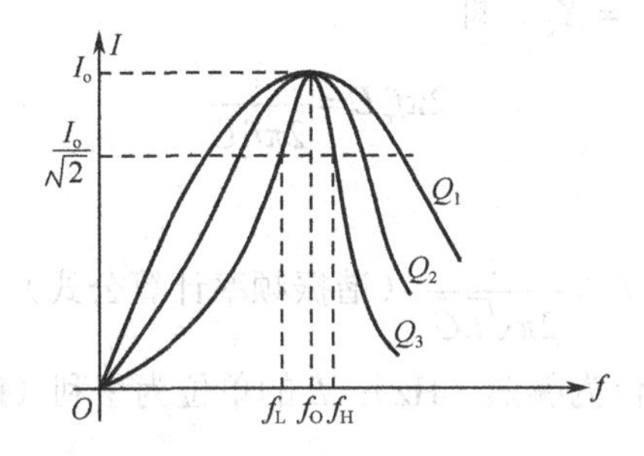

图 5-34　三条不同 Q 值的串联谐振电路的电流频率特性曲线

由图可知，当信号频率偏离谐振频率 f_0 时，不同 Q 值的串联谐振电路的电流都会减小，且 Q 值越大，电流减小得越快，选择性就越好；Q 值越小，电流减小得越慢，选择性就越差。

当电流减小到最大值的 $1/\sqrt{2}$ 时，对应有两个不同的频率，分别为上限频率 f_H、下限频率 f_L。上限频率与下限频率之间的差称为电路的频带宽度或通频带，用 B_W 表示，从而有

$$B_W=f_H-f_L$$

不同 Q 值的串联谐振电路，其频带宽度不同，Q 值越大，频带宽度就越小；Q 值越小，频带宽度越大，两者的关系为

$$B_W=\frac{f_o}{Q} \tag{5-33}$$

值得注意的是，串联谐振电路在信号源内阻很小时，选择性很好，而在信号源内阻很大时，选择性会变差，所以串联谐振只适用于信号源内阻很小的场合。

【例 18】 *RLC* 串联电路中，L=0.5mH，C=200pF，R=10Ω，求：（1）电路的谐振频率 f_0；（2）品质因数 Q 及通频带 B_W；（3）若输入电压为 0.1mV，求电感上的电压。

解：（1）$f_o=\dfrac{1}{2\pi\sqrt{LC}}=\dfrac{1}{2\times3.14\times\sqrt{0.5\times10^{-3}\times200\times10^{-12}}}\text{kHz}\approx500\text{kHz}$

（2）$Q=\dfrac{X_L}{R}=\dfrac{2\pi f_o L}{R}=\dfrac{2\times3.14\times500\times10^3\times0.5\times10^{-3}}{10}=157$

$$B_W=\frac{f_o}{Q}=\frac{500\times10^3}{157}\text{Hz}\approx3185\text{Hz}$$

（3）$U_L=U_C=QU=157\times0.1\text{mV}=15.7\text{mV}$

5.3.2 *RLC* 并联谐振

由 *RLC* 并联电路可知，当电路中的 X_L=X_C 时，电路的总电压与总电流同相，电路呈纯阻性，这时称电路发生了并联谐振。

1．谐振频率

RLC 并联电路只会在一个特定的频率点上发生谐振，这个频率称为并联谐振频率，用 f_0 表示。因为电路谐振时 $X_L=X_C$，即

$$2\pi f_o L=\frac{1}{2\pi f_o C}$$

变形后可得

$$f_o=\frac{1}{2\pi\sqrt{LC}}\text{（谐振频率计算公式）}$$

其中，f_0 表示谐振频率，单位为赫兹（Hz）；*L* 的单位为亨利（H）；*C* 的单位为法拉（F）。也可用角频率表示，即

$$\omega_o=\frac{1}{\sqrt{LC}}$$

LC 并联谐振频率的计算公式与串联谐振的一样。

2．特性阻抗和谐振阻抗

依旧把 $\delta=\sqrt{\dfrac{L}{C}}$ 称为电路谐振时的特性阻抗。

由于电路谐振时 X_L=X_C，此时，电路阻抗 Z_o 为

$$Z_o=\frac{1}{\sqrt{\left(\dfrac{1}{R}\right)^2+\left(\dfrac{1}{X_L}-\dfrac{1}{X_C}\right)^2}}=R$$

由此可知，当 *RLC* 发生并联谐振时，电路阻抗最大，且为纯电阻（纯阻性），其大小等于 *R*，*R* 就是电路的谐振阻抗。

当电路不接 *R* 时（即 *R*=∞），电路变成 *LC* 并联电路。此时，Z_o=∞，这说明，当 *LC* 并联电路发生谐振时，电路的阻抗为∞。利用 *LC* 并联谐振电路的这一性质，可以设计出阻波网络或选频网络，以阻止或选择某一特定频率的信号。

3. 谐振电流

当 RLC 发生并联谐振时，电路中的总电流最小，且与总电压同相。

由于并联电路谐振时电路阻抗最大，所以总电压不变时，总电流最小：

$$I_o = \frac{U}{Z_o} = \frac{U}{R}$$

很明显，当 $R=\infty$ 时（即 LC 并联），I_0 会为无穷小（但电感都是由导线绕制的，总有一定的电阻，故实际中 I_0 不可能为无穷小）。

4. 品质因数（Q 值）

当 RLC 发生并联谐振时，电路中流过电感、电容的电流大小相等，且为电路总电流的 Q 倍，流过电阻的电流等于电路总电流。

流过电感的电流为

$$I_L = \frac{U}{X_L} = \frac{UR}{X_L R} = \frac{R}{X_L} I_o$$

流过电容的电流为

$$I_C = \frac{U}{X_C} = \frac{UR}{X_C R} = \frac{R}{X_C} I_o$$

而 $X_L = X_C$，所以有

$$I_L = I_C = QI_o \tag{5-34}$$

式中，Q 称为并联谐振电路的品质因数，又称 Q 值。可见电路发生并联谐振时，流过电感、电容的电流是总电流的 Q 倍：

$$Q = \frac{R}{X_L} = \frac{R}{X_C} = \frac{R}{2\pi f_o L} = 2\pi f_o CR \tag{5-35}$$

流过电阻的电流为

$$I_R = \frac{U}{R} = I_o$$

顺便指出☞： *RLC 并联谐振电路也具有选择性，也可用在电路中选择不同频率的信号。与 RLC 串联谐振电路不同的是，RLC 并联谐振电路在信号源内阻较大时，其选择性很好，所以一般用于信号源内阻较大的场合。*

5.3.3 谐振电路的应用

谐振电路常用于选频、陷波、阻波等方面。

1. 串联谐振电路的应用

1）用于信号选择

在收音机、电视机中都有一个输入回路，这个输入回路其实就是 LC 串联谐振电路，其作用是接收电台（电视台）发射的信号，并将所需电台（电视台）信号选择出来。这里不妨以收音机的磁性天线输入回路为例来进行介绍。

磁性天线输入回路由磁棒线圈 L_1 和可变电容 C_1 构成，如图 5-35（a）所示。磁棒线圈套在铁氧体磁棒上，构成磁性天线，如图 5-35（b）所示。磁棒的形状一般为圆柱形、六棱柱形或椭圆柱形。

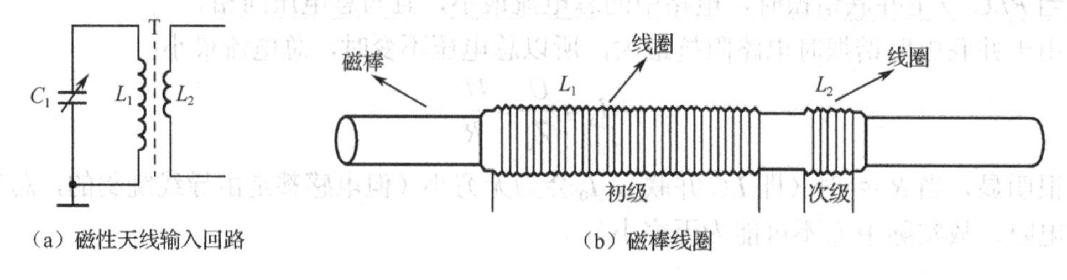

（a）磁性天线输入回路　　（b）磁棒线圈

图 5-35　磁性天线输入回路及磁棒线圈

磁棒具有聚集磁力线的作用，当无线电波传到磁棒上时，就有密集的磁力线穿过磁棒，参考图 5-36（a），从而使磁棒上的线圈感应出电动势来，相当于接收到了电台信号。

由于空间的无线电波很多，故磁棒线圈所感应出来的电动势也很多，参考图 5-36（b），图中 e_1、e_2，…，e_n 为线圈所感应出的电动势。在这些电动势中，能够使 L_1、C_1 发生串联谐振的信号被选择出来，其余信号被抑制。例如，e_1 使 L_1、C_1 发生串联谐振，此时，回路的阻抗最小，e_1 在回路中引起的电流最大，该电流流过 L_1 时，在 L_1 上产生的压降也最大，L_1 上的信号电压耦合给 L_2，从而使 L_2 上的输出信号也最大，相当于将 e_1 选择出来。而 e_2…，e_n 不能使 L_1、C_1 发生串联谐振，故回路中的电流小，L_1 上的压降也小，耦合给 L_2 的电压也小，相当于将 e_2，…，e_n 进行了抑制。

电容 C_1 是一个可变电容，调节范围一般为 27～270pF。调节 C_1 时，就能改变输入回路的谐振频率，从而达到选台的目的，这个过程称为调谐。

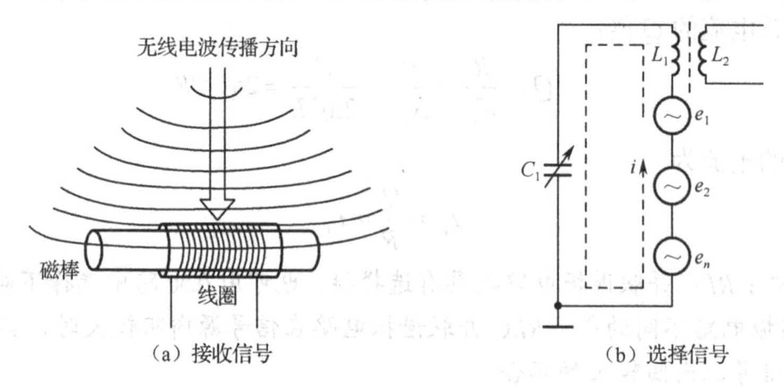

（a）接收信号　　（b）选择信号

图 5-36　接收信号与选择信号

2）用于陷波

陷波就是指吸收某一特定频率的信号。图 5-37 所示为 LC 串联陷波器及其阻抗特性，当它谐振在某频率 f_0 时，则对该频率的阻抗最小，从而将 f_0 频率吸收，使 f_0 频率不会向后传输。

例如，在电视机中有一个频率为 30MHz 的邻近频道干扰信号，其严重干扰本频道的伴音信号，必须被吸收，这通常就是使用 LC 串联谐振电路来完成的。只要让 LC 串联电路谐振在 30MHz 上（即 f_0=30MHz），30MHz 就会被吸收，而不会向后传输。

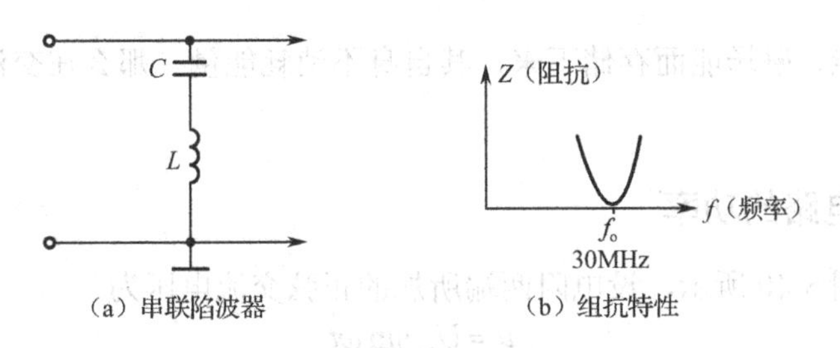

图 5-37　LC 串联陷波器及其阻抗特性

2．并联谐振电路的应用

1）用于选频

图 5-38（a）为选频放大器示意图，L_1C 为并联谐振回路，图 5-38（b）为 LC 并联谐振回路的阻抗特性图。

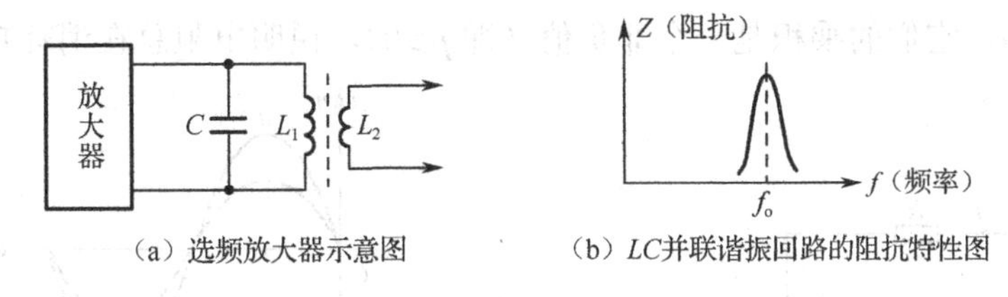

图 5-38　选频放大器及其阻抗特性

假设放大器的输出端有多种频率的信号，由 LC 并联谐振回路的阻抗特性可知，只有信号频率等于谐振频率 f_0 的信号，能使 LC 回路发生谐振，LC 回路阻抗达到最大值，电感 L_1 上电压也最大，该电压经变压器耦合传输至 L_2，送入下级电路，相当于选出了 f_0 信号。而对偏离 f_0 的信号，LC 回路呈现为低阻抗，L_1 上电压很小，相当于抑制了 f_0 以外的信号。

选频放大器广泛用于收音机、电视机中，在调幅收音机中，f_0 为 465kHz，在电视机中 f_0 为 38MHz。

2）用于阻波

图 5-39 为 LC 并联阻波器及其阻抗特性，当它谐振在某频率 f_0 时，则对该频率的阻抗最大，从而阻止 f_0 频率通过，使 f_0 频率不会向后传输。

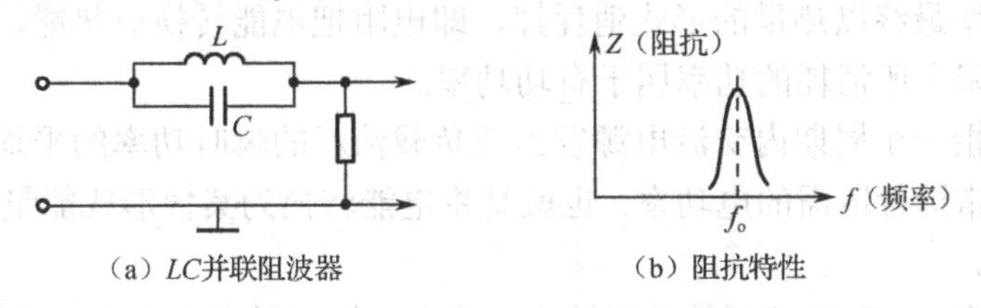

图 5-39　LC 并联阻波器及其阻抗特性

5.4　交流电路的功率

在直流电路中已经分析过，电阻是耗能元件，当有直流电流流过它时，它会做功，将电能转换成热能而消耗掉；电容、电感是储能元件，当有直流电流流过它们时，它们会将电能转换为电场能、磁场能而存储下来，其自身不消耗能量。那么在交流电路中，情况又是怎样的呢？

5.4.1　纯电阻电路的功率

电阻电路如图 5-40 所示，设电阻两端所加的正弦交流电压为

$$u = U_m \sin \omega t$$

则电阻上的电流为

$$i = I_m \sin \omega t$$

式中，$I_m = \dfrac{U_m}{R}$

电阻上消耗的功率 p 为　　$p = ui = U_m I_m \sin^2 \omega t$

上式表明 $p \geqslant 0$，说明电阻总在消耗功率。另外，也可从图 5-41 所示的波形图上看出这一点，u、i 同相，它们的乘积是一个非负值（即 $p \geqslant 0$），说明电阻总在消耗功率。

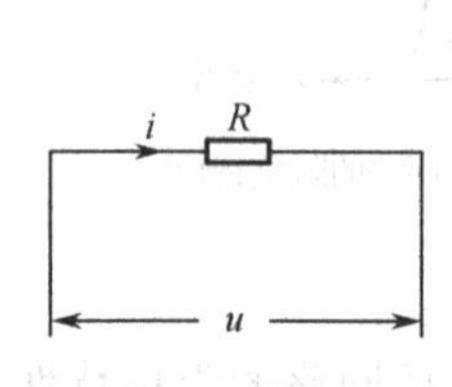

图 5-40　电阻电路图

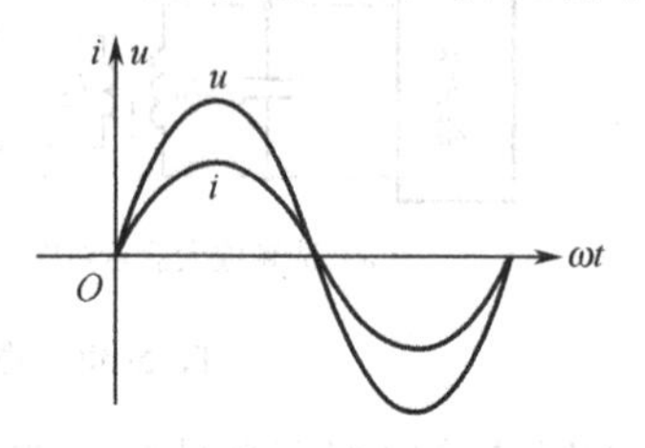

图 5-41　电阻电路的电流和电压

电阻消耗的最大功率用 P_{max} 表示：

$$P_{max}=U_m I_m=2UI$$

一个周期内瞬时功率 p 的平均值叫作交流电的平均功率（用 P 表示），其值等于电压有效值与电流有效值的乘积，即

$$P=UI$$

上式说明平均功率是最大功率的一半，其中，P 的单位为瓦（W）；U 的单位为伏（V）；I 的单位为安（A）。

电阻上的功率最终以热量的形式消耗掉，即电阻把电能转换成热能，这种能量转换是不可逆的，故电阻上所消耗的功率属于有功功率。

有功功率是指一个周期内交流电源发出或负载消耗的瞬时功率的平均值。它实际上是保持用电设备正常运行所需的电功率，也就是将电能转换为其他形式能量（机械能、光能、热能）的电功率。

在交流电路中，电阻所消耗的功率同直流电路，仍可用直流电路的计算公式进行计算，只需将直流电压换成交流电压的有效值即可。

【例 19】 某会场装有 100W/220V 的白炽灯 10 盏，供电电源为 220V 交流电，供电线电阻 R=1.6Ω，求灯泡的实际总功率及输电线损耗的功率。

解：由于灯泡的规格为 100W/220V，故每个灯泡的电阻 R_1 为

$$R_1 = \frac{U^2}{P} = \frac{220^2}{100}\Omega = 484\Omega$$

10 个灯泡并联后的总电阻 R_{10} 为

$$R_{10}=\frac{484}{10}\Omega=48.4\Omega$$

电源供电电流 I 为

$$I=\frac{U}{R+R_{10}}=\frac{220}{1.6+48.4}\text{A}=4.4\text{A}$$

灯泡的实际总功率 P_{10} 和输电线损耗的功率 P_R 分别为

$$P_{10}=I^2R_{10}=4.4^2\times48.4\text{W}\approx937\text{W}$$
$$P_R=I^2R=4.4^2\times1.6\text{W}\approx31\text{W}$$

5.4.2　纯电感电路的功率

图 5-42（a）所示为纯电感电路，设 L 两端所加的正弦交流电压为

$$u=U_m\sin\omega t$$

则 L 的电流为

$$i=I_m\sin(\omega t-90^\circ)$$

纯电感电路的波形图如图 5-42（b）所示，由波形图可以看出：

在第一个 1/4 周期内，u 为正，i 为负，故它们的乘积为负；

在第二个 1/4 周期内，u 为正，i 为正，故它们的乘积为正；

在第三个 1/4 周期内，u 为负，i 为正，故它们的乘积为负；

在第四个 1/4 周期内，u 为负，i 为负，故它们的乘积为正。

在一个周期内，ui 的乘积一半为负一半为正，平均值为 0，说明电感在交流电路中是不消耗功率的。这是由于电感在交流电路中会反复进行电磁感应，其反复从电源处吸收能量或将能量返还给电源，即电感与电源之间进行着可逆的能量交换，因此电感自身不消耗功率，它的有功功率为 0。

电感与电源之间的能量交换是一种无功功率，用 Q_L 表示，其等于电感两端电压的有效值与流过电感的电流有效值的乘积，即

$$Q_L=U_LI \tag{5-36}$$

式中，Q_L 的单位为乏（var）；U_L 为电感两端电压的有效值，单位为伏（V）；I 为流过电感的电流有效值，单位为安（A）。

注意：Q_L 仅表示电感与电源之间的能量交换能力，而并非电感消耗的能量。

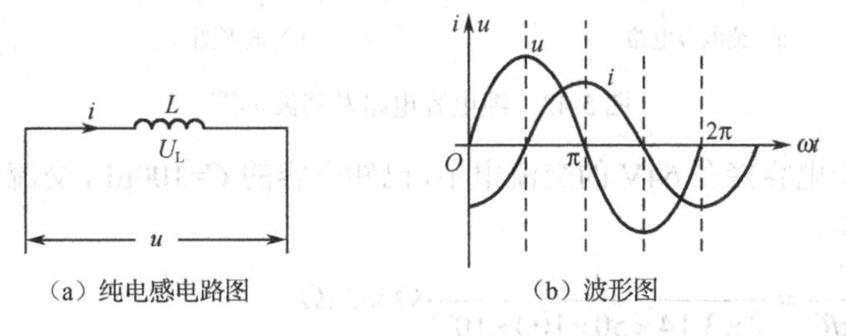

（a）纯电感电路图　　（b）波形图

图 5-42　纯电感电路及其波形图

【例 20】 一个电感接在 63V 的交流电中，已知电感的 L=0.1H，交流电的频率 f=100Hz，

求电感的无功功率。

解：$X_L = 2\pi fL = 2\times3.14\times100\times0.1\Omega = 62.8\Omega$

$$I = \frac{U_L}{X_L} = \frac{63}{62.8}\text{A} \approx 1\text{A}$$

$$Q_L = U_L I = 63\times1\,\text{var} = 63\,\text{var}$$

5.4.3 纯电容电路的功率

图 5-43（a）是纯电容电路，设流过 C 的正弦交流电流为

$$i = I_m \sin\omega t$$

则 C 上的电压为

$$u = U_m \sin(\omega t - 90^\circ)$$

纯电容电路的波形图如图 5-43（b）所示，由波形图可以看出：

在第一个 1/4 周期内，i 为正，u 为负，故它们的乘积为负；

在第二个 1/4 周期内，i 为正，u 为正，故它们的乘积为正；

在第三个 1/4 周期内，i 为负，u 为正，故它们的乘积为负；

在第四个 1/4 周期内，i 为负，u 为负，故它们的乘积为正。

在一个周期内，ui 的乘积一半为负一半为正，平均值为 0，说明电容在交流电路中是不消耗功率的。这是因为电容在交流电路中会反复被电源充电或向电源放电，其反复从电源处吸收能量或将能量返还给电源，即电容与电源之间进行着可逆的能量交换，因此电容自身不消耗功率，它的有功功率也为 0。

电容与电源之间的能量交换只是一种无功功率，用 Q_C 表示，其等于电容两端电压的有效值与流过电容的电流有效值的乘积，即

$$Q_C = U_C I \tag{5-37}$$

式中，Q_C 的单位为乏（var）；U_C 为电容两端电压的有效值，单位为伏（V）；I 为流过电容的电流有效值，单位为安（A）。

注意：Q_C 仅表示电容与电源之间的能量交换能力，而并非电容消耗的能量。

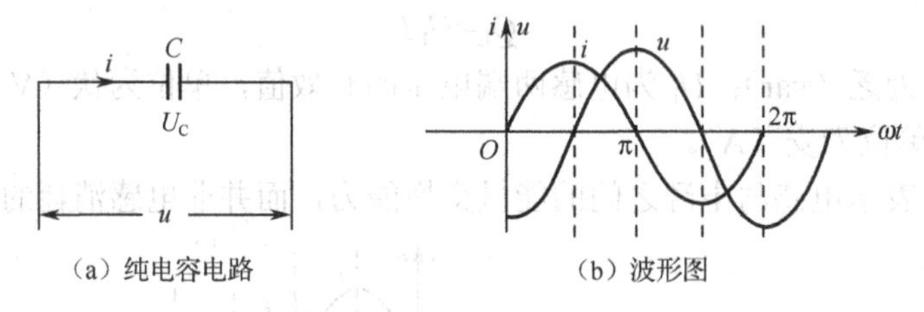

（a）纯电容电路　　（b）波形图

图 5-43　纯电容电路及其波形图

【例 21】 一个电容接在 64V 的交流电中，已知电容的 C=100μF，交流电的频率 f=50Hz，求电容的无功功率。

解：$X_C = \dfrac{1}{2\pi fC} = \dfrac{1}{2\times3.14\times50\times100\times10^{-6}}\Omega \approx 32\Omega$

$$I = \frac{U_C}{X_C} = \frac{64}{32}\text{A} = 2\text{A}$$

$$Q_C = U_C I = 64 \times 2\,\text{var} = 128\,\text{var}$$

5.4.4　*RLC* 串联电路的功率

1. 有功功率、无功功率和视在功率

RLC 串联电路如图 5-44（a）所示，在 *RLC* 串联电路中，只有电阻消耗功率，而电容和电感不消耗功率。电阻消耗的功率是有功功率，而电容、电感与电源之间的交换功率是无功功率。

电路的有功功率等于电阻上的电压有效值与电路电流有效值的乘积，即

$$P = U_R I$$

电路的无功功率等于电感和电容上的总电压有效值与电流有效值的乘积，即

$$Q = |U_L - U_C| I$$

由图 5-44（b）所示的电压三角形可知：

$$U_R = U\cos\phi$$

$$|U_L - U_C| = U\sin\phi$$

从而得

$$P = U_R I = UI\cos\phi \tag{5-38}$$

$$Q = |U_L - U_C| I = UI\sin\phi \tag{5-39}$$

RLC 串联电路的总功率称为视在功率，其等于电路两端总电压有效值与电流有效值的乘积，用符号 S 表示，即

$$S=UI \tag{5-40}$$

视在功率的单位为 V·A（伏安）。

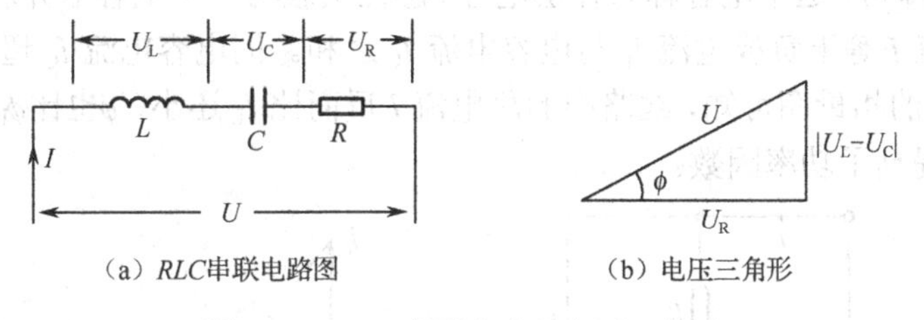

（a）*RLC*串联电路图　　（b）电压三角形

图 5-44　*RLC* 串联电路及电压三角形

由式（5-38）可知：

当 $\cos\phi=1$ 时，有功功率与视在功率相等，表明电源提供的电能全部转化为有功功率；

当 $\cos\phi<1$ 时，有功功率总小于视在功率，表明电源提供的电能只有一部分转化为有功功率，另一部分在电源与电路之间进行交换；

当 $\cos\phi=0$ 时，有功功率为 0，表明电源与电路之间只有能量交换，没有能量消耗。

2. 功率三角形

将电压三角形的各边同时乘以电流，便可得到功率三角形，如图 5-45 所示。由图可以

看出：

$$S=\sqrt{P^2+Q^2}$$
$$P=S\cos\phi$$
$$Q=S\sin\phi$$

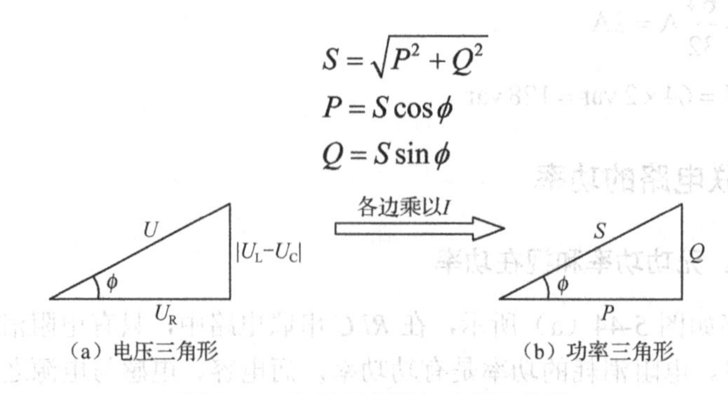

图 5-45　电压三角形与功率三角形

3．功率因数

电路的有功功率与视在功率的比值称为功率因数，用符号 λ 表示，即

$$\lambda=\frac{P}{S}=\cos\phi \tag{5-41}$$

上式表明，功率因数越大，有功功率就越大，能量交换就越少。在电力输送中，总希望发电机输出的电能全部被负载使用（转换成热能、光能、机械能等），为人们的生产生活服务，而不希望负载将电能退回给发电机。若发电机与负载之间只有能量交换，没有能量的利用，这对生产生活没有任何意义，而且电流在线路中传来传去，还会造成巨大的线路损耗，使得能源白白浪费。因此，在生产生活中，必须想方设法提高功率因数，力求使功率因数接近于 1。

在人们的生产生活中，感性负载较多（如电动机等），可以把这类负载看作电阻与电感的串联。由于电感的存在，使得电源与负载之间存在能量交换的现象，导致功率因数下降，为此必须提高功率因数。提高功率因数的办法也很简单，只须在感性负载两端并联一个容量合适的电容器即可，这个电容称为补偿电容。感性负载与一个电容器并联后，参考图 5-46（a），则线路电流 I 等于负载电流 I_L 与电容电流 I_C 之和。因电容电流 I_C 超前电压 90°，由图 5-46（b）所示的相量图可知，线路中的总电流 I 反而比 I_L 还小，ϕ 也比 ϕ_L 小，从而使 $\cos\phi$ 大于 $\cos\phi_L$，即提高了功率因数。

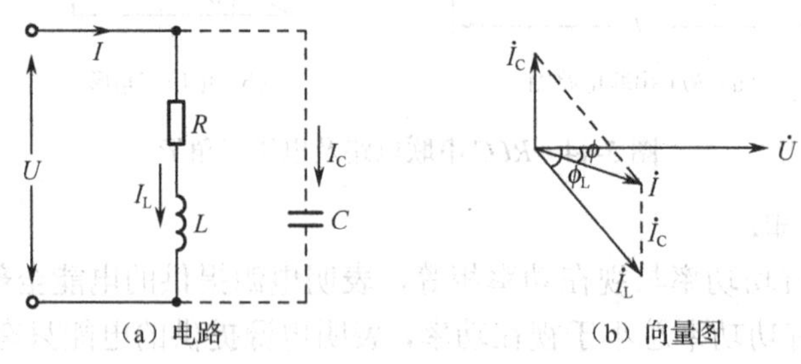

图 5-46　并联电容提高功率因数

【例 22】 电路如图 5-47 所示，已知：U=220V，f=50Hz，R=6Ω，X_L=8Ω，C=200μF。求：（1）未接 C 时，整个电路的有功功率和功率因数；（2）接入 C 后，整个电路的有功功率和功率因数。

解：（1）未接 C 时，电路的电流 I 与电感中的电流 I_L 相等，即

$$I = I_L = \frac{U}{\sqrt{R^2 + X_L^2}} = \frac{220}{\sqrt{6^2+8^2}}\text{A} = 22\text{A}$$

有功功率 P 为

$$P=I^2R=22^2\times6\text{W}=2904\text{W}$$

L 的无功功率 Q_L 为

$$Q_L = I_L^2 X_L = 22^2\times 8\,\text{var} = 3872\,\text{var}$$

功率因数 λ_1 为

$$\lambda_1 = \cos\phi_1 = \frac{P}{S} = \frac{P}{UI} = \frac{2904}{220\times22} = 0.6$$

$$\phi_1=53.1°。$$

（2）接入 C 后，电容的电流 I_C 为

$$I_C = \frac{U}{X_C} = 2\pi fCU = 2\pi\times50\times200\times10^{-6}\times220\text{A}\approx13.82\text{A}$$

故电容上的无功功率 Q_C 为

$$Q_C=UI_C=220\times13.82\text{var}\approx3040\text{var}$$

而此时流过 R、L 上的电流不变，仍为 I_L=22A，故电路的有功功率和 L 的无功功率不变，即

$$P=2904\text{W}，Q_L=3872\text{var}$$

总无功功率 Q 为

$$Q=Q_L-Q_C=(3872-3040)\text{var}=832\text{var}$$

从而作功率三角形如图 5-48 所示。

$$\tan\phi_2 = \frac{Q}{P} = \frac{832}{2904}\approx0.2865$$

$$\phi_2 = 16°$$

功率因数 λ_2 为

$$\lambda_2 = \cos\phi_2 = \cos16° = 0.96$$

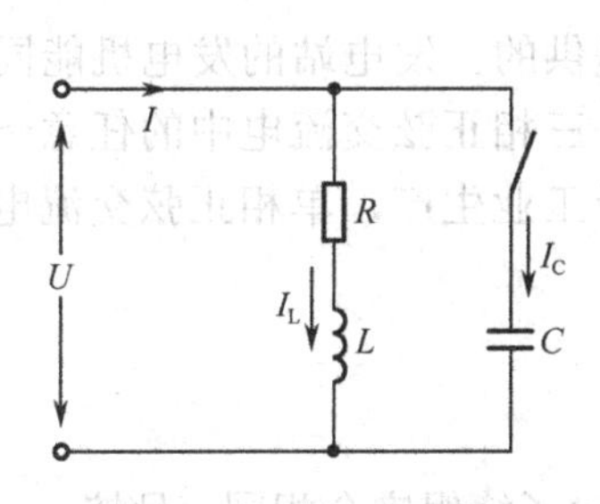

图 5-47　例 22 电路图

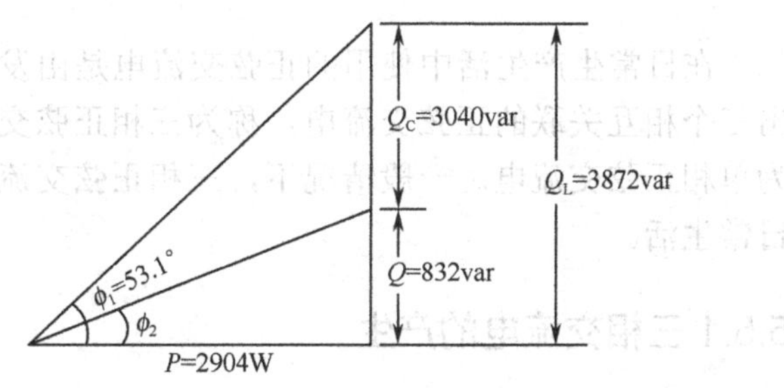

图 5-48　例 22 功率三角形

【例 23】 某车间采用 380V（有效值）的交流电供电，交流电的频率为 50Hz，车间内的负载功率为 100kW，功率因数为 0.7，要求将功率因数提升至 0.85，求并联的电容大小。

解：并联电容之前的功率因数为 0.7，即 $\cos\phi_L$=0.7，则 ϕ_L=45.6°。

并联电容之后的功率因数为 0.85，即 $\cos\phi=0.85$，则 $\phi=31.8°$。

根据题意作功率三角形，如图 5-49 所示。

并联电容之前的无功功率为 Q_L，则

$$Q_L = P\tan\phi_L = 100\times\tan 45.6° \approx 102\text{kvar}$$

并联电容之后的无功功率为 Q，则

$$Q = P\tan\phi = 100\times\tan 31.8° \approx 62\text{kvar}$$

故电容上的无功功率 Q_C 为

$$Q_C = Q_L - Q = (102-62)\text{kvar} = 40\text{kvar}$$

电容的容抗 X_C 为

$$X_C = \frac{U^2}{Q_C} = \frac{380^2}{40\times10^3}\Omega = 3.61\Omega$$

$$C = \frac{1}{2\pi f X_C} = \frac{1}{2\times3.14\times50\times3.61}\mu\text{F} \approx 882\mu\text{F}$$

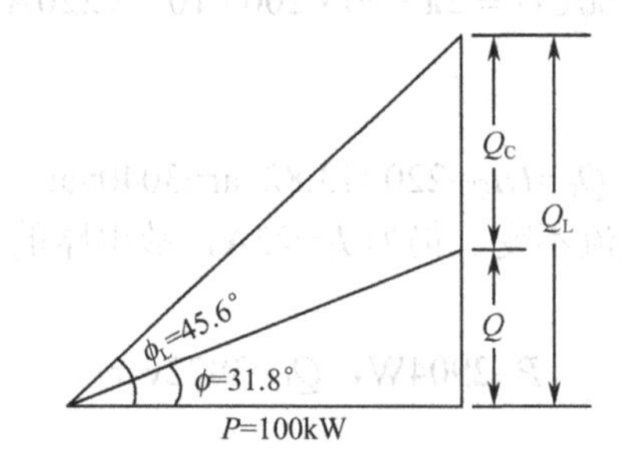

图 5-49 例 23 功率三角形

特别指出☞： 在解功率因数方面的题目时，一定要借助功率三角形（或相量图），利用功率三角形（或相量图）可以将复杂的电学问题转化成简单的三角函数问题，再运用三角函数相关知识即可轻松求解。

5.5 三相正弦交流电

在日常生产生活中使用的正弦交流电是由发电站提供的。发电站的发电机能同时输出三个相互关联的正弦交流电，称为三相正弦交流电。三相正弦交流电中的任意一相称为单相正弦交流电。一般情况下，三相正弦交流电用于工业生产，单相正弦交流电用于日常生活。

5.5.1 三相交流电的产生

图 5-50（a）是三相交流发电机的结构示意图，三相定子绕组完全相同，且按一定规律排列，彼此相差 120°。发电机的转子是一个具有两极的磁铁，转子在外力的作用下逆时针旋转（磁极逆时针旋转），根据电磁感应原理，磁力线与定子绕组之间产生相对运动，从而使三相绕组以同一速度切割磁力线，在三相绕组中产生频率相同、幅值相等、相位互差 120°的交流电动势。

三相交流发电机的绕组用图 5-50（b）所示的符号表示，U_1、V_1、W_1 分别代表各相的相头（即始端），U_2、V_2、W_2 分别代表各相的相尾（即末端）。电动势的参考方向由相尾指向相头（即末端指向始端）。

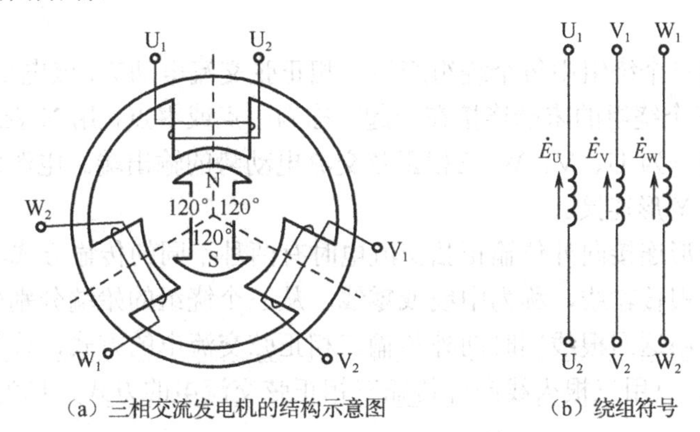

（a）三相交流发电机的结构示意图　（b）绕组符号

图 5-50　三相交流发电机的结构示意图及绕组符号

5.5.2　三相正弦交流电的特点

图 5-51 为三相正弦交流电动势的波形图和相量图。

由图可以看出三相正弦交流电具有如下特点：

（1）各相正弦交流电的频率相同；

（2）各相正弦交流电的最大值相同；

（3）各相正弦交流电的相位互差 120°，它们的解析式分别为

$$e_U = E_m \sin\omega t$$
$$e_V = E_m \sin(\omega t - 120^\circ)$$
$$e_W = E_m \sin(\omega t + 120^\circ)$$

（4）任何时刻各相正弦交流电的和为零，即

$$e_U + e_V + e_W = 0$$
$$\dot{E}_U + \dot{E}_V + \dot{E}_W = 0$$

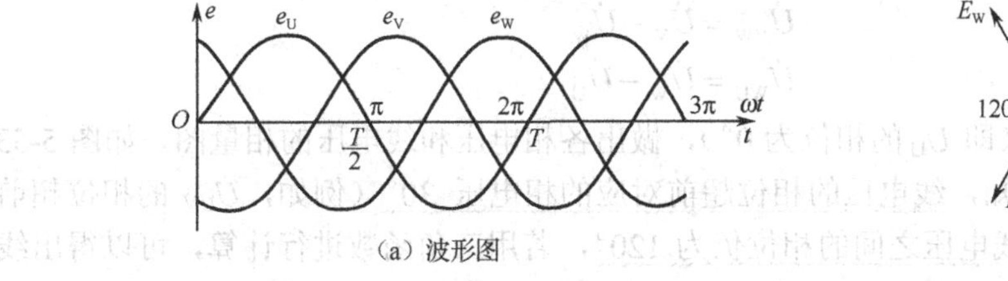

（a）波形图　（b）相量图

图 5-51　三相正弦交流电动势的波形图和相量图

上述三个频率相同、幅值相等、相位互差 120°的三相电动势称为对称三相电动势。在三相电动势中，各相电动势达到正最大值的先后次序称为相序。在图 5-51（a）中，U 相超前 V 相 120°，V 相超前 W 相 120°。

5.5.3 三相电源的连接

1．星形连接

三相发电机的三个绕组中每个绕组产生一相正弦交流电动势，该电动势称为三相电源。如图 5-52 所示，三个绕组的末端连接在一起，称为中点或零点，用 N 表示。三个绕组的始端向外引出，分别作为 U、V、W 三相正弦交流电动势的输出端。电源的这种连接方式称为星形连接，又称 Y 形连接。

三相电源作星形连接向外传输正弦交流电时有两种不同的传输方式。如图 5-52（a）所示，从中点引出一根传输线，称为中线或零线。从三个绕组的始端分别引出一根传输线，称为相线或火线。用这四根线同时向外传输三相正弦交流电的方式，称为三相四线制。如图 5-52（b）所示，只用三根火线向外传输三相正弦交流电的方式，称为三相三线制。

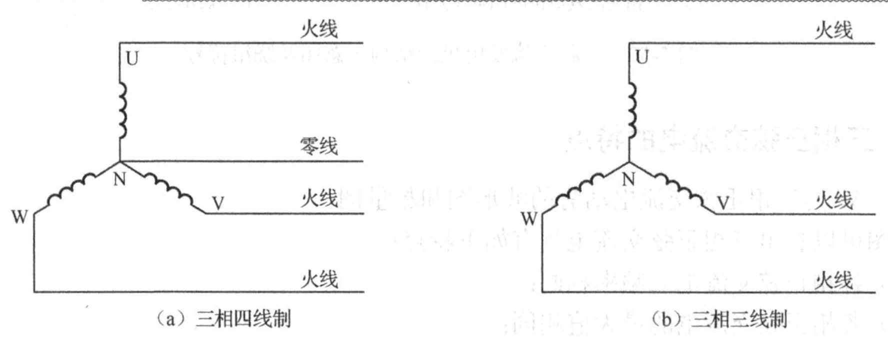

图 5-52 星形连接

在图 5-53（a）所示的三相四线制中，火线与零线之间的电压（即每个绕组两端的电压）称为电源相电压。火线与火线之间的电压称为电源线电压。下面分析一下线电压和相电压的相位关系。

用 U_U、U_V、U_W 分别表示 U、V、W 三相交流电的相电压有效值，用 U_{UV}、U_{VW}、U_{WU} 分别表示三个线电压的有效值，各线电压与相电压的关系为

$$\dot{U}_{UV} = \dot{U}_U - \dot{U}_V$$
$$\dot{U}_{VW} = \dot{U}_V - \dot{U}_W$$
$$\dot{U}_{WU} = \dot{U}_W - \dot{U}_U$$

设 U 相相位为 0°（即 U_U 的相位为 0°），做出各相电压和线电压的相量图，如图 5-53（b）所示。由相量图可知，线电压的相位超前对应的相电压 30°（例如，U_{UV} 的相位超前 U_U 的相位 30°），但各线电压之间的相位仍为 120°，若用三角函数进行计算，可以得出线电压是相电压的 $\sqrt{3}$ 倍，即

$$U_L = \sqrt{3}U_P \tag{5-42}$$

式中，U_L 表示线电压的有效值；U_P 表示相电压的有效值。我国低压供电线路中，相电压的有效值为 220V，线电压的有效值为 380V（即 $\sqrt{3}\times 220$V）。

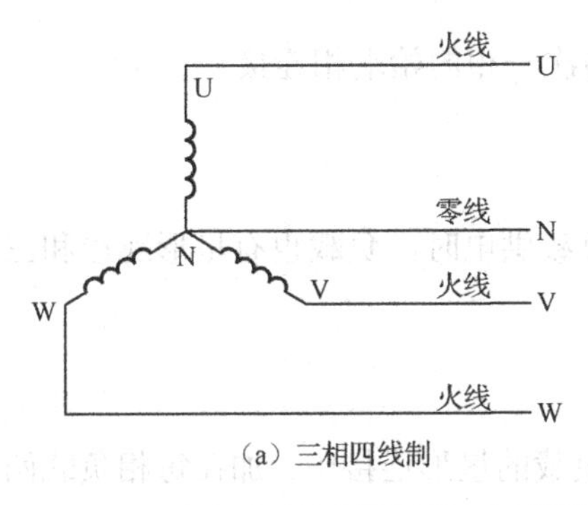

(a) 三相四线制

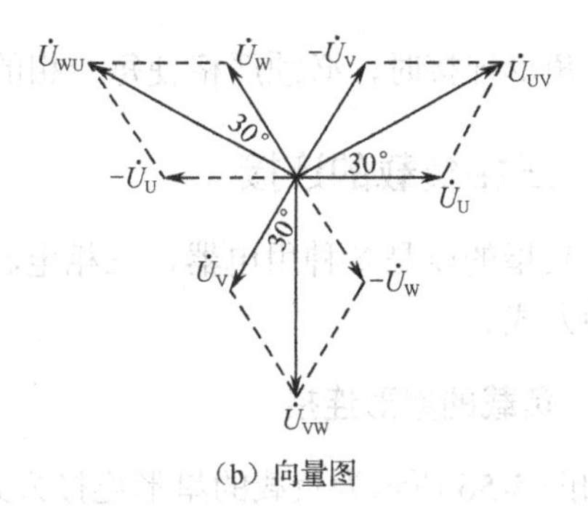

(b) 向量图

图 5-53　三相四线制的线电压与相电压

【例 24】 一个对称三相交流电源采用星形连接，其线电压为 380V，求：(1) 相电压；(2) 如果有一相接反了，输出的线电压是多少？

解：(1) 相电压 U_P 为

$$U_P = \frac{U_L}{\sqrt{3}} = \frac{380}{\sqrt{3}}\text{V} \approx 220\text{V}$$

(2) 假设 V 相接反了，本来其相位为-120°，现在 U_V 变成了 60°，参考图 5-54 所示的相量图，反而是$-U_V$变成了-120°。由相量图可知：

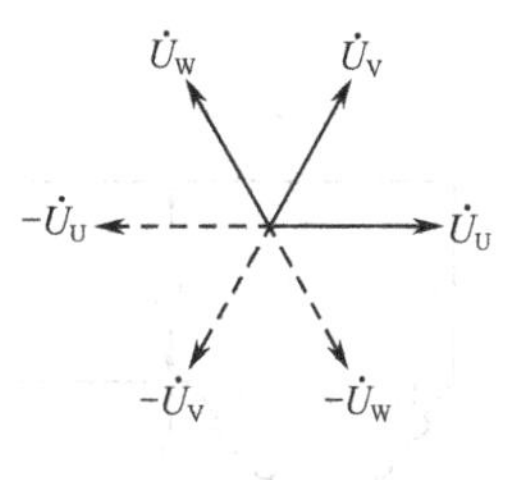

图 5-54　相量图

$$\dot{U}_{UV} = \dot{U}_U - \dot{U}_V = 220\text{V}$$
$$\dot{U}_{VW} = \dot{U}_V - \dot{U}_W = 220\text{V}$$
$$\dot{U}_{WU} = \dot{U}_W - \dot{U}_U = 380\text{V}$$

2. 三角形（△形）连接

将三相交流电的 U 相始端与 W 相末端连接起来，V 相始端与 U 相末端连接起来，W 相始端与 V 相末端连接起来，形成图 5-55 所示的三角形形状，再从三角形的三个顶点上引出三根线向外供电，这种连接称为三角形连接。

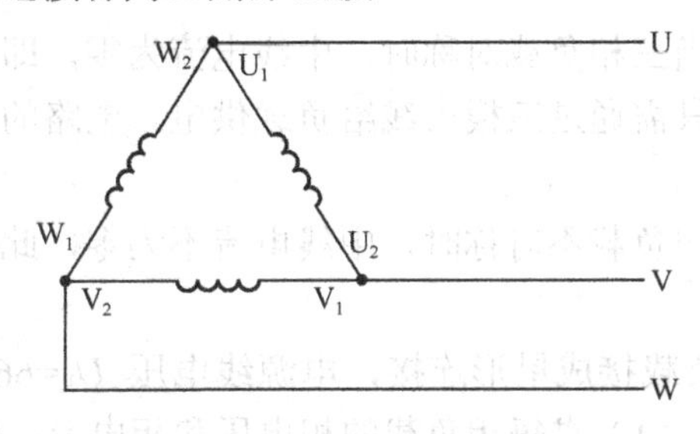

图 5-55　△形连接

在三角形连接中，每一个绕组两端的电压称为相电压，三根供电线之间的电压称为线电压。很明显，线电压等于相电压。

在三角形连接中，三个绕组接成了闭合回路，但由于三相是对称关系，所以三个电动势之和等于 0，在外部未接负载时，这个闭合回路中没有电流。如果三相不对称，或者对称但有一相接反，则会有电流在内部环行，这一环流可能很大，从而烧坏绕组。因此，电源作三角形连接时，必须严格使每一相的末端与次一相的始端相连接。

5.5.4　三相负载的连接

负载指的就是各种用电器，三相电源在给负载供电时，负载也有星形连接和三角形连接两种方式。

1．负载的星形连接

如图 5-56 所示为负载的星形连接方式。在负载的星形连接中，加在每相负载两端的电压称为负载相电压。很显然，星形连接中负载的相电压等于电源的相电压。

电路中，流过每相负载的电流称为相电流；流过每根火线的电流称为线电流；流过中线的电流称为中线电流，中线电流用 I_N 表示。中线电流与流过三相负载的电流关系为

$$I_N=I_A+I_B+I_C$$

星形连接中，如果三相负载完全相同（都等于 Z），则称为三相负载对称，此时，流过每相对称负载的相电流大小应该相等，且相位互差 120°，如图 5-57 所示，由图可知，此时：

$$\dot{I}_A+\dot{I}_B+\dot{I}_C=0$$

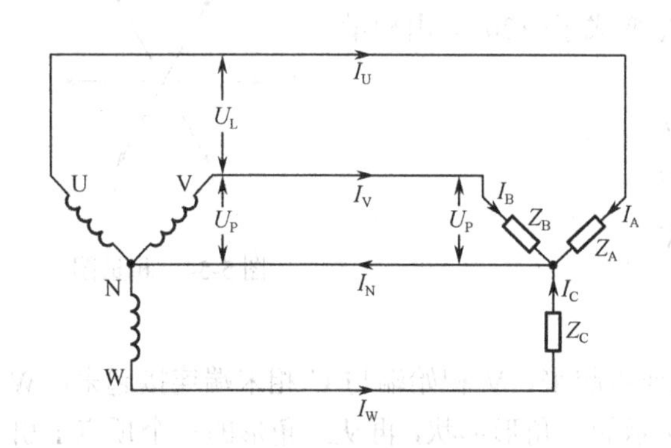

图 5-56　负载的星形连接方式

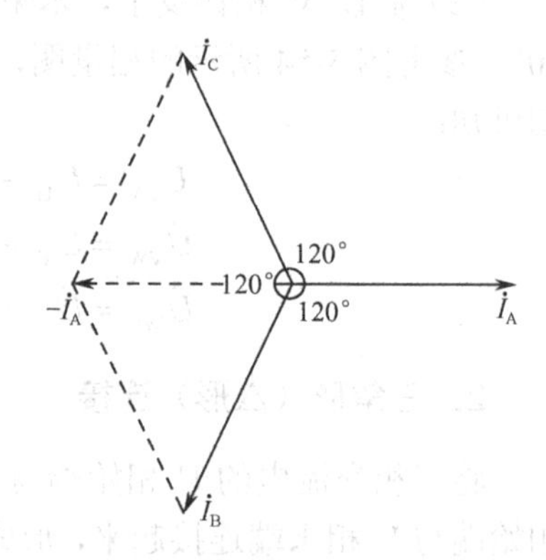

图 5-57　对称负载相电流的相量图

可见在星形连接中，当三相负载对称时，中线电流为零，即中线上没有电流。此时，中线可以省去不用，电源只需通过三根火线给负载供电。电路的传输方式也由三相四线制变成三相三线制。

值得注意的是，当三相负载不对称时，中线电流不为零，此时，中线不可以省去，否则会烧毁电源或负载。

【例 25】 三相对称负载接成星形连接，电源线电压 U_L=6600V，每相负载的电阻为 R=160Ω，电抗为 X=120Ω，（1）求每相负载的相电压和相电流；（2）若 U 相断路，求另两相负载的相电压和相电流。

解：（1）根据题意画出电路图，如图 5-58（a）所示。

每相负载的相电压 U_P 为

$$U_P=\frac{U_L}{\sqrt{3}}=\frac{6600}{\sqrt{3}}\text{V}\approx 3810\text{V}$$

每相负载的阻抗为

$$Z_A = Z_B = Z_C = \sqrt{R^2 + X^2} = \sqrt{160^2 + 120^2}\Omega = 200\Omega$$

故相电流为

$$I_A = I_B = I_C = \frac{U_P}{Z_A} = \frac{3810}{200}\text{A} \approx 19\text{A}$$

（2）当 U 相断路时，如图 5-58（b）所示，此时，Z_B、Z_C 串联接在线电压 U_L 上，故每相的相电压为线电压的一半：

$$U_P = \frac{U_L}{2} = \frac{6600}{2}\text{V} = 3300\text{V}$$

此时的相电流为

$$I_B = I_C = \frac{U_L}{Z_B + Z_C} = \frac{6600}{200+200}\text{A} = 16.5\text{A}$$

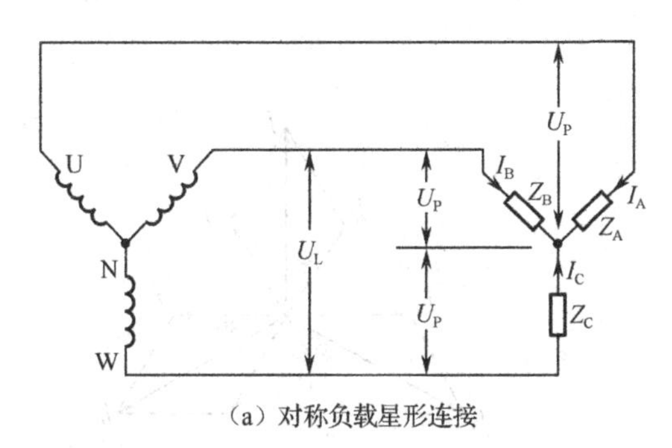

（a）对称负载星形连接

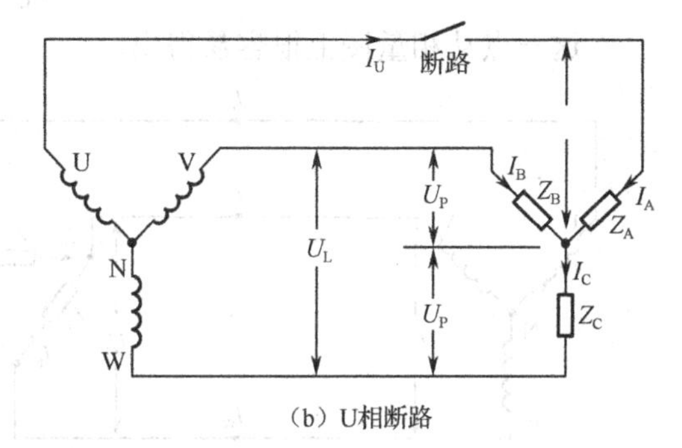

（b）U相断路

图 5-58　例 25 电路图

2．负载的三角形连接

除了上面的星形连接方式，三相负载还有如图 5-59（a）所示的三角形连接方式。由图可知，每相负载所加电压都是电源线电压，所以每相负载的相电压 U_P 和电源线电压 U_L 相等。

三相对称负载采用三角形连接时，具有如下特点：

（1）每相负载的相电压 U_P 等于线电压 U_L，即

$$U_L=U_P$$

（2）三相线电流大小相等，均为 I_L，即

$$I_U=I_V=I_W=I_L$$

（3）各相负载电流的大小相等，均为 I_P，若用 Z 表示各相负载的阻抗，则有

$$I_P = \frac{U_P}{Z_A} = \frac{U_P}{Z_B} = \frac{U_P}{Z_C} = \frac{U_P}{Z}$$

（4）各相电流与各相电压的相位差相同，均为 ϕ_P，若用 R 表示每相负载的电阻，则根据阻抗三角形可得

$$\phi_P = \arccos\frac{R}{Z}$$

（5）各线电流大小相等、相位互差 120°，且各线电流之和为 0；各相电流大小也相等、

相位也互差 120°，且各相电流之和也为 0，即

$$I_U + I_V + I_W = 0$$

$$I_A + I_B + I_C = 0$$

（6）各线电流滞后相应的相电流 30°。通过作相量图可以看出这一点。

$$I_U = I_A - I_C$$

$$I_V = I_B - I_A$$

$$I_W = I_C - I_B$$

设 I_A 的相位为 0°，则 I_A、I_B、I_C 及 I_U、I_V、I_W 的相量图如图 5-59（b）所示，由图可以看出，I_U 滞后 I_A 30°，I_V 滞后 I_B 30°，I_W 滞后 I_C 30°。

（7）线电流的有效值是相电流有效值的 $\sqrt{3}$ 倍，即

$$I_L = \sqrt{3} I_P \tag{5-43}$$

这一点从相量图上很容易得出。

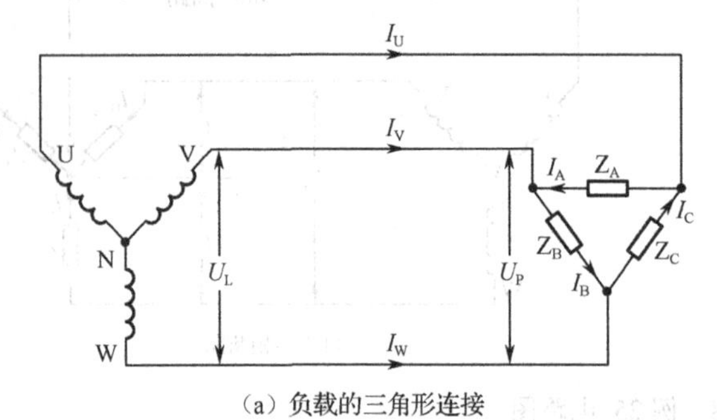

（a）负载的三角形连接

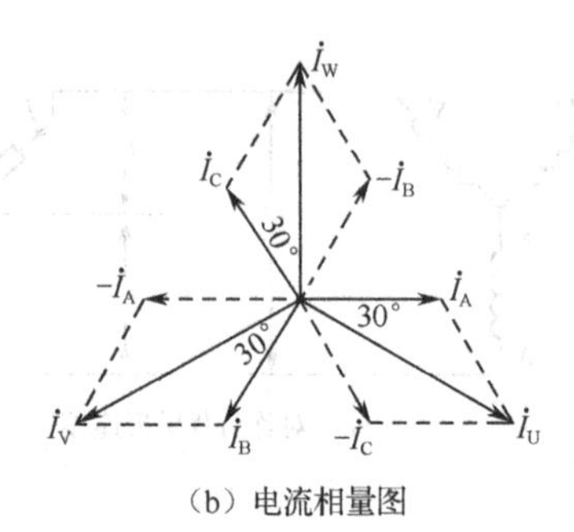

（b）电流相量图

图 5-59　负载的三角形连接方式及电流相量图

值得一提的是，负载按何种方式连接由负载的额定工作电压决定。负载的额定工作电压为 380V 时，按三角形方式连接，一般用于工业生产中。负载的额定工作电压为 220V 时，按星形方式连接，一般用于日常生活中。

【例 26】 三相对称负载采用三角形连接，每相电阻为 16Ω，电抗为 12Ω，接在线电压为 380V 的对称三相电源上，求：（1）线电流和相电流是多少？（2）若 U 相电源断路，线电流和相电流又是多少？

解：（1）根据题意画出电路图，如图 5-60（a）所示，因三相电源、三相负载均对称，故三相负载的阻抗均为 Z，从而有

$$Z = Z_A = Z_B = Z_C = \sqrt{R^2 + X^2} = \sqrt{16^2 + 12^2}\,\Omega = 20\Omega$$

相电流 I_P 为

$$I_P = \frac{U_P}{Z} = \frac{380}{20}\text{A} = 19\text{A}$$

线电流 I_L 为

$$I_L = \sqrt{3} I_P = 19\sqrt{3}\text{A} \approx 33\text{A}$$

（2）参考图 5-60（b），当 U 相断路时，I_U=0，Z_A 和 Z_C 变成串联，故相电流为

$$I_A = I_C = \frac{U_P}{Z_A + Z_C} = \frac{380}{20+20}\text{A} = 9.5\text{A}$$

$$I_B = \frac{U_P}{Z_B} = \frac{380}{20}\text{A} = 19\text{A}$$

由阻抗三角形可知，此时的 I_A、I_C 与 I_B 同相，故线电流为

$$I_V = I_W = I_A + I_B = (9.5+19)\text{A} = 28.5\text{A}$$

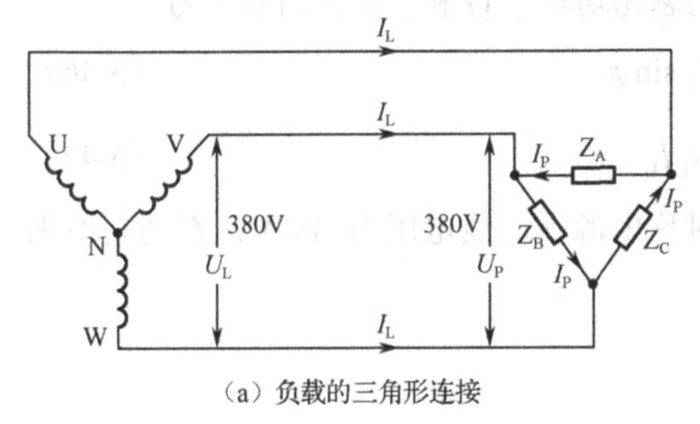

（a）负载的三角形连接

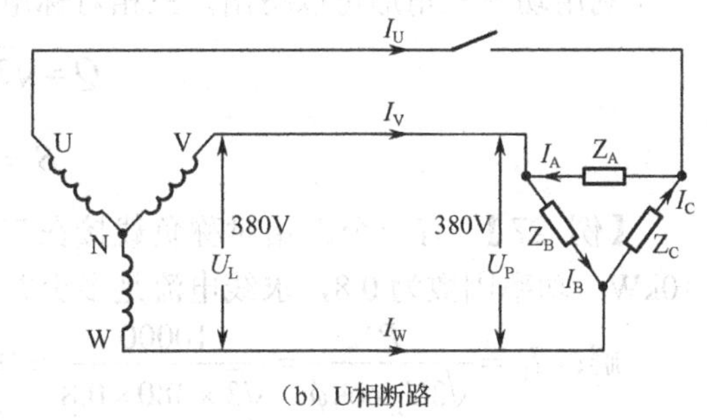

（b）U相断路

图 5-60 例 26 电路图

5.5.5 三相交流电路的功率

1．电路的总功率与各相功率的关系

在三相交流电路中，电路的总功率由三相负载的功率决定，总功率等于三相负载功率之和，即

电路的总有功功率 P 等于各相有功功率（P_A、P_B、P_C）之和，表达式为

$$P = P_A + P_B + P_C$$

电路的总无功功率 Q 等于各相无功功率（Q_A、Q_B、Q_C）之和，表达式为

$$Q = Q_A + Q_B + Q_C$$

电路的总视在功率 S 等于各相视在功率（S_A、S_B、S_C）之和，表达式为

$$S = S_A + S_B + S_C$$

2．三相对称电路的功率

在三相对称交流电路中，各相的有功功率相等，故

$$P = 3U_P I_P \cos\phi \tag{5-44}$$

式中，U_P、I_P 分别表示相电压和相电流；$\cos\phi$ 表示功率因数，ϕ 为相电压与相电流之间的相位差。

当负载为星形连接时，有

$U_L = \sqrt{3}U_P$，$I_L = I_P$（式中，U_L、I_L 分别表示线电压和线电流）

当负载为三角形连接时，有

$$U_L = U_P,\ I_L = \sqrt{3}I_P$$

由以上可知，无论是星形连接还是三角形连接，都有

$$U_P I_P = \frac{1}{\sqrt{3}} U_L I_L$$

将上式代入式（5-44），得

$$P = \sqrt{3} U_L I_L \cos\phi \tag{5-45}$$

这就是三相对称交流电路总有功功率的计算公式，与负载的连接方式无关。

利用功率三角形可以得出，三相对称电路的总无功功率 Q 和总视在功率 S 为

$$Q = \sqrt{3} U_L I_L \sin\phi \tag{5-46}$$

$$S = \sqrt{3} U_L I_L \tag{5-47}$$

【例 27】 有一个三相对称负载接在三相对称电源上，线电压为 380V，有功功率为 10kW，功率因数为 0.8，求线电流是多少？

解：$I_L = \frac{P}{\sqrt{3} U_L \cos\phi} = \frac{10000}{\sqrt{3} \times 380 \times 0.8} \approx 19\text{A}$

【例 28】 有一个三相对称负载，每相负载的电阻是 80Ω，电抗是 60Ω，求负载在下列两种情况下的相电流、供电线上的线电流及电路消耗的总功率。

（1）负载接成星形，且接于线电压为 380V 的三相电源上；

（2）负载接成三角形，且接于线电压为 380V 的三相电源上。

解法一：

（1）负载接成星形，且接于线电压为 380V 的三相电源上，如图 5-61（a）所示。

$$Z = \sqrt{R^2 + X^2} = \sqrt{80^2 + 60^2}\,\Omega = 100\Omega$$

$$U_P = \frac{U_L}{\sqrt{3}} = \frac{380}{\sqrt{3}}\text{V} \approx 219.4\text{V}$$

此时线电流 I_{L1} 等于相电流 I_{P1}，故有

$$I_{L1} = I_{P1} = \frac{U_P}{Z} = \frac{219.4}{100}\text{A} = 2.194\text{A}$$

电路消耗的总功率为 P_Y，其就是三相电路中电阻所消耗的功率。

$$P_Y = 3 I_{P1}^2 R = 3 \times 2.194^2 \times 80\text{W} \approx 1155\text{W}$$

（2）负载接成三角形，且接于线电压为 380V 的三相电源上，如图 5-61（b）所示。

此时相电流 I_{P2} 为

$$I_{P2} = \frac{U_L}{Z} = \frac{380}{100}\text{A} = 3.8\text{A}$$

此时线电流 I_{L2} 为

$$I_{L2} = \sqrt{3} \times 3.8\text{A} \approx 6.58\text{A}$$

电路消耗的总功率为 $P_\triangle$，其就是三相电路中电阻所消耗的功率。

$$P_\triangle = 3 I_{P2}^2 R = 3 \times 3.8^2 \times 80\text{W} \approx 3465\text{W}$$

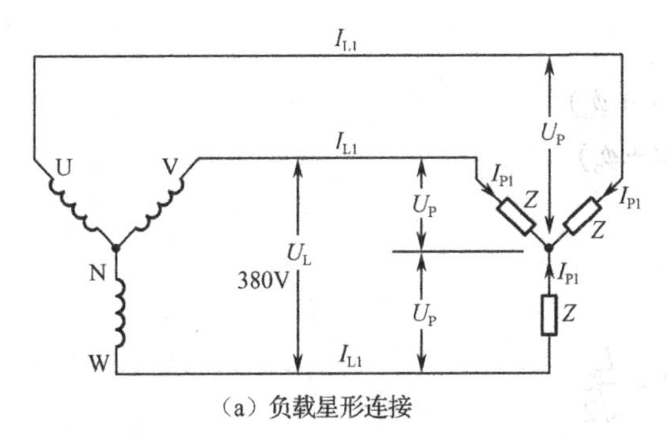

(a) 负载星形连接

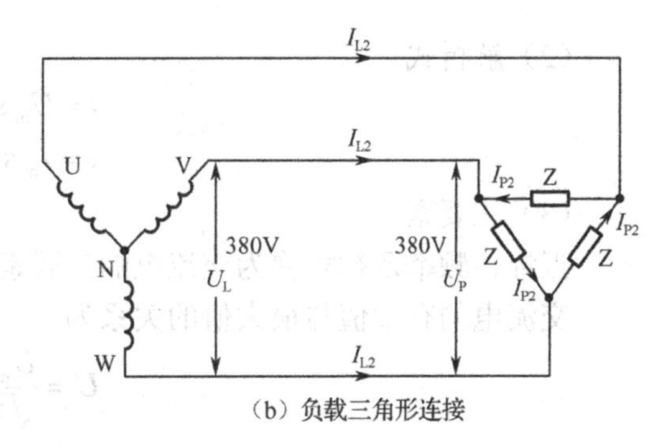

(b) 负载三角形连接

图 5-61　例 28 电路图

解法二：

(1) 负载接成星形，且接于线电压为 380V 的三相电源上。

$$Z=\sqrt{R^2+X^2}=\sqrt{80^2+60^2}\Omega=100\Omega$$

$$U_P=\frac{U_L}{\sqrt{3}}=\frac{380}{\sqrt{3}}\text{V}\approx 219.4\text{V}$$

此时线电流 I_{L1} 等于相电流 I_{P1}，故有

$$I_{L1}=I_{P1}=\frac{U_P}{Z}=\frac{219.4}{100}\text{A}=2.194\text{A}$$

$$\cos\phi=\frac{R}{Z}=\frac{80}{100}=0.8$$

电路消耗的总功率为 P_Y，故有

$$P_Y=\sqrt{3}U_L I_{L1}\cos\phi=\sqrt{3}\times 380\times 2.194\times 0.8\text{W}\approx 1155\text{W}$$

(2) 负载接成三角形，且接于线电压为 380V 的三相电源上。

此时相电流 I_{P2} 为

$$I_{P2}=\frac{U_L}{Z}=\frac{380}{100}\text{A}=3.8\text{A}$$

此时线电流 I_{L2} 为

$$I_{L2}=\sqrt{3}\times 3.8\text{A}\approx 6.58\text{A}$$

电路消耗的总功率为 $P_\triangle$，故有

$$P_\triangle=\sqrt{3}U_L I_{L2}\cos\phi=\sqrt{3}\times 380\times 6.58\times 0.8\text{W}\approx 3465\text{W}$$

通过以上计算可知，在相同线电压的作用下，负载在三角形连接时的有功功率是星形连接时有功功率的 3 倍。

本章知识要点

1. 正弦交流电

(1) 概念

大小和方向随时间均按正弦规律变化的电流（或电动势、电压）叫正弦交流电。

（2）解析式

$$u = U_{\mathrm{m}}\sin(\omega t + \phi_{\mathrm{o}})$$
$$i = I_{\mathrm{m}}\sin(\omega t + \phi_{\mathrm{o}})$$

（3）三要素

振幅、频率及初相称为交流电的三要素。

交流电的有效值与最大值的关系为

$$U = \frac{U_{\mathrm{m}}}{\sqrt{2}},\ I = \frac{I_{\mathrm{m}}}{\sqrt{2}}$$

周期和频率互成倒数关系，即

$$T = \frac{1}{f} \quad 或 \quad f = \frac{1}{T}$$

角频率与频率的关系为

$$\omega = 2\pi f$$

初相表示交流电的变化步调。

（4）正弦交流电的加、减运算

同频正弦交流电的加、减运算既可通过解析式来完成，也可通过相量图来完成。

2．正弦交流电路

（1）纯电阻电路、纯电感电路及纯电容电路的特性见表 5-1。

表 5-1　纯电阻电路、纯电感电路及纯电容电路的特性

特　　性	纯电阻电路	纯电感电路	纯电容电路
对交流电流的阻碍作用	同直流电路，只取决于电阻的材料	$X_{\mathrm{L}} = 2\pi fL = \omega L$	$X_{\mathrm{C}} = \frac{1}{2\pi fC} = \frac{1}{\omega C}$
频率特性	与交流电的频率无关	通直流、阻交流；通低频、阻高频	隔直流、通交流；阻低频、通高频
电压与电流的关系	$I_{\mathrm{R}} = \frac{U_{\mathrm{R}}}{R}$	$I_{\mathrm{L}} = \frac{U_{\mathrm{L}}}{X_{\mathrm{L}}}$	$I_{\mathrm{C}} = \frac{U_{\mathrm{C}}}{X_{\mathrm{C}}}$
电压与电流的相位	相位相同	电压超前电流 90°	电压落后电流 90°
功率特性	消耗功率（有功功率） $P_{\mathrm{R}}=U_{\mathrm{R}}I_{\mathrm{R}}$	不消耗功率（无功功率） $Q_{\mathrm{L}}=U_{\mathrm{L}}I_{\mathrm{L}}$	不消耗功率（无功功率） $Q_{\mathrm{C}}=U_{\mathrm{C}}I_{\mathrm{C}}$

（2）*RLC* 电路

RLC 电路的特性见表 5-2。

表 5-2　*RLC* 电路的特性

特　　性	*RLC* 串联电路	*RLC* 并联电路
总电压或总电流	$U = \sqrt{U_{\mathrm{R}}^2 + (U_{\mathrm{L}} - U_{\mathrm{C}})^2}$	$I = \sqrt{I_{\mathrm{R}}^2 + (I_{\mathrm{L}} - I_{\mathrm{C}})^2}$
阻抗大小	$Z = \sqrt{R^2 + (X_{\mathrm{L}} - X_{\mathrm{C}})^2}$	$Z = \frac{1}{\sqrt{\left(\frac{1}{R}\right)^2 + \left(\frac{1}{X_{\mathrm{L}}} - \frac{1}{X_{\mathrm{C}}}\right)^2}}$

续表

特　性	*RLC* 串联电路	*RLC* 并联电路
电路性质	（1）当 $U_L>U_C$（即 $X_L>X_C$）时，电路呈感性。 （2）当 $U_L<U_C$（即 $X_L<X_C$）时，电路呈容性。 （3）当 $U_L=U_C$（即 $X_L=X_C$）时，电路呈纯阻性	（1）当 $I_L>I_C$（即 $X_L<X_C$）时，电路呈感性。 （2）当 $I_L<I_C$（即 $X_L>X_C$）时，电路呈容性。 （3）当 $I_L=I_C$（即 $X_L=X_C$）时，电路呈纯阻性
电压或电流三角形	U　$\|U_L-U_C\|$　ϕ　U_R	I　$\|I_L-I_C\|$　ϕ　I_R
功率三角形	S　Q　ϕ　P	S　Q　ϕ　P

3．*RLC* 谐振电路

RLC 谐振电路的特性见表 5-3。

表 5-3　*RLC* 谐振电路的特性

特　性	*RLC* 串联谐振电路	*RLC* 并联谐振电路
谐振条件	$X_L=X_C$	$X_L=X_C$
谐振频率	$f_o=\dfrac{1}{2\pi\sqrt{LC}}$	$f_o=\dfrac{1}{2\pi\sqrt{LC}}$
特性阻抗	$\delta=\sqrt{\dfrac{L}{C}}$	$\delta=\sqrt{\dfrac{L}{C}}$
谐振阻抗	$Z_o=R$ 电路阻抗最小，呈纯阻性，电路中电流最大	$Z_o=R$ 电路阻抗最大，呈纯阻性，电路中电流最小
品质因数 Q	$Q=\dfrac{X_L}{R}=\dfrac{X_C}{R}=\dfrac{2\pi f_o L}{R}=\dfrac{1}{2\pi f_o CR}$	$Q=\dfrac{R}{X_L}=\dfrac{R}{X_C}=\dfrac{R}{2\pi f_o L}=2\pi f_o CR$
选择性	Q 值越大，选择性就越好，频带宽度越窄	Q 值越大，选择性就越好，频带宽度越窄
频带宽度	$B_W=\dfrac{f_o}{Q}$	$B_W=\dfrac{f_o}{Q}$

4．三相对称交流电各相的频率相同；各相的最大值相同；各相的相位互差 120°；任何时刻各相电压之和为零。

5．三相交流电源有星形连接和三角形连接两种方式。

三相电源作星形连接向外传输正弦交流电时，用四根线同时向外输电的方式称为三相四线制；只用三根火线向外输电的方式称为三相三线制。

星形连接中，线电压的相位超前对应的相电压 30°，线电压是相电压的 $\sqrt{3}$ 倍。

在三角形连接中，线电压等于相电压。

6．三相负载也有星形连接和三角形连接两种方式。

（1）星形连接中负载相电压等于电源相电压。

中线电流与流过三相负载的电流的关系为

$$I_N=I_A+I_B+I_C$$

如果三相负载对称，则 $I_A + I_B + I_C = 0$。

（2）三角形连接时，每相负载的相电压 U_P 等于线电压 U_L，即 $U_L=U_P$。

如果三相负载对称，则三相线电流大小相等，均为 I_L，即 $I_U=I_V=I_W=I_L$。

此时，各相负载电流的大小也相等：

$$I_P = \frac{U_P}{Z_A} = \frac{U_P}{Z_B} = \frac{U_P}{Z_C} = \frac{U_P}{Z}$$

各相电流与各相电压的相位差相同，均为 ϕ_P（$\phi_P = \arccos\frac{R}{Z}$）。

各线电流滞后相应的相电流 30°。

线电流的有效值是相电流有效值的 $\sqrt{3}$ 倍，即

$$I_L = \sqrt{3} I_P$$

7．在三相交流电路中，电路的总功率等于三相负载功率之和。

在三相对称交流电路中，总有功功率的计算公式为

$$P = \sqrt{3} U_L I_L \cos\phi$$

与负载的连接方式无关。

总无功功率 Q 和总视在功率 S 为

$$Q = \sqrt{3} U_L I_L \sin\phi$$

$$S = \sqrt{3} U_L I_L$$

本章实验

实验 1：双踪示波器的使用

一、实验目的

通过实验，认识双踪示波器，并学会使用双踪示波器。

二、实验任务

1．认识双踪示波器的各种开关和旋钮功能。

2．观测信号波形。

三、实验器材

双踪示波器一台、低频信号发生器一台。

四、实验步骤

1．认识双踪示波器的各种开关和旋钮功能。

2．调出基准线。

3．进行示波器校准。

4．显示并测量信号。

实验 2：验证正弦交流电最大值与有效值的关系

一、实验目的

通过实验，验证正弦交流电最大值与有效值的关系，从而进一步理解最大值和有效值。

二、实验任务

验证正弦交流电压最大值与有效值的关系。

三、实验器材

双踪示波器一台、低频信号发生器一台、万用表一块。

四、实验步骤

1. 调节低频信号发生器，输出 100Hz 正弦交流电压信号。

2. 用万用表交流挡测量正弦交流电压信号的大小（测得的值近似等于它的有效值），并将测量值填入表 5-4 中。

3. 把正弦交流电压信号输入双踪示波器，在屏上显示稳定波形，测出它的最大值并填入表 5-4 中。

4. 改用 50Hz 工频市电作为测量对象，重复上述操作，并将测量值填入表 5-4 中。

表 5-4　实验数据

交流电压	100Hz 正弦交流电压信号		50Hz 工频正弦交流电压信号	
测量方式	万用表测量有效值	示波器测量最大值	万用表测量有效值	示波器测量最大值
测量值				
验证	最大值与有效值的比值为：		最大值与有效值的比值为：	

五、实验结论

正弦交流电的最大值与有效值的比值为：

习题

1. 正弦交流电的三要素是什么？

2. 日常生活中照明电的频率为 50Hz，试问它的角频率和周期各为多少？

3. 某电容器的额定电压为 250V，若在它两端接 220V 的交流电压，是否安全？为什么？

4. 试求正弦交流电压 $u_1 = 380\sqrt{2}\sin 314t$、$u_2 = 380\sqrt{2}\sin(314t - 120^\circ)$ 的相位差，并指出它们的相位关系。

5. 某正弦交流电压，初相为 30°，有效值为 220V，频率为 50Hz，试用三种表示法表示该正弦交流电压。

6. 一个 0.1μF 的电容器，在传输频率范围为 20～20kHz 的音频信号时，求容抗变化范围。

7．一个 100mH 的电感，流过频率为 15625Hz 的交流电流时，会产生多大的感抗？

8．一个线圈接在直流电路中时，测得的电流为 2A，两端的电压为 24V；接在频率为 50Hz 的交流电路中时，测得的电流为 3A，两端的电压有效值为 120V，试求线圈的电阻和电感，并画出它的等效电路图。

9．什么叫串联谐振？什么叫并联谐振？电路发生串、并联谐振时，分别有哪些特点？

10．谐振电路的 Q 值与选择性、频带宽度有什么关系？

11．已知 $u_1=311\sin(\omega t+30°)$，$u_2=311\sin(\omega t-90°)$，用相量图求 $u=u_1-u_2$。

12．已知 $i_1=14.14\sin(\omega t+45°)$、$i_2=21.21\sin(\omega t+120°)$、$i_3=7.07\sin(\omega t-60°)$，$u=311\sin(\omega t+30°)$。（1）求它们的有效值；（2）画出相量图；（3）求三个电流分别与电压的相位差。

13．电阻 $R=12\Omega$ 与电容 $C=31.3\mu F$ 串联，若电容上的电压为 $u_C=25\sin(2000t-30°)$，求电路中的电流 i 和外加电压 u 的解析式，并画出相量图。

14．电阻 R 与电抗 X 串联，外加电压 $u=150\sin(100\pi t+15°)$，电流 $i=4.48\sin(100\pi t+45°)$，求：（1）电抗是感抗还是容抗？（2）电阻 R 与电抗 X 的值。

15．在 RLC 串联电路中，$R=20\Omega$，$L=23.1mH$，$C=86.5\mu F$，$\omega=1000rad/s$，若电感上电压 $U_L=10V$。求：（1）电路中的电流 I；（2）电阻、电容上的电压 U_R、U_C；（3）外加电压 U；（4）电流与外加电压的相位差 ϕ；（5）画相量图；（6）求电路的功率 S、P 与 Q。

16．交流发电机的额定视在功率为 6000kV·A，额定电压为 6600V，求：（1）额定电流；（2）该发电机能否给 6000W、功率因数为 0.8 的感性负载正常供电。

17．电路如图 5-62 所示，电源的有效值 $U=220V$，频率 $f=50Hz$，$R=30\Omega$，$L=445mH$，$C=32\mu F$，求：（1）电路中的电流 I；（2）电感、电容和电阻两端的电压有效值。

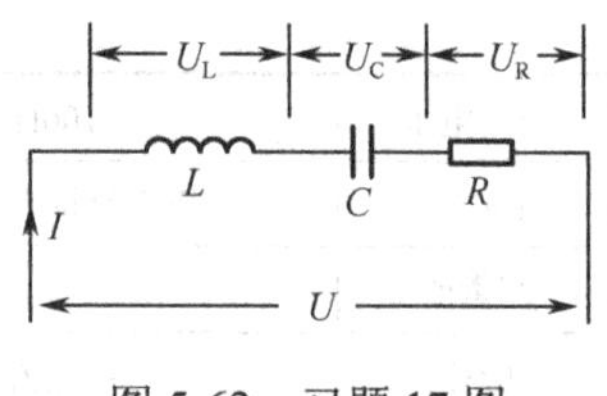

图 5-62　习题 17 图

18．在 LC 串联电路中，已知 $C=200pF$，要求电路谐振于 500kHz，求：（1）L 应为多大？（2）若要求电路的 Q 值为 100，则线圈电阻 R 应为多大？（3）若外加电压为 50mV，谐振时，L 和 C 上的电压是多少？

19．发电机的额定电压 $U=220V$，视在功率为 440kV·A，用该发电机向额定电压为 220V、有功功率为 4.4kW、功率因数为 0.5 的用电器供电，问最多能供多少个用电器？若把功率因数提高至 0.8，又能供多少个用电器？

20．已知一个感性负载的功率为 500kW，功率因数为 0.6，采用 380V、50Hz 的电源供电，若要将功率因数提升至 0.9，应并联多大的电容？

21．已知输电线的电阻 $R_1=0.01\Omega$，若负载的功率 $P_L=100kW$，功率因数 $\cos\phi=0.6$，负载的额定电压 $U_L=220V$，求线路损耗的功率是多少？若将功率因数提高至 0.9，则线路损耗又是多少？

22．某三相对称负载，每相负载的电阻是 24Ω，电抗是 18Ω。（1）若采用星形连接，接于线电压为 380V 的三相电源上，求相电流、线电流及电路消耗的总功率；（2）若采用三角形连接，接于线电压为 380V 的三相电源上，求相电流、线电流及电路消耗的总功率。

单元测试题

一、填空（30 分，未标明的，每空 1 分）

1．某交流电压为 u=311sin（100πt+45°），其振幅为________，角频率为________，初相为________。该交流电的有效值为________，频率为________。

2. 电路如图 1 所示，i=10sin314t，则电感的感抗 X_L=________，电容的容抗 X_C=________（2 分），电路的总阻抗 Z=________，电容上的电压有效值为________，电感上的电压有效值为________，电阻上的电压有效值为________，u=________（2 分），该电路呈________性（感性、容性、阻性）。

3．在纯电感电路中，流过电感的正弦交流电流________电压 90°；在纯电容电路中，流过电容的正弦交流电流________电压 90°。

4. 电路如图 2 所示，X_L=8Ω，电流表 A 的读数是________，电压表 V 的读数是________。

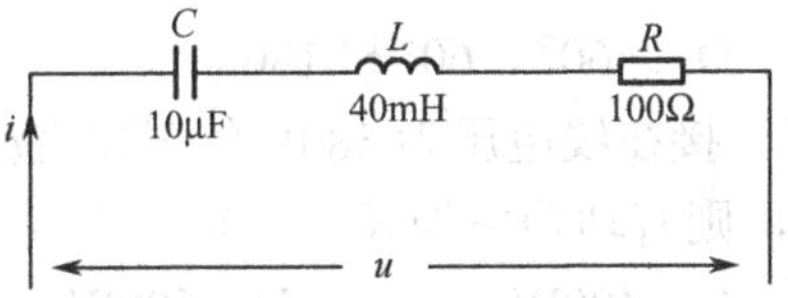

图 1

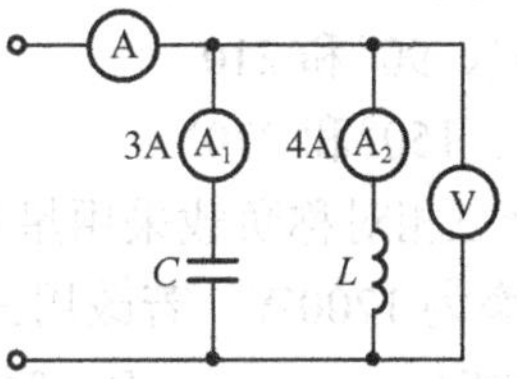

图 2

5．LC 串联电路的 L=0.5mH，内阻 R=1Ω，C=100pF，则电路的谐振频率为________（2 分），特性阻抗为________，谐振阻抗为________，Q 值为________（2 分）。若谐振时电路两端的电压为 10mV，则电路的电流为________，L 两端的电压为________（2 分），C 两端的电压为________，频带宽度为________。

二、选择（20 分，每小题 2 分）

1．我国实际低压供电线路中，相电压的有效值和线电压的有效值分别为（　　）。

A．220V 和 380V　　B．380V 和 220V

C．220V 和 310V　　D．310V 和 220V

2．视在功率的单位为（　　）。

A．W　　B．var　　C．V.A　　D．V

3．u、i 波形如图 3 所示，则（　　）。

A．u 超前 i90°　　B．u 落后 i90°

C．u 与 i 同相　　D．无法判断

4．三相对称电源如图 4 所示的方式连接，若每相电源的电压有效值为 U，则 U_{AC} 的有效值为（　　）。

A．U　　B．2U　　C．3U　　D．4U

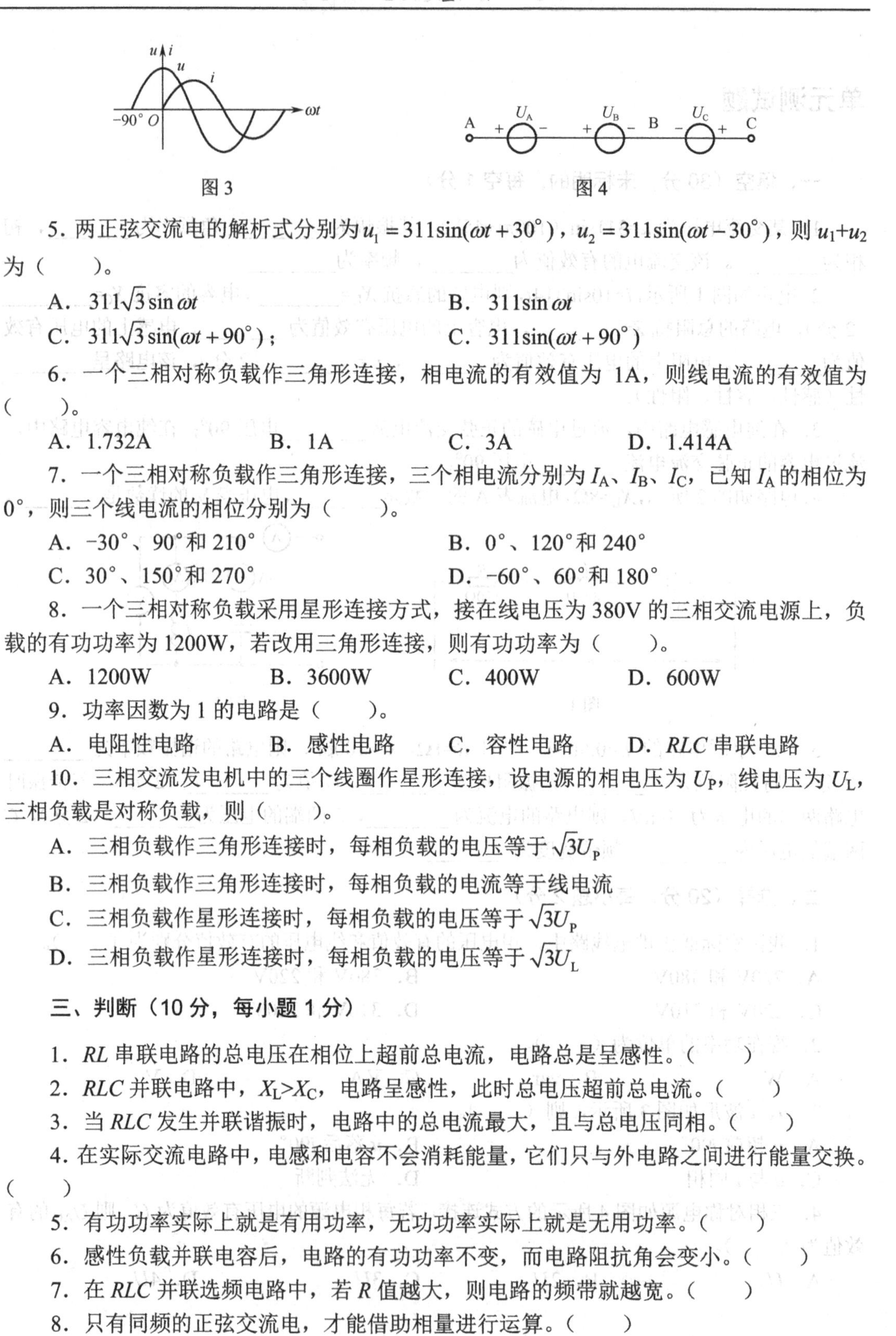

图3　　　　图4

5．两正弦交流电的解析式分别为$u_1 = 311\sin(\omega t + 30^\circ)$，$u_2 = 311\sin(\omega t - 30^\circ)$，则 u_1+u_2 为（　　）。

A．$311\sqrt{3}\sin\omega t$　　　　B．$311\sin\omega t$

C．$311\sqrt{3}\sin(\omega t + 90^\circ)$；　　　　C．$311\sin(\omega t + 90^\circ)$

6．一个三相对称负载作三角形连接，相电流的有效值为 1A，则线电流的有效值为（　　）。

A．1.732A　　B．1A　　C．3A　　D．1.414A

7．一个三相对称负载作三角形连接，三个相电流分别为 I_A、I_B、I_C，已知 I_A 的相位为 0°，则三个线电流的相位分别为（　　）。

A．−30°、90°和 210°　　　　B．0°、120°和 240°

C．30°、150°和 270°　　　　D．−60°、60°和 180°

8．一个三相对称负载采用星形连接方式，接在线电压为 380V 的三相交流电源上，负载的有功功率为 1200W，若改用三角形连接，则有功功率为（　　）。

A．1200W　　B．3600W　　C．400W　　D．600W

9．功率因数为 1 的电路是（　　）。

A．电阻性电路　　B．感性电路　　C．容性电路　　D．*RLC* 串联电路

10．三相交流发电机中的三个线圈作星形连接，设电源的相电压为 U_P，线电压为 U_L，三相负载是对称负载，则（　　）。

A．三相负载作三角形连接时，每相负载的电压等于 $\sqrt{3}U_P$

B．三相负载作三角形连接时，每相负载的电流等于线电流

C．三相负载作星形连接时，每相负载的电压等于 $\sqrt{3}U_P$

D．三相负载作星形连接时，每相负载的电压等于 $\sqrt{3}U_L$

三、判断（10 分，每小题 1 分）

1．*RL* 串联电路的总电压在相位上超前总电流，电路总是呈感性。（　　）

2．*RLC* 并联电路中，$X_L>X_C$，电路呈感性，此时总电压超前总电流。（　　）

3．当 *RLC* 发生并联谐振时，电路中的总电流最大，且与总电压同相。（　　）

4．在实际交流电路中，电感和电容不会消耗能量，它们只与外电路之间进行能量交换。（　　）

5．有功功率实际上就是有用功率，无功功率实际上就是无用功率。（　　）

6．感性负载并联电容后，电路的有功功率不变，而电路阻抗角会变小。（　　）

7．在 *RLC* 并联选频电路中，若 *R* 值越大，则电路的频带就越宽。（　　）

8．只有同频的正弦交流电，才能借助相量进行运算。（　　）

9. 如果两个频率相同的正弦交流电在某一时刻大小和方向都相同，则它们同相。（　　）

10．在三相四线制供电系统中，若三相负载对称，则中线可以省略。（　　）

四、计算题（30分）

1．图5所示的电路中，三个电流表的读数均为5A，当S断开后，求各电流表的读数。（12分）

2．在 *RL* 串联电路中，已知 $R=300\Omega$，$X_L=400\Omega$，电源电压 $u=220\sqrt{2}\sin(314t+90^\circ)$，求：（1）电路中电流的有效值 I；（4分）（2）有功功率 P 和无功功率 Q；（6分）（3）若要将功率因数提高至0.85，则应并联多大的电容？（8分）

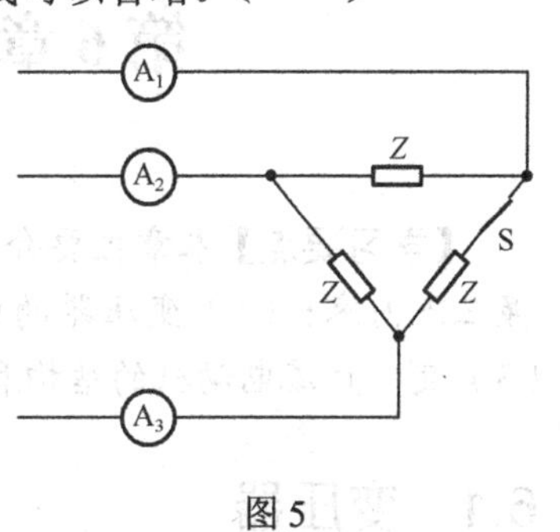

图5

五、操作题（10分）

如图6所示，S1为三相闸刀开关，M为三相电动机，R为三个照明灯泡，S2、S3、S4为三个独立的拨动开关。现要将它们接入三相四线制供电电路中，且用S1控制M的工作，用S2、S3、S4分别控制三个R的工作，同时保持负载对称，请画出接线图。

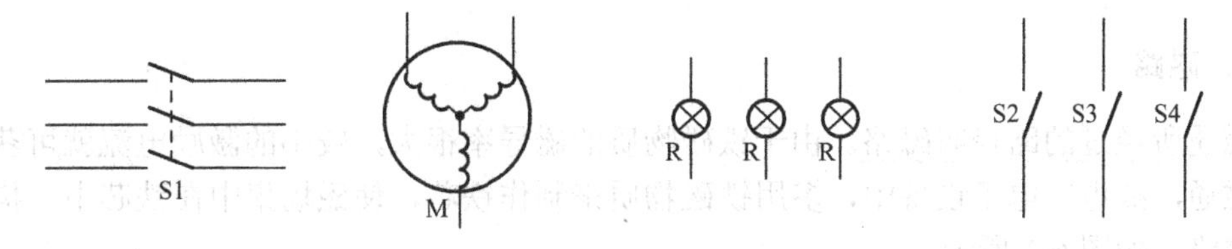

图6

第 6 章　变压器、电磁铁和电动机

【学习要点】本章主要介绍变压器、电磁铁和电动机的结构及工作原理。要求读者掌握三点内容：（1）变压器的电压、电流、阻抗变换特性；（2）电磁铁的结构及工作原理（3）交、直流电动机的结构和旋转原理。

6.1　变压器

在电工技术和电子技术中，变压器是一种应用很广泛的器件。它在电路中起着电压变换、电流变换、阻抗变换的作用，常用于电能传输、信号传输、电流和电压测量等场合。

6.1.1　变压器概述

1．磁路

磁通所经过的路径叫磁路。由于铁磁物质的磁导率很大，较小的激励电流就可获得较大的磁通，故电工电子设备中，多用铁磁物质来制作铁芯，使磁场集中在铁芯中，构成所需的磁路，如图 6-1 所示。

在图 6-1（a）中，当线圈通过电流后，大部分磁通沿铁芯和工作气隙构成回路，这部分磁通称为主磁通，用ϕ表示。还有小部分经空气自成回路，这部分磁通称为漏磁通，用ϕ_s表示。漏磁通比主磁通小得多，分布也较复杂，一般可忽略不计。

磁路分为无分支磁路和有分支磁路两种。图 6-1（a）中的磁通是无分支磁通，因为主磁通只有一条路径；图 6-1（b）中的磁通是有分支磁通，因为主磁通有两条路径（也可以有多条路径）。

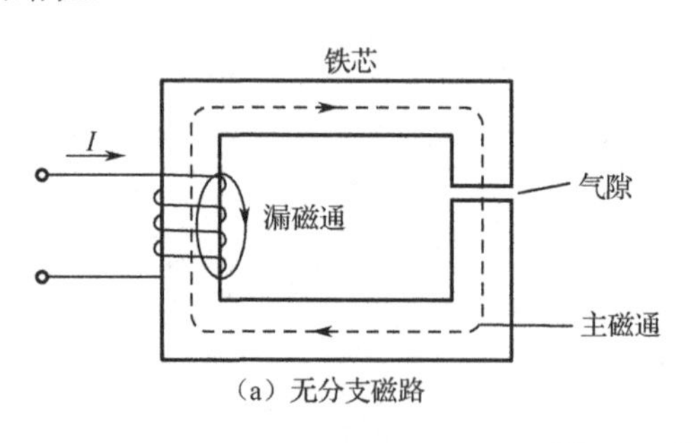

（a）无分支磁路

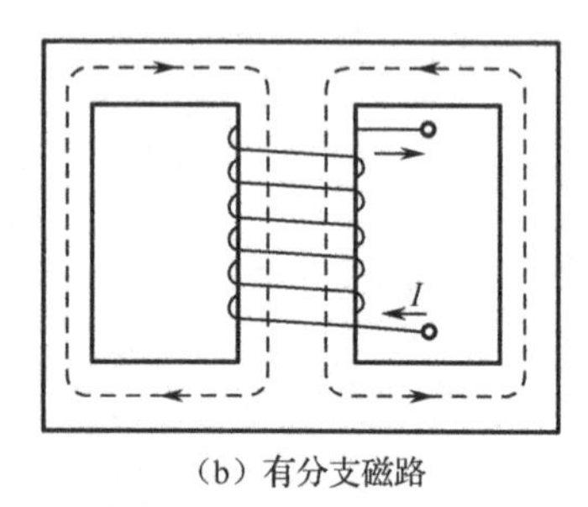

（b）有分支磁路

图 6-1　磁路

2．变压器的结构

变压器主要由没有气隙的铁芯和绕在铁芯上的两个（或多个）线圈构成，如图 6-2 所示。铁芯由很多硅钢片叠压而成。硅钢片相互绝缘，为的是减少交变磁场在铁芯上产生的涡流损耗。

线圈又称为绕组。线圈绕在铁芯上，通过铁芯传送它产生的交变磁通。线圈有一次线圈和二次线圈之分。与电源连接的线圈叫一次线圈（俗称初级）；与负载连接的线圈叫二次线圈（俗称次级）。一次线圈、二次线圈可以分别绕在铁芯的不同腿上，也可以绕在铁芯的同一条腿上。

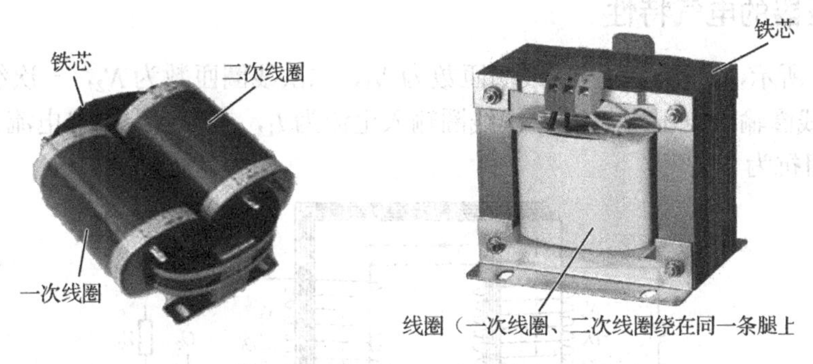

图 6-2　变压器的结构

6.1.2　变压器的工作原理

如图 6-3 所示，变压器是利用一次线圈、二次线圈之间的互感原理工作的。当一次线圈接到交流电源上时，一次回路就有交流电流流过，因而在铁芯中产生交变磁通。根据电磁感应原理，在二次线圈上就会产生感生电动势，当二次线圈连接负载时，二次回路中会有感生电流。由于变压器利用磁耦合来传递电能，因而在一次线圈和二次线圈之间就没有电路的连接，从而可以很好地分隔两个回路。

变压器一次线圈与二次线圈的匝数比，称为变压器的变压比，简称变比，用 K 表示，即

$$K=\frac{N_1}{N_2} \tag{6-1}$$

式中，N_1 为一次线圈匝数；N_2 为二次线圈匝数。

变压器的电路符号如图 6-4 所示。在分析变压器特性时，为了便于分析，通常将变压器的各种损耗忽略，将变压器当成一个理想器件来对待。理想变压器必须具有如下几个特点：

（1）一次线圈和二次线圈的电阻均为 0；

（2）不会产生漏磁通，一次线圈、二次线圈之间的耦合系数 k=1；

（3）铁芯无损耗，即交变磁通在铁芯内不产生功率损耗；

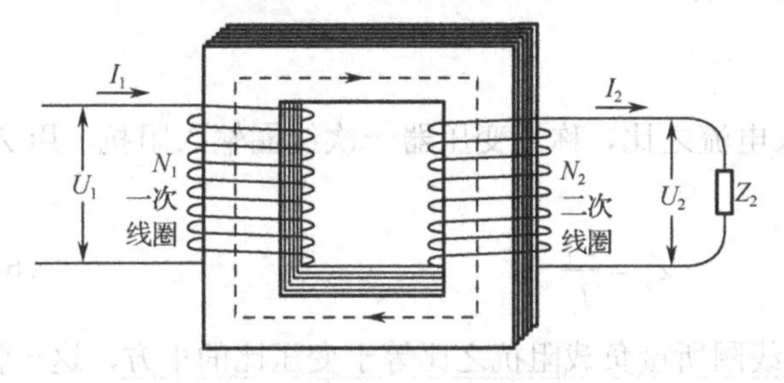

图 6-3　变压器的工作原理图

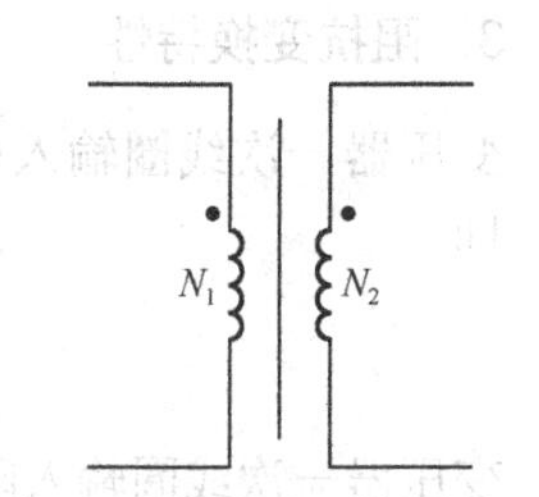

图 6-4　变压器的电路符号

（4）铁芯材料的磁导率为∞。

理想变压器其实是不存在的，因为变压器线圈是由铜线绕制的，而任何导线都有电阻，故变压器的线圈也会存在电阻；变压器铁芯在传输磁通时，也会有损耗，所以实际变压器是有一定损耗的。

6.1.3 变压器的电气特性

如图 6-5 所示，变压器的一次线圈匝数为 N_1，二次线圈匝数为 N_2，一次线圈输入电压为 U_1，二次线圈输出电压为 U_2，一次线圈输入电流为 I_1，二次线圈输出电流为 I_2，二次线圈所接负载阻抗为 Z_2。

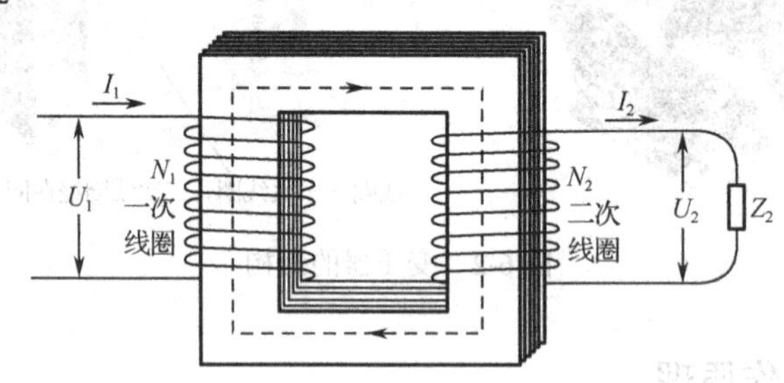

图 6-5 变压器的电气特性

1. 电压变换特性

变压器的一次线圈输入电压与二次线圈输出电压之比等于变压器的变压比，这一特性称为电压变换特性，即

$$\frac{U_1}{U_2}=\frac{N_1}{N_2}=K \tag{6-2}$$

显然，当 $N_1>N_2$ 时，$U_1>U_2$，此时变压器在降压，当 $N_1<N_2$ 时，$U_1<U_2$，此时变压器在升压。

2. 电流变换特性

变压器的一次线圈输入电流与二次线圈输出电流之比，等于变压器变压比的倒数，这一特性称为电流变换特性，即

$$\frac{I_1}{I_2}=\frac{N_2}{N_1}=\frac{1}{K} \tag{6-3}$$

3. 阻抗变换特性

变压器一次线圈输入电压与输入电流之比，称为变压器一次线圈输入阻抗，用 Z_1 表示，即

$$Z_1=\frac{U_1}{I_1} \tag{6-4}$$

变压器一次线圈输入阻抗与二次线圈所接负载阻抗之比等于变压比的平方，这一特性称为阻抗变换特性，即

$$\frac{Z_1}{Z_2}=\left(\frac{N_1}{N_2}\right)^2=K^2 \text{或} Z_1=\left(\frac{N_1}{N_2}\right)^2 Z_2=K^2 Z_2 \tag{6-5}$$

【例 1】 某理想变压器输入电压 U_1=220V，二次线圈输出电压 U_2=55V，若一次线圈的匝数 N_1=1000 匝，求：（1）二次线圈的匝数。（2）若在二次线圈两端接一个 5.5Ω 的负载电阻，此时一次、二次线圈的电流分别是多少？

解：（1）$K=\frac{N_1}{N_2}=\frac{U_1}{U_2}=\frac{220}{55}=4$，故 $N_2=\frac{N_1}{4}=\frac{1000}{4}\text{匝}=250\text{匝}$

（2）$I_2=\frac{U_2}{R_2}=\frac{55}{5.5}\text{A}=10\text{A}$

因$\frac{I_1}{I_2}=\frac{1}{K}$，故$I_1=\frac{I_2}{K}=\frac{10}{4}\text{A}=2.5\text{A}$

【例 2】 一个音频放大器的输出端接有理想变压器，如图 6-6 所示，一次线圈 N_1=240 匝，二次线圈 N_2=24 匝，用来接 8Ω 负载，此时阻抗匹配。另一个二次线圈 N_3 用来接 4Ω 扬声器，阻抗也匹配，求 N_3 的匝数。

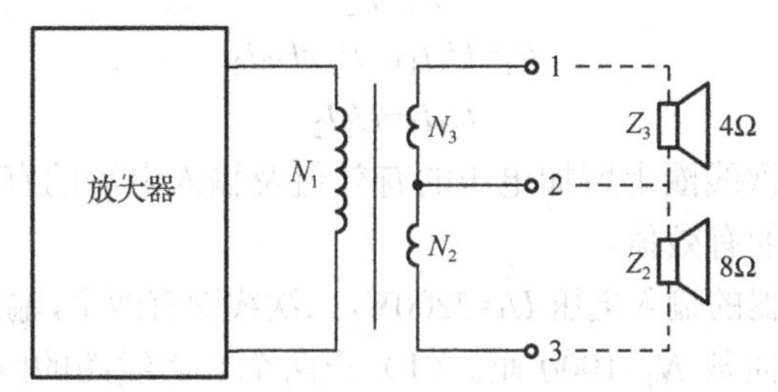

图 6-6　例 2 电路图

解：一次阻抗 Z_1 为

$$Z_1=\left(\frac{N_1}{N_2}\right)^2 Z_2=\left(\frac{240}{24}\right)^2\times 8\Omega=800\Omega$$

则

$$\frac{N_1}{N_3}=\sqrt{\frac{Z_1}{Z_3}}=\sqrt{\frac{800}{4}}\approx 14.14$$

$$N_3=\frac{N_1}{14.14}=\frac{240}{14.14}\approx 17\text{ 匝}$$

【例 3】 电路如图 6-7（a）所示，理想变压器的变压比 K=10，U_1=220V，求 I_1 和 I_2。

解：将二次电阻折算到一次电阻为

$$r=K^2\times 1=10^2\times 1\Omega=100\Omega$$

折算后，一次等效电路如图 6-7（b）所示，故有

$$I_1=\frac{U_1}{10+100}=\frac{220}{10+100}\text{A}=2\text{A}$$

从而有

$$I_2=KI_1=10\times 2\text{A}=20\text{A}$$

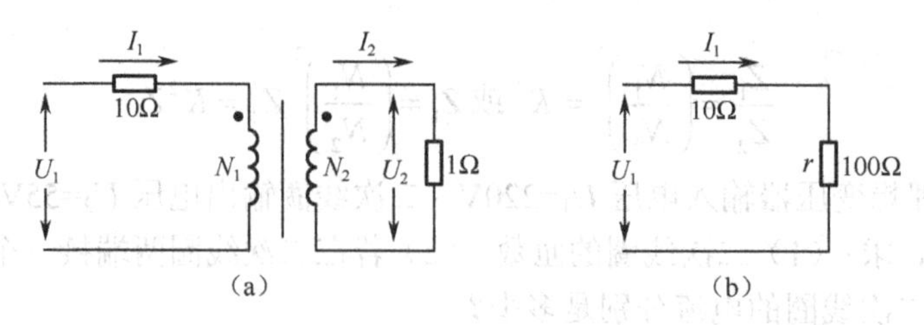

图 6-7 例 3 电路图

6.1.4 变压器的功率和效率

1. 变压器的功率

变压器的功率分为一次线圈的输入功率和二次线圈的输出功率，分别用 P_1、P_2表示。

对于一个理想变压器而言，它只起到把一次线圈的输入功率传送到二次线圈并输出的作用，其自身不消耗能量，所以有

$$P_1=P_2$$

而
$$P_1=U_1I_1，P_2=U_2I_2$$

故
$$U_1I_1=U_2I_2$$

式中，U_1、I_1 分别为一次线圈上所加电压的有效值及输入电流的有效值；U_2、I_2 分别为二次线圈输出电压和电流的有效值。

【例 4】 某电源变压器的输入电压 U_1=2200V，二次线圈有两个，输出电压分别为 U_2=220V、U_3 =110V，若一次线圈匝数 N_1=1000 匝。（1）求两个二次线圈的匝数。（2）若在 220V 的二次线圈两端，接额定电压为 220V、功率为 2200W 的负载，在 110V 的二次线圈两端，接额定电压为 110V、功率为 1100W 的负载，求此时变压器的一次功率，以及一次、二次线圈的电流。

解：（1）$K_1=\frac{N_1}{N_2}=\frac{U_1}{U_2}=\frac{2200}{220}=10$，$K_2=\frac{N_1}{N_3}=\frac{U_1}{U_3}=\frac{2200}{110}=20$

$$N_2=\frac{N_1}{K_1}=\frac{1000}{10}=100\text{ 匝}$$

$$N_3=\frac{N_1}{K_2}=\frac{1000}{20}=50\text{ 匝}$$

（2）变压器输出的总功率 P_1 为

$$P_1=P_2+P_3=2200\text{W}+1100\text{W}=3300\text{W}$$

一次电流 I_1 为

$$I_1=\frac{P_1}{U_1}=\frac{3300}{2200}\text{A}=1.5\text{A}$$

两个二次电流 I_2、I_3 分别为

$$I_2=\frac{P_2}{U_2}=\frac{2200}{220}\text{A}=10\text{A}，\quad I_3=\frac{P_3}{U_3}=\frac{1100}{110}\text{A}=10\text{A}$$

2. 涡流效应

如图 6-8 所示，绕在铁芯上的线圈通入交流电流时，就会产生不断变化的磁通穿过铁芯。铁芯内部可以看成由无数一圈一圈的闭合回路组成，并且这些回路的电阻很小。当有变化的磁通穿过这些回路时，铁芯内部就会产生很大的感生电流，称为涡流，这种现象称为涡流效应。

由于涡流效应产生的感生电流很大，把大量电能转化成热能，所以铁芯的温度会升得很高，一般情况下，这是一种电能损耗，称为涡流损耗。为了减小损耗，必须设法减小涡流。怎样减小涡流呢？一方面可以把铁芯沿平行磁场的方向切割成很多薄片，并使它们彼此绝缘，再叠压成铁芯，如图 6-9 所示。这样就只能在薄片内形成狭小的闭合回路，回路变小，则穿过回路的磁通也减少，产生的涡流随之减小。另一方面，可以采用电阻率大的金属材料做铁芯（如硅钢等），以增加闭合回路的电阻，从而减小涡流。变压器、电动机、镇流器等就是利用这种办法减小涡流损耗的。

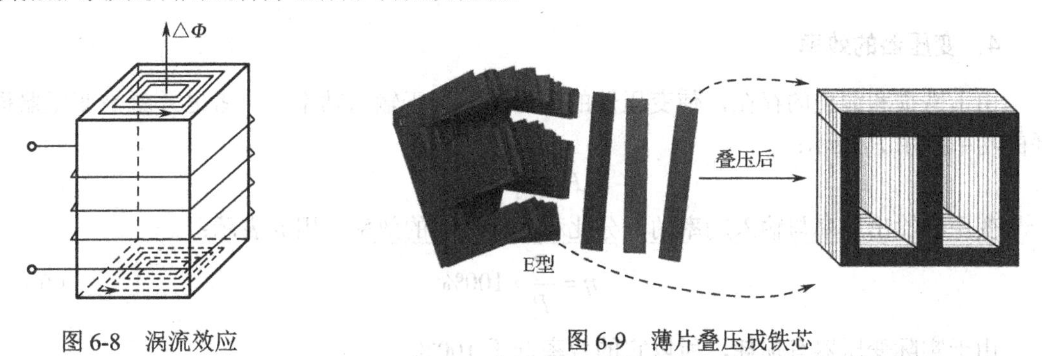

图 6-8　涡流效应　　　　图 6-9　薄片叠压成铁芯

在变压器、电动机、电磁铁等电气设备中，往往希望涡流越小越好，这样可以减小电能的损耗，提高设备的工作效率。因此在制作变压器、电动机、电磁铁等电气设备时，必须想方设法减小涡流。

涡流也并非无用，涡流产生的热量也可为人们的生活服务，例如，电磁灶就是利用涡流效应制作出来的，这种只见热量不见火的炊具极受人们的青睐。

3. 变压器的铁损和铜损

实际变压器在工作时的输入功率和输出功率并不相等，输入功率有一部分被变压器损耗，并转化成热量，这正是变压器工作时发热的原因。

变压器的功率损耗有两类，一类是铁芯的磁滞耗损和涡流耗损，统称为铁损；另一类是一次线圈、二次线圈的电阻消耗功率，称为铜损。通过测量变压器的空载电流和短路电流，就可估算出铁损和铜损。

1）空载电流的测定

变压器的空载电流是指一次线圈接额定电压、二次线圈完全空载时测得的一次电流。这个电流与一次电压的乘积为空载损耗，它大致上反映了铁损的大小。变压器的空载电流越小，说明铁损越小，铁芯的质量越好。一般来说，小于 10W 的变压器的空载电流约为 7～15mA；100W 变压器的空载电流约为 30～50mA；若超出此范围，则说明变压器质量有问题。

2）短路电流的测定

首先将变压器的二次线圈两端直接短接（所有二次线圈都要短接），在变压器一次回路中串入交流电流表，再与 0～250V 的交流调压器相接（将调压器调到 0V 位置上），接入市电，如图 6-10 所示。将调压器输出电压由 0V 往上调，直到电流表读数等于变压器的额定电流（如 100W 的变压器，额定电流为 0.45A），此时，变压器一次电压乘上变压器的额定电流即为“铜损”。铜损越小，变压器的质量越好，工作时温升也越低。

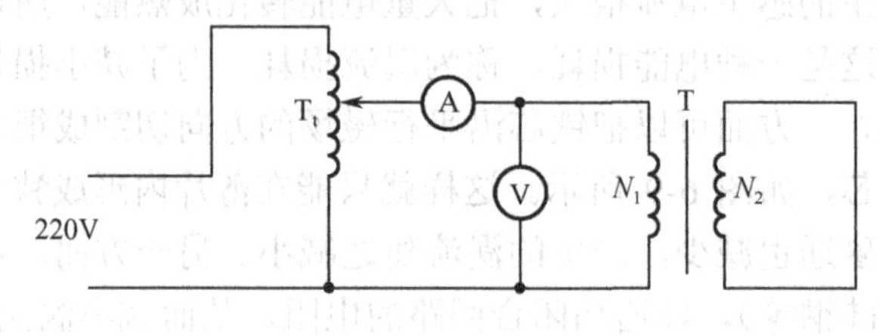

图 6-10　短路电流的测定

4．变压器的效率

由于铁损和铜损的存在，使变压器的输出功率小于输入功率，二者之差就是变压器损耗的功率，用 P_s 表示：

$$P_s = P_1 - P_2$$

变压器输出功率与输入功率的百分比称为变压器的效率，用 η 表示：

$$\eta = \frac{P_2}{P_1} \times 100\% \tag{6-6}$$

由于实际变压器有损耗，所以它的效率低于 100%。

【例 5】某变压器的一次电压为 2200V，二次电压为 220V，二次线圈接有纯阻性负载，当二次电流为 10A 时，测得一次电流为 1.1A。（1）求变压器的效率；（2）求变压器损耗的功率。

解：（1）$P_1 = U_1 I_1 = 2200 \times 1.1 = 2420\text{W}$

$P_2 = U_2 I_2 = 220 \times 10 = 2200\text{W}$

故变压器的效率 η 为

$$\eta = \frac{P_2}{P_1} \times 100\% = \frac{2200}{2420} \times 100\% \approx 91\%$$

（2）变压器的损耗功率为

$$P_s = P_1 - P_2 = 2420 - 2200 = 220\text{W}$$

6.2　电磁铁

电磁铁是一种将电转化为磁的器件，它是利用电磁感应原理工作的。电磁铁广泛用于电力技术和电子技术中。

6.2.1　铁磁物质的磁化及分类

铁磁物质从没有磁性变得具有磁性的过程称为磁化。被磁化的铁磁物质在高温或剧烈敲打等情况下又会失去磁性，这个过程称为退磁。铁磁物质在反复的磁化和退磁过程中要消耗能量，称为磁滞损耗。

铁磁物质按其磁化、退磁的特点，可分为三大类：

（1）既容易被磁化也容易退磁的铁磁物质，称为软磁性物质，主要有硅钢、软磁铁氧体等。一般用于制造电磁铁、变压器的铁芯及电动机的铁芯等。

（2）既难以被磁化也难以退磁的铁磁物质，称为硬磁性物质，主要有钨钢、铬钢、钴钢等。一般用于制造永久人造磁铁。

（3）很容易被磁化达到饱和状态，去掉外磁场后，仍能保持磁化饱和状态的铁磁物质，称为矩磁性物质，主要有锰镁铁氧体、锂锰铁氧体等。一般用于制造磁记录器件，如录音机磁带、计算机磁盘等。

6.2.2　电磁铁的分类

电磁铁是利用通电的铁芯线圈产生的电磁力吸引衔铁动作的一种装置，它主要由线圈、铁芯和衔铁三部分组成，铁芯和衔铁由软磁性材料制成。铁芯通常固定不动，衔铁是活动的。

电磁铁按线圈通入的电流种类不同，可分为直流电磁铁与交流电磁铁。

按铁芯和衔铁结构形式不同，可分为马蹄式电磁铁、拍合式电磁铁和螺管式电磁铁，如图 6-11 所示。

按用途不同，可分为牵引电磁铁、制动电磁铁和起重电磁铁等。

电磁铁的工作原理很简单，当线圈中通入电流时，铁芯就会产生磁场（磁场方向可由安培定则进行判定），并使衔铁吸向铁芯。

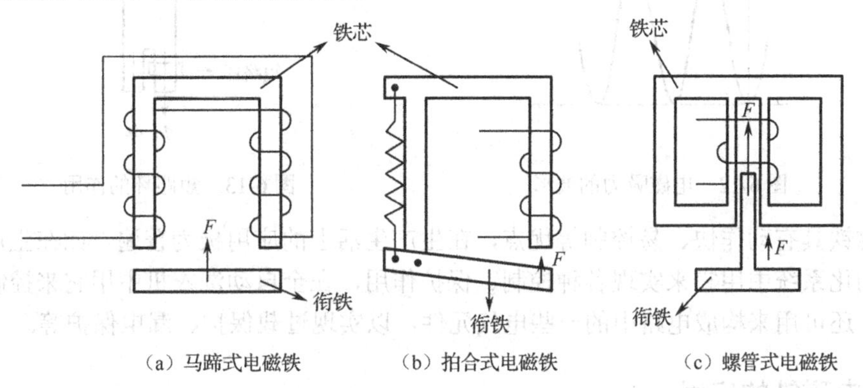

图 6-11　不同结构形式的电磁铁

1. 直流电磁铁

直流电磁铁线圈通入的电流是大小和方向不随时间变化的稳恒电流，因而它所产生的磁通也是大小和方向都不随时间变化的稳恒磁通。稳恒磁通在铁芯和衔铁内不会产生磁滞损耗和涡流损耗，可以用整块铸钢、软钢等铁磁性材料制作。

另外，由于直流电磁铁线圈产生的是稳恒磁通，所以衔铁将受到稳定的电磁吸力作用而被吸向铁芯。直流电磁铁的吸力计算公式如下：

$$F = 4B^2 S \times 10^5 \tag{6-7}$$

式中，F 表示力，单位为牛顿（N）；B 表示磁感应强度，单位为特斯拉（T）；S 表示磁铁两极的总面积，单位为平方米（m^2）。

2. 交流电磁铁

交流电磁铁线圈通入的电流是大小和方向随时间改变的交变电流，它所产生的磁通是交变磁通。交变磁场会在铁芯和衔铁内部产生磁滞损耗和涡流损耗而使之发热。因而交流电磁铁的铁芯和衔铁不能用整块的铁磁性材料制作，而要用彼此绝缘的硅钢片叠压制成，以减小损耗。

交流电磁铁的吸力计算公式如下：

$$F = 4B^2 S \times 10^5 (1 - \cos 2\omega t) \tag{6-8}$$

式中，F 表示力，单位为牛顿（N）；B 表示交变磁感应强度的有效值，单位为特斯拉（T）；S 表示磁铁两极的总面积，单位为平方米（m^2）。

由上式可知，由于交流电磁铁线圈产生的是交变磁通，所以它的电磁吸力是变动的，总在零与最大值之间变化，如图 6-12 所示，衔铁会以两倍于交流电流的频率振动，从而产生噪声，还会使电磁铁结构松动，寿命缩短。为了消除这些影响，可以在铁芯磁极的部分端面套一个短路环，如图 6-13 所示。工作时，短路环会产生感应电流，阻碍磁通的变化，这样磁极端面两部分的磁通ϕ_1和ϕ_2之间就会产生相位差，两部分的电磁吸力就不会同时降为零，磁极总是具有一定的电磁吸力，这就消去了衔铁的振动和噪声。

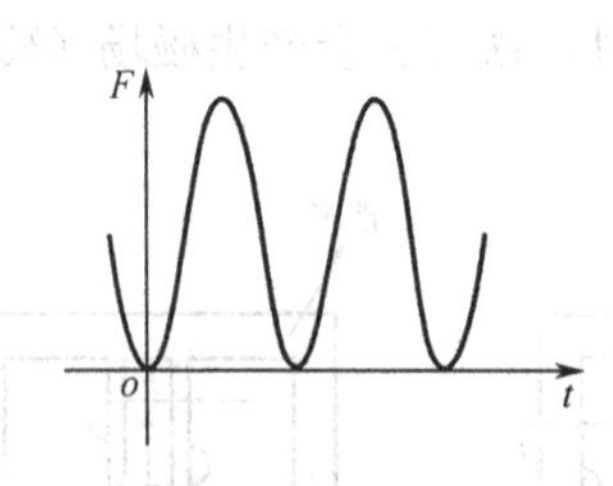

图 6-12　电磁吸力的波形

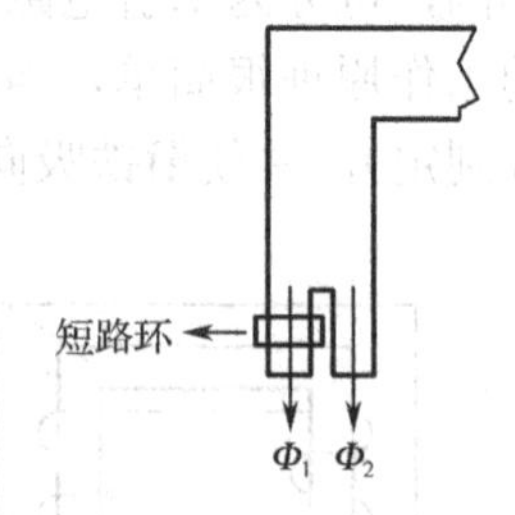

图 6-13　短路环的作用

电磁铁具有动作快、易控制等优点，在生产生活上的应用极为普遍，如在生产自动化或半自动化系统中用它来实现各种控制、保护作用，在全自动洗衣机中用它来控制进、排水动作，还可用来构成电路中的一些电气元件，以实现过载保护、漏电保护等。

6.2.3　电磁铁的应用

电磁铁的应用非常广泛，这里不妨以电力技术和电子技术中常用的几种元器件为例来说明。

1. 继电器

1）外形

继电器是一种控制器件，由电磁铁和开关组成。它使用电磁铁技术来控制开关的接通或断开，进而实现自动控制。图 6-14 是继电器的外形和电路符号。

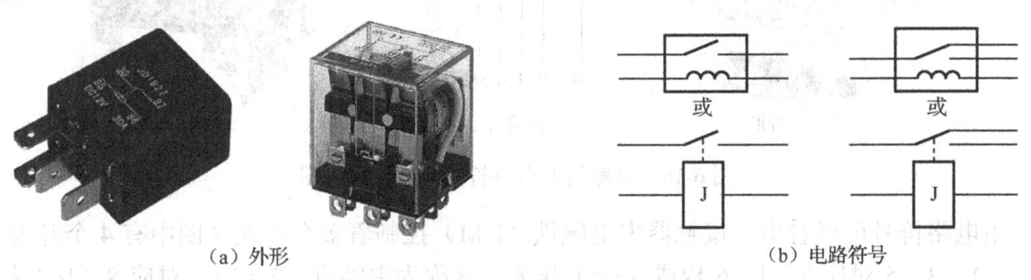

（a）外形　　（b）电路符号

图 6-14　继电器的外形和电路符号

2）工作原理

图 6-15（a）是继电器的结构图，其中，电磁铁由铁芯和线圈构成；动片和定片构成一对触点，相当于一个开关，动片和定片分别充当开关的刀和掷；线圈引出两个引脚，即 A 和 B，动片和定片也各引出一个引脚，分别为 C 和 D。A、B 用来接直流电源，C、D 用来接被控电路。

如将电路按图 6-15（b）所示进行连接，则可控制交流电动机的工作与否。当线圈通以一定强度的电流后就会产生较强的磁场，从而使衔铁向下运动，最终使动片和定片接通，相当于开关闭合，被控电动机工作。若切断线圈电流，则继电器释放，动片复位，开关断开，电动机停转。

如果用一个电磁铁控制多对动片/定片组，就可形成多个开关，从而能满足不同的用途。

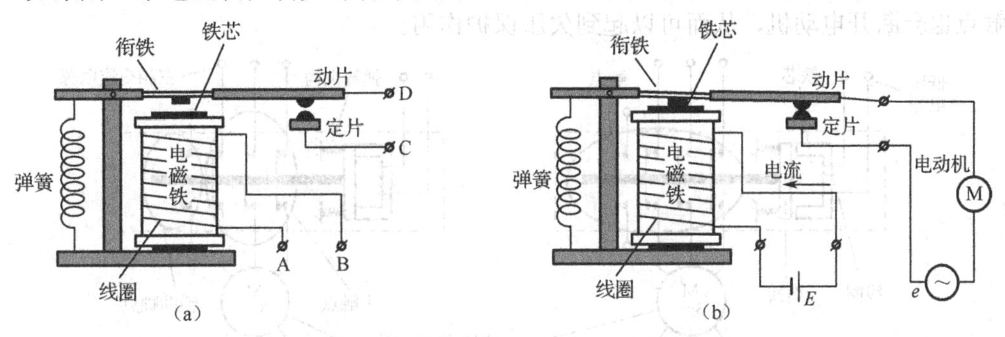

图 6-15　继电器的结构及工作原理图

2. 接触器

1）外形

接触器一般用于大电流电力电器设备主电路的频繁接通和断开控制。它利用电磁铁对衔铁的吸合或释放来完成触点的闭合或断开，主要适用于操作频繁、容量大、距离远的主电路控制。图 6-16 是接触器的电路符号及常见外形图。

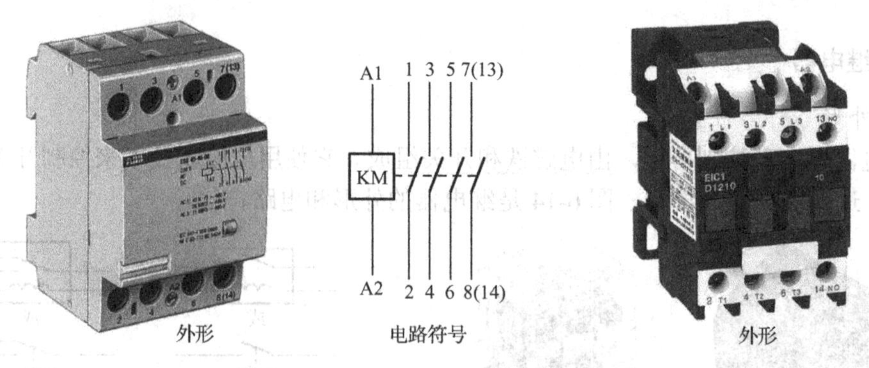

图 6-16 接触器的电路符号及常见外形图

由电路符号可以看出，接触器中电磁铁（KM）控制着多个开关（图中有 4 个开关），其中，1、3、5 对应 2、4、6 构成 3 个主开关，常称为主触点；7（13）对应 8（14）构成一个辅助开关，称为辅助触点。主触点的开关容量大，一般为 5A 以上，用来接大电流电器；辅助触点的开关容量小，常为 5A 以下，可作小电流控制。A1 和 A2 接低压电源，用来给线圈供电。

2）工作原理

接触器的工作原理可用图 6-17 来说明。图中接触器控制着三相交流电动机的运转和停转。当线圈未接通低压电源时，各触点均处于断开位置，如图 6-17（a）所示，电动机停转。当接触器的线圈接通低压电源后，线圈产生磁场，使铁芯产生磁场力吸引衔铁克服弹簧弹力向铁芯吸合，同时衔铁带动各触点闭合，如图 6-17（b）所示，此时主触点接通电动机，电动机运转。如果切断线圈电流，磁场力就会消失，衔铁在弹簧弹力的作用下与铁芯分离，回到初始位置，电动机又停止运转。

当线圈的工作电压低于其额定工作电压的 80%左右时，磁场力不足以使主触点吸合，主触点也会断开电动机，从而可以起到欠压保护作用。

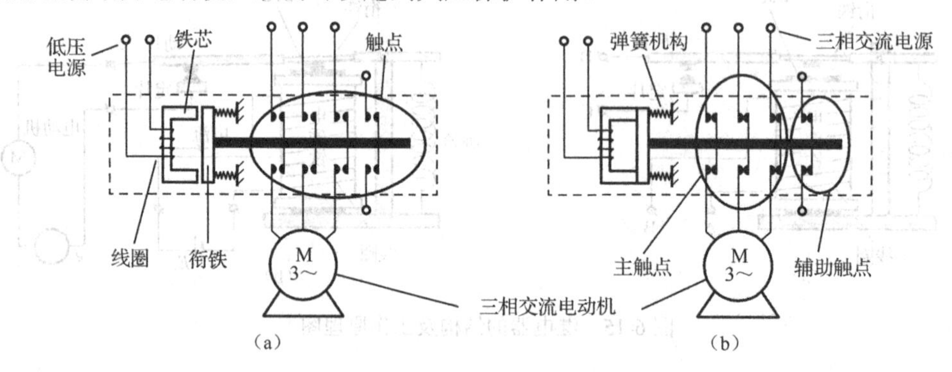

图 6-17 接触器的工作原理图

3．漏电保护器

1）外形

漏电保护器又称漏电断路器，其功能是，当出现漏电时自动切断电路，从而达到保护目的。漏电保护器的外形如图 6-18 所示。图 6-18（a）是一个单相供电系统用的 2 极（2P）

漏电保护器，图 6-18（b）是一个三相四线供电系统用的 4 极（4P）漏电保护器。

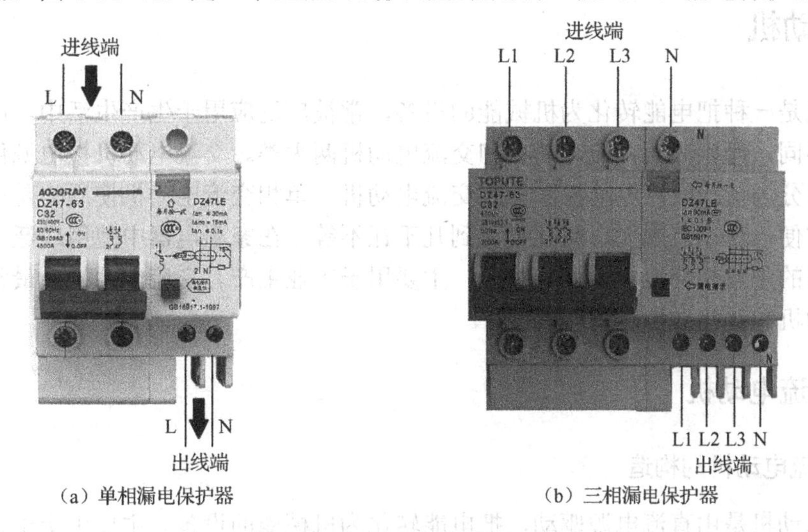

（a）单相漏电保护器　　（b）三相漏电保护器

图 6-18　漏电保护器的外形图

单相用的 2P 漏电保护器有两根进线（一根火线 L，一根零线 N）和两根出线（一根火线 L，一根零线 N），接线时，火线和零线不能接反。漏电保护器的进线和出线也不能接反。进线必须接在漏电保护器的上方，出线均接在下方。三相用的 4P 漏电保护器有四根进线（三根火线 L，一根零线 N）和四根出线（三根火线 L，一根零线 N）。

2）工作原理

参考图 6-19，漏电保护器是由断路器和漏电检测器构成的。当火线和零线正常工作时，两个线圈的电流大小相等，方向相反，在磁环中产生的磁通相互抵消，感应线圈无感应电压输出。当电路有漏电发生时，火线和零线的电流大小就会不平衡，导致穿过磁环的总磁通不为零，感应线圈就会有感应电压输出，该电压送到控制电路，由控制电路输出控制电流到脱钩线圈，脱钩线圈产生磁场，通过动作连杆，使断路器的脱钩机构脱钩，断开电路，从而达到漏电保护的目的。

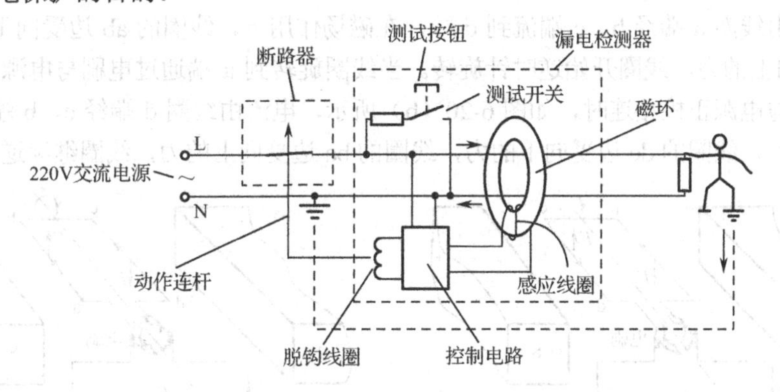

图 6-19　漏电保护器的工作原理图

6.3 电动机

电动机是一种把电能转化为机械能的设备，常被广泛应用于生产生活中。电动机按使用的电源不同，可以分为直流电动机和交流电动机两大类。交流电动机按电源供电的相数不同，可以分为单相交流电动机和三相交流电动机。单相交流电动机使用的是单相交流电源，维修方便，功率范围大，从几十瓦到几千瓦不等，在家用电器中使用广泛。三相交流电动机使用的是三相交流电源，功率大，主要用于工业生产。交流电动机中最常用的是三相异步电动机和单相异步电动机。

6.3.1 直流电动机

1. 直流电动机的构造

直流电动机是由直流电源驱动，把电能转化为机械能的设备。主要由定子、转子和电刷构成。

定子主要由定子铁芯和绕在定子铁芯上的定子线圈（又称定子绕组）组成，是电动机中固定不动的部分，用来产生恒定磁场。在小功率直流电动机中，定子由永久磁铁代替。

转子主要由圆柱体转子铁芯和绕在转子铁芯上的转子线圈（又称转子绕组）组成，是电动机中可以旋转的部分。工作时转子线圈通入直流电流，转子就能在定子产生的恒定磁场作用下旋转。

电刷是把直流电引入电动机并维持转子不断旋转的装置。

2. 直流电动机的工作原理

直流电动机是利用转子线圈中的电流，在磁场中受力而产生旋转的。图 6-20 所示为直流电动机的工作原理示意图。

当线圈 a 端通过电刷与电源正极相连，d 端通过电刷与电源负极相连时，如图 6-20（a）所示，电流由线圈 a 端经 b、c 端流到 d 端，在磁场作用下，线圈的 ab 边受向下的力，线圈的 cd 边受向上的力，线圈开始逆时针旋转。当线圈旋转到 a 端通过电刷与电源负极相连，d 端通过电刷与电源正极相连时，如图 6-20（b）所示，电流由线圈 d 端经 c、b 端流到 a 端，在磁场作用下，线圈的 dc 边受向下的力，线圈的 ba 边受向上的力，线圈继续逆时针旋转。

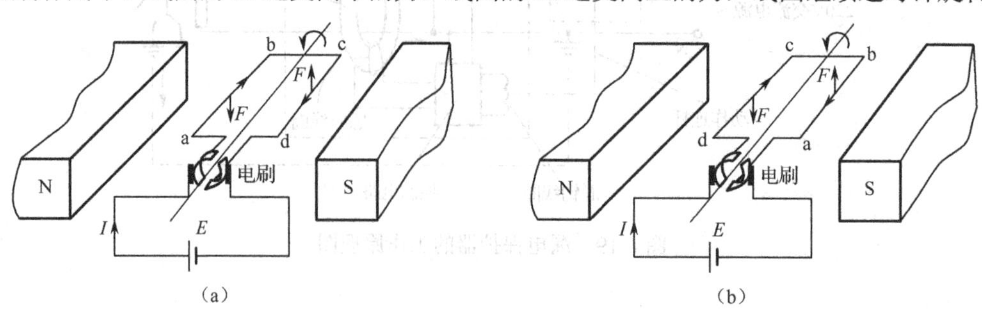

图 6-20 直流电动机的工作原理示意图

只要电源的极性不变，该直流电动机将不断地逆时针旋转下去。如果需要改变电动机的旋转方向，只要调换电源的极性即可。

顺便指出☞：直流电动机还可作为直流发电机使用，只要向它施加一个机械力，让线圈在磁场中旋转，线圈就会产生感生电动势，并经电刷而供给外部电路。

6.3.2　三相异步电动机

1. 结构

交流电动机是由交流电源驱动，把电能转化为机械能的设备。三相异步电动机由三相交流电驱动，和直流电动机一样，它也是由定子、转子和一些辅助部件构成的，如图 6-21 所示。定子主要由定子铁芯和定子绕组组成，是电动机中固定不动的部分，用来产生旋转磁场。转子是电动机中可以旋转的部分。三相异步电动机工作时，转子绕组不需要接任何电源就能在磁场的作用下旋转。

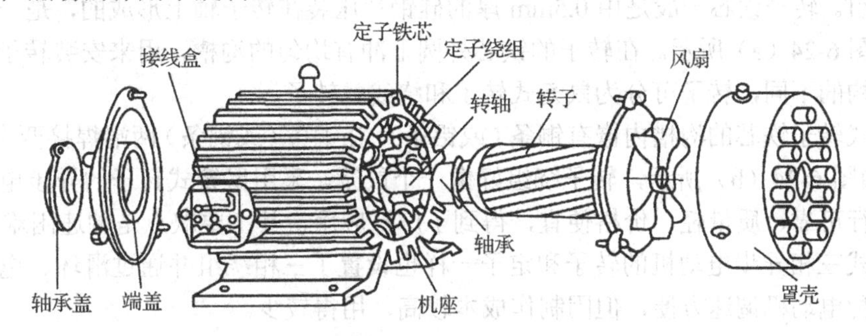

图 6-21　三相异步电动机的结构图

1）定子

定子主要由定子铁芯和定子绕组组成，定子铁芯是电动机磁路的一部分，由 0.35～0.5mm 厚，表面涂有绝缘漆的薄硅钢片叠压而成，如图 6-22（a）所示。由于硅钢片较薄，而且片与片之间是彼此绝缘的，涡流很小，所以减小了涡流损耗。铁芯内圆有均匀分布的槽口，用来嵌放定子绕组。

定子绕组一般由铜漆包线绕制而成，嵌放在定子的槽口中，是电动机的电路部分，如图 6-22（b）所示。三相异步电动机有三相绕组，每相绕组在空间排列上互差 120°，通入三相对称电流后，就会产生旋转磁场，驱动转子旋转。

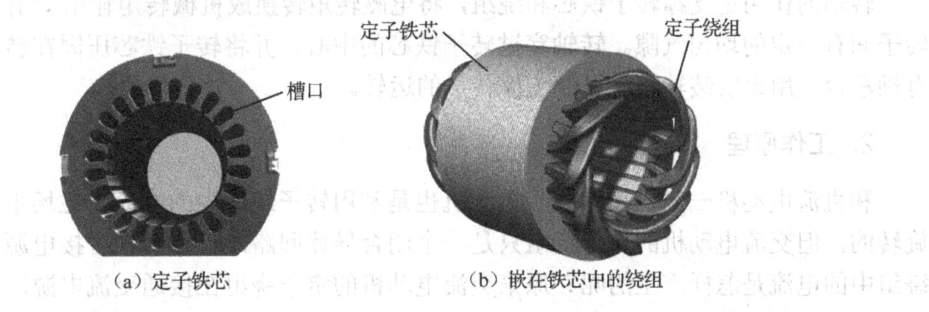

（a）定子铁芯　　（b）嵌在铁芯中的绕组

图 6-22　三相异步电动机的定子

三相绕组分别用 U、V、W 表示，每相绕组的首、末端用符号 U_1-U_2、V_1-V_2、W_1-W_2 标记，有 6 个出线端引至接线盒上。这 6 个出线端在接线盒里的排列如图 6-23 所示，可以接成星形，也可接成三角形。

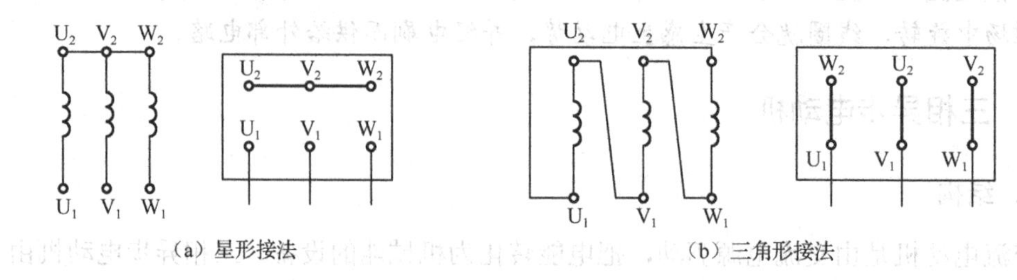

（a）星形接法　　（b）三角形接法

图 6-23　三相绕组的连接

2）转子

转子由转子铁芯、转子绕组和转轴构成。转子铁芯是电动机磁路的一部分，其上安装了转子绕组。转子铁芯一般是由 0.5mm 厚的硅钢片压装在转子轴上形成的，是一个圆柱体结构，如图 6-24（a）所示。在转子的铁芯外圆上冲有均匀的沟槽，用来安装转子绕组。根据绕组结构的不同，转子可分为鼠笼式转子和绕线式转子。

鼠笼式转子铁芯的沟槽内嵌有铜条（或铝条），在铜条（或铝条）两端焊接两个铜环（或铝环），如图 6-24（b）所示，转子绕组好像一个鼠笼。采用鼠笼式转子的异步电动机结构简单、运行可靠、质量轻、价格便宜，得到了广泛应用，其主要缺点是调速困难。

绕线式三相异步电动机的转子和定子一样也设置了三相绕组并通过滑环、电刷与外部连接。这种电动机调速方便，但因制作成本较高，用得较少。

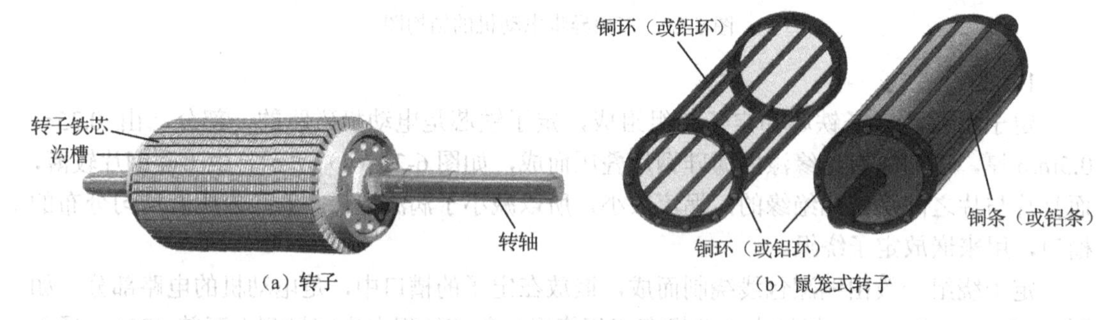

（a）转子　　（b）鼠笼式转子

图 6-24　三相异步电动机的转子

转轴的作用是支撑转子铁芯和绕组，将电磁转矩转换成机械转矩输出，并保证定子与转子间有一定的均匀气隙。转轴穿过转子铁芯的中心，并将转子铁芯压固在转轴上，两端有轴承台，用来安装轴承，以便支撑转子的运转。

2. 工作原理

和直流电动机一样，三相异步电动机也是利用转子绕组中的电流在磁场中受力而产生旋转的。但交流电动机的转子绕组只是一个闭合导体回路，回路中没有接电源，那么转子绕组中的电流是怎样产生的呢？原来交流电动机的定子绕组在接通交流电源后，能产生一个旋转磁场，正是这个旋转磁场使转子绕组中产生了电流。下面来分析一下旋转磁场的产生过程。

1）旋转磁场的产生

定子铁芯中安置有三相对称绕组 U、V、W，各相绕组在空间上互差 120°，如图 6-25（a）所示。各绕组的始端分别用 U_1、V_1、W_1 表示，末端分别用 U_2、V_2、W_2 表示。当电流为正时，代表电流从始端流入，末端流出；当电流为负时，代表电流从始端流出，末端流入。假如三相绕组采用星形连接，如图 6-25（b）所示，向这三相绕组通入图 6-25（c）所示的三相对称交流电。

在 $\omega t=0$ 时，$i_U=0$，i_V 为负值，i_W 为正值，此时 V 相电流从 V_2 流进，V_1 流出，而 W 相电流从 W_1 流进，W_2 流出。根据安培定则可以确定 V 相电流产生的磁场 B_V 指向左下方，而 W 相电流产生的磁场 B_W 指向右下方，故三相电流所产生的合成磁场 B 如图 6-25（d）所示。这时的合成磁场是一对磁极，磁场方向由上指向下。

在 $\omega t=\pi/2$ 时，i_U 由零变为最大值，电流由 U_1 流入，U_2 流出；i_V 仍为负值，方向不变；i_W 也变为负值，电流由 W_1 流出，W_2 流入，这时的合成磁场方向如图 6-25（e）所示，方向由右指向左，可见磁场方向已经较 $\omega t=0$ 时按顺时针方向旋转了 90°。

同理，可以判断出在 $\omega t=\pi$，$\omega t=3\pi/2$ 及 $\omega t=2\pi$ 时的合成磁场方向，分别如图 6-25（f）、（g）和（h）所示。由图可知，合成磁场按顺时针方向旋转。从 $\omega t=0$ 至 $\omega t=2\pi$，合成磁场共旋转了一周。只要交流电继续通下去，合成磁场也就继续旋转下去。

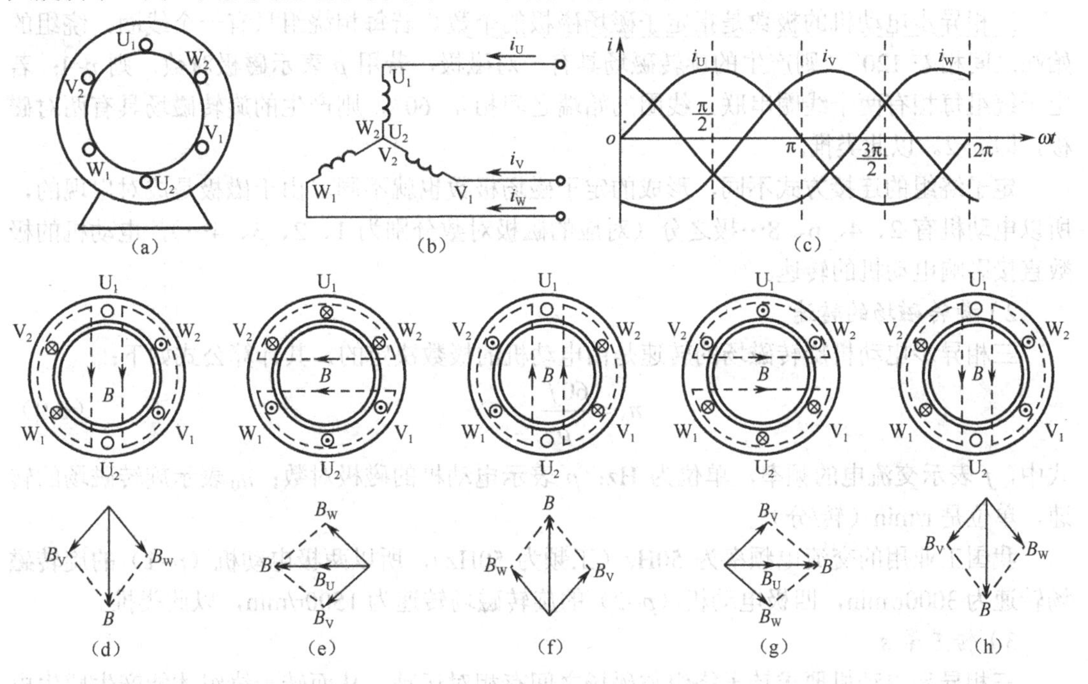

图 6-25　旋转磁场的产生

通过以上分析，可以得出结论：当三相异步电动机的三相绕组通以三相对称交流电时，定子就会产生旋转的合成磁场，常称该磁场为旋转磁场。

2）转子的旋转

如图 6-26 所示，三相异步电动机刚通电时转子是静止不动的，而定子绕组在接通交流电源后会产生旋转磁场，这样就相当于转子与磁场之间产生了相对运动，即转子绕组作切割磁力线运动，从而在转子绕组的闭合回路中产生了感生电流。

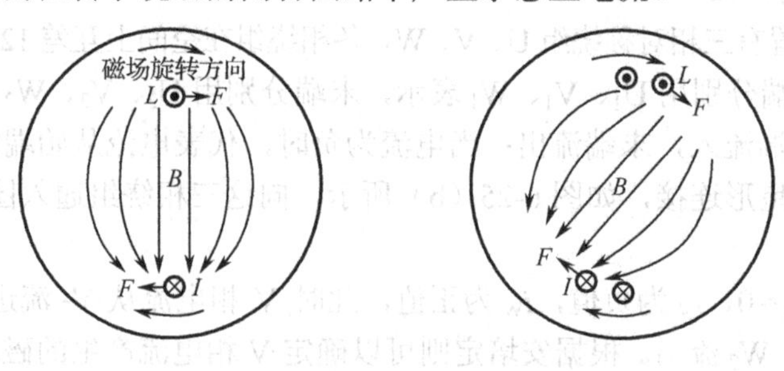

图 6-26　交流电动机的工作原理图

转子绕组产生了感生电流后，感生电流又会在磁场中受力，使转子绕组产生转动。图中，*B* 为定子绕组在电动机内部空间产生的顺时针旋转磁场，*L* 为转子绕组中的一匝线圈，*I* 为该匝线圈中产生的感生电流，*F* 为感生电流在磁场 *B* 中所受的力（*F* 的方向可用左手定则来判定）。

3．三相异步电动机的极数与转速

1）三相异步电动机的极数

三相异步电动机的极数是指定子磁场磁极的个数。若每相绕组只有一个线圈，绕组的始端之间相差 120°，则产生的旋转磁场具有一对磁极，若用 p 表示磁极对数，则 p=1；若定子绕组每相有两个线圈串联，线圈的始端之间相差 60°，则产生的旋转磁场具有两对磁极，即 p=2。以此类推。

定子绕组的连接方式不同，形成的定子磁场极数也就不同。由于磁极是成对出现的，所以电动机有 2、4、6、8…极之分（对应的磁极对数分别为 1、2、3、4…），电动机的极数直接影响电动机的转速。

2）旋转磁场的转速

三相异步电动机旋转磁场的转速是由电动机的极数决定的，其计算公式如下：

$$n_0=\frac{60f}{p} \tag{6-9}$$

式中，f 表示交流电的频率，单位为 Hz；p 表示电动机的磁极对数；n_0 表示旋转磁场的转速，单位是 r/min（转/分）。

我国工业用的交流电频率为 50Hz（工频为 50Hz），所以两极电动机（p=1）的旋转磁场转速为 3000r/min，四极电动机（p=2）的旋转磁场转速为 1500r/min，以此类推。

3）转差率 s

三相异步电动机要求转子绕组与磁场之间有相对运动，从而转子绕组才能产生感生电流，进而转子才能旋转。这就说明在三相异步电动机中，转子的转速要小于旋转磁场的转速，也就是说它们二者之间不可能同步，而必须“异步”，这就是异步电动机名称的由来。

电动机旋转磁场的转速 n_0 与转子转速 n 之差（n_0-n）称为转速差，转速差与旋转磁场转速的百分比叫作转差率，用符号 s 表示。转差率的计算公式为

$$s = \frac{n_0 - n}{n_0} \times 100\% \quad (6\text{-}10)$$

在实践中，常将转子的转速称为电动机的转速。由上式变形可得电动机的转速 n 为

$$n = (1-s)n_0 \quad (6\text{-}11)$$

转差率是异步电动机的一个重要参数，常用转差率来表示电动机的运行速度。电动机空载时转差率很小，即转子的转速接近旋转磁场的转速。随着负载的增加，转差率也增大。优质的三相异步电动机驱动额定负载运行时，其转差率很小，常为2%～6%。

【例 6】 有一个 6 极工频电动机，其转差率为 5%，在额定负载下运行时，其转速是多少？

解：6 极工频电动机的磁极对数 p=3，故

$$n_0 = \frac{60f}{p} = \frac{60 \times 50}{3} = 1000 \text{ 转/分}$$

$$n = (1-s)n_0 = (1-5\%) \times 1000 = 950 \text{ 转/分}$$

4. 三相异步电动机的控制

1）启动/停止控制

如图 6-27 所示，S 为三相闸刀开关，合上 S 后，三相电源被引入控制电路，但电动机还不能启动。SB_1 为启动开关，该开关为常开按钮开关，只有按下时才闭合，松开后就断开。SB_2 为停止开关，该开关为常闭开关，只有按下时才断开，松开后又闭合。

启动控制过程是这样的：按下启动开关 SB_1，接触器 KM 线圈通电，与 SB_1 并联的 KM 辅助触点闭合，以确保松开 SB_1 后 KM 线圈继续通电。同时，串联在电动机回路中的 KM 主触点也闭合，电动机获得三相供电而连续运转，从而实现启动控制。

停止控制过程是这样的：按下停止开关 SB_2，接触器 KM 线圈断电，KM 辅助触点断开，以确保松开开关 SB_2 后 KM 线圈继续断电，串联在电动机回路中的 KM 主触点断开，电动机停转。

2）点动控制

如图 6-28 所示，S 为三相闸刀开关，合上 S 后，三相电源被引入控制电路，但电动机还不能工作。SB 为点动控制开关，该开关是一个常开开关。按下 SB，接触器 KM 线圈通电，KM 主触点接通，电动机运转，松开 SB，接触器 KM 线圈断电，KM 主触点断开，电动机停转；再次按下 SB，电动机再次运转，再次松开 SB，电动机再次停转，从而实现点动控制。

3）正/反转控制

由于三相异步电动机的旋转方向与磁场的旋转方向一致，而磁场的旋转方向又与三相电源的相序一致，所以要使电动机反转只需使旋转磁场反转，因此，只要将三根相线中的任意两根对调即可实现电动机反转。

如图 6-29 所示，正向转动过程是这样的：按下 SB_1，接触器 KM_1 线圈通电，与 SB_1 并联的 KM_1 辅助触点闭合，以确保 KM_1 线圈继续通电，同时，串联在电动机回路中的 KM_1 主触点也闭合，电动机正向运转。

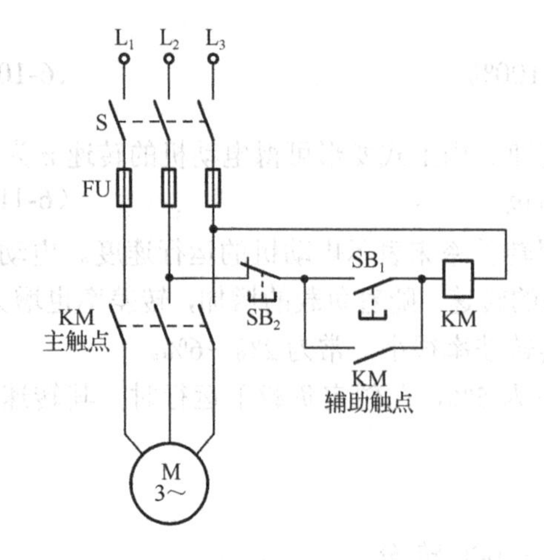

图 6-27 启动/停止控制

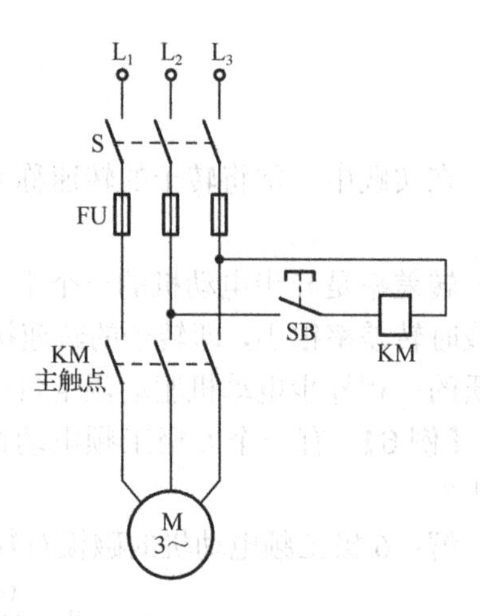

图 6-28 点动控制

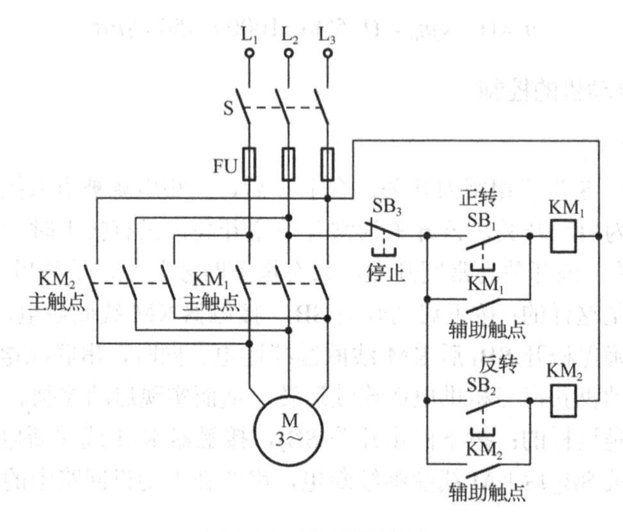

图 6-29 正/反转控制

按下 SB_3，接触器 KM_1 线圈断电，KM_1 的辅助触点和主触点均断开，切断了电动机的电源，电动机停转。

反向转动过程是这样的：按下 SB_2，接触器 KM_2 线圈通电，KM_2 的辅助触点和主触点均闭合，此时 L_1 和 L_3 交换，使三相电源的相序发生了改变，故电动机反向运转。

值得注意的是，KM_1 和 KM_2 线圈不能同时通电，因此不能同时按下 SB_1 和 SB_2，也不能在电动机正转时按下反转按钮，或在电动机反转时按下正转按钮。正转与反转之间的交换一定要经过停止过程，否则会引起短路现象。

4）电动机转速控制

在生产生活中，有时需对电动机的转速进行控制，如加快或减慢转速，这个过程称为调速。调速是一件很有意义的事情，它意味着可以根据实际需要来控制电动机的转速。由转差率公式

$$n=(1-s)n_0=(1-s)\frac{60f}{p}$$

可知，调速有三种方法：第一种是通过改变交流电的频率 f 来改变电动机的转速，这种方法称为变频调速；第二种是通过改变定子磁场磁极对数 p 来改变电动机的转速，这种方法称为变极调速；第三种是通过改变转差率 s 来改变电动机的转速，这种方法称为变转差率调速。

由于后两种方法都涉及电动机的结构，故实施起来很不方便，因而应用很少。而第一种方法不涉及电动机的结构，只须改变电源的频率即可，故实施起来比较容易，因而得到了广泛应用，例如，变频空调中的电动机就使用了这种技术。

采用变频调速技术时，要求先将 50Hz 的交流电变换为直流电，再由逆变器将直流电变换为频率和有效值均可调的三相交流电提供给三相异步电动机，如图 6-30 所示。

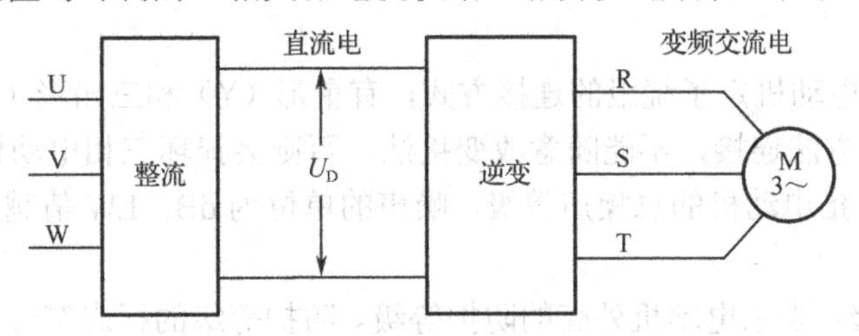

图 6-30　变频调速原理

5. 三相异步电动机的型号与参数

1）型号

第一部分：用汉语拼音字母“Y”表示异步电动机。

第二部分：用数字表示机座中心高（机座不带底脚时与机座带底脚时相同）。

第三部分：用英文字母表示机座长度代号（S—短机座，M—中机座，L—长机座），若字母后还有数字，则数字表示铁芯长度代号。

第四部分：用数字表示电动机的极数。

例如 Y132S1-2：第一部分“Y”表示异步电动机；第二部分“132”表示机座中心高为 132mm；第三部分用英文字母“S”表示短机座，字母后的数字“1”表示铁芯长度代号，即第 1 种铁芯长度；第四部分用数字“2”表示电动机的极数为 2 极。

2）参数

三相异步电动机的参数有如下几项：

（1）额定功率：指在满载运行时电动机所输出的额定机械功率，用 P_N 表示，单位为瓦（W）或千瓦（kW）。

（2）额定电压：指电动机在额定状态下运行时接到电动机绕组上的线电压，用 U_N 表示，单位为伏（V）或千伏（kV）。电动机要求所接的电源电压值的变动一般不应超过额定电压的±5%。电压过高，电动机容易烧毁；电压过低，电动机难以启动，即使启动，电动机也可能带不动负载，容易烧坏。

（3）额定电流：指电动机在额定电压下，输出额定功率时流入定子绕组的线电流，用 I_N 表示，单位为安（A）。若电动机超过额定电流过载运行，电动机就会过热，甚至烧毁。

（4）额定频率：指电动机所接的交流电源的频率，用 f_N 表示，我国规定标准电源频率为 50Hz。

（5）额定转速：指电动机在额定工作状态下运行时的转速，用 n_N 表示，一般略小于对应的磁场转速。

（6）绝缘等级：指电动机所采用绝缘材料的耐热能力，它表明电动机允许的最高工作温度。绝缘等级是按电动机绕组所用的绝缘材料在使用时容许的极限温度来分级的。

（7）温升：指电动机的运行温度与环境温度之间的差值，它反映了电动机运行时的发热情况，是电动机的运行参数。

（8）工作制（工作方式）：指电动机的运转状态，分为连续（S1）、短时（S2）和断续三种（S3）。

（9）接法：指电动机定子绕组的连接方式，有星形（Y）和三角形（△）两种接法。定子绕组只能按规定方法连接，不能随意改变接法，否则会损坏三相电动机。

（10）LW 值：指电动机的总噪声等级。噪声的单位为 dB。LW 值越小，表示电动机运行的噪声越低。

（11）防护等级：表示电动机外壳的防护等级。防护等级的标志符号是 IP，其后面的两位数字分别表示电动机防固体和防水能力，数字越大，防护能力越强，如 IP44 中第一位数字“4”表示电动机能防止直径或厚度大于 1mm 的固体进入电动机内壳，第二位数字“4”表示能承受任何方向的溅水。

三相异步电动机的参数很重要，了解了这些参数，就能看懂电动机的铭牌，为正确使用电动机打好基础。例如，某电动机的机座上有一块铭牌，其上信息如图 6-31 所示，了解了电动机的参数，就很容易明白铭牌上各信息的含义。

三相异步电动机					
型　　号	Y132M-4	功　　率	7.5kW	频　　率	50Hz
电　　压	380V	电　　流	15.4A	接　　法	△
转　　速	1440r/min	绝缘等级	E	工作方式	连续
温　　升	80℃	防护等级	IP44	质　　量	55kg

图 6-31　电动机的铭牌

6.3.3　单相异步电动机

1．单相异步电动机的结构

单相异步电动机由单相交流电驱动，具有结构简单、应用方便、成本低廉的特点，广泛用于家用电器中，如洗衣机、电风扇等。图 6-32 是单相异步电动机的结构图，它与三相异步电动机一样，也是由定子、转子和一些辅助部件构成的。定子主要由定子铁芯和定子绕组组成，用来产生旋转磁场。转子是电动机中可以旋转的部分，转子绕组无须接任何电源就能在旋转磁场的作用下旋转。

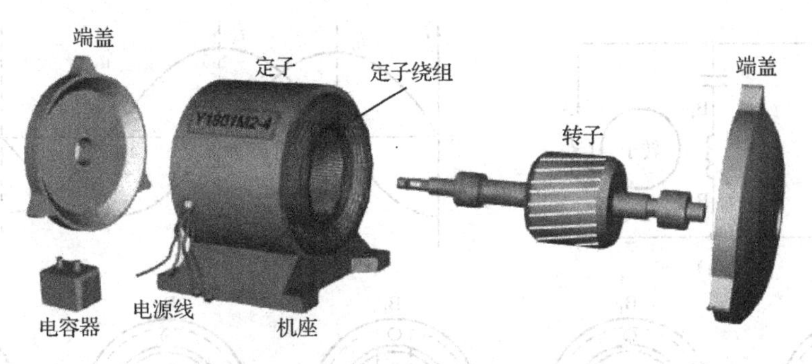

图 6-32　单相异步电动机的结构图

2. 单相异步电动机的工作原理

单相异步电动机也有多种类型，目前以电容分相式电动机最为常见，因此主要介绍一下这类电动机。电容分相式电动机的定子绕组由主绕组（又称工作绕组）和副绕组（又称启动绕组）两个绕组组成，主、副绕组的连接如图 6-33（a）所示。绕组 A 为主绕组，绕组 B 为副绕组。副绕组中串接了电容器，称为启动电容。主、副绕组通入单相交流电流后，因电容器的原因，副绕组中的电流在相位上超前主绕组中的电流，这种把一个单相交流电流变为两个相位不一样的交流电流的过程称为分相。

1）*旋转磁场的产生*

主、副绕组在空间上互差 90°，主绕组的始、末端分别用 A_1、A_2 表示，副绕组的始、末端分别用 B_1、B_2 表示。当电流为正时，代表电流从始端流入，末端流出；当电流为负时，代表电流从始端流出，末端流入。

当电动机通电时，由于电容的作用，i_B 总是超前 i_A。为了便于分析，不妨设 i_B 超前 i_A 90°，波形如图 6-33（b）所示。

当 $\omega t=0$ 时，$i_B=0$，i_A 为负值，即主绕组电流从 A_2 流进，A_1 流出，根据安培定则可以确定主绕组产生的磁场 B 指向下方，如图 6-33（c）所示。

当 $\omega t=\pi/2$ 时，$i_A=0$，i_B 达到正的最大值，副绕组电流由 B_1 流入，B_2 流出，这时的磁场方向如图 6-33（d）所示，方向指向左方。可见磁场方向已经较 $\omega t=0$ 时按顺时针方向旋转了 90°。

同理，可以判断出在 $\omega t=\pi$，$\omega t=3\pi/2$ 及 $\omega t=2\pi$ 时的磁场方向，分别如图 6-33（e）、（f）和（g）所示。由图可知，磁场按顺时针方向旋转。从 $\omega t=0$ 至 $\omega t=2\pi$，磁场共旋转了一周。只要交流电继续通下去，磁场也就继续旋转下去。

通过以上分析可以得出结论：当电容分相式单相异步电动机通以单相交流电时，定子就会产生旋转磁场。

2）*转子的旋转*

单相异步电动机的转子也是笼型转子，当定子绕组接通交流电源时会产生旋转磁场，这样就相当于转子与磁场之间产生了相对运动，转子绕组的闭合回路中就会产生感生电流。转子绕组产生了感生电流后，感生电流又会在磁场中受力，从而使转子绕组产生转动。

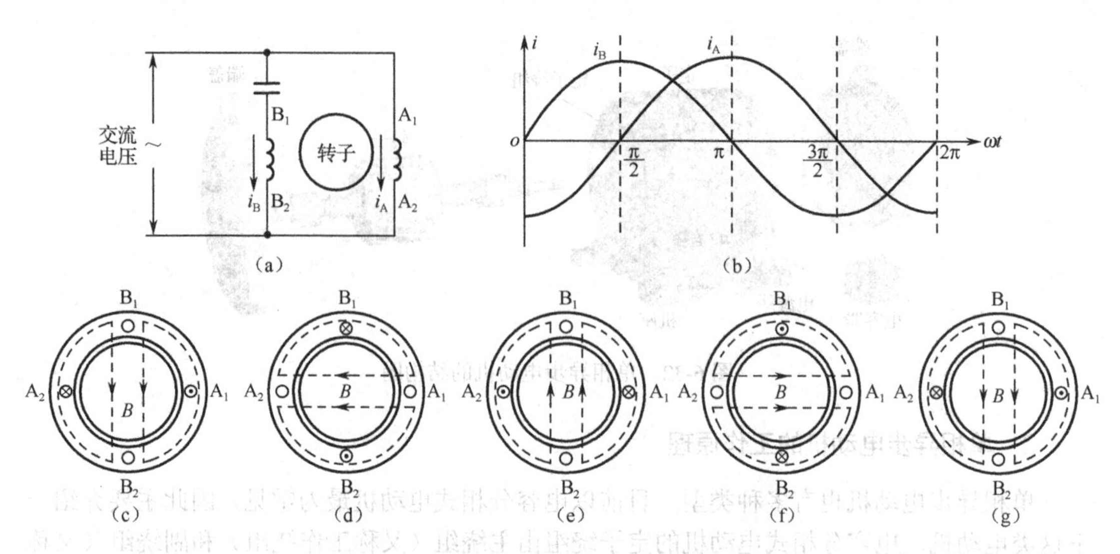

图 6-33　单相异步电动机旋转磁场的产生

若将主绕组（或副绕组）的始、末端对调一下，就会产生反向旋转磁场，电动机就会反向旋转。

提醒你：实践证明，只要定子两个绕组中的电流有相位差，且两个绕组在空间分布上有一定的角度，那么它们产生的磁场就是旋转磁场，就可以驱动转子旋转。如果启动电容损坏，分相也就不复存在，电动机停止转动。

3．单相异步电动机的控制

1）转向控制

通过简单的外部连接，就可实现单相异步电动机旋转方向的控制，如图 6-34 所示。其中，图 6-34（a）为单向旋转控制电路，只要接通电源，电动机就朝一个方向旋转；图 6-34（b）为双向旋转控制电路，当开关置于“正转”位置时，电动机正向旋转，当开关置于“反转”位置时，电动机反向旋转，它的两个绕组参数相同，正转时，A 为主绕组，B 为副绕组，反转时，B 为主绕组，A 为副绕组。

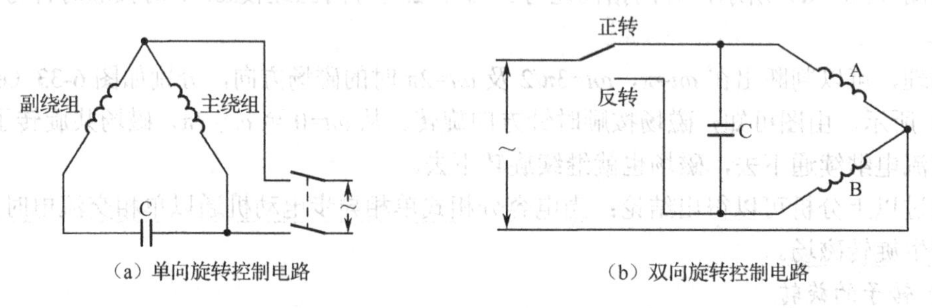

图 6-34　单相异步电动机旋转方向的控制

2）转速控制

三相电动机的三种调速方式可以用在单相电动机中，但成本较高。对于电容分相式电动机而言，还可采用电抗器调速、L 形调速及 T 形调速等方法来控制电动机的转速，如图 6-35 所示，家用电风扇常常采用这些调速方式。

图 6-35（a）是电抗器调速电路，其通过在电动机的供电电路中串联一个电抗器来实现调速功能。电抗器就是一个电感线圈，其上引出 3 个触点（快、中、慢），当开关置于“快”挡时，电源电压全部加在电动机两端，电动机转速最快；当开关置于“慢”挡时，电抗器分压最大，电动机两端的电压最小，转速最慢；同理，当开关置于“中”挡时，电动机转速处于中等速度。

图 6-35（b）是 L 形调速电路，其在主绕组上串联了一个调速绕组，调速绕组与主绕组嵌放在同一槽内，其相位与主绕组的相位相同。当开关置于“快”挡时，主绕组两端的电压最大，电动机的转速最快。当开关置于“中”、“低”挡时，由于调速绕组的串入，主绕组两端的电压下降，电动机转速变慢。当然，调速绕组也可与副绕组串联，并与副绕组嵌放在同一槽内，调速原理与上述一样。

图 6-35（c）是 T 形调速电路，调速绕组接在主、副绕组的网络之外，与主绕组同槽嵌放，其相位与主绕组的相位相同。这种类型的调速原理与电抗器调速原理类似。

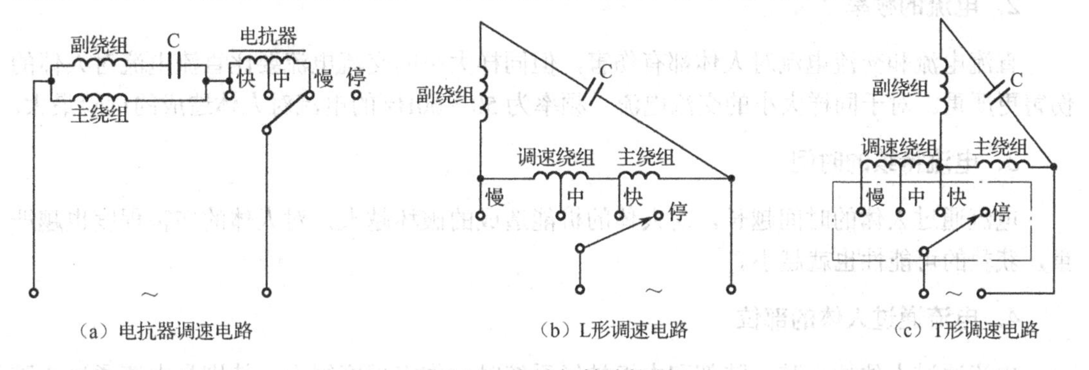

图 6-35　电动机转速控制

6.4　安全用电

安全用电意义重大，其不但能降低人员触电事故的发生，保证用电人员的人身安全和财产安全，还能降低设备和线路事故的发生，提高设备和线路的运行能力。

6.4.1　电流对人体的伤害

电流对人体产生的伤害通常表现为电击、电伤和电磁场伤害三种形式。

电击就是通常所说的触电，是指电流通过人体时造成人体内伤，往往会严重破坏人体心脏、呼吸系统和神经系统的正常功能，甚至导致死亡。电击还容易因剧烈痉挛而造成摔伤、坠落等二次事故。电击多发生在对地电压为 220V 的低压电路上。

电伤是指电流的热效应、化学效应和机械效应造成人体外伤，主要有电弧烧伤、熔化金属溅出烫伤等。电伤多发生在 1000V 以上的高压带电体上。

电磁场伤害是指人在高频强电磁场环境中，会出现头晕乏力、失眠多梦、记忆力减退等神经系统受伤害的症状。

6.4.2 决定电流对人体伤害程度的几个因素

电流对人体的伤害程度与电流的大小、电流的频率、电流持续的时间、电流通过人体的部位及人体的状况等因素有关。

1. 电流的大小

人体接触的电压越高，通过人体的电流就越大，人体的生理反应也越强烈，对人体的伤害也越大。一般情况下，当人体通过 1mA 左右的电流时，会产生麻刺感；当人体通过 30mA 左右的电流时，会产生麻痹、疼痛、痉挛、呼吸困难等感觉，较难摆脱电源，但通常不会有生命危险；当人体通过 50mA 左右的电流时，会产生剧痛，呼吸麻痹，心房震颤，无法摆脱电源，有生命危险；当人体通过 90mA 左右的电流时，会在短时间内产生呼吸麻痹，甚至心跳停止而死亡。

2. 电流的频率

直流电流和交流电流对人体都有伤害，但同样大小的交流电流要比直流电流对人体的伤害更严重。对于同样大小的交流电流，频率为 50～60Hz 的电流对人体造成的危险最大。

3. 电流持续的时间

电流通过人体的时间越长，对人体的机能造成的破坏越大，对人体的伤害程度也越严重，获救的可能性也就越小。

4. 电流通过人体的部位

电流通过人体的心脏、肺部和中枢神经系统时，伤害程度很大。特别是电流通过心脏时，最危险。比如，左手到脚的触电最危险，因为电流从左手流过心脏到脚，且电流到达心脏的路径很短；而脚到脚的触电，由于电流没有通过心脏，所以危险程度相对要小一些。

5. 人体的状况

电流通过人体产生伤害的程度与人体状况也有一定关系。当人体皮肤干燥时，人体电阻就大，触电时电流也小，伤害程度相对要小一些。当皮肤潮湿时，人体电阻小，触电时电流就大，伤害程度也就大。人体健康状况不同，伤害程度也不同，比如，有心脏病的人触电时更危险。

6.4.3 安全电流与电压

频率为 30～1000Hz 的电流危险性大，而 1000Hz 以上的电流，随着频率的升高危险性也会下降。50～60Hz 的工频电流危险性最大。

人体触电后，规定时间内最大的摆脱电流称为安全电流。我国规定安全电流为 30mA·s 即触电时间在 1s 内，通过人体的最大允许电流为 30mA。正因如此，漏电保护器的漏电流是按 30mA 设计的。

人体在不戴任何防护设备时，较长时间接触而不会发生触电危险的电压，称为安全电压。我国规定工频安全电压有 6V、12V、24V、36V、42V 五个级别。比如，在水下工作的照明灯，应采用 6V 安全电压；在特别潮湿、空间狭窄、行动不便、金属容器内等场所使用的手提照明，应采用 12V 安全电压；在危险环境中高度不足 2.5m 的照明、一般环境中的手提照明和手持式电动工具等，应采用 24V 安全电压；在工厂进行设备检修使用的手提照明和机床照明，应采用 36V 安全电压；在特别危险环境中使用的手持式电动工具应采用 42V 安全电压。人们生活中所说的安全电压，指的就是 36V 电压。

6.4.4　人体触电的方式

根据人体接触带电体的方式和电流通过人体的途径不同，触电分为单相触电、两相触电和跨步电压触电三种方式。下面来谈谈这三种触电方式。

1．单相触电

在低压电力系统中，若人站在地上接触到一根火线，或接触到漏电设备的外壳，电流通过人体流入大地，这种触电现象称为单相触电。单相触电的危险程度与电网运行方式有关，如图 6-36 所示。

在图 6-36（a）所示的电网中，电源中性点接地，当发生单相触电时，接地电阻 R_0 很小，相电压基本加在人体上，所以危险性很大。

在图 6-36（b）所示的电网中，电源中性点不接地，当发生单相触电时，通过人体的电流取决于人体电阻与输电导线对地绝缘电阻的大小。若输电导线绝缘良好，绝缘电阻很大，则通过人体的电流很小，危险性较小。

对于高压带电体，如果相隔距离小于安全距离，人体即便没有与之接触，也会对人体产生电弧放电，有电流通过人体流入大地，从而造成触电，这也属于单相触电，如图 6-36（c）所示。由于电压很高，所以危险性很大。

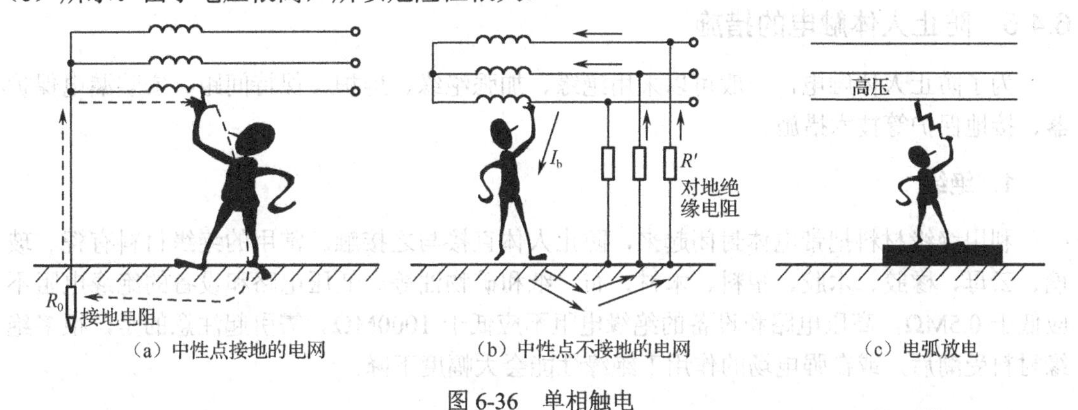

图 6-36　单相触电

2．两相触电

如图 6-37 所示，人体不同部位同时接触两相电源带电体，电流从一相导体通过人体流入另一相导体，构成一个闭合回路，这种触电方式称为两相触电。由于两相之间的电压较高，所以两相触电要比单相触电危险得多。

3. 跨步电压触电

如图 6-38 所示，高压带电体掉落在地上时，强大的电流从落地点流入大地，落地点周围会由近而远产生由高到低的电压降。

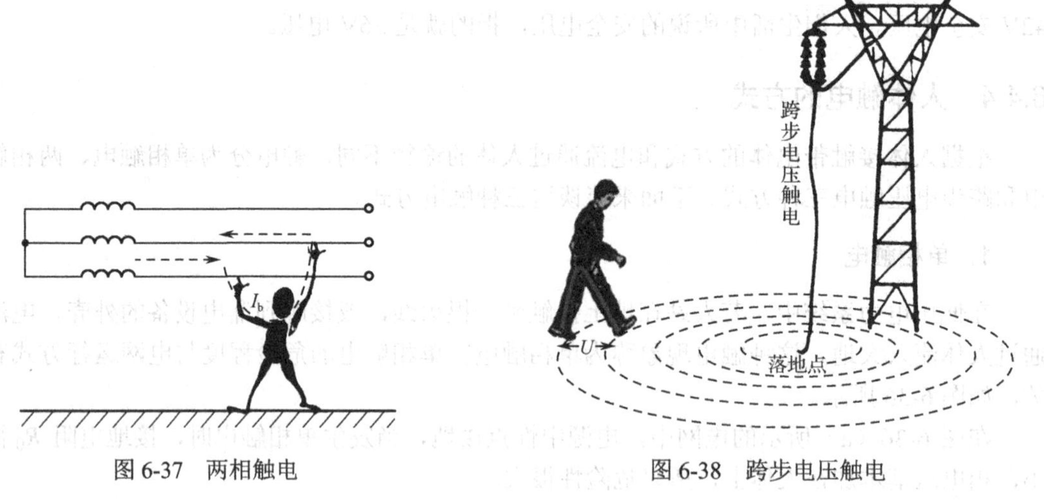

图 6-37　两相触电　　　　图 6-38　跨步电压触电

当人体接近落地点时，人的双脚站在离落地点远近不同的位置上，双脚之间就有电位差，即跨步电压。由跨步电压引起的人体触电，称为跨步电压触电。跨步电压的大小与人体离落地点的距离、两脚之间的间距、接地电阻的大小等因素有关。人体离落地点的距离超过 20m 后，跨步电压一般会降到 0V，该区域是安全的。如果误入落地点附近，则应双脚并拢或单脚跳出危险区。

6.4.5　防止人体触电的措施

为了防止人体触电，一般可以采用绝缘、加强绝缘、屏护、保持间距、安装漏电保护器、接地保护等技术措施。

1. 绝缘

利用绝缘材料把带电体封闭起来，防止人体直接与之接触。常用的绝缘材料有瓷、玻璃、云母、橡胶、木胶、塑料、木材、布、纸和矿物油等。低压电路和设备的绝缘电阻不应低于 0.5MΩ，高压电路和设备的绝缘电阻不应低于 1000MΩ。需引起注意的是，很多绝缘材料受潮后，或在强电场的作用下绝缘性能会大幅度下降。

2. 加强绝缘

加强绝缘是指对电气设备或电路采取双重绝缘，以增强绝缘的机械强度和绝缘性能，这是一种附加保护措施。在潮湿腐蚀环境、空间狭窄场所或手持状态下工作的设备和工具，都应采用加强绝缘。设备和工具采用加强绝缘措施后，一般不再需要采用接零或接地保护，必要时，可配备漏电保护器。

3. 屏护

屏护是指利用遮拦、护罩、护盖、闸箱等把带电体同外界隔绝开来。电器开关的可动部分不能使用绝缘材料，所以需要屏护。高压设备不论是否有绝缘措施，均应采取屏护。凡是金属材料制作的屏护装置，均应可靠接地或接零。

4. 保持间距

人体与带电体之间、带电体与地面之间、带电体相互之间应保持必要的安全距离。间距大小取决于电压的高低、设备类型、安装方式等因素。一般在低压工作环境中，最小间距不应小于 0.1m。间距除防止人体接触或过分接近带电体外，还能起到防止火灾、防止混线、方便操作的作用。

5. 安装漏电保护器

为了保证在故障情况下人身和设备的安全，电路应安装漏电保护器。电气设备发生漏电或接地故障，或者在人体接触带电体时，漏电保护器能在非常短的时间内断开电源，减轻对人体的危害。

6. 接地保护

在使用中，若电气设备绝缘损坏或被击穿，造成外壳带电，则在人体接触外壳时，就有触电的可能。因此，电气设备必须与大地进行可靠地电气连接，使人体免受触电的危害，这种措施称为接地保护。按接地保护的目的不同，主要有工作接地、保护接地、保护接零和重复接地四种方式。

1）工作接地

工作接地是指电气设备的中性点与大地进行可靠的电气连接。有了工作接地之后，一旦出现对地短路故障，保护装置就会迅速断开故障电路，从而达到保护电气设备的目的。

当电气设备中性点不接地时，如图 6-39（a）所示，任意一相与地短路的电流都较小，不足以使保护装置动作，设备仍可运行，而此时整个电气系统和人员都处在危险状态。

当电气设备中性点接地后，如图 6-39（b）所示，任意一相与地短路的电流都很大，保护装置能迅速动作，断开故障电路，从而保护电器设备。

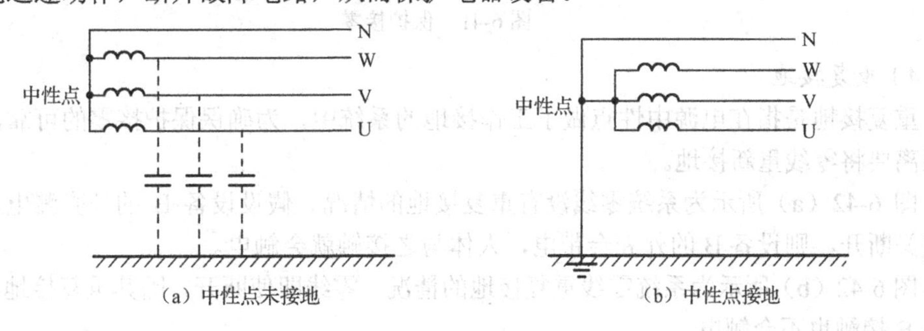

（a）中性点未接地　（b）中性点接地

图 6-39　工作接地

2）保护接地

如图 6-40（a）所示，电气设备在应用过程中，有时会出现外壳意外带电的现象，此时，若人体触碰到电气设备的外壳，就会触电，从而对人身安全构成危害。因此将电气设备的外壳与深埋在地下的接地体可靠连接起来，如图 6-40（b）所示，就能保护人身安全，这种以防止设备外壳带电而采取的接地措施称为保护接地。保护接地只能在电源中性点不接地的电气系统中使用，且在低压电气系统中，保护接地电阻必须小于 4Ω。

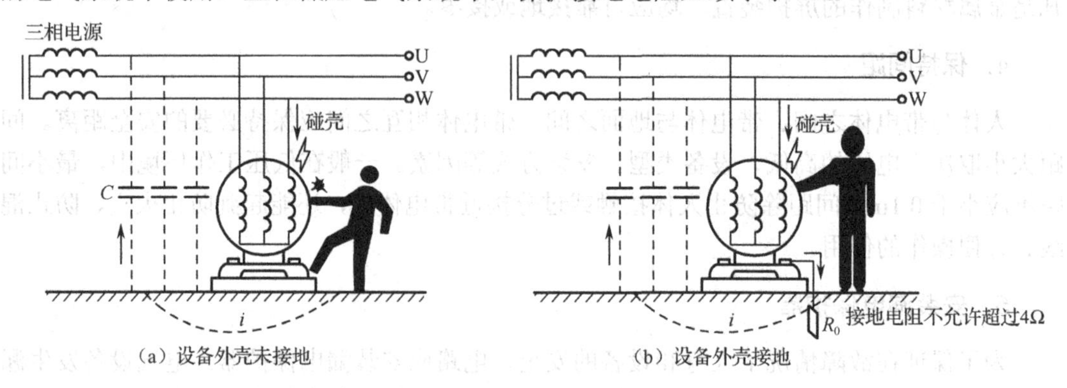

图 6-40　保护接地

3）保护接零

保护接零是指在电源中性点接地的系统中，将设备的外壳与电源中线（即零线）直接连接，如图 6-41 所示。当电气设备绝缘损坏造成任意一相与外壳相接触时，该相电源就会与零线短路，短路电流使保护装置动作，将故障设备从电源中断开，从而防止人身触电。

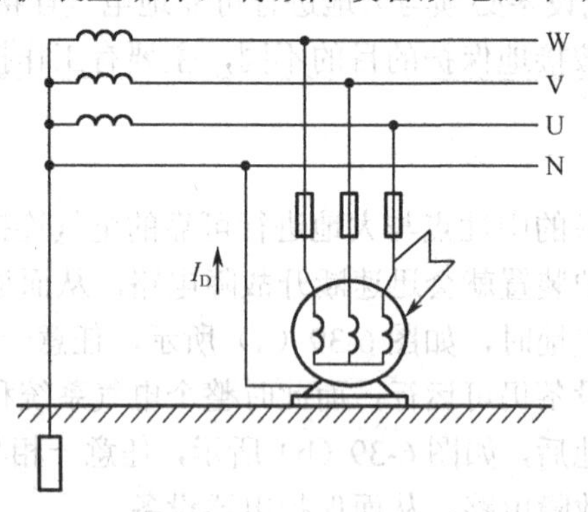

图 6-41　保护接零

4）重复接地

重复接地是指在电源中性点做了工作接地的系统中，为确保保护接零的可靠，相隔一定距离要将零线重新接地。

图 6-42（a）所示为系统零线没有重复接地的情况。假设设备 B 的外壳漏电，若此时零线又断开，则设备 B 的外壳会带电，人体与之接触就会触电。

图 6-42（b）所示为系统零线重复接地的情况。零线即使断开，因其重复接地，人体与设备 B 接触也不会触电。

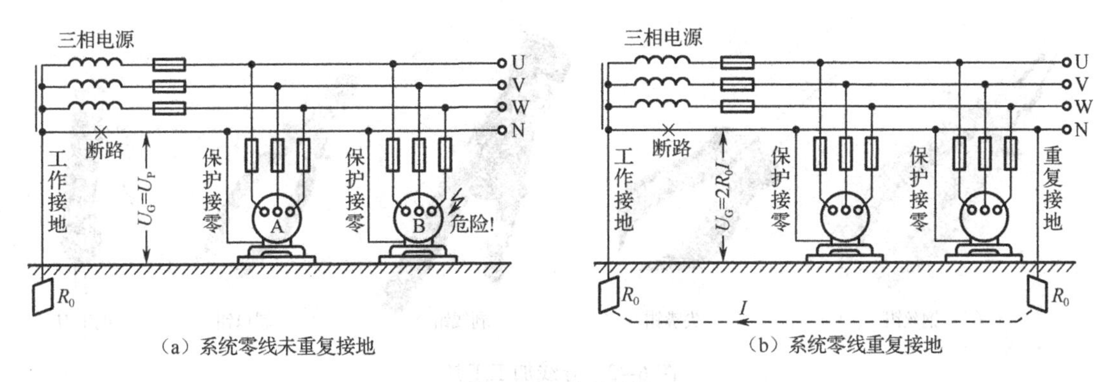

（a）系统零线未重复接地　　（b）系统零线重复接地

图 6-42　重复接地

6.5　照明电的安装

照明电指的是生活用电，在人们的日常生活中，照明电的安装至关重要，关系到人们的用电安全和用电质量。因此从事电工技术工作的人员，都有必要学会照明电的安装。

6.5.1　导线的选择

用于连接照明电路的导线由导电性能良好的金属材料制成，常用的金属材料有铜和铝。导线的使用场合极为广泛，在选择导线时要根据使用环境的特点、承受机械强度的大小、负载的容量等合理选择导线的型号。如果导线选择得不合理，会带来安全隐患，严重时，还会引发火灾。

目前，室内外的照明和动力电路广泛采用聚氯乙烯绝缘导线，这种导线俗称塑包线或塑料线，具有耐油、耐老化、防潮、电路敷设便捷等特点。使用这种导线时，最好选用聚氯乙烯绝缘铜线芯，并根据负荷电流来选择导线的粗细（横截面积），见表 6-1。

表 6-1　导线的粗细与电流负荷

横截面积（mm^2）	直径（mm）	电流（A）
2.5	1.76	21
4	2.24	28
6	2.73	36
10	单根 1.33（内含 7 根）	49

对于家庭生活用电来说，进户线选择 $10mm^2$，照明线选择 $2.5mm^2$，插座线选择 $4mm^2$，空调器、电热水器等大功率家用电器专线选择 $6mm^2$。

6.5.2　导线的加工

1．导线加工工具

常用的导线加工工具有钢丝钳、尖嘴钳、剥线钳、斜口钳、电工刀等，如图 6-43 所示。

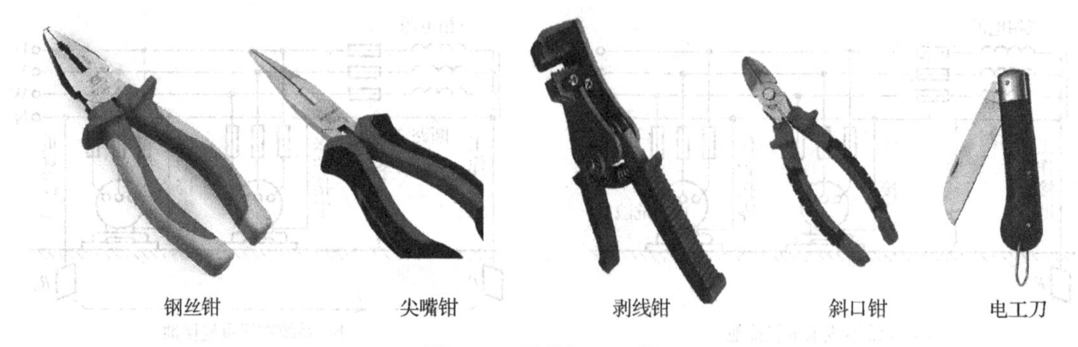

图 6-43　导线加工工具

（1）钢丝钳：主要用于夹持或钳断导线，也可用于简单剥削导线绝缘层。

（2）尖嘴钳：尖嘴钳的作用与钢丝钳相似，但更适合在狭小的工作空间操作，以及制作接线端子。

（3）剥线钳：专用于剥削小直径导线绝缘层。其钳口部分设有多个不同尺寸的刃口，用于剥削不同直径的导线绝缘层。使用剥线钳时，将要剥削的导线放入相应尺寸的刃口中，用力握拢绝缘手柄，导线的绝缘层即被自动剥离。

（4）斜口钳：斜口钳专用于钳断导线。

（5）电工刀：电工刀主要用于剥削导线绝缘层、切割木台缺口、削制木榫等。剥削导线绝缘层时，刀面要与导线呈小锐角斜削，以免割伤导线线芯。电工刀柄无绝缘层，不能带电操作。

2．导线的剥削

塑包线分为有护套线和无护套线两种。有护套线和无护套线又包括硬线和软线两种，这里具体介绍它们的绝缘层剥削方法。

线芯横截面积较小的无护套硬线可以用钢丝钳剥削绝缘层。首先用左手捏住导线，右手握住钢丝钳，适当用力使刀口切破绝缘层，但不切伤线芯，然后用右手握住钢丝钳头部用力向右拉去绝缘层。剥削出的线芯应完整无损伤。

线芯横截面积较大的无护套硬线要用电工刀剥削绝缘层。首先用左手捏住导线，右手握住电工刀，使刀刃以 45° 斜角在需剥削处切入绝缘层，注意用力要适当，刀刃不能切伤线芯，然后再用力向右平行导线推削，削去一面绝缘层，但不可削伤线芯，最后将余下的绝缘层向后翻折，用电工刀切除。

无护套软线绝缘层的剥削要用剥线钳或钢丝钳。用钢丝钳剥削软线的方法与剥削硬线的方法相同。剥削软线用剥线钳更方便快捷。剥削时，首先把导线放入剥线钳相应大小的刃口中，然后用力握拢剥线钳的手柄，导线的绝缘层即会被自动割破，并分离。

有护套线时要先用电工刀剥削护套。剥削护套时，先确定要剥削的护套长度，然后用电工刀刀尖沿护套线内的导线缝隙划开护套层，注意不可划伤内部的导线，最后将划开的护套向后翻折，并用电工刀齐根切掉。

3．导线的连接

导线被剥削绝缘层后，就可以进行连接了。常见的导线连接有单股直线连接、单股 T

形连接、多股直线连接、多股 T 形连接、单股与多股 T 形连接等几种情况。

1）单股直线连接

两线剥削绝缘层约 10cm，剥削绝缘层后的线芯成 X 形相交，互相绞绕两圈，然后扳直两线芯头，紧贴对方线芯缠绕 5～6 圈，最后钳掉余下线芯，并钳平线芯末端，如图 6-44 所示。

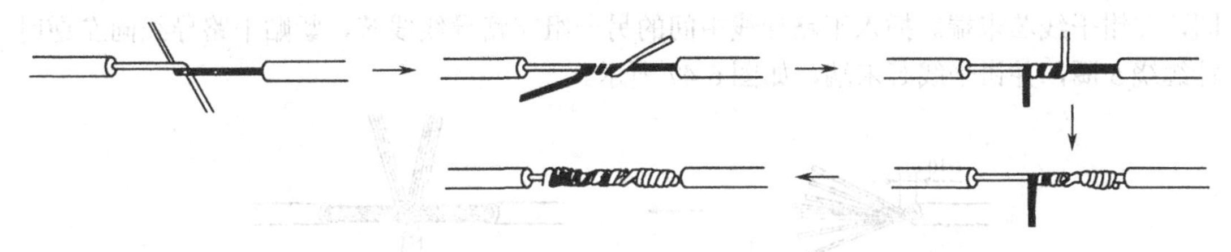

图 6-44　单股直线连接

2）单股 T 形连接

干路导线剥削绝缘层约 5cm，支路导线剥削绝缘层约 10cm。将剥削绝缘层后的支路线芯与干路线芯成十字相交，支路线芯根部留约 3mm，然后顺时针方向缠绕 5～6 圈后，钳掉余下线芯，并钳平线芯末端，如图 6-45 所示。

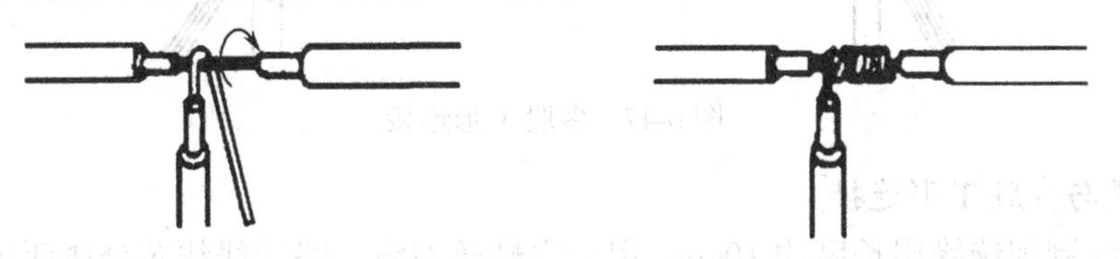

图 6-45　单股 T 形连接

3）多股直线连接

两根多股导线剥削绝缘层长度约 20cm，将靠近绝缘层 1/3 处的线芯绞紧，而将余下的 2/3 线芯分散成伞状。两根伞状线芯对交，并将其合拢。

将其中一根多股线芯分成三组。将第一组线芯垂直扳起，顺时针方向紧贴缠绕另一根线芯两圈，并将余下线芯向右扳直。再将第二组线芯垂直扳起，继续顺时针方向向右紧贴线芯缠绕两圈，也将余下线芯向右扳直。再将第三组线芯垂直扳起，仍然顺时针方向向右紧贴线芯缠绕两圈以上，最后钳掉每组多余的线芯，并钳平线芯末端。用同样的方法缠绕另一根多股线芯，如图 6-46 所示。

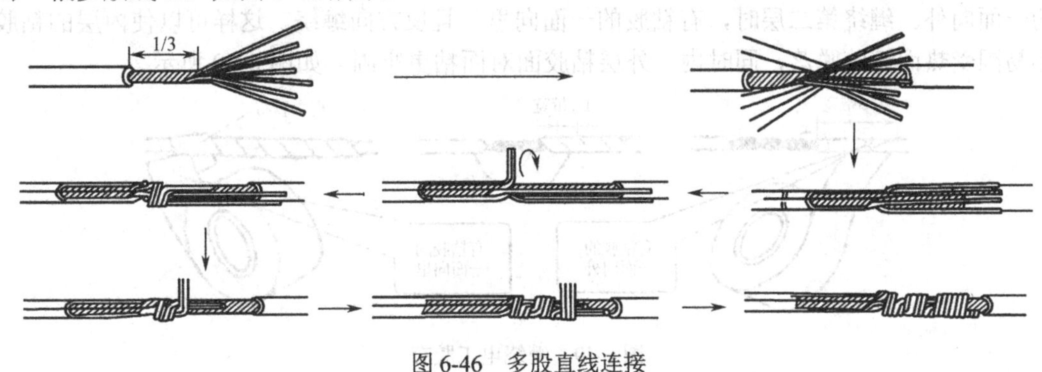

图 6-46　多股直线连接

4）多股 T 形连接

两根多股导线剥削绝缘层长度约 10cm，将分支导线接近绝缘层 1/10 处的线芯绞紧，然后将余下的 9/10 线芯分成两组。用一字螺丝刀将干路多股导线分成两组。将支路导线线芯中的一组插入干路导线两组线芯中间，另一组则放在干路导线线芯的外面。

将放在干路导线线芯外面的一组支路导线线芯，紧贴干路导线线芯向右顺时针缠绕 5 圈，并钳平线芯末端。插入干路导线中间的另一组支路导线线芯，紧贴干路导线向左逆时针缠绕 5 圈，并钳平线芯末端，如图 6-47 所示。

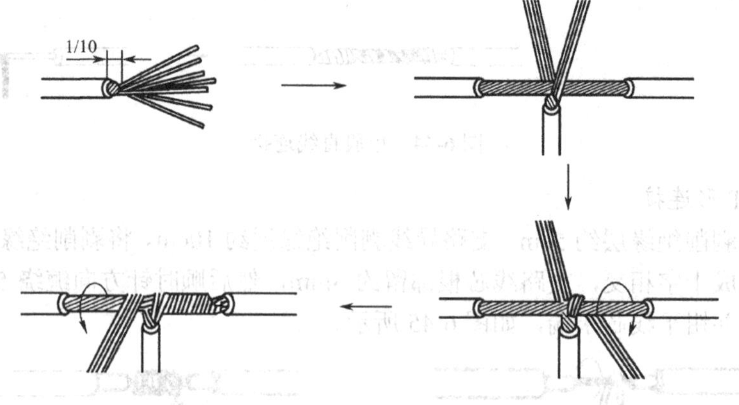

图 6-47　多股 T 形连接

5）单股与多股 T 形连接

两根导线剥削绝缘层长度约 10cm，用一字螺丝刀将干路导线线芯分成两组。将支路导线线芯插入干路导线两组线芯中间，并紧贴干路导线向右顺时针缠绕约 10 圈，然后钳平线芯末端，如图 6-48 所示。

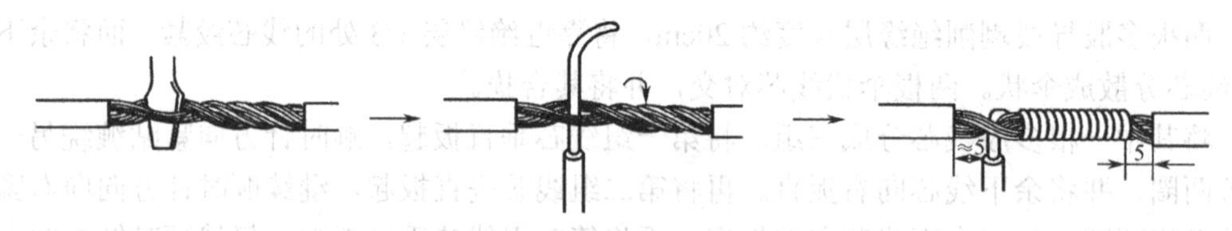

图 6-48　单股与多股 T 形连接

导线连接后，所有的连接头都要至少缠绕电工胶布绝缘两层。缠绕第一层时，有粘胶的一面向外。缠绕第二层时，有粘胶的一面向里，且反方向缠绕。这样可以使内层的粘胶不易因受热而熔胶脱落，同时内、外层粘胶面对面粘更牢固，如图 6-49 所示。

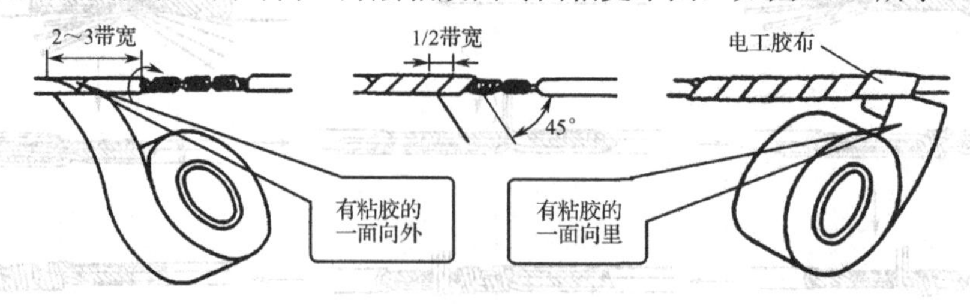

图 6-49　缠绕电工胶布

6.5.3　电能表的安装

目前，家用照明电路一般需要安装电能表、配电箱、断路器、插座、开关、灯具等，下面逐一进行安装指导。

电能表又称电度表，是专门用来计量某一时间段电能累计值的仪表，用于计量用户消耗的电能。电能表种类繁多，主要有机械电能表和电子电能表两类，如图 6-50 所示。电能表一般由供电部门统一集中安装在室外，以便统一管理。

机械电能表　　　　电子电能表

图 6-50　电能表

家庭照明电路一般使用 220V 单相交流电，所以电能表采用的是单相电能表。单相电能表有四个接线端子，一般从左至右按 1、2、3、4 编号，如图 6-51 所示。1、3 端子接进线，2、4 端子接出线。进线端子中，1 号接火线，3 号接零线。出线端子中，2 号是火线，4 号是零线。有些电能表的接线情况特殊，需要参照其接线图接线。

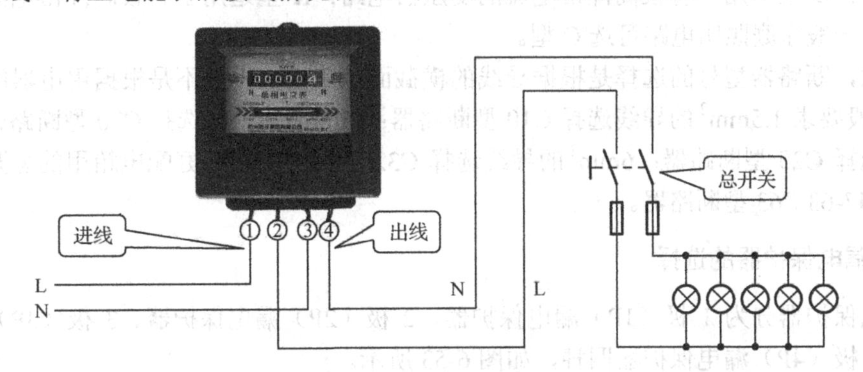

图 6-51　电能表的接线图

单相交流电的两根导线有火线和零线之分。电路在断开状态下，火线带电，零线不带电。火线和零线可以用验电笔区分。

验电笔是一种在低压（60～500V）电路中，验测导线或电气设备是否带电的工具。验电笔两端为金属体，使用时，手拿验电笔的绝缘部分，用一个手指接触其尾端的金属体，用验电笔笔尖接触被测对象。如果被测对象带电，则验电笔内的氖灯就会发亮。

因此，验电笔能验测出火线与零线。当验电笔分别与火线和零线接触时，若氖灯发亮则说明被测的是火线；若氖灯不发亮则说明被测的是零线。

6.5.4 配电箱的安装

配电箱安装在室内，主要由断路器和漏电保护器等组成。断路器又称空气开关，是一种既具有开关功能，又具有过载和短路自动保护功能的低压配电电器；漏电保护器是一种既具有开关功能，又具有漏电保护功能的低压配电电器。

1. 断路器的选择

断路器按可控制电路数量分，有 1 极（1P）断路器、2 极（2P）断路器、3 极（3P）断路器和 4 极（4P）断路器四种，如图 6-52 所示。单相交流电路常采用 1 极和 2 极断路器。

图 6-52 断路器的分类

断路器的脱扣特性有 A、B、C、D、K 型。A 型适用于半导体电子电路，或电路长且短路电流小的电路；B 型适用于一般家庭用户配电系统；C 型适用于照明电路和小功率电动机电路；D 型适用于有很高冲击电流的变压器电路；K 型适用于有较高冲击电流的电动机电路。一般家庭照明电路可选 C 型。

注意，断路器型号的选择是根据导线的横截面积确定的，而不是根据用电器的功率确定的。一般要求 1.5mm^2 的导线选择 C10 型断路器；2.5mm^2 的导线选择 C20 型断路器；4mm^2 的导线选择 C25 型断路器；6mm^2 的导线选择 C32 型断路器。家庭配电箱用的总开关一般选择 DZ47-63 C63 型断路器。

2. 漏电保护器的选择

漏电保护器分为 1 极（1P）漏电保护器、2 极（2P）漏电保护器、3 极（3P）漏电保护器和 4 极（4P）漏电保护器四种，如图 6-53 所示。

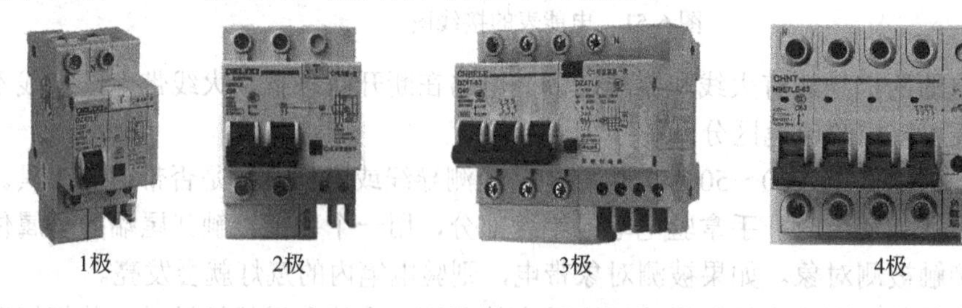

图 6-53 漏电保护器

漏电保护器与断路器的不同在于：可以把漏电保护器看作带漏电保护装置的断路器。断路器不具备漏电保护功能。家庭配电箱用的总开关只能用断路器，而不能用漏电保护器，以防止一条分支电路漏电而导致所有分支电路被断电。总开关之后的各分支电路都要安装漏电保护器，以保证各分支电路的用电安全。

3. 配电箱的安装

配电箱是用来安放断路器和漏电保护器的装置，如图 6-54 所示。一个家庭一般设置一个配电箱。配电箱的大小由需要安装的断路器与漏电保护器的数量确定。家庭用配电箱一般安装一个总断路器和若干个分支漏电保护器。照明灯、普通插座、大功率用电器等应该独立使用漏电保护器。尤其是空调器、电热水器等大功率电器要单独使用漏电保护器，并敷设专线，以防止某一支路发生故障时其他支路都被断路。

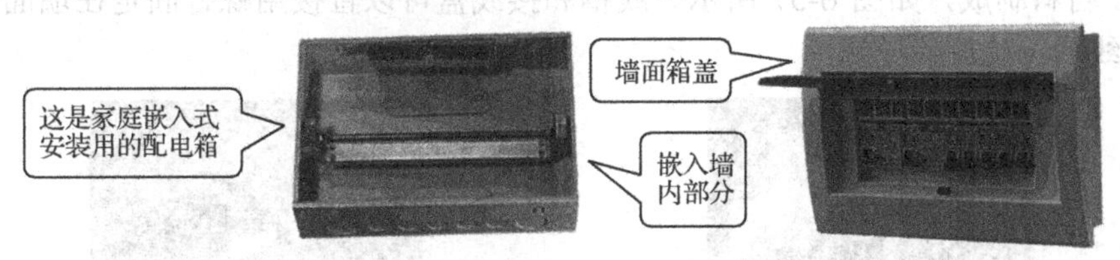

图 6-54　配电箱

安装配电箱的具体步骤如下：

（1）固定配电箱外壳，并在箱内安装固定断路器与漏电断路器的导轨，如图 6-55 所示。

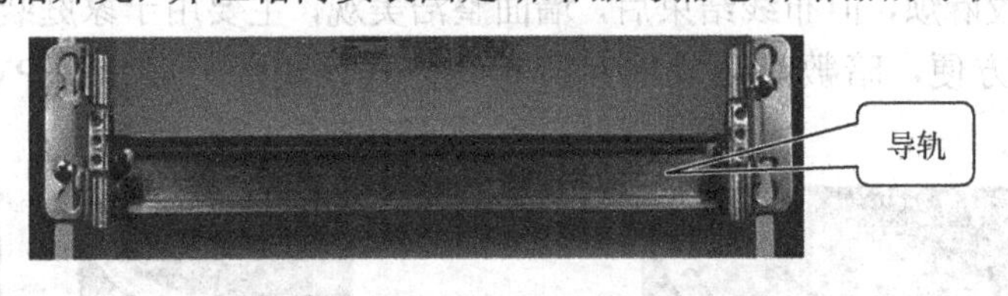

图 6-55　导轨

（2）从左向右逐一安装总断路器和漏电保护器，如图 6-56 所示。

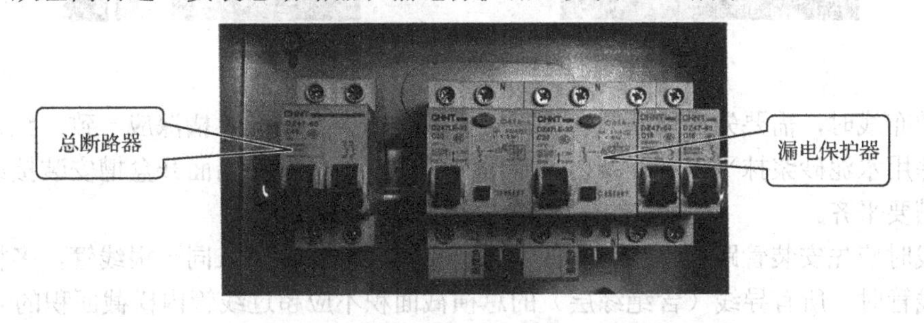

图 6-56　安装总断路器和漏电保护器

（3）区分火线 L、零线 N 和地线 PE。一般要求火线为红色，零线为蓝色，地线为黄绿色。

（4）从总断路器的出口接出火线和零线，接到各分支电路上漏电保护器的入口。

（5）将各分支电路分别接到相应漏电保护器的出口。各出、入口的接线柱螺钉要把导线头压紧实，避免接触不良而打火。接口外不要露出裸线，避免短路。

（6）导线接好后要用塑料扎带绑扎，扎带的大小要合适，间距要均匀。扎带的多余部分要剪掉。配电箱内的电路布局要整齐、美观，导线要横平竖直，弯曲成直角。

（7）在配电箱安装完毕后，要关闭所有开关，并将入户线连接总断路器。

6.5.5 布线

家庭照明电路布线有明敷和暗敷两种。明敷是指使用线槽在墙壁、天花板和梁柱等表面敷设导线，能看清电路的走向。暗敷是指使用线管在地板、墙壁、天花板和梁柱等的泥灰层下敷设电路，布线结束后，看不到导线。

明敷布线简单方便，但因能看到线槽，所以不太美观，主要用于临时布线。线槽一般使用 PVC 材料制成，如图 6-57 所示。线槽和接线盒可以直接用螺钉固定在墙面上，可以一边固定线槽一边放入导线。

图 6-57 线槽

暗敷布线比较麻烦，但布线结束后，墙面整洁美观，主要用于家庭装修时的电路安装。为了后期维护的方便，暗敷必须采用穿管布线方式。线管一般使用 PVC 材料制成，如图 6-58 所示。

图 6-58 线管

暗敷布线时，需要先在墙面开管槽。管槽深度约为 15mm，槽深应一致。线管嵌入管槽内，并用水泥砂浆抹平固定在墙内。暗敷布线时，也需要在墙面开盒槽安装接线盒。盒槽与管槽要平齐。

布线时应先安装管路，然后再穿线，同一电路的导线应穿入同一根线管，多根导线同穿一根线管时，所有导线（含绝缘层）的总横截面积不应超过线管内横截面积的 40%，这样做是为了确保今后电路维护时换线顺畅。

值得一提：电源线不能与电话线、电视信号和网线等同穿一根线管，以避免信号干扰。导线与暖气、热水、煤气等管道平行布置时，间隔距离不应小于 30cm。如有交叉布置，距离不应小于 10cm。

线管长度超过 15m 或线管有两个直角拐弯时，应在线管中间适当的位置增设一个接线盒。穿线管的拐弯处应使用配套弯头，以利于穿线。

接线盒有铁材料和 PVC 材料两种，主要用于单纯接线、安装插座、安装开关等。接线盒中，导线与接线端连接时，每个接线端子上连接的导线一般要求不超过两根。如果是过路线与接线端连接，则可以不要剪断，直接剥削绝缘层后加工成 U 形插入接线端孔内，旋紧压线螺钉即可，如图 6-59 所示。

如果是导线头与接线端连接，则应先旋松接线端的压线螺钉，将剥出的线芯直接插入接线端孔内，然后旋紧压线螺钉。线芯长度要适当，既要插满插孔，又不能露出插孔。如果导线太细，则要把线芯折成双股并排插入，并塞满接线端插孔。

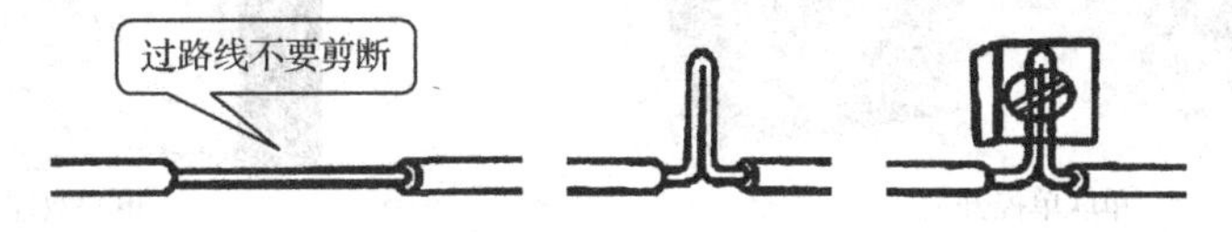

图 6-59　过路线与接线端连接

6.5.6　插座、开关及灯具的安装事项

1. 插座的安装事项

安装插座要注意以下事项：

（1）综合考虑安装位置和高度。安装位置尽量远离水汽和油烟，且靠近用电器。插座在明装时应距地 1.3m 以上，且距地小于 1.8m 时，应安装防护罩。在暗装时应距地约 0.3m。

（2）在室外、卫生间和厨房等潮湿环境中安装插座时，要加装防水罩，如图 6-60 所示。

（3）单相三孔插座的保护接地插孔一定要可靠接地，不能将此插孔接零线。这种接法在电源的火线与零线接反时会导致用电器的金属外壳带电。

（4）二孔插座要按照左零右火的规则接线。单相三孔插座要按照左零右火上地的规则接线，如图 6-61 所示。

图 6-60　防水罩

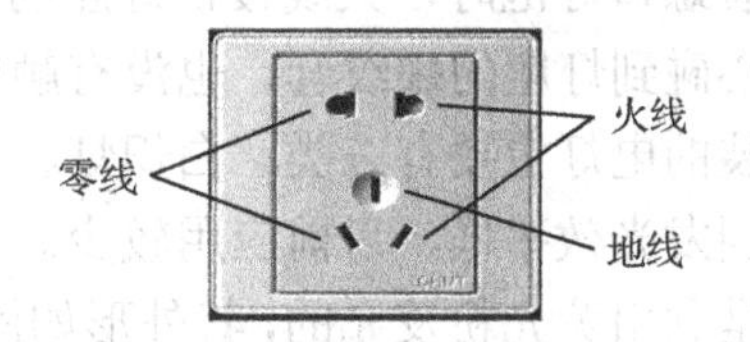

图 6-61　插座的接线规则

2. 开关的安装事项

开关主要用于控制灯具的工作与否，其安装要注意以下事项：

（1）综合考虑安装位置和高度。尽量安装在门边便于操作的位置。拉线开关距地高度为 2～3m，暗装翘板开关距地高度为 1.3～1.5m，与门框的距离一般为 0.15～0.2m。

（2）在室外、卫生间和厨房等潮湿环境中安装开关时，也要加装防水罩。

（3）开关要安装在火线上，通过控制火线的通断来控制电灯的亮灭，以确保开关断开电路时电路各部分均与火线分离，避免人体触电危险。例如在更换灯泡时，开关断开后灯座上只有零线，而零线是不带电的，所以操作就是安全的。

（4）家用照明常用的开关有单联单控开关和单联双控开关两种，如图 6-62 所示。单联单控开关在电路中单个使用便可控制电路的通断，单联双控开关在电路中需两个配合使用来控制电路的通断。它们的控制原理如图 6-63 所示。

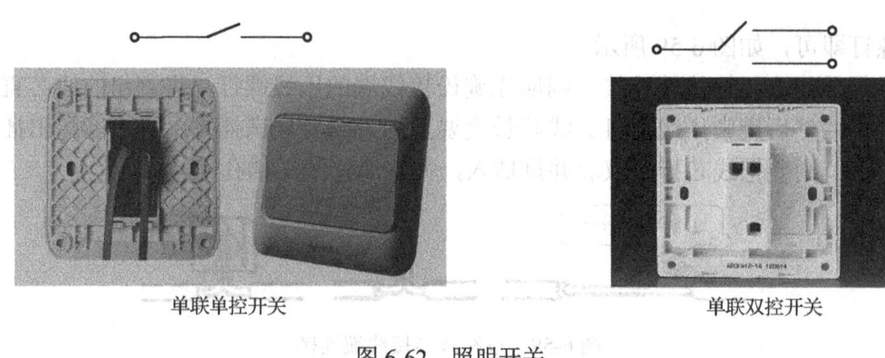

图 6-62　照明开关

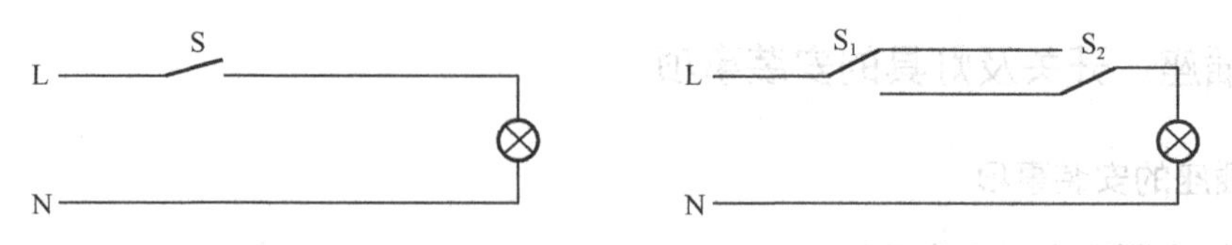

图 6-63　单联单控开关和单联双控开关的控制原理图

3．灯具的安装事项

灯具的安装要注意以下情况：

（1）灯具在室外安装的高度一般不低于 3m，在室内安装的高度一般不低于 2.5m。

（2）当灯具质量超过 3kg 时，必须用螺栓固定。软线吊灯的质量应在 1kg 以下，超过此质量时，应加装吊链。

（3）安装螺口灯泡时，火线接在灯座的弹簧片上，零线接在灯座的螺纹套上。这样即便人体不小心碰到灯座的螺纹套，也没有触电危险。

家庭安装的电灯主要有三类：白炽灯、荧光灯和 LED 灯。

白炽灯因发光效率低，目前应用较少。

荧光灯是利用荧光粉发光的，其外形如图 6-64 所示。荧光灯管内含有水银和少量氩气，管壁上涂有荧光粉。灯管两端各有一个钨丝电极。荧光灯通电后，灯管两端的钨丝电极产生高压。氩气被高压电离，产生大量的氩气离子。氩气离子与水银原子碰撞，产生紫外线。紫外线照射荧光粉产生白光。荧光灯的发光效率比白炽灯高，目前仍在使用。荧光灯工作时需要镇流器为其产生高压。目前，荧光灯基本是用电子镇流器提供高压的。

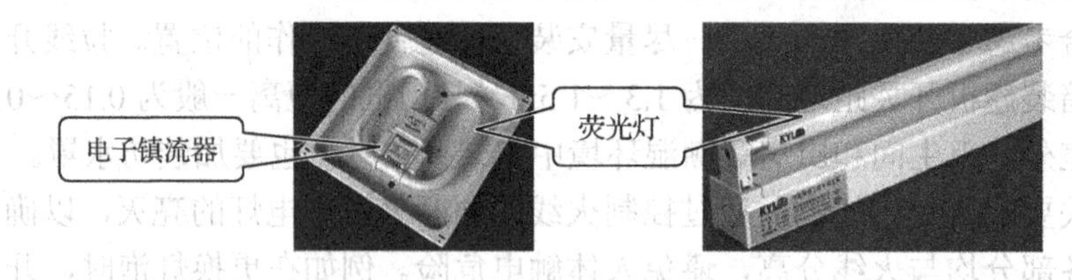

图 6-64　荧光灯的外形图

LED 灯是利用发光二极管发光的。发光二极管是一种半导体器件，它可以直接把电能转化为光能。采用不同材料制作的发光二极管，发光的颜色不同，可以制作成各种色灯。LED 灯是目前节能效果最好的灯，因而得到了广泛的应用。

LED 灯由驱动器和 LED 发光组构成，其形状有灯泡式、棒式和平面式三种，如图 6-65 所示。

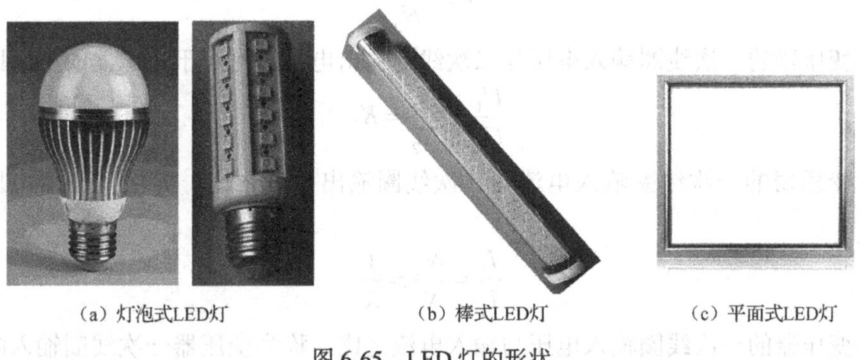

（a）灯泡式LED灯　　（b）棒式LED灯　　（c）平面式LED灯

图 6-65　LED 灯的形状

灯泡式 LED 灯常将驱动器与 LED 发光组结合在一起，构成一个整体，其接头和白炽灯相同，所以可以直接替换白炽灯。

棒式 LED 灯做成棒状，驱动器可置于棒外，也可置于棒内。若驱动器置于棒外，安装时只须将驱动器的两根线分别与外部火线、零线接好，再将驱动器的输出端与 LED 发光组接好即可。

平面式 LED 灯的内部空间很大，LED 发光组和驱动器均位于其中。其 LED 发光组一般为条状，称为灯条，如图 6-66 所示。功率较大的平面式 LED 灯内部往往有多个驱动器和多根灯条。安装时先将灯架固定好，再将驱动器和灯条固定在灯架的合适位置，最后将各驱动器的两根输入线分别与外部火线、零线接好，并将各驱动器的输出端与各自的灯条连好即可。

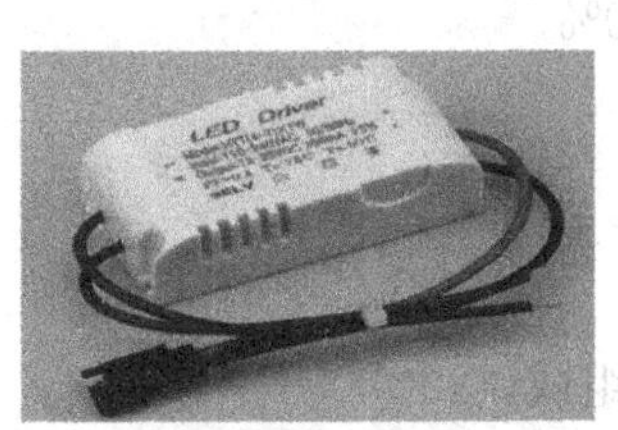

驱动器

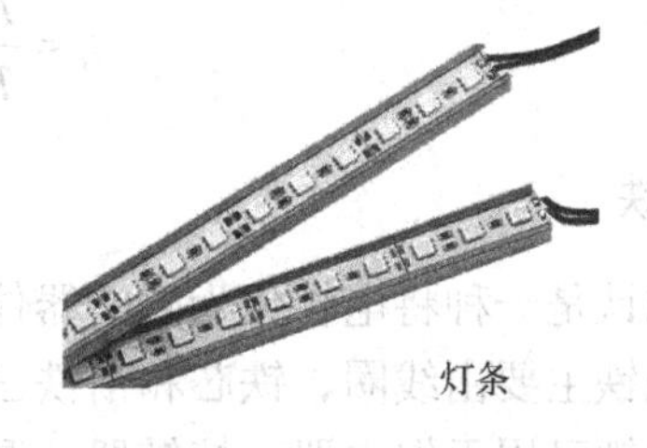

图 6-66　驱动器与灯条

照明电路安装结束后，要按照电路安装图严格检查所有电路，确认安装无误后通电测试。先合上总断路器开关和漏电保护器开关，然后接通电灯开关，看电灯是否正常发亮，再查看插座是否正常送电。通电测试中，一旦发现电路有故障，应立即停电，检修电路，直至故障排除。

本章知识要点

1．变压器

（1）变压器主要由没有气隙的铁芯和绕在铁芯上的两个（或多个）线圈构成。变压器

的一次线圈与二次线圈的匝数比，称为变压器的变压比，简称变比，用 K 表示，即

$$K=\frac{N_1}{N_2}$$

（2）变压器的一次线圈输入电压与二次线圈输出电压之比等于变压器的电压比，即

$$\frac{U_1}{U_2}=\frac{N_1}{N_2}=K$$

（3）变压器的一次线圈输入电流与二次线圈输出电流之比，等于变压器电压比的倒数，即

$$\frac{I_1}{I_2}=\frac{N_2}{N_1}=\frac{1}{K}$$

（4）变压器的一次线圈输入电压与输入电流之比，称为变压器一次线圈输入阻抗，即

$$Z_1=\frac{U_1}{I_1}$$

（5）变压器一次线圈输入阻抗与二次线圈所接负载阻抗之比等于电压比的平方，即

$$\frac{Z_1}{Z_2}=\left(\frac{N_1}{N_2}\right)^2=K^2 \quad 或 \quad Z_1=\left(\frac{N_1}{N_2}\right)^2 Z_2=K^2 Z_2$$

（6）对于理想变压器而言，其输入功率等于输出功率，即

$$P_1=P_2$$

（7）实际变压器存在功率损耗，损耗功率 P_s 为

$$P_s=P_1-P_2$$

（8）变压器输出功率与输入功率的百分比，称为变压器的效率，即

$$\eta=\frac{P_2}{P_1}\times 100\%$$

2. 电磁铁

（1）电磁铁是一种将电转化为磁的器件。

（2）电磁铁主要由线圈、铁芯和衔铁三部分组成。

（3）电磁铁可用于继电器、接触器、漏电保护器等电气元件。

3. 电动机

（1）直流电动机主要由定子、转子和电刷构成。直流电动机是利用转子绕组中的电流在磁场中受力而产生旋转的。

（2）交流电动机由定子、转子和一些辅助部件构成。交流电动机最常见的是异步电动机，其工作时，转子绕组不需要接任何电源就能在磁场的作用下旋转。

（3）当三相异步电动机的三相绕组通以三相对称交流电时，定子就会产生旋转磁场，旋转磁场的转速为

$$n_0=\frac{60f}{p}$$

（4）三相异步电动机旋转磁场的转速 n_0 与转子转速 n 之差（n_0−n）称为转速差，转速

差与旋转磁场转速的百分比叫作转差率。转差率 s 的计算公式为

$$s=\frac{n_0-n}{n_0}\times 100\%$$

转子的转速 n 为

$$n=(1-s)n_0$$

（5）电容分相式单相异步电动机是单相交流电动机中最常见的一种。把一个单相交流电流变为两个相位不一样的交流电流的过程称为分相。当电容分相式单相异步电动机通以单相交流电时，定子就会产生旋转磁场，并驱动转子转动。

本章实验

实验 1：变压器特性测量

一、实验目的

通过实验，加深对变压器的认识，掌握变压器特性的测量。

二、实验任务

1．变压器同名端的判断。
2．变压器电压比的测量。
3．变压器效率的测量。

三、实验器材

直流电源一个（12～24V）、单刀开关一个、双刀开关一个、直流电压表一个、调压器一台（220/0～250V）、单相变压器一个（100W，220/36V）、交流电压表两个、交流电流表两个、万用表一块、负载灯箱（电阻箱）一组、导线若干。

四、实验步骤

1．变压器同名端的判断

（1）将电路按图 6-67 进行连接，N_1 为一次（高压）线圈，N_2 为二次（低压）线圈。

（2）在合上开关 S 的瞬间，观察万用表表针的偏转情况。若表针正向偏转一下，说明 a、c 是同名端；若表针反向偏转一下，说明 a、d 是同名端。若偏转不明显，则应减小量程。

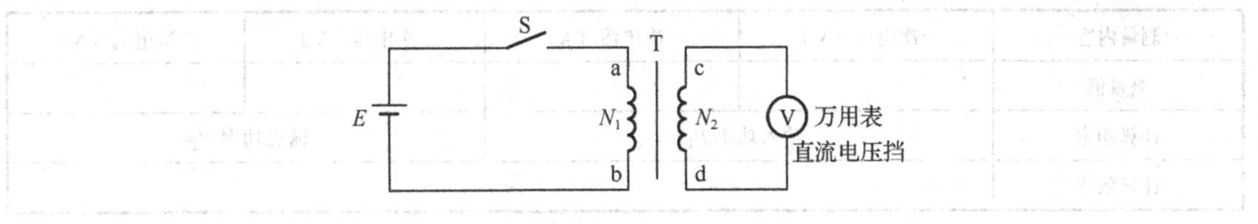

图 6-67　同名端的判断

2．变压器电压比的测量

将电路按图 6-68 进行连接，T_t 为调压器，V_1 和 V_2 为交流电压表。220V 交流电源经调压器 T_t 接至低压线圈 N_2，高压线圈 N_1 开路，通电前将 T_t 的初始输出电压调至 0V。合上双刀开关 S，逐渐调节 T_t，当 V_2 的读数为 18V 左右时，读出高压线圈电压 V_1，填入表 6-2 中；调节调压器，逐步增大输入电压，并分别记录 V_2 为 24V 和 36V 时 V_1 的读数，填入表 6-2 中。

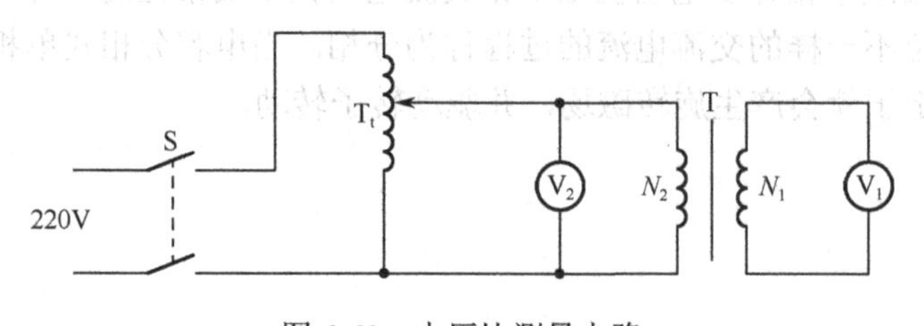

图 6-68 电压比测量电路

表 6-2 测量数据

序号	V_2 的读数（V）	V_1 的读数（V）	电压比 $K=\frac{N_1}{N_2}=\frac{V_1}{V_2}$
1	18		
2	24		
3	36		

对表中三组电压比求平均值，得 K=________。

3．变压器效率的测量

按图 6-69 连接电路（注意，挑选负载时应满足两点，一是负载的额定电压应等于变压器的输出电压；二是负载的总功率应为变压器额定容量的 60%左右）。通电后，读出一次、二次电压和电流值，并填入表 6-3 中。

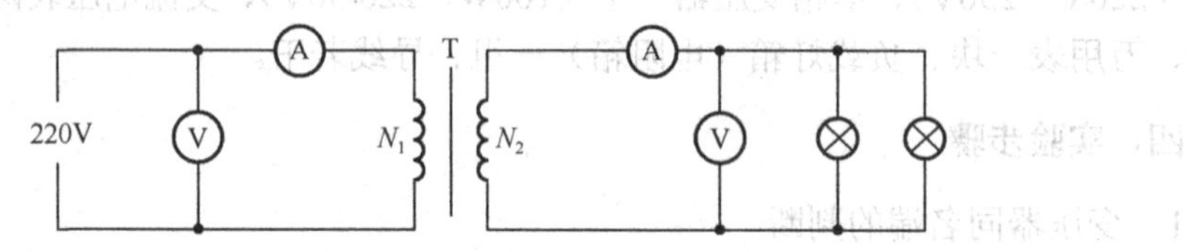

图 6-69 输入/输出电压和电流测量

表 6-3 实验数据

测量内容	一次电压（V）	一次电流（A）	二次电压（V）	二次电流（A）
测量值				
计算功率	输入功率 P_1=		输出功率 P_2=	
计算效率	η=			

五、实验结论

1．变压器的同名端为________________________________。

2．变压器电压比为________。

3．变压器效率为________。

实验 2：电动机的控制

一、实验目的

通过实验，进一步认识三相异步电动机及常用电气元器件（熔断器、接触器、按钮等），熟悉它们之间的连接，并理解各种控制原理。

二、实验任务

1．通过正确的线路连接，实现电动机的点动控制。

2．通过改接线路，实现电动机的正转和反转控制。

三、实验器材

三相异步电动机一台、交流接触器两个、常开按钮两个、常闭按钮一个、熔断器三个、导线若干。

四、实验步骤

1．点动控制

（1）按图 6-70 所示连接电路，并检查确保无误。

（2）反复按压 SB，观察电动机是否点动。

2．正转和反转控制

（1）将电路连接改成图 6-71 所示形式，并检查确保无误。

（2）按下 SB_1，观察电动机是否旋转（视为正转）。

（3）按下 SB_3，观察电动机是否停转。

（4）按下 SB_2，观察电动机是否反向旋转。

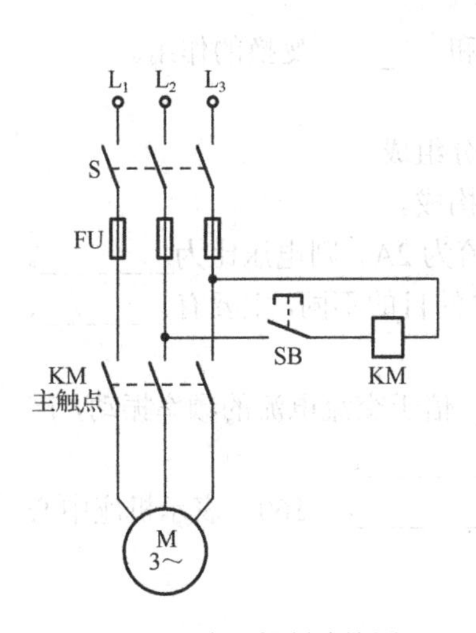

图 6-70　点动控制连接图

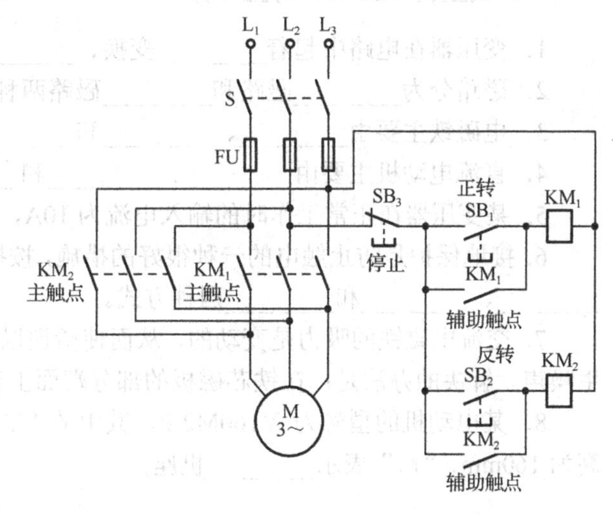

图 6-71　正转和反转控制连接图

五、实验结论

1．图 6-70 所示电路________（能或不能）实现电动机的点动控制；

2．图 6-71 所示电路________（能或不能）实现电动机的正转和反转控制。

习题

1．铁磁性材料可以分为哪几类？它们各有哪些特点和用途？

2．举例说明电磁铁有哪些用途？

3．某电源变压器输入电压 U_1=220V，输出电压 U_2 =18V，如果一次线圈 N_1=500 匝，试问二次线圈约为多少匝？

4．某电源变压器输入电压 U_1= 220V，二次线圈有两个，输出电压分别为 U_2 =110V、U_3=44V，若一次线圈匝数 N_1 =1760 匝，试求两个二次线圈的匝数各为多少？若在 110V 的二次线圈两端并联 10 盏额定电压为 110V、功率为 100W 的电灯，试求此时二次线圈的电流是多少？

5．变压器有哪些损耗？试说明这些损耗产生的原因。

6．音频放大器的输出端需配接的电阻为 200Ω，而扬声器的电阻为 8Ω，故需采用变压器进行阻抗变换，若变压器的二次线圈为 60 匝，则一次线圈为多少匝？

7．某电源变压器输入电压 U_1=380V，在二次线圈两端接上 R = 18Ω 的电阻，测得其两端的电压为 36V。若变压器的效率 η=90%，试求：（1）输出功率和损耗功率；（2）一次线圈、二次线圈的电流；（3）一次线圈的输入阻抗。

8．简述三相交流电动机的旋转原理。并回答如何改变它的旋转方向。

单元测试题

一、填空题（20 分，每空 1 分）

1．变压器在电路中起着________变换、________变换和________变换的作用。

2．磁路分为________磁路和________磁路两种。

3．电磁铁主要由________、________和________三部分组成。

4．直流电动机主要由________、________和________构成。

5．某变压器在正常工作时的输入电流为 10A，输出电流为 2A，则电压比为________。

6．接地保护是防止触电的一种很好的措施，按接地保护的目的不同，主要有________、________、________和________四种方式。

7．交流电磁铁的吸力是变动的，从而使衔铁以________倍于交流电流的频率振动，产生噪声。解决的办法是：在铁芯磁极的部分端面上套一个________。

8．某电动机的型号为 Y160M2-2，其中的“Y”表示________，“160”表示机座中心高为 160mm，“M”表示________机座。

二、判断题（10分，每小题1分）

1．变压器是由有气隙的铁芯和绕在铁芯上的两个线圈构成的。（　　）
2．变压器在空载时，效率最低。（　　）
3．三相异步电动机的转子绕组通常由铜漆包线绕制而成。（　　）
4．三相异步电动机的旋转磁场是由转子绕组产生的。（　　）
5．在电力施工、维修中，只要站在绝缘体上操作，就不会出现触电事故。（　　）
6．漏电保护器除了具有漏电保护功能，还有过流保护功能。（　　）
7．变压器的铁芯采用薄硅钢片叠压而成，其目的是减小涡流损耗。（　　）
8．当发现有人触电时，就立即将其拉离触电区。（　　）
9．与变压器一样，交流电磁铁也存在磁滞损耗和涡流损耗。（　　）
10．电磁铁、变压器及电动机均属感性负载。（　　）

三、选择题（20分，每小题2分）

1．变压器的功率损耗有两类，即（　　）。
A．磁滞耗损和涡流耗损　　B．铁损和铜损
C．磁滞耗损和内阻耗损　　D．内阻耗损和涡流耗损
2．以下哪个器件用到了电磁铁技术？（　　）
A．刀开关　　B．交流接触器　　C．熔断器　　D．变压器
3．一个四极电动机在工频状态下，其旋转磁场的转速为（　　）。
A．3000转/分　　B．1500转/分　　C．750转/分　　D．375转/分
4．异步电动机转子的转速________旋转磁场的转速（　　）
A．大于　　B．等于　　C．小于　　D．视具体情况而定
5．图1所示的电路可以实现电动机的________控制。
A．点动　　B．启动/停止　　C．转速　　D．正转和反转

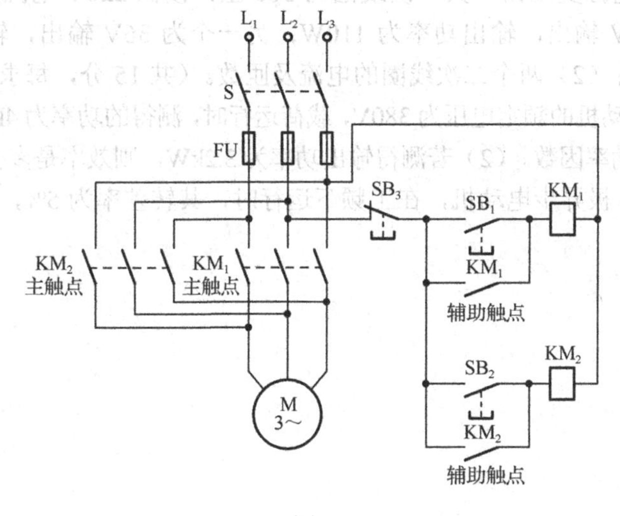

图1

6．变频空调器使用了电动机的________技术。

A．变极调速　　B．变转差率调速

C．电抗器调速　　D．变频调速

7．当看到有人触电时，作为懂电的你，最先不会采取的处理方式是（　　）。

A．立即切断电源

B．立即用干燥的木棒挑开导线

C．立即打电话通知 120 前来施救

D．立即戴上绝缘手套，或手上包缠绝缘物体拖拽触电者，使之脱离电源

8．以下哪一种物体适用于制作变压器和电动机的铁芯（　　）。

A．硅钢　　B．钨钢　　C．钴钢　　D．锰镁铁氧体

9．一个理想变压器的一次线圈、二次线圈匝数比为 4∶1，如果一次线圈上所加的交流电压为 u=1414sin314t，则在二次线圈上测得的电压为（　　）。

A．250V　　B．353V　　C．200V　　D．500V

10．当高压带电体掉落在地上时，在落点周围会形成一个危险区，若人不慎误入，正确的做法是（　　）。

A．立即大步跑出　　B．立即小步走出

C．站着不动，等待救援　　D．双脚并拢跳出危险区

四、问答题（15 分）

1．涡流是怎样产生的？如何减小涡流损耗？（共 8 分，每问 4 分）

2．当电容分相式单相异步电动机的电容损坏时（失去容量），产生的故障现象是怎样的？为什么？（共 7 分，第 1 问 3 分，第 2 问 4 分）

五、计算题（35 分）

1．一个理想电源变压器，其一次线圈为 500 匝，接在 220V 电源上。它有两个二次线圈，一个为 110V 输出，输出功率为 110W；另一个为 36V 输出，输出功率为 72W，求：（1）一次电流；（2）两个二次线圈的电流及匝数。（共 15 分，每求出 1 个得 3 分）

2．一台异步电动机的额定电压为380V，载荷运行时，测得的功率为4kW，线电流为10A，求：（1）电动机的功率因数。（2）若测得输出功率为3.2kW，则效率是多少？（10 分）

3．一台三相 6 极异步电动机，在工频下运行时，其转差率为 5%，求电动机的转速。（10 分）

第7章 周期性非正弦交流电路

【学习要点】本章主要介绍周期性非正弦交流电的基本概念、基本波形及分析方法。要求读者能认识几种常见的周期性非正弦交流电的波形，了解其谐波分解式；掌握周期性非正弦交流电的有效值和平均功率，并能对周期性非正弦交流电路进行简单计算。

7.1 周期性非正弦交流电

交流电路中除了正弦交流电，还存在大量周期性非正弦交流电，它们的大小、方向也随时间周期性变化，这类交流电与正弦交流电存在较大区别，但又有一定联系。

7.1.1 周期性非正弦交流电的概念

先来看图 7-1 所示的几种波形。很明显，它们既不像直流电那样不随时间变化，也不像正弦交流电那样随时间按正弦（或余弦）规律变化。像这种不按正弦规律变化，但还是作周期性变化的电压或电流，称为周期性非正弦交流电。所有的周期性非正弦交流电都有如下几个共同点：

一是随时间呈周期性变化；

二是随时间而断续性变化（即随时间变化不连续）；

三是有一定的波形；

四是有一定的幅值。

由于周期性非正弦交流电随时间呈脉动变化规律，故在电子技术中称之为脉冲。因此图中各波形也可分别称为矩形脉冲、梯形脉冲、三角脉冲、锯齿脉冲。

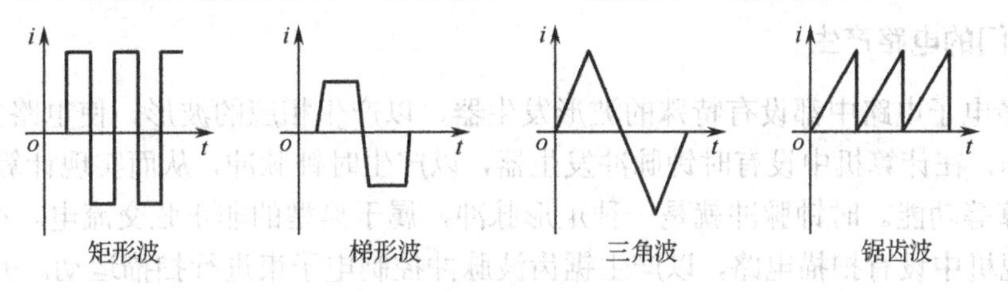

图 7-1 几种常见的周期性非正弦交流电

7.1.2 周期性非正弦交流电的产生

周期性非正弦交流电在电路中也有非常广泛的应用，那么它们是怎样产生的呢？周期性非正弦交流电主要产生于以下几种情况：

1. 不同频率的正弦交流电叠加而成

不同频率的正弦交流电同时出现在同一个电路中时，它们就会混合叠加出新的周期性

非正弦交流电。例如，两个交流电压分别为

$$u_1 = U_{m1} \sin \omega t$$

$$u_2 = U_{m2} \sin 3\omega t$$

它们的波形如图 7-2 中的虚线所示，当它们叠加后，就得到了如图 7-2 中实线所示的波形，显然，这个波形不再是正弦波，而是一个近似的矩形波。

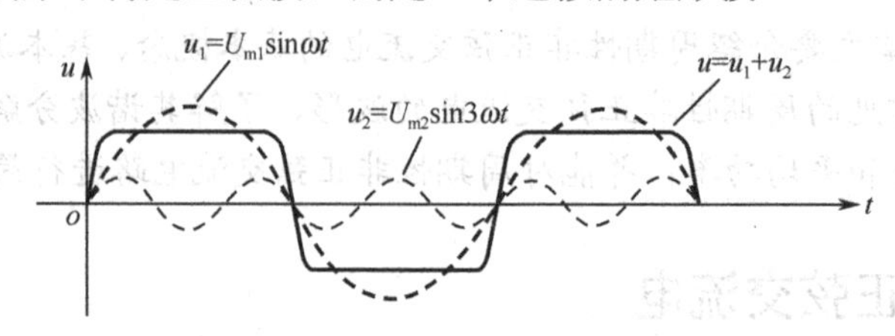

图 7-2　不同频率的正弦波叠加

2．正弦交流电畸变而成

在非线性电路中，正弦交流电会发生变形，变成周期性非正弦交流电。例如，图 7-3（a）所示的正弦交流电压通过图 7-3（b）所示的半波整流电路后，由于二极管的单向导电性，只有正弦波的正半周能通过，而负半周被抑制，这样输出波形就成了图 7-3（c）所示的形状，显然，这个波形是非正弦交流电，由于它的形状像“钟”，故称之为钟形波或钟形脉冲。

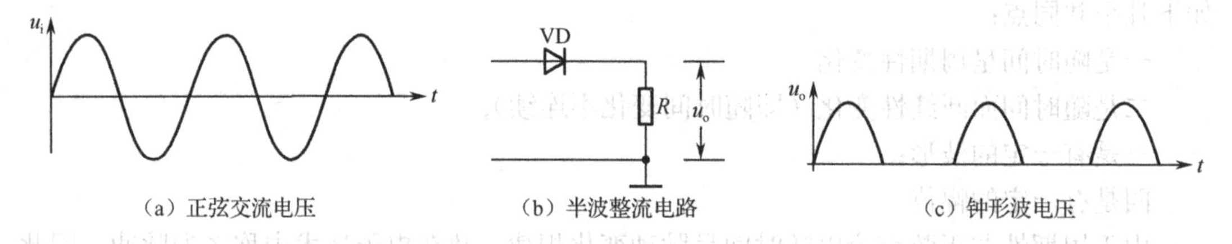

图 7-3　正弦波通过半波整流电路

3．专门的电路产生

在许多电子电路中都设有特殊的波形发生器，以产生相应的波形，使电路实现自身的功能。例如，在计算机中设有时钟脉冲发生器，以产生时钟脉冲，从而实现计算机的计数、计时、运算等功能。时钟脉冲就是一种矩形脉冲，属于典型的非正弦交流电。在 CRT（显像管）电视机中设有扫描电路，以产生锯齿波脉冲控制电子束进行扫描运动。另外，电子、电工实验室等场所都配有一种专用仪器——信号发生器，它专门用来产生各种波形的信号，其中，包含矩形波信号、锯齿波信号这些非正弦交流信号。此外，还有很多例子，在此不一一列举。

4．规律性的干扰产生

这种情况在日常生活中非常常见。例如，一些用电设备在工作时会向外辐射电磁波，这种电磁波被其他设备接收后就是一种干扰信号，这种干扰信号往往属于非正弦交流电。

7.1.3　四种常见的周期性非正弦交流电

常见的周期性非正弦交流电有四种，如图 7-4 所示，其中，矩形脉冲和锯齿脉冲是最常见的。如果矩形脉冲的宽度 t_W 等于其周期的一半，则这样的矩形脉冲就称为方波。

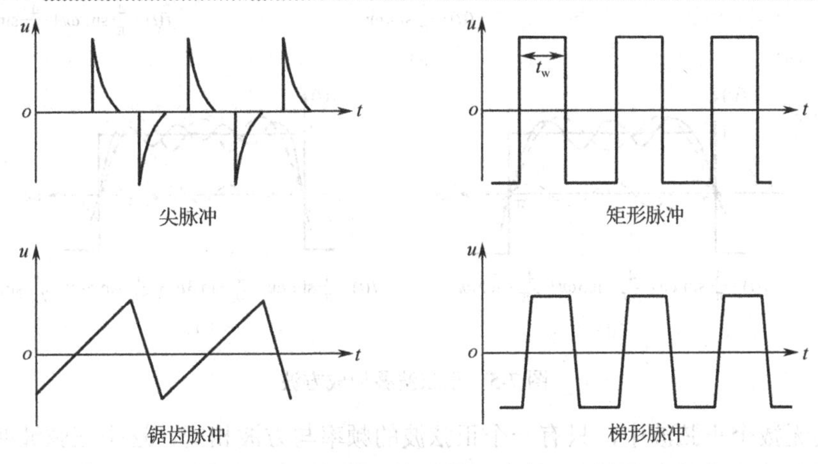

图 7-4　四种常见的周期性非正弦交流电

7.2　周期性非正弦交流电的谐波分析

周期性非正弦交流电由于不按正弦规律变化，其波形具有间歇性或突变性，这给分析带来了不便，尤其是不能用一个函数式来表示它们，从而难以定量分析电路，所以分析非正弦交流电时通常要借助谐波分析法将其转化为直流和正弦交流来分析。

7.2.1　正弦波叠加成非正弦波

无数个具有特定幅值、频率成整数倍的正弦波叠加可以得到一个非正弦波。设一方波的角频率为 ω，幅值为 1，如图 7-5（a）所示。现用一个频率相同、幅值为 $\frac{4}{\pi}$ 的正弦波 $f(t)=\frac{4}{\pi}\sin\omega t$ 来替代这个方波，如图 7-5（b）所示，不难发现二者差别很大。如果用两个频率成整数倍的正弦波之和 $f(t)=\frac{4}{\pi}\sin\omega t+\frac{4}{3\pi}\sin 3\omega t$ 来替代，如图 7-5（c）所示，不难发现，此时它与方波更加接近。若在此基础上再叠加一个 $\frac{4}{5\pi}\sin 5\omega t$ 的正弦波，如图 7-5（d）所示，则发现离方波又接近了一步。在此基础上，若再叠加一个 $\frac{4}{7\pi}\sin 7\omega t$ 的正弦波，如图 7-5（e）所示，则发现离方波更加接近了。如此不断地叠加 $\frac{4}{9\pi}\sin 9\omega t$，$\frac{4}{11\pi}\sin 11\omega t$，$\frac{4}{13\pi}\sin 13\omega t\cdots$正弦波，最终会与方波完全一样。

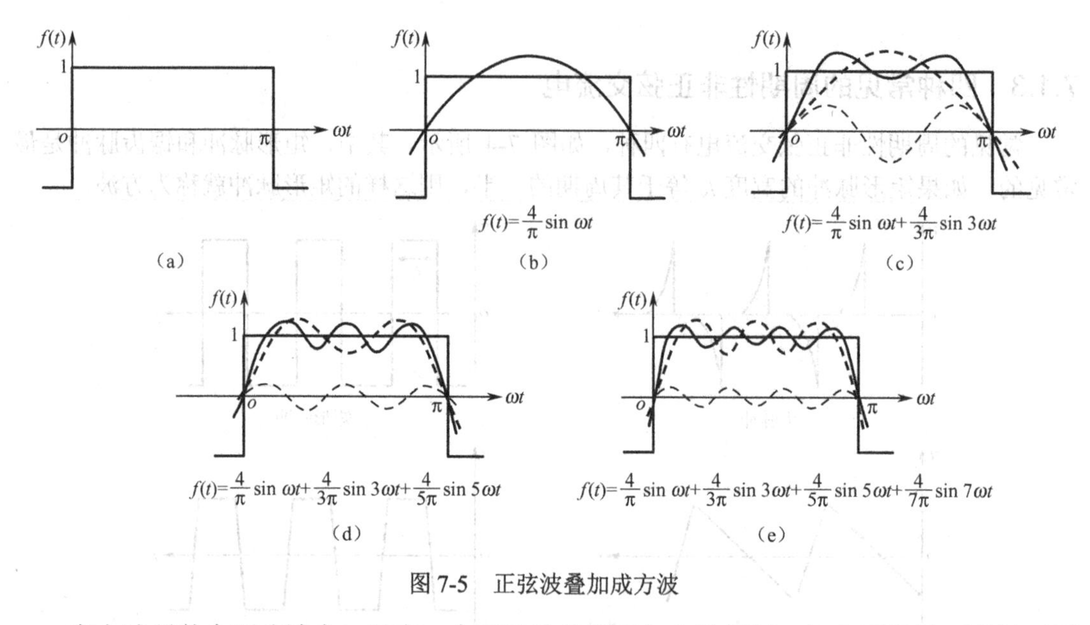

图 7-5　正弦波叠加成方波

在上述无数个正弦波中，只有一个正弦波的频率与方波相同，这个正弦波叫基波（即频率为 ω 的那个正弦波是基波），其余正弦波均叫谐波，其中频率为 3ω 的叫三次谐波，频率为 5ω 的叫五次谐波，以此类推。谐波的频率是基波的整数倍。

7.2.2 周期性非正弦波的傅里叶级数分解

既然无数个正弦波叠加可以合成一个非正弦波，那么一个非正弦波可以分解为无数个正弦波吗？答案是肯定的。数学中的傅里叶级数已经证明，一个周期性非正弦函数可以分解为无数个不同频率的正弦函数之和，它们的频率都是非正弦函数频率的整数倍。其中与非正弦函数频率相同的那个分量称为基波，其余分量皆为谐波。

利用傅里叶级数，可以将电工学中的任何周期性非正弦交流电分解成正弦交流电之和的形式。例如，图 7-6 所示的锯齿波电压，其角频率为 ω，幅值为 U_m，若采用傅里叶级数展开，则可以分解为

$$u=\frac{U_m}{2}-\frac{U_m}{\pi}\sin\omega t-\frac{U_m}{2\pi}\sin 2\omega t-\frac{U_m}{3\pi}\sin 3\omega t-\cdots$$

式中，$\frac{U_m}{2}$ 是恒量，称为锯齿波的直流分量；$-\frac{U_m}{\pi}\sin\omega t$ 是与锯齿波同频率的正弦波分量，称为锯齿波的基波；$-\frac{U_m}{2\pi}\sin 2\omega t$ 是锯齿波的二倍频率正弦波分量，称为锯齿波的二次谐波；$-\frac{U_m}{3\pi}\sin 3\omega t$ 是锯齿波的三倍频率正弦波分量，称为锯齿波的三次谐波；其他正弦波分量依次称为四次谐波、五次谐波等。

再如，图 7-7 所示的方波可分解为

$$u=\frac{4U_m}{\pi}\sin\omega t+\frac{4U_m}{3\pi}\sin 3\omega t+\frac{4U_m}{5\pi}\sin 5\omega t+\frac{4U_m}{7\pi}\sin 7\omega t+\cdots$$

其中，第一项为基波，第二项为三次谐波，依次是五次谐波，七次谐波……由于方波正、

负半周对称，故直流分量为 0。

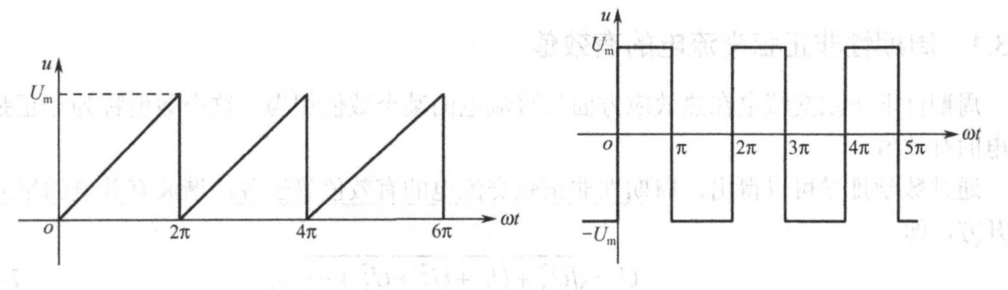

图 7-6　锯齿波电压　　　　图 7-7　方波电压

知识窗📖：任何周期性非正弦交流电都可以分解为一个直流分量与无穷个不同频率的正弦波之和（或差），这些正弦波的频率都是非正弦交流电频率的整数倍，且随谐波次数的升高，谐波分量的幅值也越来越小。

表 7-1 列出了几种常见的非正弦交流电的傅里叶表达式，供大家参考。

表 7-1　几种常见的非正弦交流电的傅里叶表达式

波形名称	波　形　图	傅里叶分解式（谐波分解式）
单相整流半波		$u=\frac{2U_m}{\pi}\left(\frac{1}{2}+\frac{\pi}{4}\cos\omega t+\frac{1}{1\times3}\cos2\omega t-\frac{1}{3\times5}\cos4\omega t+\frac{1}{5\times7}\cos6\omega t-\cdots\right)$
单相整流全波		$u=\frac{4U_m}{\pi}\left(\frac{1}{2}+\frac{1}{1\times3}\cos2\omega t-\frac{1}{3\times5}\cos4\omega t+\frac{1}{5\times7}\cos6\omega t-\cdots\right)$
矩形脉冲		$u=DU_m+\frac{2U_m}{\pi}\left(\sin D\pi\cos\omega t+\frac{1}{2}\sin2D\pi\cos2\omega t+\frac{1}{3}\sin3D\pi\cos3\omega t+\cdots\right)$ 式中，D 为占空比，即 $D=t_W/T$
梯形脉冲		$u=\frac{2U_m}{\pi}\left(\sin\alpha\sin\omega t+\frac{1}{9}\sin3\alpha\sin3\omega t+\frac{1}{25}\sin5\alpha\sin5\omega t+\cdots\right)$
对称三角波		$u=\frac{8U_m}{\pi^2}\left(\sin\omega t-\frac{1}{9}\sin3\omega t+\frac{1}{25}\sin5\omega t-\cdots\right)$

7.3　周期性非正弦交流电的有效值和平均功率

与正弦交流电一样，周期性非正弦交流电也存在有效值、平均值和平均功率，且在定义上与正弦交流电一样。

7.3.1 周期性非正弦交流电的有效值

周期性非正弦交流电在热效应方面与直流电的某个数值相当，这个数值称为非正弦交流电的有效值。

通过数学推导可以得出，周期性非正弦交流电的有效值等于各次谐波有效值的平方和的开方，即

$$U=\sqrt{U_0^2+U_1^2+U_2^2+U_3^2+\cdots} \tag{7-1}$$

$$I=\sqrt{I_0^2+I_1^2+I_2^2+I_3^2+\cdots} \tag{7-2}$$

式中，U，I 分别代表电压和电流的有效值；U_0，I_0 分别代表电压和电流的直流分量，可以视为“0”次谐波的有效值；U_1，U_2，U_3，…和 I_1，I_2，I_3，…分别代表各次谐波的电压和电流的有效值。

需要指出的是，由于各次谐波属正弦波，它们的有效值与最大值之间存在 0.707 倍的关系，但整个非正弦交流电的有效值与最大值之间不存在这种关系。

【例 1】 一个方波电压的幅值 U_m=3.14V，求其电压的有效值。

解：方波的谐波展开式为

$$u=\frac{4U_m}{\pi}\sin\omega t+\frac{4U_m}{3\pi}\sin 3\omega t+\frac{4U_m}{5\pi}\sin 5\omega t+\frac{4U_m}{7\pi}\sin 7\omega t+\cdots$$

各次谐波的有效值为

$$U_1=\frac{4U_m}{\pi\sqrt{2}}=\frac{4\times 3.14}{\pi\sqrt{2}}=\frac{4}{\sqrt{2}}$$

$$U_3=\frac{4U_m}{3\pi\sqrt{2}}=\frac{4\times 3.14}{3\pi\sqrt{2}}=\frac{4}{3\sqrt{2}}$$

$$U_5=\frac{4U_m}{5\pi\sqrt{2}}=\frac{4\times 3.14}{5\pi\sqrt{2}}=\frac{4}{5\sqrt{2}}$$

$$U_7=\frac{4U_m}{7\pi\sqrt{2}}=\frac{4\times 3.14}{7\pi\sqrt{2}}=\frac{4}{7\sqrt{2}}$$

$$\cdots\cdots$$

从而得出方波的有效值为

$$U=\sqrt{\left(\frac{4}{\sqrt{2}}\right)^2+\left(\frac{4}{3\sqrt{2}}\right)^2+\left(\frac{4}{5\sqrt{2}}\right)^2+\left(\frac{4}{7\sqrt{2}}\right)^2+\cdots}$$

$$=\frac{4}{\sqrt{2}}\sqrt{\left(\frac{1}{1^2}\right)+\left(\frac{1}{3^2}\right)+\left(\frac{1}{5^2}\right)+\left(\frac{1}{7^2}\right)+\cdots}$$

$$=\frac{4}{\sqrt{2}}\sqrt{\frac{\pi^2}{8}}=3.14\text{V}$$

7.3.2 周期性非正弦交流电的平均功率

与正弦交流电路一样，在非正弦交流电路中，只有电阻消耗功率，而电感和电容是不

消耗功率的。

1．有功功率

在非正弦交流电路中，电路消耗的平均功率等于各次谐波所产生的平均功率之和，即

$$P=P_0+P_1+P_2+P_3+\cdots$$

式中，P 代表电路消耗的平均功率（即有功功率）；P_0、P_1、P_2、P_3 分别代表 0 次谐波（即直流分量）、一次谐波（即基波）、二次谐波及三次谐波所产生的平均功率。

由于非正弦交流电包含多个谐波，只有同频率的电流和电压才能产生平均功率，且平均功率等于该次谐波的电压有效值、电流有效值及功率因数的乘积，即

$$P_n=U_nI_n\cos\phi_n$$

式中，P_n、U_n、I_n 及 $\cos\phi_n$ 分别代表第 n 次谐波的平均功率、电压有效值、电流有效值及功率因数。

2．无功功率

同理，电路的无功功率等于各次谐波所产生的无功功率之和，即

$$Q=Q_1+Q_2+Q_3+\cdots$$

式中，Q 代表电路的无功功率；Q_1、Q_2、Q_3 分别代表一次谐波（即基波）、二次谐波及三次谐波所产生的无功功率。直流分量是不会产生无功功率的，这是因为当直流分量流过电阻时，它产生的是有功功率；若流过电感，因电感两端无电压，故不会有无功功率；若流过电容，因电容的隔直作用，不会形成电流，故也不会有无功功率。

3．视在功率

与正弦交流电路一样，在非正弦交流电路中，视在功率仍为

$$S=UI$$

功率因数仍为

$$\lambda=\frac{P}{S}$$

另外，还可以证明，在非正弦交流电路中，电路的视在功率 S 不等于各次谐波视在功率之和。

在非正弦交流电路中，P、Q、S 及 N 围成一个功率四边形，如图 7-8 所示。N 为谐波畸变功率，其等于电压有效值 U 与谐波（非基波）电流有效值 I_x 的乘积。功率四边形是由基波功率三角形 PQS_1 和谐波功率三角形 S_1NS 构成的，二者都是直角三角形。很明显，$S>\sqrt{P^2+Q^2}$，且 $\cos\phi\neq\frac{P}{S}$，也就是说 $\cos\phi$ 不再称为功率因数，而称为位移因数。进一步推导还可得

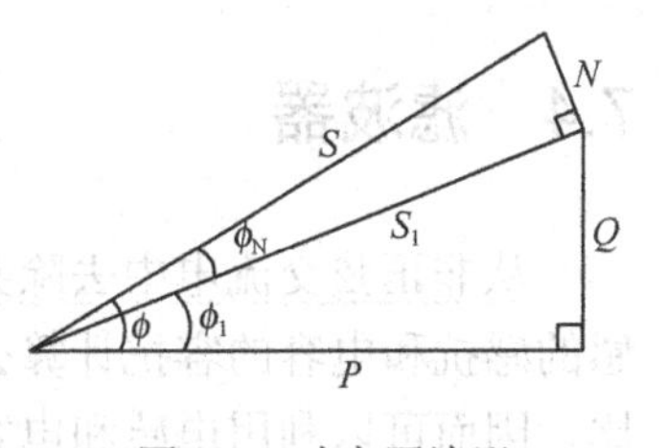

图 7-8　功率四边形

$$\lambda=\frac{P}{S}=\frac{S_1\cos\phi_1}{S}=\cos\phi_1\cos\phi_N \tag{7-3}$$

式中，$\cos\phi_N$ 称为畸变因数。由此可得，功率因数等于位移因数与畸变因数的乘积。

【例 2】 某电路两端所加的电压为：$u = 5 + 5\sin\omega t + 4\sin(3\omega t + 60^\circ) + 2\sin(5\omega t + 45^\circ)$；电路中的电流为：$i = \sin(\omega t + 60^\circ) + 2\sin(3\omega t + 30^\circ) + 0.5\sin(5\omega t + 45^\circ)$。求：（1）电路所消耗的功率。（2）电路的功率因数。

解：（1）各次谐波的平均功率为

$$P_0 = U_0 I_0 = 0$$

$$P_1 = U_1 I_1 \cos\phi_1 = \frac{5}{\sqrt{2}} \times \frac{1}{\sqrt{2}}\cos(0 - 60^\circ) = 1.25\text{W}$$

$$P_3 = U_3 I_3 \cos\phi_3 = \frac{4}{\sqrt{2}} \times \frac{2}{\sqrt{2}}\cos(60^\circ - 30^\circ) \approx 3.46\text{W}$$

$$P_5 = U_5 I_5 \cos\phi_5 = \frac{2}{\sqrt{2}} \times \frac{0.5}{\sqrt{2}}\cos(45^\circ - 45^\circ) = 0.5\text{W}$$

电路消耗的功率为　　$P=P_0+ P_1+ P_3+ P_5=1.25+3.46+0.5\approx5.2\text{W}$

（2）电压有效值为

$$U = \sqrt{U_0^2 + U_1^2 + U_3^2 + U_5^2 + \cdots}$$

$$= \sqrt{5^2 + \left(\frac{5}{\sqrt{2}}\right)^2 + \left(\frac{4}{\sqrt{2}}\right)^2 + \left(\frac{2}{\sqrt{2}}\right)^2}$$

$$\approx 6.9\text{V}$$

电流有效值为

$$I = \sqrt{I_1^2 + I_3^2 + I_5^2}$$

$$= \sqrt{\left(\frac{1}{\sqrt{2}}\right)^2 + \left(\frac{2}{\sqrt{2}}\right)^2 + \left(\frac{0.5}{\sqrt{2}}\right)^2}$$

$$\approx 1.62\text{A}$$

视在功率为

$$S = UI = 6.9 \times 1.62 \approx 11.18\text{V} \cdot \text{A}$$

功率因数为

$$\lambda = \frac{P}{S} = \frac{5.2}{11.18} \approx 0.465$$

7.4　滤波器

从非正弦交流电中去除某些分量的过程叫滤波，具有滤波功能的电路叫滤波器。从电感的感抗和电容的容抗计算公式得知，电感的感抗与频率成正比，电容的容抗与频率成反比，因而可以利用电感和电容来构成滤波器，滤除非正弦交流电中的某些分量，只保留所需的那些成分。根据滤波器的功能，可将其分为低通滤波器、高通滤波器、带通滤波器等类型。

7.4.1　低通滤波器

只允许非正弦交流电的低频分量通过而滤除高频分量的滤波器叫低通滤波器。

1．低通滤波器的原理

低通滤波器的特点体现在“低通”上，这种滤波器的功能就是低频成分容易通过，而高频成分经过滤波器时会有很大衰减。输出电压中只含低频，而高频分量被滤除了。

例如一个整流全波的波形如图 7-9（a）所示，电压谐波分解式为

$$u_{\mathrm{i}}=\frac{4U_{\mathrm{m}}}{\pi}\left(\frac{1}{2}+\frac{1}{3}\cos 2\omega t-\frac{1}{15}\cos 4\omega t+\frac{1}{35}\cos 6\omega t-\cdots\right)$$

将其送入低通滤波器，如图 7-9（b）所示，若低通滤波器能将四次以上的谐波滤除，则输出电压就变成

$$u_{\mathrm{o}}=\frac{2U_{\mathrm{m}}}{\pi}+\frac{4U_{\mathrm{m}}}{3\pi}\cos 2\omega t$$

输出电压中只含直流分量$\frac{2U_{\mathrm{m}}}{\pi}$和二次谐波$\frac{4U_{\mathrm{m}}}{3\pi}\cos 2\omega t$，其余高频成分全部被滤除，输出电压所对应的波形如图 7-9（c）所示。很明显，二次谐波叠加在直流分量上，且整个电压的波动范围要小于输入电压。若低通滤波器能将二次以上的谐波滤除，则输出电压就变成直流电压，所以低通滤波器常用于电源滤波中，它可以将电源电压中的高次谐波滤除，使电源电压变得更加平稳。

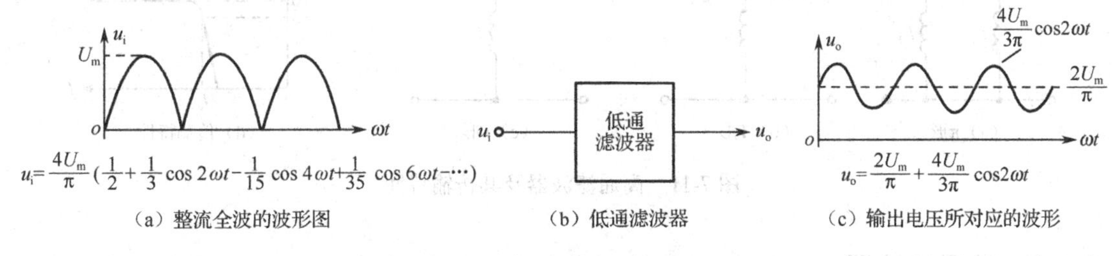

（a）整流全波的波形图　　（b）低通滤波器　　（c）输出电压所对应的波形

图 7-9　低通滤波器的原理

2．低通滤波器的结构

低通滤波器常由 L、C 元件组成，有 π 形、T 形和 Γ 形等类型，如图 7-10（a）、（b）、（c）所示。因为电感线圈串联在电路中，对于直流分量（或低频分量），感抗为 0（或很小）相当于短路，但对高频分量却起到阻碍或衰减作用；而并联的电容，对于直流分量（和低频分量）相当于开路，但对高频分量容抗不大，高频分量可以经过电容返回电源（或信号源），而负载上的电压只有直流分量（和低频分量）。

低通滤波器的传输特性如图 7-10（d）所示，它只允许低于某一频率的谐波分量通过，而滤去高于某一频率的谐波，此分界频率称为截止频率，用 f_{C} 表示（f_{C} 就是输出下降 3dB 时所对应的频率）。截止频率与选用的 L、C 数值有关，L、C 越大则截止频率越低，输出就越接近直流。

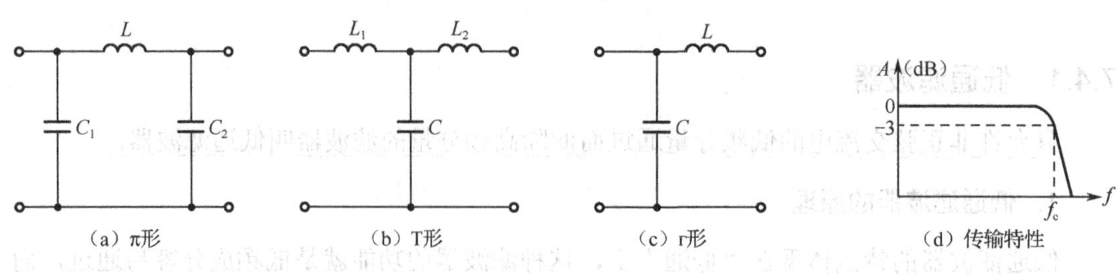

图 7-10 低通滤波器及其传输特性

对于滤波要求不高的低通滤波器，可以只用一个电感、电容构成 r 形滤波器，也可以只用串联电感，或者只用并联电容做滤波器。对于要求较高时，则将多级 r 形（π 形或 T 形）滤波器串联使用。

7.4.2 高通滤波器

高通滤波器的功能与低通滤波器相反，它只允许高于某一频率的谐波分量通过，而滤除低于这一频率的谐波分量。这一分界频率也称为截止频率，用 f_c 表示。高通滤波器也常由 L、C 组成，类型有 π 形、T 形和 r 形等，如图 7-11（a）、(b)、(c) 所示，图 7-11（d）所示为其传输特性。在高通滤波器中，电容串联在传输线路中，而电感并联在传输线路中。由于电容通高频，而电感通低频，从而导致低频分量通过电感构成回路，而不会向后传输，但高频分量却经电容向后传输进入下一级电路。

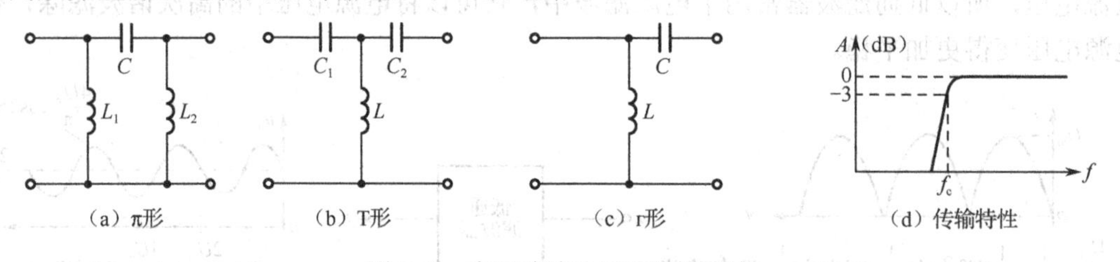

图 7-11 高通滤波器及其传输特性

7.4.3 带通滤波器

带通滤波器有两个截止频率 f_{c1} 与 f_{c2}，且 $f_{c1}<f_{c2}$，其只让 $f_{c1}\sim f_{c2}$ 之间的频率成分通过，而低于 f_{c1} 和高于 f_{c2} 的频率成分均被滤除。因此将 f_{c1} 称为带通滤波器的下限频率，将 f_{c2} 称为带通滤波器的上限频率。

图 7-12（a）为 π 形带通滤波器，它实际上是由一个 π 形低通滤波器和一个 π 形高通滤波器组成的。L_1、C_1、C_2 构成 π 形低通滤波器，其截止频率为 f_{c2}，它只让低于 f_{c2} 的频率成分通过，而滤除 f_{c2} 以上的频率成分；L_2、C_3、L_3 构成 π 形高通滤波器，其截止频率为 f_{c1}，它只让高于 f_{c1} 的频率成分通过，而滤除 f_{c1} 以下的频率成分。两个滤波器共同作用，只让 $f_{c1}\sim f_{c2}$ 之间的频率成分通过，从而形成一个频带，故称带通滤波器。带通滤波器的传输特性如图 7-12（b）所示。

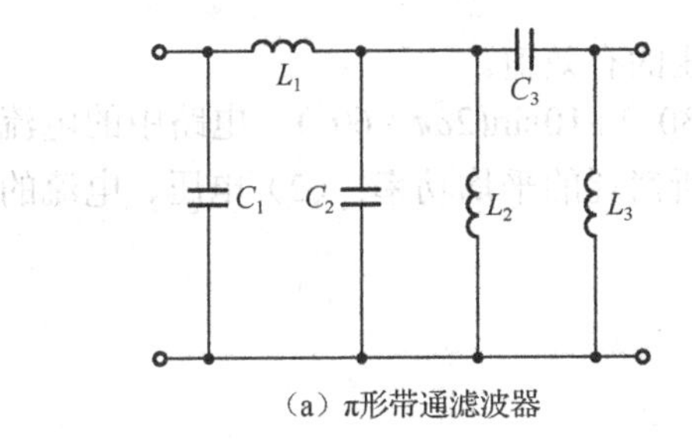

（a）π形带通滤波器

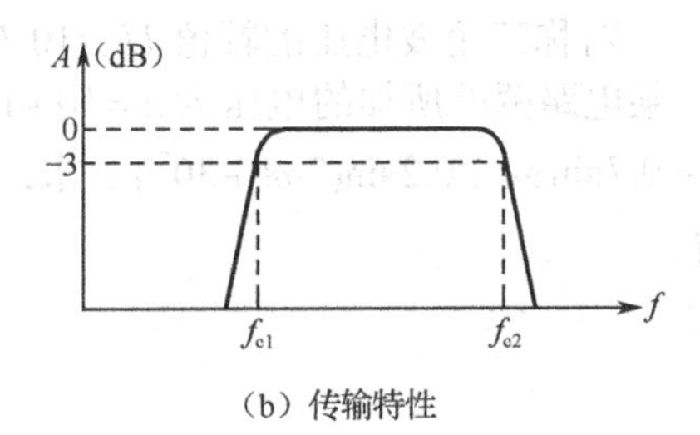

（b）传输特性

图 7-12　带通滤波器及其传输特性

本章知识要点

1. 不按正弦规律变化，但还是做周期性变化的电压或电流，称为周期性非正弦交流电。

2. 周期性非正弦交流电主要产生于以下几种情况：

（1）不同频率的正弦交流电叠加而成；

（2）正弦交流电畸变而成；

（3）专门的电路产生；

（4）规律性的干扰产生。

3. 任何周期性非正弦交流电都可以分解为一个直流分量与无穷个不同频率的正弦波之和（或差），这些正弦波的频率都是非正弦交流电频率的整数倍，且随谐波次数的升高，谐波分量的幅值也越来越小。

4. 周期性非正弦交流电的有效值等于各次谐波有效值的平方和的开方，即

$$U=\sqrt{U_0^2+U_1^2+U_2^2+U_3^2+\cdots}$$

$$I=\sqrt{I_0^2+I_1^2+I_2^2+I_3^2+\cdots}$$

5. 在非正弦交流电路中，电路消耗的平均功率等于各次谐波所产生的平均功率之和即

$$P=P_0+P_1+P_2+P_3+\cdots$$

6. 只有同频率的电流和电压才能够产生平均功率，且平均功率等于该次谐波的电压有效值、电流有效值及功率因数的乘积，即

$$P_n=U_nI_n\cos\phi_n$$

7. 在非正弦交流电路中，电路的无功功率等于各次谐波所产生的无功功率之和，即

$$Q=Q_1+Q_2+Q_3+\cdots$$

习题

1. 什么是周期性非正弦交流电？其有什么特点？

2. 周期性非正弦交流电是怎样产生的？试列举几种常见的周期性非正弦交流电。

3. 周期性非正弦交流电与正弦交流电有什么关系？

4. 什么是周期性非正弦交流电的谐波？它们有什么特点？

5．一对称三角波电压的幅值 U_m=10V，求其电压的有效值。

6．某电路两端所加的电压为 $u=10+15\sin(\omega t+30^\circ)+10\sin(2\omega t+60^\circ)$，电路中的电流为 $i=1+0.7\sin\omega t+0.2\sin(2\omega t+30^\circ)$。求：（1）电路所消耗的平均功率；（2）电压、电流的有效值。

第8章　直流电路的过渡过程

【学习要点】本章主要讲解 *RC* 电路和 *RL* 电路的过渡过程及分析方法。要求读者弄清过渡过程产生的原因；掌握换路定律，牢记过渡过程中电压和电流的计算公式，并能灵活运用公式分析计算电路；熟悉三要素法的解题步骤，并能运用三要素法分别求解 *RC* 电路和 *RL* 电路在过渡过程中的电压和电流。

在前述章节中，默认电路处于稳定的工作状态（简称稳态），然后对电路进行定性或定量分析。其实，有些电路从通电开始到进入稳态（或者从一种稳态进入另一种稳态），往往需要一定的时间才能完成，这段时间就是电路从一种稳态向另一种稳态进行过渡，故称为过渡过程。由于过渡过程时间很短，常将这段时间内的电路状态称为暂态。本章专门分析电路产生过渡过程的原因及电路处于过渡过程中所具有的一些重要特性。

8.1　换路与换路定律

电路的过渡过程都是因为换路引起的，因此在分析过渡过程之前，必须先弄清换路和换路定律。

8.1.1　换路和过渡过程的产生

1．换路

电路从一种状态切换至另一种状态的过程叫作换路，很明显，换路就是改变电路的工作状态。如图 8-1（a）所示，开关从断开转为合上就是换路；如图 8-1（b）所示电路，开关从合上转为断开也是换路；同理，如图 8-1（c）所示电路，开关从“1”位置拨至“2”位置，也是换路。

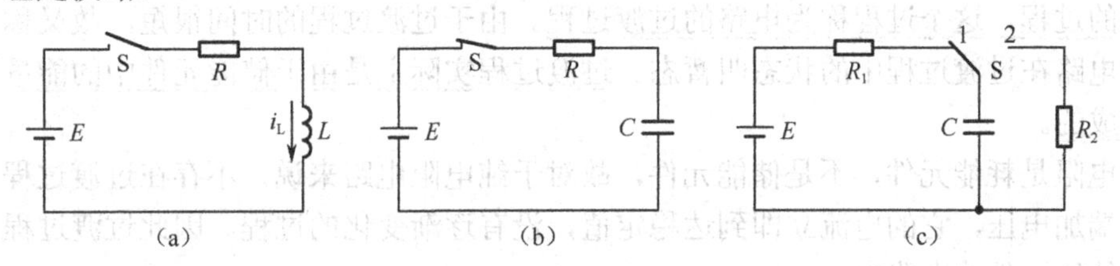

图 8-1　换路

2．过渡过程的产生

为了理解过渡过程的产生，不妨先举两个例子。

例如，图 8-2（a）所示的 *RC* 串联电路（电容原来未充电），只要开关未合上，电路就总处于未通电状态（属于一种稳态），此时回路中的电流为 0，电容 *C* 上的电压 $u_C=0$。当开关合上后，回路中产生电流，电容 C 开始被充电，电容上的电压开始逐步上升，电压变化曲线如图 8-2（b）所示。经过一段时间 t_1 后，C 上的电压上升至电源电压 E，回路中的电流变为 0，充电结束。此时，电容 C 上的电压 $u_C=E$，C 上的电量 $q_C=CE$，存储的电场能为 $W_C=\frac{1}{2}CE^2$，电路进入新的稳态。

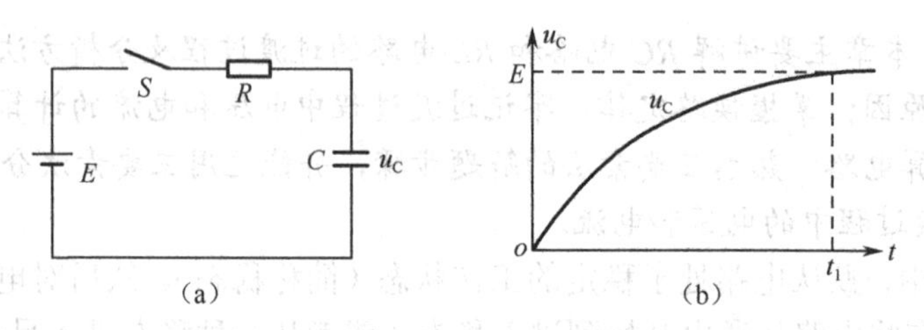

图 8-2　*RC* 串联电路及其电压变化曲线

再如，图 8-3（a）所示的 *RL* 串联电路，只要开关未合上，电路就总处于未通电状态，此时电感 L 中的电流 $i_L=0$。当开关合上后，L 两端获得电压，电流从 0 开始上升，如图 8-3（b）所示，经过一段时间 t_1 后，L 中的电流上升至 $i_L=\frac{E}{R}$，电感的磁链 $\psi_L=Li_L$，存储的磁场能为 $W_L=\frac{1}{2}Li_L^2$，电路进入新的稳态。

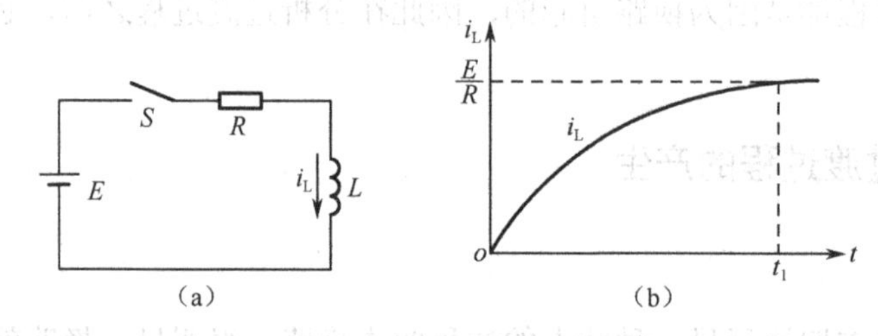

图 8-3　*RL* 串联电路及其电流变化曲线

从以上两例可知，含有储能元件（电容、电感）的电路，发生换路时，电路从一种稳态变化至另一种稳态需要一定的时间，在这段时间中，电路经历了一个电压（或电流）逐步变化的过程，这个过程称为电路的过渡过程。由于过渡过程的时间很短，故又称为瞬态过程。电路在过渡过程中的状态叫暂态。过渡过程实际上是由于储能元件中的能量不能跃变而造成的。

因电阻是耗能元件，不是储能元件，故对于纯电阻电路来说，不存在过渡过程，只要电阻两端加电压，它的电流立即到达稳定值，没有逐渐变化的过程。因此过渡过程只发生在含有储能元件的电路中。

8.1.2　换路定律

通过以上分析可知，不论换路前电路的状态如何，在换路开始的一瞬间，电容上的电量和电压及电感中的磁链和电流都应保持换路前一瞬间的原数值而不能跃变，电路换路后就以此为初始值连续变动直至达到新的稳态值。这个规律称为换路定律。

如果以 t=0 表示换路的瞬间（过渡过程的起始时间），以 $t=0_-$代表换路前的一瞬间，以 $t=0_+$代表换路后的一瞬间，则换路定律的表达式为

$$\begin{aligned} q_C(0_+)&=q_C(0_-) \qquad & u_C(0_+)&=u_C(0_-) \\ \psi_L(0_+)&=\psi_L(0_-) \qquad & i_L(0_+)&=i_L(0_-) \end{aligned} \tag{8-1}$$

上式中，q_C 表示电容上的电量；u_C 表示电容上的电压；ψ_L 表示电感中的磁链；i_L 表示电感中的电流。换路定律有以下两层意思：

一是换路后的瞬间，电容上的电量和电压不能跃变；电感中的磁链和电流也不能跃变。

二是换路后的瞬间，电容上的电量和电压值分别等于换路前一瞬间的值；电感中的磁链和电流值也分别等于换路前一瞬间的值。

【例 1】 电路如图 8-4（a）所示，已知 E=20V，R_1=5Ω，R_2=10Ω，S 闭合前，C 上的电压为 0，L 中的电流也为 0，求 S 闭合后，各支路电流的初始值及电感两端电压的初始值。

解：由题意可知：

$$u_C(0_-)=0, \quad i_L(0_-)=0$$

由换路定律可知，S 闭合后的瞬间有

$$u_C(0_+)=u_C(0_-)=0 \ , \qquad i_L(0_+)=i_L(0_-)=0$$

因换路的瞬间，电容两端的电压为 0，可视为短路；电感中的电流为 0，可视为开路。因此得到此刻的等效电路如图 8-4（b）所示，故各支路电流的初始值为

$$i_L(0_+)=i_L(0_-)=0,$$

$$i_C(0_+)=\frac{E}{R_1}=\frac{20}{5}=4\text{A}$$

电感两端电压的初始值为

$$u_L(0_+)=E-i_L(0_+)\ R_2=E=20\text{V}$$

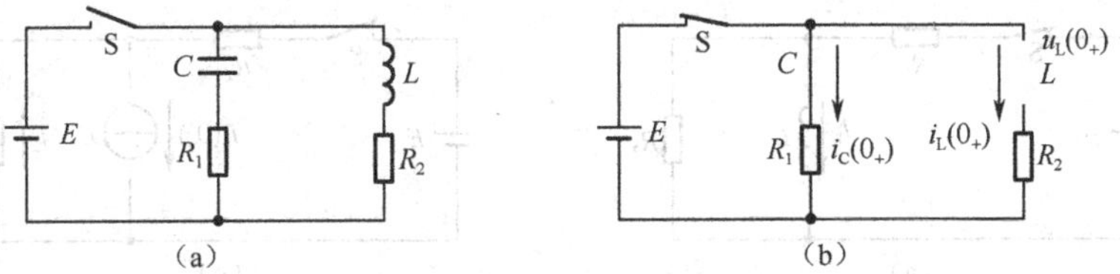

S　C　L　E　R_1　R_2

(a)

S　C　$u_L(0_+)$　L　E　R_1　$i_C(0_+)$　$i_L(0_+)$　R_2

(b)

图 8-4　例 1 电路图

【例 2】 电路如图 8-5（a）所示，已知 E=10V，R_1=2Ω，R_2=8Ω，R_3=40Ω，S 闭合前，电路处于稳态，求 S 闭合后，流过 R_3 的电流初始值。

解：S 闭合前电容上的电压为

$$u_C(0_-)=\frac{E}{R_1+R_2}R_2=\frac{10}{2+8}\times 8=8\text{V}$$

由换路定律可知，S 闭合后的瞬间有

$$u_C(0_+)=u_C(0_-)=8\text{V}$$

因换路的瞬间，电容两端的电压不能跃变，可视为一个电压源。因此得到此刻的等效电路如图 8-5（b）所示，故流过 R_3 的电流初始值为

$$i_3(0_+)=\frac{u_C(0_-)}{R_3}=\frac{8}{40}=0.2\text{A}$$

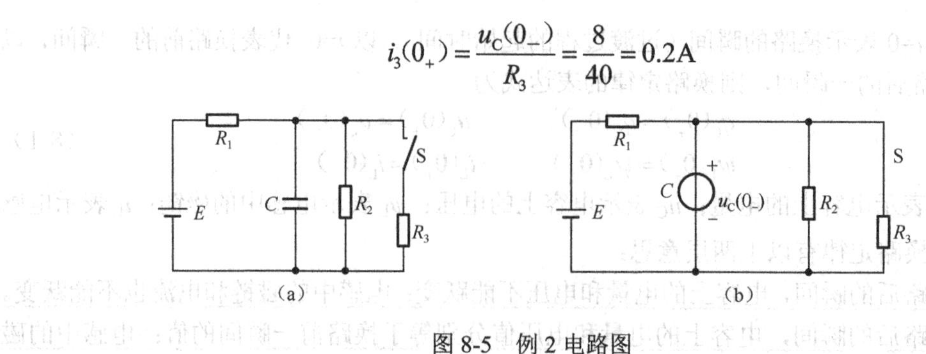

图 8-5 例 2 电路图

【例 3】 电路如图 8-6（a）所示，已知 E=16V，R_1=8Ω，R_2=10Ω，L=100mH，S 断开前，电路处于稳定工作状态。求：（1）L 中的储能；（2）S 断开后，流过 R_2 的电流初始值及方向；（3）S 断开后，L 两端的电压初始值及方向。

解：（1）S 断开前，电路处于稳定工作状态，故 L 中的电流 i_L 为

$$i_L=i_L(0_-)=\frac{E}{R_1}=\frac{16}{8}=2\text{A}$$

L 中的储能为

$$W_L=\frac{1}{2}Li_L^2=\frac{1}{2}\times100\times10^{-3}\times2^2=0.2\text{J}$$

（2）S 断开后，电感中的电流不能跃变，仍保持换路前一瞬间的大小和方向，故可视为一个电流源，从而得到此刻的等效电路如图 8-6（b）所示。这个电流只能通过 R_2 构成回路，故流过 R_2 的电流为

$$i_2=i_L(0_-)=2\text{A}$$

方向如图所示。

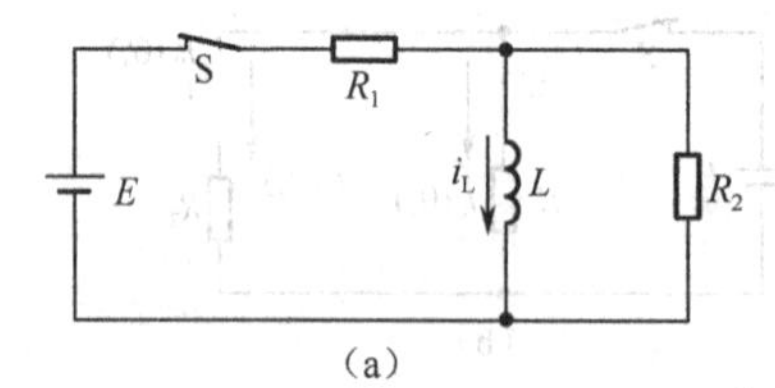

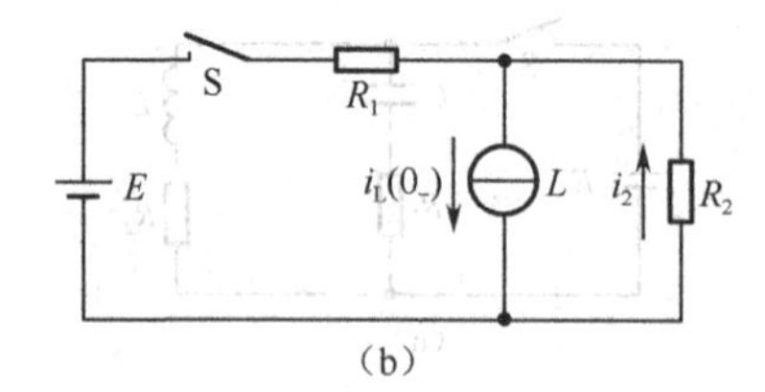

图 8-6 例 3 电路图

（3）S 断开后，L 两端的电压初始值 u_L 就是此刻 R_2 两端的电压，故

$$u_L=i_2R_2=2\times10=20\text{V}$$

方向为下正上负。

8.2 *RC* 电路的过渡过程

通过将 *RC* 串联电路与直流电源接通和断开，可以研究 *RC* 电路的过渡过程。将 *RC* 串联电路与直流电源接通时，可以研究 *RC* 电路的充电过程；将 *RC* 串联电路与直流电源断开时，可以研究 *RC* 电路的放电过程。

8.2.1　RC 电路的充电过程

1．零初始条件下的充电过程

电路如图 8-7 所示，开关 S 闭合前，电容上的电压为 0，即 $u_C(0_-)=0$，如图 8-7（a）所示。在 t=0 时，将开关 S 闭合，电源 E 经 R 开始对 C 充电，充电的起始电流为

$$i(0_+)=\frac{E-u_C(0_+)}{R}=\frac{E-u_C(0_-)}{R}=\frac{E}{R}$$

随着充电的进行，C 上的电压 u_C 逐渐上升，如图 8-7（b）所示。根据回路电压方程 $E=u_R+u_C$ 可知，电阻两端的电压 u_R 会逐渐减小，回路电流 i 也会逐渐减小。经过一定时间后，u_C 会上升至 E，充电结束，此时 u_R 和 i 都会下降至 0。

由此可知，RC 电路的充电过程实际上是电容两端的电压 u_C 逐步上升至 E、充电电流 i 逐步下降至 0 的过程。这个过程仅发生在闭合 S 后的一瞬间，时间很短。可以证明，u_C、i 随时间变化的规律满足下式：

$$u_C=E\left(1-e^{-\frac{t}{RC}}\right) \tag{8-2}$$

$$i=\frac{E}{R}e^{-\frac{t}{RC}} \tag{8-3}$$

式中，e 是数学常数（其值为 2.718281828…）。以上两式就是零初始条件下，u_C 和 i 的计算公式，它们都是指数函数式。这说明，RC 电路的充电过程是按指数规律进行的。u_C、i 随时间 t 变化的曲线如图 8-7（c）所示。由曲线可知，电容电压 u_C 由零开始按指数规律逐步增大，开始时上升较快，随后变慢，最后达到稳态值（E），说明电容在电路中的作用由开始的短路元件逐渐变成一个开路元件。回路中的充电电流 i 则是按指数规律下降的，开始时下降较快，随后变慢，最后为 0，充电结束，此时电容相当于开路。

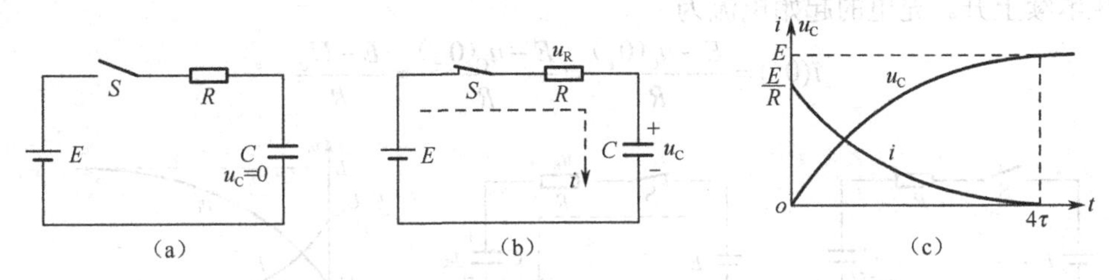

图 8-7　RC 电路零初始条件下的充电过程

从以上两式还可看出，电路要经过很长时间（$t\to\infty$）充电才能结束，u_C 才达到 E，但充电的快慢还是可以衡量的，其取决于 R、C 乘积的大小，因此将 R、C 乘积称为电路的时间常数，用 τ 表示，即

$$\tau=RC \tag{8-4}$$

当 R 的单位为欧姆（Ω），C 的单位为法拉（F）时，τ 的单位为秒（s）。τ 越大，充电就越慢；τ 越小，充电就越快。一般认为，当 t=（4～5）τ 时（此时 $u_C\approx0.98\sim0.99E$），充电结束，电路进入稳态。

【例 4】 电路如图 8-7 所示，已知 C=0.5μF，R=1kΩ，E=1000V，S 闭合前，C 上的电压为 0V，求：（1）电路的时间常数和 S 闭合后回路电流的初始值；（2）S 闭合 0.5ms 时，电路中的电流 i 和电容电压 u_C 的大小；（3）S 闭合后，需经多长时间充电才结束？

解：（1）电路的时间常数 τ 为

$$\tau = RC = 1000 \times 0.5 \times 10^{-6} = 0.5\text{ms}$$

S 闭合后回路电流的初始值为

$$i(0_+) = \frac{E}{R} = \frac{1000}{1000} = 1\text{A}$$

（2）S 闭合 0.5ms 时，i 和 u_C 为

$$i = \frac{E}{R}\mathrm{e}^{-\frac{t}{RC}} = \mathrm{e}^{-\frac{0.5}{0.5}} \approx 0.37\text{A}$$

$$u_C = E\left(1-\mathrm{e}^{-\frac{t}{RC}}\right) = 1000\left(1-\mathrm{e}^{-\frac{0.5}{0.5}}\right) \approx 630\text{V}$$

（3）S 闭合后，需经 t=4τ，充电才结束，即

$$t = 4\tau = 4 \times 0.5 = 2\text{ms}$$

在解题过程中，往往要查指数函数表，表 8-1 列出了部分常用的 e^{-x} 数值，供大家参考。

表 8-1 部分常用的 e^{-x} 数值

x	0	0.1	0.2	0.3	0.4	0.5	0.6	0.7	0.8	1	2	3	4	5
e^{-x}	1	0.905	0.819	0.741	0.670	0.607	0.549	0.497	0.449	0.368	0.135	0.05	0.018	0.007

2. 非零初始条件下的充电过程

电路如图 8-8 所示，开关 S 闭合前，电容上的电压为 U_0，即 $u_C(0_-)= U_0$，如图 8-8（a）所示。在 t=0 时，将开关 S 闭合，如图 8-8（b）所示。此时电源 E 经 R 对 C 充电，使 C 上的电压继续上升。充电的起始电流为

$$i(0_+) = \frac{E-u_C(0_+)}{R} = \frac{E-u_C(0_-)}{R} = \frac{E-U_0}{R}$$

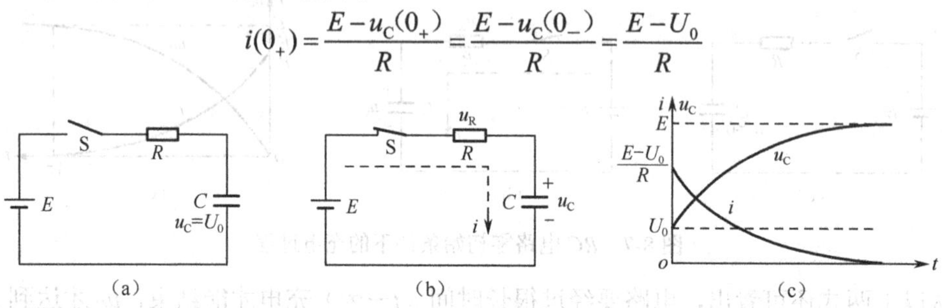

图 8-8 *RC* 电路非零初始条件下的充电过程

可以证明，此时 u_C、i 随时间变化的规律满足下式：

$$u_C = E + (U_0 - E)\ \mathrm{e}^{-\frac{t}{RC}} = E + (U_0 - E)\ \mathrm{e}^{-\frac{t}{\tau}} \tag{8-5}$$

$$i = \frac{E-U_0}{R}\mathrm{e}^{-\frac{t}{RC}} = \frac{E-U_0}{R}\mathrm{e}^{-\frac{t}{\tau}} \tag{8-6}$$

以上两式就是非零初始条件下 u_C 和 i 的计算公式，式中的 τ 仍为时间常数，即 τ=RC。

u_C、i 随时间 t 变化的曲线如图 8-8（c）所示，由图可知，u_C 从初始值 U_0 按指数规律上升，逐步达到稳定值 E，i 从起始值 $\frac{E-U_0}{R}$ 按指数规律下降至零。

【例 5】 电路如图 8-9 所示，已知 C=10μF，R_1=10kΩ，R_2=5kΩ，E=18V，S 断开前，处于稳态，求 S 断开 0.1s 时 u_C 和 i 的值。

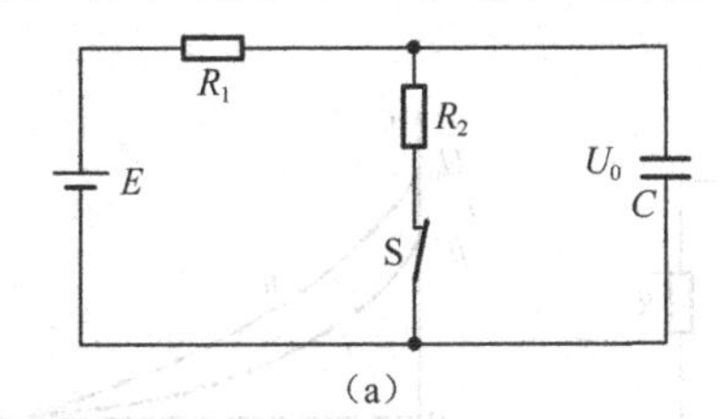

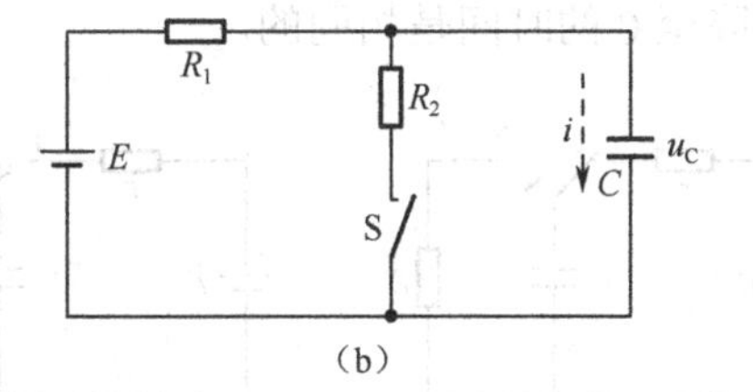

图 8-9　例 5 电路图

解：S 断开前，如图 8-9（a）所示，电容上的电压为

$$u_C(0_-)=\frac{E}{R_1+R_2}R_2=\frac{18}{10+5}\times 5=6\text{V}$$

即电容上电压的初始值 U_0=6V。

S 断开后，如图 8-9（b）所示，电路的时间常数为

$$\tau=R_1C=10\times 10^3\times 10\times 10^{-6}=0.1\text{s}$$

S 断开 0.1s 时，u_C、i 的值分别为

$$u_C=E+(U_0-E)\ \text{e}^{-\frac{t}{\tau}}=18+(6-18)\ \text{e}^{\frac{0.1}{0.1}}$$

$$=18-12\text{e}^{-1}\approx 13.6\text{V}$$

$$i=\frac{E-U_0}{R_1}\text{e}^{-\frac{t}{\tau}}=\frac{18-6}{10\times 10^3}\text{e}^{-\frac{0.1}{0.1}}\approx 0.44\text{mA}$$

8.2.2　*RC* 电路的放电过程

一个充有电量的电容，通过电阻放电时也存在过渡过程，电容上的电压不能跃变至 0，而要经过一段时间才逐步变化至 0。

如图 8-10（a）所示电路，开关 S 置于“1”，使电路进入稳态，此时 C 上充有电压 U_0，且 U_0=E。在 t=0 时，将 S 拨至“2”位置，如图 8-10（b）所示，C 经过 R 进行放电，放电的起始电流为

$$i(0_+)=\frac{U_0}{R}=\frac{E}{R}$$

随着放电的进行，C 上的电压 u_C 逐渐下降，C 上的电场能逐步被电阻转换成热能而消耗，最终使 u_C=0，回路电流 i 也下降至 0，放电结束。

由此可知，*RC* 电路的放电过程实际上是电容上的电场能被电阻转换成热能的过程。在这个过程中，电容两端的电压 u_C 逐步下降至 0，放电电流 i 也逐步下降至 0。可以证明，在这个过程中，u_C、i 随时间变化的规律满足下式：

$$u_C=U_0\text{e}^{-\frac{t}{RC}}=U_0\text{e}^{-\frac{t}{\tau}}\tag{8-7}$$

$$i=\frac{U_0}{R}\mathrm{e}^{-\frac{t}{RC}}=\frac{U_0}{R}\mathrm{e}^{-\frac{t}{\tau}} \tag{8-8}$$

以上两式的 τ 仍为时间常数，即 $\tau=RC$。u_C、i 随时间 t 变化的曲线如图 8-10（c）所示，由图可知，u_C 从初始值 U_0 按指数规律逐步下降至 0，i 从起始值 $\frac{U_0}{R}$ 按指数规律下降至零。u_C、i 下降至 0 的时间是相同的。

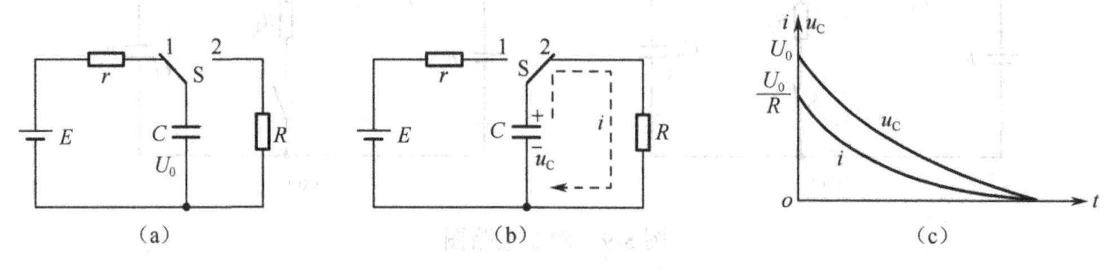

图 8-10　RC 电路的放电

【例 6】 电路如图 8-10 所示，已知 C=10μF，r=10Ω，R=10kΩ，E=20V，S 置于“1”，使电容充电至稳态值。在 t=0 时，将 S 拨至“2”位置，求 20ms 时 u_C 和 i 的值。

解：因 C 充电至稳态，故 C 上的电压 U_0 为

$$U_0=E=20\text{V}$$

电路的放电时间常数为

$$\tau=RC=10\times10^3\times10\times10^{-6}=0.1\text{s}=100\text{ms}$$

20ms 时，u_C 和 i 的值分别为

$$u_C=U_0\mathrm{e}^{-\frac{t}{\tau}}=20\mathrm{e}^{-\frac{20}{100}}\approx16.4\text{V}$$

$$i=\frac{U_0}{R}\mathrm{e}^{-\frac{t}{\tau}}=\frac{20}{10}\mathrm{e}^{-\frac{20}{100}}\approx1.64\text{mA}$$

8.3　*RL* 电路的过渡过程

电感也是储能元件，与 *RC* 电路一样，*RL* 电路也存在过渡过程。*RC* 电路的过渡过程是由于电容上的电压不能跃变而造成的，*RL* 的过渡过程则是由于电感上的电流不能跃变而造成的。这说明 *RL* 电路的过渡过程与 *RC* 电路的过渡过程具有不同特点。

8.3.1　*RL* 串联电路接通电源的过渡过程

如图 8-11（a）所示电路，开关 S 闭合前，电路中的电流为 0。在 t=0 时，将开关 S 闭合，因电感中的电流不能跃变，故在 S 闭合的瞬间，电路中的电流仍为 0，R 上无压降，从而使电感两端的初始电压为 E，即

$$i(0_+)=0\text{，}\quad u_L(0_+)=E$$

随后，i 由 0 开始上升，R 两端的压降 u_R 也由 0 开始上升，根据回路电压方程 $E=u_R+u_L$ 可知，电感两端的电压 u_L 会由初始值 E 开始减小。经过一定时间后，u_L 会减小至 0（忽略 L

的电阻），此时 i 会上升至稳定值 $\frac{E}{R}$，过渡过程结束。

可以证明，i、u_L 随时间变化的规律满足下式：

$$i=\frac{E}{R}\left(1-e^{-\frac{t}{\tau}}\right) \tag{8-9}$$

$$u_L=Ee^{-\frac{t}{\tau}} \tag{8-10}$$

式中，τ 为时间常数，其等于 L 和 R 的比值，即

$$\tau=\frac{L}{R} \tag{8-11}$$

当 R 的单位为欧姆（Ω），L 的单位为亨利（H）时，τ 的单位为秒（s）。一般认为，当 t=（4～5）τ 时，过渡过程结束，电路进入稳态。

i、u_L 随时间 t 变化的曲线如图 8-11（b）所示。由曲线可知，电感中的电流 i 由 0 开始按指数规律逐步上升，开始时上升较快，随后变慢，最后达到稳态值（E/R），说明电感在电路中的作用由开始的开路元件逐渐变成一个短路元件。电感上的电压 u_L 则是按指数规律下降，开始时下降较快，随后变慢，最后降为 0，此时电感相当于短路（忽略其电阻）。

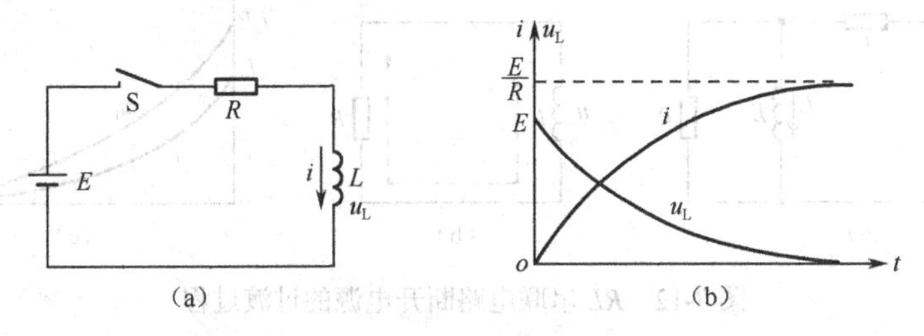

图 8-11　*RL* 串联电路接通电源的过渡过程

【例 7】 电路如图 8-11（a）所示，已知 L=1H，R=10Ω，E=20V，S 闭合后，求：（1）电路进入稳态后的电流；（2）在 t=0 和 t=0.2s 时，u_L 和 i 的值。

解：（1）用 I 表示电路进入稳态后的电流，则有

$$I=\frac{E}{R}=\frac{20}{10}=2\text{A}$$

（2）在 t=0 时，L 相当于开路，u_L 和 i 的值分别为

$$u_L=E\text{，}\ i=0$$

电路的时间常数为

$$\tau=\frac{L}{R}=\frac{1}{10}=0.1\text{s}$$

在 t=0.2s 时，u_L 和 i 的值分别为

$$u_L=Ee^{-\frac{t}{\tau}}=20e^{-\frac{0.2}{0.1}}\approx 2.7\text{V}$$

$$i=\frac{E}{R}\left(1-e^{-\frac{t}{\tau}}\right)=\frac{20}{10}\left(1-e^{-\frac{0.2}{0.1}}\right)\approx 1.73\text{A}$$

8.3.2 *RL* 串联电路断开电源的过渡过程

电路如图 8-12（a）所示，S 闭合后，电路进入稳态，此时，流过电感的电流为$I_0=\dfrac{E}{r}$，电感中存储的磁场能为$W_L=\dfrac{1}{2}LI_0^2$。在 t=0 时，将 S 断开，电路可等效为图 8-12（b）所示的形式。S 断开的瞬间，L 中的电流不能跃变，此时 L 会与 R 构成回路来释放磁场能，回路中的电流 i 将以 I_0 为初始值进行衰减，最后减小至 0，电感中的磁场能全部被电阻转换为热能而消耗，过渡过程结束。可以证明，在这个过程中，i、u_L 随时间变化的规律满足下式：

$$i=I_0\mathrm{e}^{-\frac{t}{\tau}} \tag{8-12}$$

$$u_L=u_R=I_0R\mathrm{e}^{-\frac{t}{\tau}} \tag{8-13}$$

式中，I_0 为 S 断开瞬间 L 中的电流初始值，即$I_0=\dfrac{E}{r}$；τ 为时间常数，即$\tau=\dfrac{L}{R}$。

i、u_L 随时间 t 变化的曲线如图 8-12（c）所示。

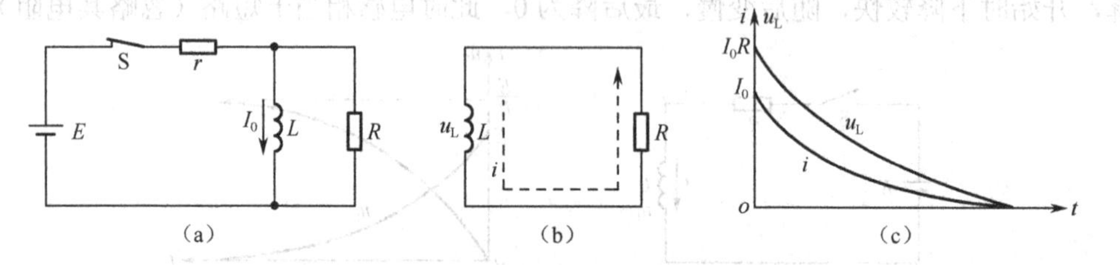

图 8-12 *RL* 串联电路断开电源的过渡过程

【例 8】 电路如图 8-13（a）所示，已知 L=1H，R_1=40Ω，R_2=10Ω，E=100V，S 断开前电路已处于稳态。求：（1）电路在稳态下 L 中的电流；（2）S 断开后的瞬间，L 两端的电压值；（3）S 断开后，在 t=40ms 时 u_L 和 i 的值。

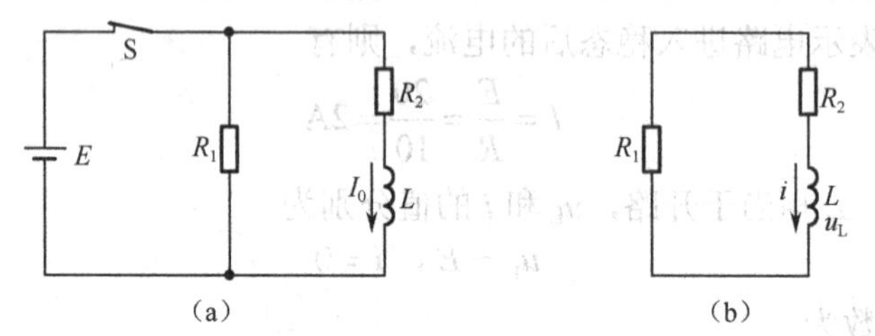

图 8-13 例 8 电路图

解：（1）电路在稳态下，L 中的电流 I_0 为

$$I_0=\frac{E}{R_2}=\frac{100}{10}=10\text{A}$$

（2）S 断开后的瞬间，L 中的电流不能跃变，仍为 I_0=10A，故 L 上的电压值为

$$u_L=I_0(R_1+R_2)=10\times(40+10)=500\text{V}$$

电压的方向为下正上负。

（3）S 断开后，如图 8-13（b）所示，电路的时间常数为

$$\tau=\frac{L}{R}=\frac{L}{R_1+R_2}=\frac{1}{40+10}=20\text{ms}$$

故 S 断开后，在 t=40ms 时 u_L、i 的值分别为

$$u_L=I_0Re^{-\frac{t}{\tau}}=10(40+10)e^{-\frac{40}{20}}\approx 67.7\text{V}$$

$$i=I_0e^{-\frac{t}{\tau}}=10e^{-\frac{40}{20}}\approx 1.35\text{A}$$

由以上计算可知，在 *RL* 电路中，在电路断电的时刻，*L* 两端会产生一个自感电压，这个电压可能会远高于电源电压，从而威胁电路其他元件的安全，故在设计电路时，要合理选择元件的耐压值，并采取保护措施。例如，在开关电源中，如图 8-14 所示，当开关管 VT 突然截止时（相当于开关断开），*L* 会产生很高的自感电压，其极性为下正上负，这个电压有可能将 VT 击穿，为了避免这种现象的发生，常在 *L* 上并联一个吸收网络，以吸收这个自感电压，从而保护 VT 的安全，图中，VD、*R* 及 *C* 即构成吸收网络。由于吸收网络的存在，当 VT 突然截止时，*L* 产生的自感电压就会通过其快速释放，从而保护 VT 的安全。

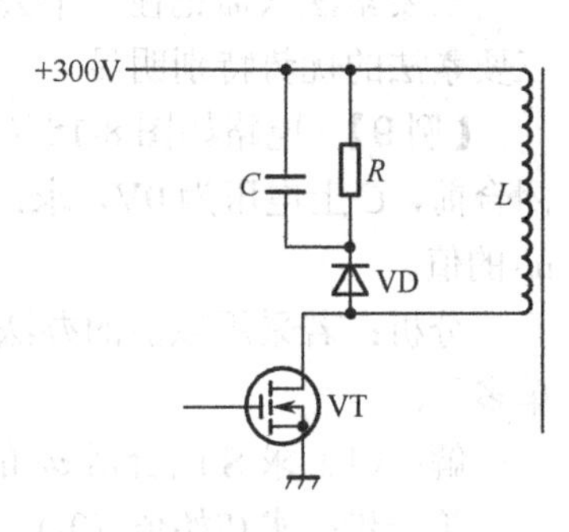

图 8-14　吸收网络

8.4　一阶电路过渡过程的特点及三要素法

通过以上内容，不难发现，在分析 *RC* 或 *RL* 电路过渡过程时，往往要求记住电压和电流的计算式，而 *RC* 电路或 *RL* 电路在充电和放电时，电压和电流的计算式各不相同，从而增加了学习难度。有没有更简便的方法来分析 *RC* 或 *RL* 电路的过渡过程呢？当然有，那就是三要素法。接下来介绍三要素法。

8.4.1　一阶电路过渡过程的特点

凡是只含有一个储能元件或经过简化后只剩下一个储能元件的电路统称为一阶电路。前面所分析的那些电路都是一阶电路。一阶电路的过渡过程有如下几个特点：

一是储能元件上的电压（或电流）都是由初始值向新的稳态值过渡的；

二是过渡过程都是按指数规律进行；

三是过渡过程的时间长短由换路后的电路时间常数决定。

因此将换路后的初始值、稳态值及时间常数称为电路的三个要素。

8.4.2　一阶电路过渡过程的三要素法

通过求解一阶电路的三个要素来得到一阶电路过渡过程全解的方法称为三要素法。设一阶电路换路后，其初始值为 $f(0_+)$，新稳态值为 $f(\infty)$，时间常数为 τ，用 $f(t)$ 表示过渡过程的解（即待求的电压值或电流值），则有

$$f(t)=f(\infty)+\left[f(0_+)-f(\infty)\right]\mathrm{e}^{-\frac{t}{\tau}} \tag{8-14}$$

上式就是求解一阶电路过渡过程的通用公式，它既适用于零初始条件，也适用于非零初始条件。在使用这个公式时，只要求出初始值 $f(0_+)$、新稳态值 $f(\infty)$和时间常数 τ，就可得到过渡过程的全解。在求时间常数 τ 时，若电路是含有电源的多回路，则应令所有电源为 0（电压源视为短路，电流源视为开路），将原电路等效变换为单回路，再求出 τ。

三要素法只需记住一个公式，且解题过程简便，尤其是在分析复杂电路过渡过程时，三要素法的优势特别明显。

【例 9】 电路如图 8-15（a）所示，已知 C=0.5μF，R_1=R_2=2kΩ，R_3=1kΩ，E=100V，S 闭合前，C 上电压为 0V，求：（1）S 闭合后 u_C 的变化规律；（2）S 闭合 1ms 时，电容电压 u_C 的值。

分析：若采用以前的办法求解此题，难度是比较大的，但采用三要素法求解就变得简单多了。

解：（1）求 S 闭合后 u_C 的变化规律。

第一步：求初始值 $f(0_+)$。

因 S 闭合前，C 上电压为 0V，故有

$$f(0_+)=0$$

第二步：求新稳态值 $f(\infty)$。

电路达到稳态后，C 相当于开路，故有

$$f(\infty)=\frac{E}{R_1+R_2}R_2=\frac{100}{2+2}\times 2=50\text{V}$$

第三步：求时间常数 τ。

该电路是含有电源的多回路，求时间常数时，应令电源为 0（将 E 视为短路），这样原电路就等效变换为图 8-15（b）所示的形式。显然，三个电阻的连接方式为 R_1、R_2 并联后再与 R_3 串联，故有

$$R=\frac{R_1R_2}{R_1+R_2}+R_3=\frac{2\times 2}{2+2}+1=2\text{k}\Omega$$

$$\tau=RC=2\times 10^3\times 0.5\times 10^{-6}=1\text{ms}$$

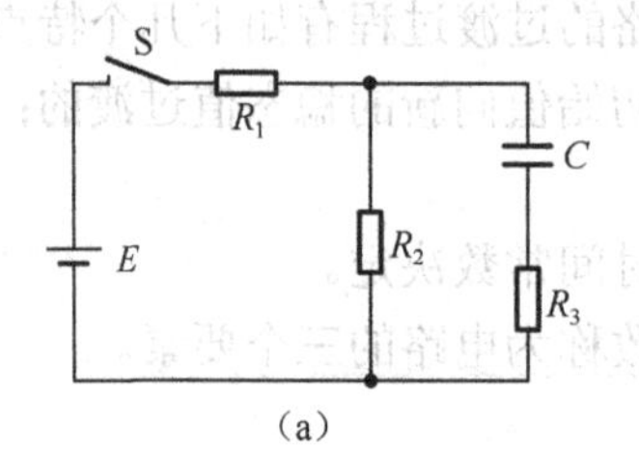

（a）

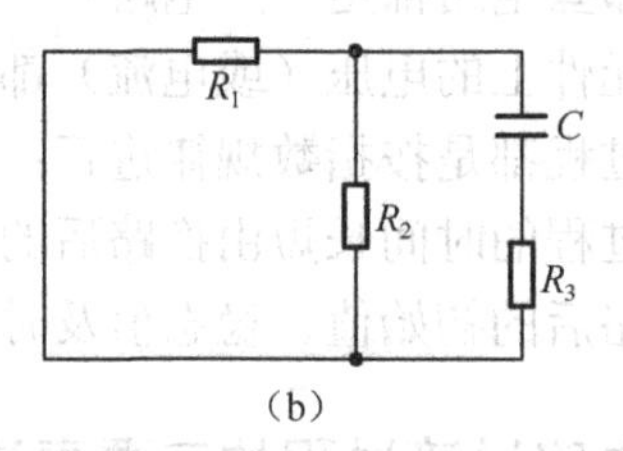

（b）

图 8-15 例 9 电路图

从而得

$$u_C = f(\infty) + \left[f(0_+) - f(\infty)\right]e^{-\frac{t}{\tau}}$$
$$= 50 + (0 - 50)e^{-1000t}$$
$$= 50 - 50e^{-1000t}$$

（2）求 S 闭合 1ms 时，电容电压 u_C 的值。

$$u_C = 50 - 50e^{-1000t} = 50 - 50e^{-1} \approx 31.6V$$

【例 10】 电路如图 8-16（a）所示，已知 L=0.3H，R_1= R_2=R_3=20Ω，E=120V，S 闭合前，电路处于稳态，求：（1）S 闭合后 i_L 的变化规律；（2）S 闭合 20ms 时 i_L 的值。

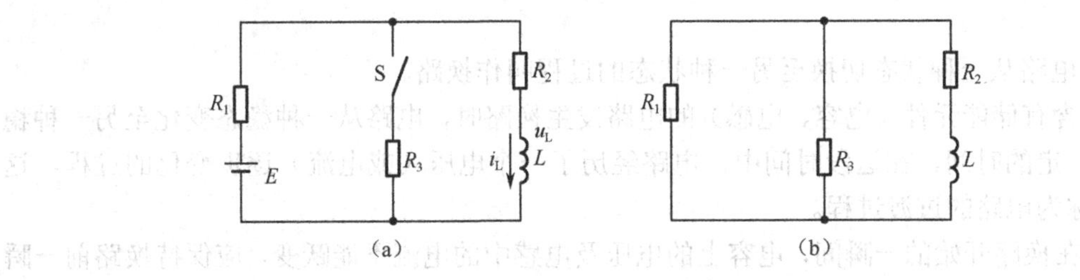

图 8-16　例 10 电路图

解：（1）求 S 闭合后 i_L 的变化规律。

第一步：求初始值 $f(0_+)$，也就是 $i_L(0_+)$。

因 S 闭合前，电路处于稳态，故有

$$f(0+) = i_L(0_+) = i_L(0-) = \frac{E}{R_1 + R_2} = \frac{120}{20 + 20} = 3A$$

第二步：求换路后的新稳态值 $f(\infty)$，也就是 $i_L(\infty)$。

$$f(\infty) = i_L(\infty) = \frac{E}{R_1 + \dfrac{R_2R_3}{R_2 + R_3}} \times \frac{R_2R_3}{(R_2 + R_3)R_2}$$

$$= \frac{120}{20 + \dfrac{20\times 20}{20 + 20}} \times \frac{20 \times 20}{(20 + 20) \times 20} = 2A$$

第三步：求时间常数 τ。

该电路是含有电源的多回路，求时间常数时，应令电源为 0（将 E 视为短路），这样原电路就等效变换为图 8-16（b）所示的形式。对电感而言，三个电阻的连接方式为 R_1、R_3 并联后再与 R_2 串联，故有

$$R = \frac{R_1R_3}{R_1 + R_3} + R_2 = \frac{20 \times 20}{20 + 20} + 20 = 30\Omega$$

$$\tau = \frac{L}{R} = \frac{0.3}{30} = 0.01s$$

从而得

$$i_L = f(\infty) + [f(0_+) - f(\infty)]e^{-\frac{t}{\tau}}$$
$$= 2 + (3-2)e^{-100t}$$
$$= 2 + e^{-100t}$$

（2）求 S 闭合 20ms 时 i_L 的值。

$$i_L = 2 + e^{-100t} = 2 + e^{-100\times 0.02} \approx 2.135\text{A}$$

本章知识要点

1．电路从一种状态切换至另一种状态的过程叫作换路。

2．含有储能元件（电容、电感）的电路发生换路时，电路从一种稳态变化至另一种稳态需要一定的时间，在这段时间中，电路经历了一个电压（或电流）逐步变化的过程，这个过程称为电路的过渡过程。

3．在换路开始的一瞬间，电容上的电压及电感中的电流不能跃变，应保持换路前一瞬间的值，即

$$u_C(0_+) = u_C(0_-)\text{，}\quad i_L(0_+) = i_L(0_-)$$

4．RC 电路在零初始条件下充电时，u_C、i 随时间变化的规律为

$$u_C = E\left(1 - e^{-\frac{t}{\tau}}\right)\text{，}\quad i = \frac{E}{R}e^{-\frac{t}{\tau}}$$

R、C 的乘积称为电路的时间常数，用 τ 表示，即

$$\tau = RC$$

在非零初始条件下充电时，u_C、i 随时间变化的规律为

$$u_C = E + (U_0 - E)\,e^{-\frac{t}{\tau}}\text{，}\quad i = \frac{E - U_0}{R}e^{-\frac{t}{\tau}}$$

5．RC 电路放电时，u_C、i 随时间变化的规律为

$$u_C = U_0 e^{-\frac{t}{\tau}}\text{，}\quad i = \frac{U_0}{R}e^{-\frac{t}{\tau}}$$

6．RL 串联电路接通电源时会产生过渡过程，其电流 i 和电压 u_L 随时间变化的规律为

$$i = \frac{E}{R}\left(1 - e^{-\frac{t}{\tau}}\right)\text{，}\quad u_L = Ee^{-\frac{t}{\tau}}$$

L 和 R 的比值称为电路的时间常数，用 τ 表示，即

$$\tau = \frac{L}{R}$$

7．RL 串联电路与电源断开时也会产生过渡过程，在这个过程中，其电流 i 和电压 u_L 随时间变化的规律为

$$i = I_0 e^{-\frac{t}{\tau}}\text{，}\quad u_L = I_0 Re^{-\frac{t}{\tau}}$$

8．凡是只含有一个储能元件或经过简化后只剩下一个储能元件的电路统称为一阶电路。通过求解一阶电路的三个要素来得到一阶电路过渡过程全解的方法称为三要素法。设

一阶电路换路后，其初始值为$f(0_+)$，新稳态值为$f(\infty)$，时间常数为τ，用$f(t)$表示过渡过程的解（即待求的电压值或电流值），则有

$$f(t)=f(\infty)+\left[f(0_+)-f(\infty)\right]\mathrm{e}^{-\frac{t}{\tau}}$$

习题

1．什么是过渡过程？产生过渡过程的原因是什么？

2．何谓一阶电路？三要素法中的三要素指的是什么？

3．电路如图 8-17 所示，已知 E=40V，R_1=2kΩ，R_2=18kΩ，C=4μF，电路处于稳态，求 S 断开瞬间的 $u_C(0_+)$、$i_C(0_+)$、$u_{R1}(0_+)$及 $u_C(\infty_+)$。

4．电路如图 8-18 所示，已知 E=20V，R_1=1.6kΩ，R_2=6kΩ，R_3=4kΩ，L=0.2H，电路处于稳态，求 S 断开瞬间的 $u_L(0_+)$、$i_L(0_+)$。

5．电路如图 8-19 所示，已知 E=48V，R_1=4Ω，R_2=8Ω，R_3=6Ω，L=2H，C=10μF，电路处于稳态，求 S 闭合瞬间各支路电流的初始值和 $u_L(0_+)$、$u_C(0_+)$。

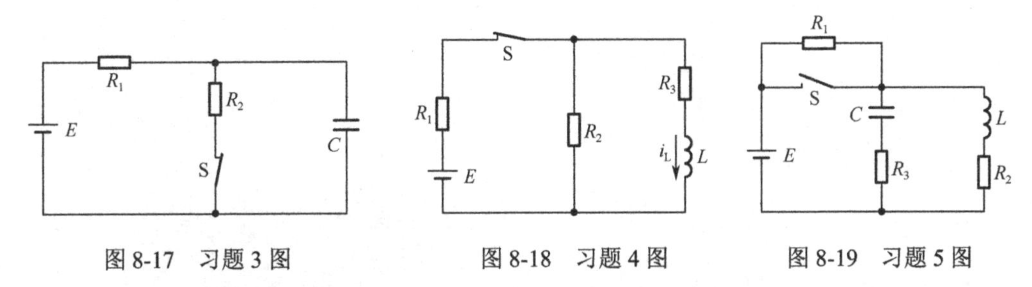

图 8-17 习题 3 图　　图 8-18 习题 4 图　　图 8-19 习题 5 图

6．电路如图 8-20 所示，已知 E=100V，R_1= R_2=100kΩ，C=100μF，电路处于稳态，求 S 闭合后的 u_C 和流过 R_1 的电流。

7．电路如图 8-21 所示，已知 E=200V，R=1kΩ，C=2μF，S 闭合前，C 上的电压为 0，S 闭合后，求：（1）u_C 和 i 的变化规律；（2）t=2ms 时 u_C 和 i 的值。

8．电路如图 8-22 所示，已知 E=10V，R_1=R_2=R_3=100Ω，C=100μF，电路处于稳态，在 t=0 时 S 闭合，求：（1）u_C 的变化规律；（2）t=2ms 时 u_C 和 i_1 的值。

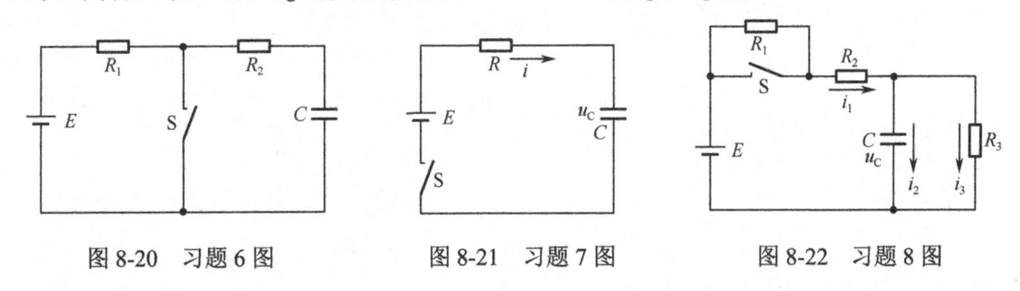

图 8-20 习题 6 图　　图 8-21 习题 7 图　　图 8-22 习题 8 图

9．电路如图 8-23 所示，已知 E=20V，R_1=100Ω，R_2=40Ω，L=0.2H，在 t=0 时 S 闭合，求 i_L 和 u_L 的变化规律。

10．电路如图 8-24 所示，已知 E_1=10V，E_2=20V，R_1=50Ω，R_2=5Ω，L=0.5H，S 闭合前电路处于稳态，在 t=0 时 S 闭合，求 i_L、i_1 和 i_2 的变化规律。

[illegible]阶电路换路后，[illegible]的初始值为$f(0_+)$，稳态值为$f(\infty)$，时间常数为τ，[illegible]求[illegible]电压值或电流值），则有

$$f(t)=f(\infty)+[f(0_+)-f(\infty)]e^{-\frac{t}{\tau}}$$

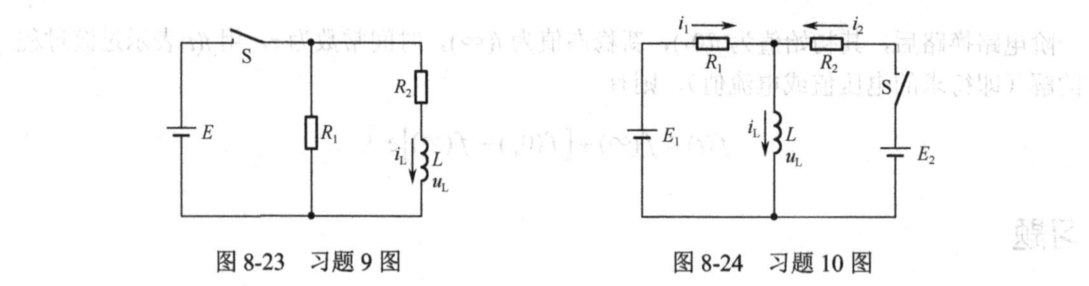

图 8-23　习题 9 图　　　　图 8-24　习题 10 图

习题

1. 什么是过渡过程？产生过渡过程的原因是什么？
2. 何谓一阶电路？三要素法中的三要素指的是什么？
3. 电路如图 8-17 所示，已知 $E=40V$，$R_1=2k\Omega$，$R_2=18k\Omega$，$C=4\mu F$，电路处于稳态，求 S 断开瞬间 $u_C(0_+)$、$i_C(0_+)$、$u_{R_2}(0_+)$ 及 $u_C(\infty)$。
4. 电路如图 8-18 所示，已知 $E=20V$，$R_1=1k\Omega$，$R_2=6k\Omega$，$R_3=4k\Omega$，$L=0.2H$，电路处于稳态，求 S 断开瞬间 $u_L(0_+)$、$i_L(0_+)$。
5. 电路如图 8-19 所示，已知 $E=48V$，$R_1=[illegible]$，$R_2=[illegible]$，$R_3=6\Omega$，$L=2H$，$C=[illegible]$，电路处于稳态，求 S 闭合瞬间各支路电流的初始值和 $u_L(0_+)$、$u_C(0_+)$。

图 8-17　习题 3 图　　　　图 8-18　习题 4 图　　　　图 8-19　习题 5 图

6. 电路如图 8-20 所示，已知 $E=100V$，$R_1=R_2=100\Omega$，$C=100\mu F$，电路处于稳态，求 S 闭合后的 u_C 和流过 R_1 的电流。
7. 电路如图 8-21 所示，已知 $E=200V$，$R=1k\Omega$，$C=2\mu F$，S 闭合前，C 上的电压为 0。S 闭合后，求：（1）u_C 和 i 的变化规律；（2）$t=2ms$ 时 u_C 和 i 的值。
8. 电路如图 8-22 所示，已知 $E=10V$，$R_1=R_2=R_3=100\Omega$，$C=100\mu F$，电路处于稳态，在 $t=0$ 时 S 闭合，求：（1）u_C 的变化规律；（2）$t=2ms$ 时 u_C 和 i_C 的值。

图 8-20　习题 6 图　　　　图 8-21　习题 7 图　　　　图 8-22　习题 8 图

9. 电路如图 8-23 所示，已知 $E=20V$，$R_1=100\Omega$，$R_2=40\Omega$，$L=0.2H$，在 $t=0$ 时 S 闭合，求 i_L 和 u_L 的变化规律。
10. 电路如图 8-24 所示，已知 $E_1=10V$，$E_2=20V$，$R_1=50\Omega$，$R_2=5\Omega$，$L=0.5H$，S 闭合前电路处于稳态，在 $t=0$ 时 S 闭合，求 i_1、i_2 和 i_L 的变化规律。

习题及单元测试题参考答案

第 1 章

习题参考答案

1．略。

2．略。

3．电流为 0.25A，合 250mA，合 250000μA。

4．共 480 度。

5．电阻为 5Ω。

6．约 0.316A；不能把它接到电压为 380V 的电源上，因为接到 380V 的电源上，电流为 3.8A，超过了允许通过的最大电流值，电阻会被烧坏。

7．约 588m。

8．通路：1.67A，6.7V；短路：5A，0V；开路：0A，10V。

9．（1）R=60kΩ；（2）I=0.2mA；（3）U_1=2V，U_2=10V。

10．（1）R=11Ω；（2）I=0.5A；（3）U_r=0.5V，U_1=3V，U_2=1V，U_3=1.5V；（4）P_1=1.5W，P_2=0.5W，P_3=0.75W。

11．（1）R=13.3Ω；（2）I=2.21A；（3）I_1=0.74A，I_2=0.49A，I_3=0.98A；（4）内阻两端的电压 Ur=6.6V，外阻两端的电压 U_R=29.4V。

12．r_o=0.5Ω。

13．路端电压的最大变化范围为 16～24V。

14．开关断开时 U=9V；开关闭合时 U=8V。

15．R=2Ω，P=8W。

16．R=49kΩ，R=0.1Ω。

17．R=50Ω。

18．（1）R=303Ω；（2）I_1=0.45A；I_2=0.27A。

19．R=3Ω，P=48W。

20．

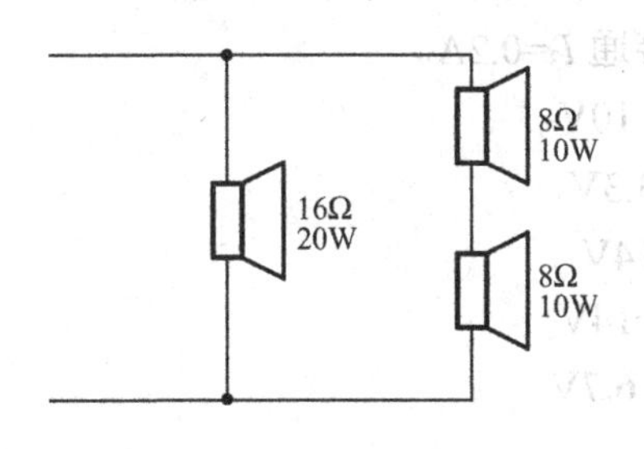

单元测试题参考答案

一、填空题

1．1000，1000，1000。
2．断路，短路。
3．向左，1。
4．负，正。
5．10V，0.01W。
6．10W。
7．0.5Ω。
8．0。
9．9Ω，3Ω，13Ω，10.7Ω。
10．2，12.5W。

二、选择题

1．C 2．C 3．B 4．A 5．A 6．A 7．A 8．B 9．D 10．BC

三、判断题

1．× 2．√ 3．√ 4．× 5．× 6．× 7．× 8．× 9．√ 10．√

四、计算题

1．（1）12Ω；（2）1A；（3）2V，4V，6V；（4）2W，4W，6W。
2．（1）1.9kΩ；（2）0.1Ω。
3．（1）2Ω；（2）4V；（3）I_1=1A，I_2=I_3=0.5A；（4）8W。
4．4度，14.4×10^6J。

第2章

习题参考答案

1．U_a=9V，U_b=6V，U_d= 6V，U_e=3V；U_{ab}=3V，U_{cd}=0V，U_{ef}=3V。
2．（a）图有5条支路，4个节点，6个回路。
（b）图有5条支路，4个节点（3个独立节点），6个回路。
3．S断开I_3=0.3A；S接通I_3=0.2A。
4．U_a= 0V　　U_{ab}=−10V
U_b=10V　　U_{bc}=3.3V
U_c=6.7V　　U_{cd}=14V
U_d=−7.3V　　U_{de}=−14V
U_e=6.7V　　U_{ac}=−6.7V

5．R_3= 4Ω。

6．I_3=0.2A，I_1=1A，I_2=0.8A。

7．I_1=50mA，I_4=20mA，I_6= −10mA。

8．U_{ab}=120V，I_1=10A，I_2=5A，I_3=5A。

9．I_1=−0.4A，I_2=2A，I_3=1.6A，U_S=148V。

10．I_3=0.5A。

11．I=2A。

12．I_5=0.38A。

13．（1）E=20V，r=4Ω;（2）2A。

14．（1）I_4=1A;（2）I_4=1A。

15．I_4=0.5A。

16．I=2A。

17．I_3=3A。

18．R_L=5Ω，P=1.25W。

19．I=1.67A。

单元测试题参考答案

一、填空题

1．I=5A。

2．U_{ab}=−3V，U_{ac}=−6V，U_{bc}=−3V。

3．$-E_1+IR_1+E_2+IR_2+IR_3=0$。

4．串；并。

5．I_s=1A，r=20Ω;I=0.5A，R=20Ω。

6．0A，2A。

7．A1 变大，A2 变小，V1 变大，V2 变小，V 变小。

8．8W，电流源。

二、选择题

1. D　2. AB　3. AB　4. A　5. C　6. A　7. C　8. A　9. A　10. B

三、判断题

1. ×　2. ×　3. √　4. √　5. ×　6. ×　7. ×　8. ×　9. ×　10. ×

四、计算题

1．1A

2．0.1A（向上）

3．2A

4．1A

第3章

习题参考答案

1．略。

2．3.96×10^{-2}库仑。

3．不能，耐压值不够。

4．略。

5．1.5×10^{-3}秒。

6．（a）2μF；（b）0.625μF。

7．16V。

8．不安全，因为22μF、30V电容两端的电压达41V，会击穿该电容，接着又击穿48μF、50V的电容。

9．（1）4.4μF；（2）$U_1=U_2=27$V，$U_3=73$V；（3）$Q_1=1.1\times10^{-4}$库仑，$Q_2=3.2\times10^{-4}$库仑，$Q_3=4.3\times10^{-4}$库仑；（4）$W_1=14.9\times10^{-4}$焦耳，$W_2=43.2\times10^{-4}$焦耳，$W_3=157\times10^{-4}$焦耳。

10．略。

11．略。

12．略。

单元测试题参考答案

一、填空题

1．法拉第，$1F=10^6μF=10^9nF=10^{12}pF$。

2．100V，5J。

3．7.5nF，30V和10V，3×10^{-7}C。

4．40nF，4×10^{-7}C和12×10^{-7}C，16×10^{-7}C。

5．方向，大小。

6．33nF。

7．滤波、耦合信号。

二、选择题

1．BC　2．C　3．B　4．C　5．C　6．B　7．B　8．AC　9．D　10．AD

三、判断题

1．×　2．×　3．×　4．√　5．×　6．√　7．×　8．×　9．×　10．×

四、计算题

1．$Q=2\times10^{-4}$C；$W_1=20\times10^{-4}$J；$W_2=10\times10^{-4}$J。

2．$U=15$V；$Q_A=15\times10^{-5}$C，$Q_B=3\times10^{-5}$C；B流到A。

第 4 章

习题参考答案

1．略。

2．略。

3．略。

4．略。

5．略。

6．0.5×10^{-4}Wb。

7．先产生顺时针方向的感生电流，然后电流为零，再产生逆时针方向的感生电流，最后电流为零；产生大小、方向随时间变化的感生电流；不产生感生电流。

8．（1）L2：感生电动势左正右负；感生电流从左向右流过电阻；L1：感生电动势左正右负；感生电流与实际电流方向相反。

（2）L2：感生电动势左负右正；感生电流从右向左流过电阻；L1：情况与 L2 相同。

（3）情况与（1）相同。

（4）均无感生电动势、感生电流。

（5）L2：感生电动势，左负右正，感生电流从右向左流过电阻；L1：感生电动势，左负右正，无感生电流。

9．

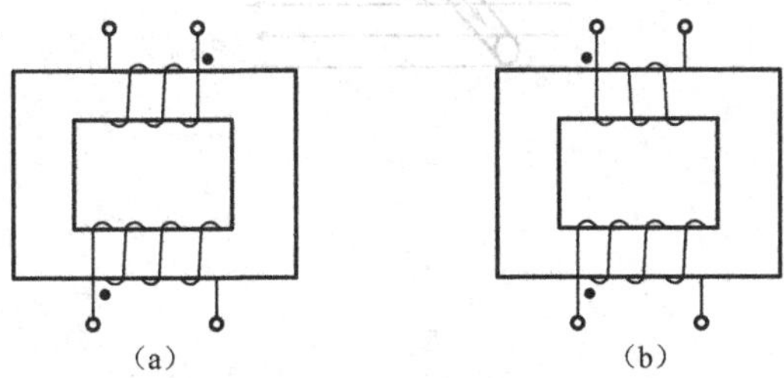

（a）　　　　　　（b）

10．实验电路图如下：第一步，按图连接电路；第二步，合上 S 的瞬间，若毫安表正向偏转，说明 a、d 是同名端，否则说明 a、c 是同名端。

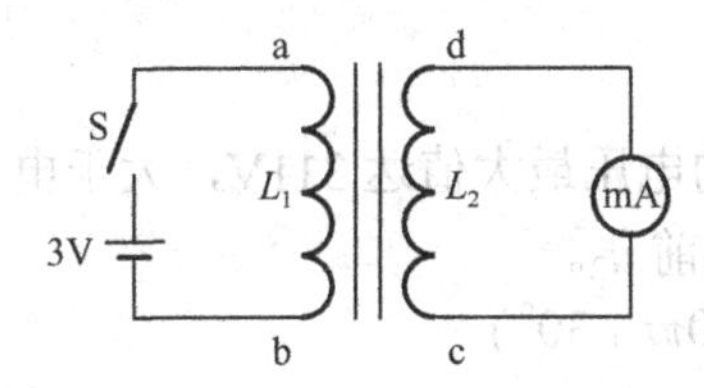

单元测试题参考答案

一、填空题

1．4mH；12mH。

2．相反。

3．磁感应强度，磁场强度。磁场强度，磁感应强度。

4．0.028H/m，2.23×10^4。

5．2N，向右。

6．铁磁物质，N，N，S。

7．由左至右。

8．0.01Wb，5V。

9．0.5Wb，0.25W。

二、选择题

1．D　2．C　3．C　4．A　5．D　6．D　7．B　8．D　9．B　10．C

三、判断题

1．×　2．×　3．√　4．×　5．×　6．×　7．×　8．√　9．√　10．√

四、分析与计算题

1．参考习题10。

2．E=8V，极性为右正左负。

3．F=0.433N，方向如图所示。

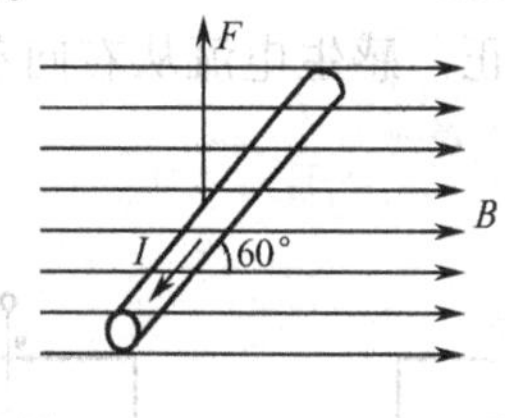

4．E=3.14V。

第5章

习题参考答案

1．略。

2．略。

3．不安全，因为交流电的电压最大值达311V，大于电容器的额定电压。

4．相位差为120°，u_1超前u_2。

5．解析式：$u = 311\sin(100\pi t + 30^\circ)$

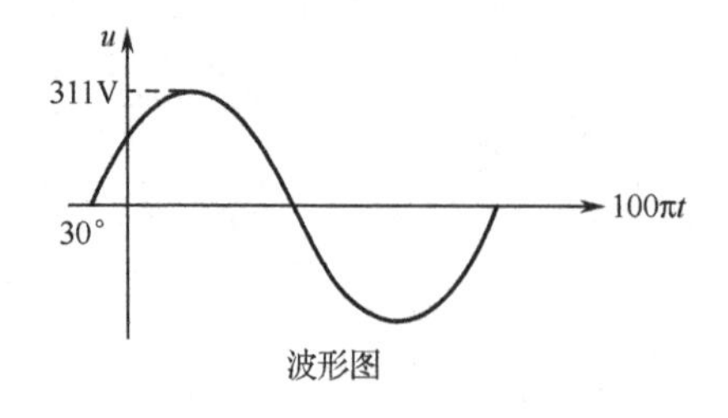

波形图

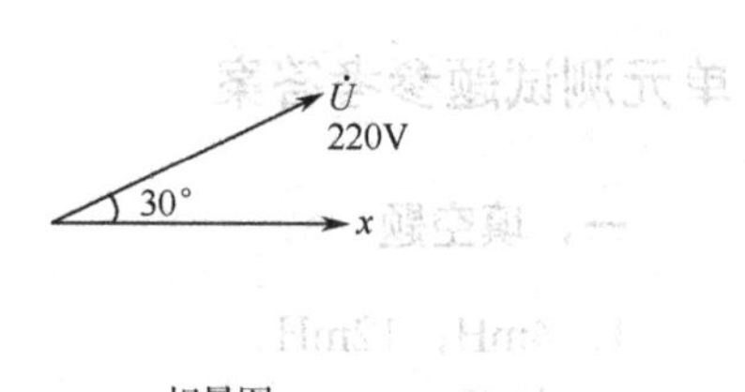

相量图

6．容抗的变化范围为 80kΩ～80Ω。

7．感抗为 9.8kΩ。

8．R=12Ω；L≈122mH。

9．略。

10．略。

11．相量图如下：

$u = 380\sqrt{2}\sin(\omega t + 60^\circ)$

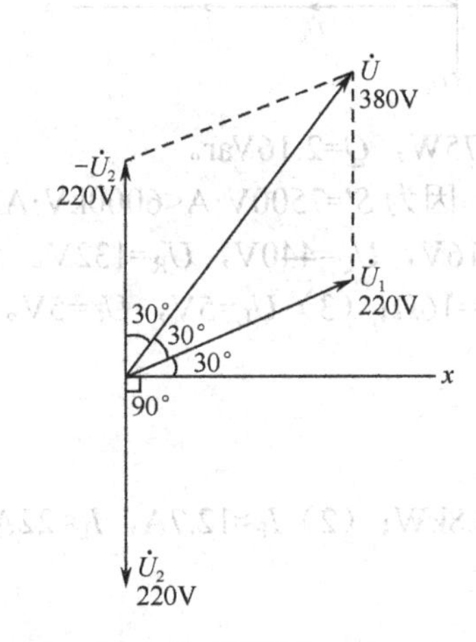

12．（1）I_1=10A，I_2=15A，I_3=5A，U=220V。

（2）相量图如下：

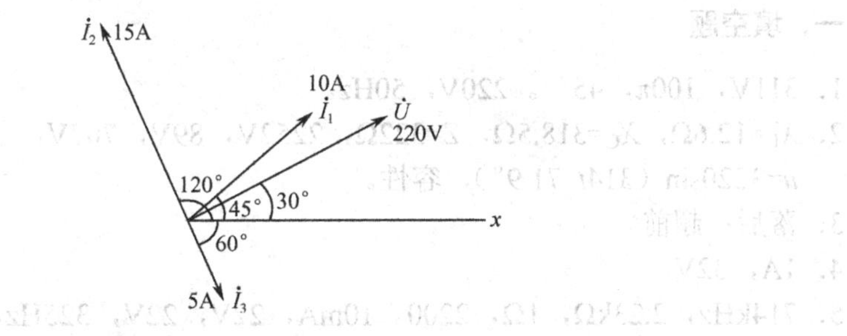

（3）i_1 超前 u 15°，i_2 超前 u 90°，i_3 落后 u 90°。

13．i=1.56sin(2000t+60°)；$u = 22.1\sqrt{2}\sin(2000t + 6.7^\circ)$

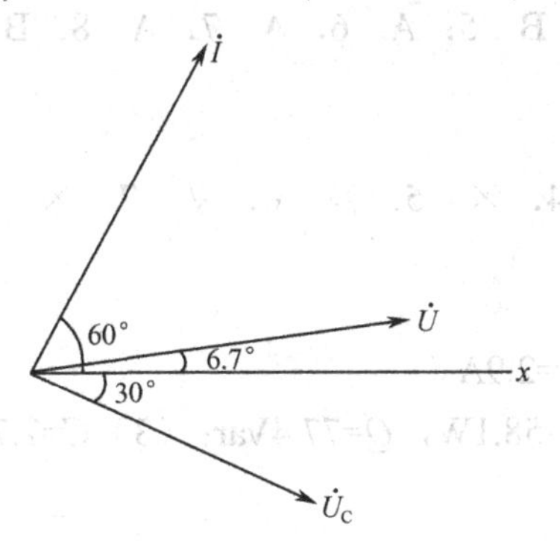

14．（1）容抗；（2）R=29Ω，X=16.7Ω。

15．（1）I=0.433A；（2）U_R=8.66V、U_C=5V；（3）U=10V；（4）φ=30°；

（5）相量图如下：

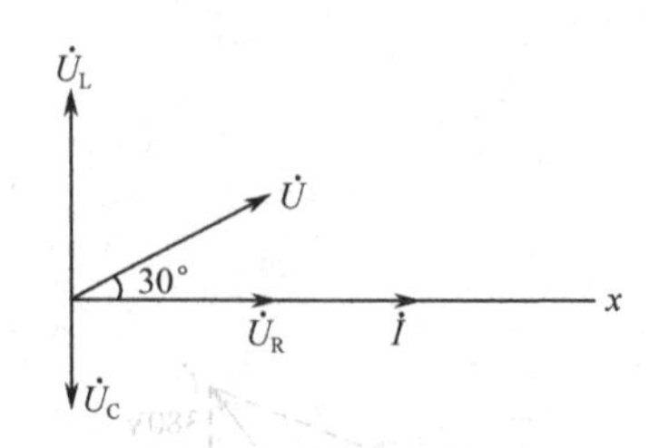

（6）S=4.33V·A，P=3.75W，Q=2.16Var。

16．（1）I=909A；（2）能，因为 S'=7500V·A<6000kV·A。

17．（1）I=4.4；（2）U_L=616V，U_C=440V，U_R=132V。

18．（1）L=0.5mH；（2）R=16Ω；（3）U_L=5V，U_C=5V。

19．50 个；80 个。

20．C≈9300μF

21．5.74kW；2.55kW。

22．（1）I_L=I_P≈7.3A，P_Y≈3.8kW；（2）I_P≈12.7A，I_L≈22A，$P_\triangle$≈11.6kW。

单元测试题参考答案

一、填空题

1．311V，100π，45°。220V，50Hz。

2．X_L=12.6Ω，X_C=318.5Ω，Z=322Ω，2252V，89V，707V，u=3220sin（314t−71.9°），容性。

3．落后；超前。

4．1A，32V。

5．714kHz，2.23kΩ，1Ω，2200。10mA，22V，22V，325Hz。

二、选择题

1．A 2．C 3．A 4．B 5．A 6．A 7．A 8．B 9．A 10．A

三、判断题

1．√ 2．× 3．× 4．× 5．× 6．√ 7．× 8．√ 9．× 10．√

四、计算题

1．A_1=2.9A，A_2=5A，A_3=2.9A。

2．（1）I=0.44A；（2）P=58.1W，Q=77.4Var；（3）C=2.7μF。

五、操作题

接线图如下。

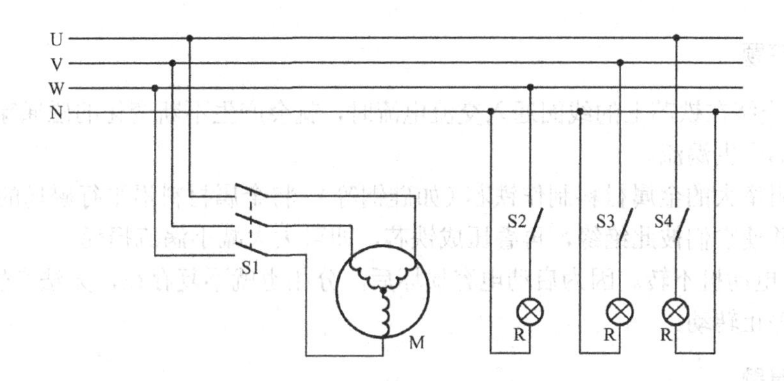

第6章

习题参考答案

1. 略。
2. 略。
3. 41匝。
4. $N_2=880$匝，$N_3=352$匝；I_2=9.1A。
5. 略。
6. $N_1=300$匝。
7. （1）P_o=72W，P=8W；（2）I_1=0.21A，I_2=2A；（3）R_1=1805Ω。
8. 略。

单元测试题参考答案

一、填空题

1. 电压、电流，阻抗。
2. 无分支，有分支。
3. 线圈、铁芯、衔铁。
4. 定子、转子、电刷。
5. 0.2。
6. 工作接地、保护接地、保护接零、重复接地。
7. 2，短路环。
8. 异步电动机，中。

二、判断题

1. × 2. √ 3. × 4. × 5. × 6. √ 7. √ 8. × 9. √ 10. √

三、选择题

1. B 2. B 3. B 4. C 5. D 6. D 7. C 8. A 9. A 10. D

四、问答题

1．答：当绕在铁芯上的线圈通入交流电流时，就会产生不断变化的磁通穿过铁芯，从而使铁芯内部产生涡流。

选用电阻率大的金属材料制作铁芯（如硅钢等），将金属材料沿平行磁场的方向切割成很多薄片，并使它们彼此绝缘，再叠压成铁芯，即可大大减小涡流损耗。

2．答：电动机不转。因为启动电容损坏后，分相也就不复存在，无法产生旋转磁场，所以电动机停止转动。

五、计算题

1．（1）I_1=0.83A；（2）I_2=1A，I_3=2A，N_2=250 匝，N_3=82 匝。

2．（1）0.61；（2）80%。

3．950 转/分。

第 7 章

习题参考答案

1．略。2．略。3．略。4．略。

5．5.8V。

6．（1）P=15.4W；（2）U=16.2V，I=1.13A。

第 8 章

习题参考答案

1．略。

2．略。

3．$u_C(0_+)$=36V，$i_C(0_+)$=2mA，$u_{R1}(0_+)$=4V，$u_C(\infty_+)$=40V。

4．$u_L(0_+)$=−30V，$i_L(0_+)$=3mA。

5．$i_L(0_+)$=4A，$i_C(0_+)$=2.67A，$u_L(0_+)$=16V，$u_C(0_+)$=32V。

6．$u_C = 100e^{-0.1t}$ V，$i = 10^{-3}e^{-0.1t}$ A。

7．（1）$u_C = 200(1 - e^{-500t})$ V，$i = 0.2e^{-500t}$ A；

（2）u_C=126V，i=0.126A。

8．（1）$u_C = 5 - \frac{5}{3}e^{-200t}$；（2）$u_C$=3.9V，$i_1$=61mA。

9．$i_L = 0.5(1 - e^{-200t})$A；$u_L = 20e^{-200t}$V。

10．$i_L = 4.2 - 4e^{-9.09t}$ A；$i_1 = 0.2 - 0.36e^{-9.09t}$ A；$i_2 = 4 - 3.64e^{-9.09t}$ A。